BASTEI
LÜBBE

Über das Buch:

Hope und Jack Langley verbringen ihre Flitterwochen in einem kleinen, verfallenen Cottage mit dem keltischen Namen »Widdershins«. Sofort verliebt sich Hope in den romantisch-verwunschenen Ort. Und kurz nach ihrer Rückkehr in ein kleines Flussstädtchen nahe Gloucester, entdeckt Hope zu ihrer Freude, dass sie schwanger ist. Gleichzeitig ziehen neue Nachbarn ein, die unkonventionellen Petersens aus Norwegen, die hier auf dem Lande für viel Aufsehen sorgen. Doch Hope und Jack freunden sich mit dem netten und freundlichen Paar an. Auch nach der Geburt der zweiten Tochter scheint das Glück der Langleys noch vollkommen zu sein. Aber dann zeigen einige Ereignisse Hope, dass der erste Eindruck oft trügerisch sein kann ...

Über die Autorin:

Susan Sallis schreibt erfolgreich Familiensagas. Sie lebt in Clevedon, Somerset, in England.

Von Susan Sallis sind bei BASTEI LÜBBE lieferbar:

12979 Töchter des Mondlichts
14234 Jenseits des Meeres die Sehnsucht
14284 Hinter dem Horizont die Freiheit
14323 Von Engeln berührt
14366 Unter den Brücken die Träume
14419 Im Paradies der Erinnerung
14473 Im Garten der Illusion
14574 Die Halbschwestern

SUSAN SALLIS

Schmetterling und Sommerflieder

Roman

Ins Deutsche übertragen von
Hartmut Huff

BASTEI
LÜBBE

BASTEI LÜBBE TASCHENBUCH
Band 14 643

1. Auflage: Dezember 2001

Bastei Lübbe Taschenbücher ist ein Imprint der Verlagsgruppe Lübbe

Deutsche Erstveröffentlichung
Titel der englischen Originalausgabe: The Appel Barrel

Einbandgestaltung: Tanja Østlyngen
Titelfoto: Superbild/Bernd Ducke
Satz: hanseatenSatz-bremen, Bremen
Druck und Verarbeitung: Elsnerdruck, Berlin
Printed in Germany
ISBN 3-404-14643-3

Für meine Familie

1

Das Haus lag in einer Senke, eingebettet zwischen Bastionen von Felsenklippen und Kissen von Grasnelken, so als würde es in eine der alten Zinnminen versinken, die dieses Land wie Kaninchenbauten durchzogen. Es war lang und schmal und hatte Fenster zu beiden Seiten, doch trotz des ständigen Geräusches der Wellen gab es keinen Ausblick auf die See. Durch die Vorderfenster konnte man auf von Blumen bewachsene Erdwälle schauen, die hügelabwärts bis hin zu der Baumgruppe verliefen, doch auf der anderen Seite war die einzige Möglichkeit die Sicht auf zerklüftete Granitspitzen und den Himmel darüber. Eine Hälfte des Gebäudes war baufällig. Das Schieferdach war in der Mitte eingestürzt und Brombeeren wuchsen aus den geborstenen Fenstern. Die andere Hälfte war mit Wellblech neu gedeckt worden. Die Fenster fingen die Abendsonne ein und leuchteten fröhlich, und die Haustür war kanariengelb gestrichen.

Jack gab ein ersticktes Stöhnen von sich.

»Oh, Gott, Ho ... es tut mir so Leid. Ich denk', ich hätte wissen müssen, dass es so sein musste bei diesem verdammt niedrigen Preis. Ich hätt's ahnen müssen. Es tut mir Leid ... was kann ich sagen?«

Doch Hope, die von Natur aus so optimistisch war wie ihr Name – Hoffnung – war wirklich entzückt.

»Jack, Liebster. Es ist wunderschön. So ganz versteckt –

um vor dem Wind geschützt zu sein, glaubst du nicht? Schau doch auf die Tür. Stell dir vor, dass die dich begrüßt, wenn es regnet – ist das nicht wundervoll? Liebling – ich liebe es. Ich finde, du bist ein Genie, weil du es gefunden hast.«

Jack verweigerte sich dem Trost. »Ich hab' es nicht gefunden, Ho. Das habe ich dir doch erzählt. Ein Bursche im Pub kannte jemand, der die Penhailes' von dem Hof kennt, wo wir unseren Wagen gelassen haben ...«

»Ich weiß, ich weiß!« Sie küsste ihn kurz. »Lass uns aufhören mit dem Gerede – lass uns was tun!«

»Tja ... sollen wir hier bleiben? Wirklich hier bleiben?« Er schaute sie hilflos an. »Wir haben genug Bargeld, um ein paar Nächte in Penzance zu verbringen.«

Sie war ungeduldig. »Natürlich bleiben wir! Das ist unser Flitterwochen-Cottage! Wir sind über zweihundert Meilen gefahren, um hierher zu kommen. Wir bleiben definitiv!« Sie sah ihn erwartungsvoll an.

Er sagte: »Nun gut dann. Ist in Ordnung. Ich werde zurück zum Wagen gehen und unsere Sachen holen.«

Sie hinderte ihn daran. »Noch nicht. Es gibt etwas, das du zuerst tun musst.« Sie grinste ihn an. »Die Haustür steht offen. Ich möchte, dass du mich über die Schwelle trägst!«

Er schaute sie an. In ihren Augen, dunkel geschminkt, womit sie wie die von Elizabeth Taylor aussahen, leuchtete ein Lachen. Ihr Haar, an den Seiten glatt gekämmt, an ihrer Stirn eine Fülle von Locken – ebenso à la Taylor – war noch immer mit Spray in die Form gebracht, die zu ihrer kleinen, perlenbesetzten Hochzeitskappe gepasst hatte. Doch der elegante, blasse Lippenstift war schon längst weg. Die riesigen Ohrclips hatte sie schon vor einiger Zeit auf der Fahrt hierher abgenommen, und der gewagte plissierte Minirock ihres Reisekostüms war zerknautscht und verrutscht. Sie sah genau wie das Mädchen aus, in das er sich erst vor einem Jahr verliebt hatte, als sie gerade erst zwanzig und noch auf Miss Marchants Sekretärinnenschule gewesen war.

Er sagte: »Ich kann gar nicht glauben, was passiert. Sind wir wirklich verheiratet?«

Sie war plötzlich unfähig zu sprechen. Dann ging sie nah an ihn heran, legte die Hände auf seine Schultern und drückte ihre Stirn an seinen Hals. Er streichelte ihr Haar und sagte ihr mit belegter Stimme, wie sehr er sie liebte. Sie nickte mit Mühe.

»Sieh mich an, Ho. Küss mich.«

Sie schüttelte ihren Kopf mit noch mehr Mühe. Aber dann sagte sie: »Ich weiß, dass es immer nach mir gegangen ist. Ich weiß, dass du glaubst, ich sei verzogen. Aber diese Versprechen, die wir uns gegeben haben ... du weißt schon, Krankheit, Gesundheit und all das. Das meinte ich im Ernst. Ich meinte das wirklich im Ernst, Jack.«

»Ich weiß. Ich weiß, mein Liebling.« Er hatte ihr einmal gesagt, sie hätte ›Hopeless‹ – hoffnungslos – genannt werden sollen, weil sie weder eine Socke stopfen noch eine anständige Tasse Tee zubereiten konnte. Eine Woche später hatte sie auf ihn draußen vor dem Inland Waterways-Büro bei den Docks mit einer Coop-Einkaufstüte gewartet. Aus dieser hatte sie drei Socken genommen. »Das sind Daddys. Ich habe sie gestopft. Mummy hat mich die erste Stopferei fünfmal wieder auftrennen lassen, bis es in Ordnung war. Was meinst du?«

Er hatte die Socken aufmerksam untersucht, hatte vor Erstaunen, weil sie ihn ernst genommen hatte, Stielaugen gemacht. Und dann hatte er das Falsche gesagt. »Weißt du nicht, dass es keine Rolle spielt, dass du hoffnungslos bist? Bei deinem Gesicht und deiner Figur wirst du alles bekommen, was du willst. Immer.«

Er hatte sie nicht verletzen wollen, aber sie hatte ihn angestarrt und ihre blauen Augen hatten sich mit Tränen gefüllt, als hätte er ihr ins Gesicht geschlagen. Und dann war sie an den Rand des Hafenbeckens gegangen und hatte die Socken in das trübe Wasser geworfen, hatte sich umgedreht und begonnen, zurück Richtung Bearland zu laufen.

Er schrie: »Hope! Was, zum Teufel ... das sind die Socken deines Vaters!«

Sie kannte Gloucester so gut wie ihre Handtasche und war in einer der Gassen verschwunden, die nach Westgate hineinführten. Er ging zurück in das Büro, sah die Socken irgendwo unterhalb der Hafenmauer treiben und rief einem der Kahnführer zu, er solle sie mit einer Stange herausfischen. In dieser Nacht wusch er sie in der Porzellanschüssel in seiner Bude, trocknete sie vor dem zischenden Gasfeuer und wickelte sie in Seidenpapier. Und dann hatte er ihr die drei Socken am nächsten Nachmittag vor Miss Marchants Institut präsentiert.

Sie hatte sie genommen und mit dünner Stimme gesagt, »Ich habe sie für ihn gekauft, damit ich Löcher hineinschneiden konnte.«

»Du bist verrückt«, sagte er.

»Nein, bin ich nicht. Und ich kann jetzt auch guten Tee machen. Ich bin nicht hoffnungslos. Nicht wirklich hoffnungslos.« Sie war augenblicklich voller Überschwang, wie ein Kind. »Lass uns am Sonntag picknicken. Dann kann ich es dir zeigen. Wir besorgen uns einen Petroleumkocher. Ich bringe die Sandwiches mit.«

Er schaute sie fest an. »Wer wird die machen?«

Sie erwiderte den Blick und sagte dann: »Ich, natürlich.«

»Wohin sollen wir gehen?«

Sie freute sich, weil er es stillschweigend akzeptierte. »Lass uns zum Wald gehen. Zum Cannock-Teich.«

»Wie kommen wir dorthin?«

»Ich habe ein Auto. Daddy hat es mir zu meiner Immatrikulierung gekauft!« Für einen Augenblick hörte sie auf zu reden, um dann fortzufahren. »Oder wir könnten mit dem Zug bis Speech House fahren. Oder einen Bus nehmen.«

Aber am Ende hatten sie natürlich ihren Wagen genommen. So wie sie ihn auch heute genommen hatten, um nach St. Buryan zu fahren.

Er sagte jetzt: »Ich meinte sie auch ernst. Die Versprechen. Die Gelübde. Ich werde mich um dich kümmern, Ho. Mich sorgen. Wirklich. Dies ...« Er deutete auf das Cottage. »Später werden wir dies komisch finden.«

»Nein.« Sie schob ihren Kopf wieder an seinen Hals. »Nicht komisch. Wahrscheinlich werden wir lächeln. Aber nicht darüber. Es wartet auf uns, heißt uns willkommen. Wir werden es nie komisch finden.« Sie schaute in sein Gesicht. »Lieber Jack. Dies ist die wundervollste Überraschung, die ich je bekommen habe. Danke dafür.«

»Du musst das nicht sagen ...«

»Ich möchte jetzt einen Kuss.« Sie schloss ihre Augen und wartete. Dann sagte sie: »Danke. Und würdest du mich jetzt über die Schwelle tragen?«

»Der Schlüssel ...«

Sie schlang ihre Arme fest um seinen Hals. »Du hast mir nicht zugehört. Ich sagte, die Eingangstür steht offen. Das meinte ich mit willkommen.«

So hob er sie hoch, wankte die Böschung hinunter und stieß mit der Schulter die Tür weiter auf. Und dann sah er sich gezwungen, sehr still stehen zu bleiben, weil fast unmittelbar vor ihm in dem kleinen Raum ein Tisch stand, mit schneeweißem Tuch bedeckt und gedeckt mit Tassen, Untertassen und Tellern, einem Krug mit einem gehäkelten Fliegennetz darüber, einer Teekanne, die neben einem großen Teewärmer in Katzenform stand, einer Butterschale und einem Brotbrett, auf dem ein gewaltiger Laib Cottagebrot lag.

Hope keuchte: »Oh ... allmächtige Güte!«

Jack ließ sie zu Boden gleiten und fügte hinzu: »Mein Gott! Das ist ja ein passender Empfang!«

»Siehst du?« Sie wandte sich frohlockend zu ihm. »Würdest du jetzt ganz einfach glücklich sein?«

Und endlich grinste Jack und begann dann zu lachen. Sie lachte ebenfalls. Es war ein langer Tag gewesen. Sie konnten nicht aufhören zu lachen. Sie wirbelten um den Tisch herum zu dem Herd, auf dem es zwar einen Kessel gab, aber kein Feuer. Sie machten sich weiter auf die Suche und gingen durch eine Tür neben dem Herd in eine Spülküche, in der es so dunkel war, als sei sie aus der Klippe gehauen worden. Hier entdeckten sie ein flaches Spülbecken aus Stein, zu dem eine kleine Handpumpe gehörte, und einen orangefarbenen Kasten, der mit Wachstuch bezogen war und in dem sich ein Primuskocher befand.

Bevor er an die Küche ihrer Mutter in Horsley denken konnte, von deren Erwähnung ganz zu schweigen, sagte sie: »Es erinnert mich an die Küche zu Hause, Jack! Natürlich nicht die Pumpe, aber die Fliesen und das karierte Tuch darüber. Ist es nicht hübsch?«

Er zögerte eine Sekunde, wobei er registrierte, dass sie mit ›zu Hause‹ das Sandhurst Cottage meinte, das er vom alten Hafenmeister hatte mieten können.

Er sagte: »Ich bin mir nicht recht sicher, ob es hübsch ist. Aber es ist dunkel und hat eine altmodische Spüle und es ist mit orangefarbenen Kästen möbliert. Deshalb nehme ich an ...«

Sie versetzte ihm einen recht heftigen Stoß. »Hör auf! Das ist eine Form von Selbstmitleid, weißt du? Der arme alte Jack Langley. Hat heute geheiratet – irgendeine alte Vettel, die er im Gloucester Park kennen gelernt hat. Musste ein Haus suchen, in dem sie wohnen können. Machte das. Musste irgendwie Flitterwochen organisieren. Tat das. Es ist eine Schande, nicht wahr?«

Sie machte weiter, schob ihn durch eine weitere Tür und er ließ sich treiben, schlug protestierend die Hände zusammen, tat so, als sei er eingeschüchtert, und dann plötzlich, als sie die Tür öffnete, hinter der sich eine steile Holztreppe zeigte, brüllte er sie an, warf sie über seine Schulter und stürmte wie ein Bulle die Treppe hoch. Sie kreischte und schlug auf seinen Rücken, während er sich duckte, um durch eine niedrige Tür zu gehen, und dann flog sie rücklings und fiel auf ein Bett, und er kniete grinsend über ihr und das Bett protestierte laut, hielt aber.

»Du – du – Teufel!«, keuchte sie lachend.

»Schön. Wenn ich ein Teufel bin, bist du ganz sicher eine Teufelin!«

Es war alles so albern und so süß. Die sechziger Jahre waren an Gloucestershire vorübergegangen, und dies war ihr erstes Mal. Zuerst taten sie, als sei das, was sie machten, ein Scherz, etwas Ungehöriges, ein Äquivalent zu den Fahrradschuppen hinter den Docks. Sie imitierten das Gescharre und Quietschen, das sie gehört hatten. Und dann war es ganz plötzlich ernst und sie hielten einander, umarmten sich ganz innig, stützten sich, halfen und hielten sich, er sich entschuldigend, sie feurig flüsternd. »Oh, mein Liebling ... oh, ich liebe dich – es ist gut. Es ist gut.« Und erstaunlicherweise war es gut, trotz ihrer Unkenntnis, und sie lagen erschöpft, aber in perfektem Einklang da und ließen sich von dem alten Bett umschließen.

Als sie sich umdrehte und ihn anschaute, lächelte er irgendwie. Sein Mund arbeitete unkontrolliert. Sie sagte wieder: »Oh, Jack. Es ist gut.«

Und er nickte und flüsterte bebend: »Ich will dich mit meinem Körper anbeten. Macht Sinn, Ho. Es macht sogar verdammt viel Sinn.«

Und dann weinte sie und er weinte auch und sie umarmten

sich fest und trösteten einander. Jahre später, Jahrzehnte später, als sie sich wie eine alte Frau fühlte, obwohl sie in den Vierzigern war, erinnerte Hope sich an diese Zeit und dachte daran, wie jung sie gewesen waren. Jung und so unschuldig. Damals waren sie nicht auf die Idee gekommen, ihr erstes erfolgreiches Liebemachen zu wiederholen. Das mochte vielleicht am Abend wieder passieren oder am nächsten Tag, aber im Augenblick mussten sie aufstehen und ihre Sachen aus dem Wagen holen und herausbekommen, wie der Petroleumofen funktionierte, und essen und spazieren gehen. Sex, diese neu entdeckte Freude, war nur ein kleiner Teil dessen, was passieren würde. Gemeinsam Leben bedeutete genau dies: Tisch decken, in dem kleinen Cottage kochen und abwaschen, herausfinden, wo sie sich waschen und ihre Zähne putzen könnten. Und noch mehr als das: Lernen, in der Miene des anderen zu lesen, in der Art, wie man in einem Sessel sitzt, sich durch einen Raum bewegt, atmet, schniefte ... alles. Sex war wundervoll, aber er hatte seinen Platz und er war nicht alles. Damals.

Mrs. Penhailes verkündete, sie ›könne sich über sie totlachen‹. Sie öffnete ein geschlossenes Tor, damit sie durchfahren und den Wagen und das Gepäck viel näher zum Cottage bringen konnten.

»Es heisst ›Widdershins‹. Das bedeutet, es ist unangenehm.«

»Unangenehm?«, forschte Hope.

»Unangenehm in jeder Hinsicht. Bei Sonne. Bei Wind. Der Alte wollte es wieder ganz dem Moor zurückgeben. Man kann sehen, dass das Moor es fast gehabt hätte ... da drinnen wuchsen ebenso Brombeeren wie draußen! Aber dann nahm es dieser junge Künstler für eine Saison und wir setzten ein Dach auf die eine Hälfte.« Sie grinste. »Aber, wohl gemerkt, er ertrug es nicht lange. Zu einsam, sagte er. Aber ihr beide habt euch, nicht wahr? Denke, ihr werdet nicht viel anderes bemerken.« Sie war eine dunkle, sehnige Frau mit blässlicher Hautfarbe und einem sardonischen Gesichtsausdruck.

Hope sagte enthusiastisch: »Wir finden es wundervoll! Und wie Sie den Tisch gedeckt haben – oh, es ist einfach herrlich.«

»Gibt noch viel mehr, wo das herkam. Morgen zum Abendessen habe ich Kaninchenpastete gemacht. Und im Meer gibt's viel Fisch.«

Jack schaute hoffnungsvoll drein. »Gibt's eine Chance, zu angeln?«

»Der Alte wird euch jederzeit rausfahren. Ich werde ihn morgen runterschicken. Nicht zu früh!« Sie lachte schallend, schlug auf den Kofferraum des Wagens, als sei der ein Pferd, und begann, das Tor zu schließen. »Ihr zwei!«, rief sie. »Ich lache mich tot über euch!«

Es war ein solcher Spaß, sich einzugewöhnen. Hope musste ständig nach draußen rennen, um Widdershins aus verschiedenen Blickwinkeln zu betrachten. »Du bist nicht ein bisschen unangenehm!«, sang sie ihm vor, als das Mondlicht seine Granitfliesen in ein Rauchblau badete. Dann stieß sie einen kleinen Schrei aus und rannte wieder hinein. »Jack! Er brennt! Der Petroleumofen ...« Sie stoppte mitten im Satz. Jack kauerte vor dem Herd und redete einer kleinen Flamme zwischen Papier und Holz gut zu. Er blickte grinsend auf.

»Ich weiß, wir brauchen ihn nicht, aber es ist eines dieser Dinge. Erinnerst du dich? Unser Picknick im Wald? Die Leute konnten Boden beanspruchen, auf dem sie über Nacht ein Haus bauten.«

Ihr Gesicht fühlte sich weich an und sie zitterte. »Zwischen Sonnenuntergang und Sonnenaufgang«, sagte sie. »Und im Kamin musste ein Feuer sein.«

»Deshalb bauten die geschickten Teufel zuerst die Feuerstelle und den Kamin!«

Er schob sein Gesicht näher zu den Stäben des Rostes und blies sanft und die Flamme leckte an dem Anmachholz und fraß es und begann an den Holzscheiten und den kleinen Kohlen zu nagen. Sie saßen stumm da und schauten zu, wie das Feuer wuchs und sich ausbreitete, und dann aßen sie ihr Abendessen. Seit dem Hochzeitsfrühstück hatten sie nichts gegessen, und das war ein Büffet gewesen mit Gerichten, die ihnen nicht vertraut gewesen waren. Jetzt hatte Jack Brotscheiben von dem Laib abgeschnitten und sie mit Käse belegt, und Hope wischte die Tomaten ab, die ihnen die belustigte Mrs. Penhailes gegeben hatte, und sie kauten sie wie Äpfel und spülten alles mit dem Inhalt des Milchkrugs hinunter und dann schauten sie wieder in das Feuer, bis es erstarb, und dann gingen sie zu Bett.

Hope erwachte früh und lag sehr still in dem großen Messingbett, beobachtete die Muster, die der tanzende Sonnenschein auf die verblichene Tapete malte. Unmittelbar draußen vor ihrem Schlafzimmerfenster musste ein Baum stehen, weil die Sonne und die Schatten über die Decke und an den Wänden herunter mit überraschender Energie tanzten. Sie errechnete, dass das Cottage in Richtung Osten lag, sodass es die Morgensonne bekam, aber sie konnte sich nicht daran erinnern, vor dem kleinen Gehölz am Ende des Spaltes Bäume gesehen zu haben. Sie war von Neugier erfüllt und drehte ihren Kopf, um auf die Uhr zu sehen, die sie an ihrem Armband an den Bettpfosten gebunden hatte. Es war noch nicht halb sieben.

Feine Geräusche begleiteten das sich verschiebende Licht. Sie überlegte, ob vielleicht eine Mäusefamilie in der Kammer ein wenig weiter weg wohnen mochte. Sie bewegte den Kopf vorsichtig in die andere Richtung. Jack lag von ihr abgewandt. Sein rechtes Ohr war gerade so über der Decke zu sehen. Es war hellrot, weich und wunderbarerweise an seinen

Kopf gefaltet, umgeben von seinem braunen Haar und etwas dunkleren Bartstoppeln ...

Sie vergaß die tanzenden Schatten und die Mäuse und starrte auf seinen Kopf, als ob sie ihn noch nie zuvor gesehen hätte. Es war für sie unglaublich. Vielleicht, weil er neben ihrem war; tatsächlich ebenso auf ihrem Kissen wie auf seinem. Sie griff vorsichtig unter ihre Wange. Ja, sie wurde von einem mit Wolle gefüllten Kopfpolster gestützt. Dadurch hatte sie weniger Schuldgefühl wegen der Möglichkeit, dass sie ihn wecken könnte, und sie stützte sich auf einen Ellenbogen auf, um besser sehen zu können. Jetzt konnte sie den Vorsprung von Stirn und Braue über seinen geschlossenen Augen sehen, seine kurze, gerade Nase. Eigentlich eine Stupsnase. Und sein Mund war gekräuselt und gutmütig. Sie wusste, dass er deprimiert sein konnte, insbesondere über das, was er seinen ›Mangel an Perspektive‹ nannte, aber sie hatte nie erlebt, dass er seine gute Laune verloren hatte. Er sah immer jungenhaft glücklich aus, als müsse er sich unaufhörlich in Kricketflanellhosen und am Hals offene Hemden kleiden.

Sie lächelte bei diesem albernen Gedanken in sich hinein und wollte, dass er ihr Lächeln erwiderte, weshalb sie sich zu ihm beugte und an seinem Ohrläppchen knabberte. Es war unerwartet fleischig und offensichtlich tot, denn gleich, wie intensiv sie daran knabberte, er rührte sich nicht. Sie hob leicht den Kopf und blies in sein Ohr und er zuckte heftig zusammen, drehte sich auf den Rücken und öffnete seine Augen weit.

»Was ist?«, fragte er laut.

»Nichts. Ich hatte dich angeschaut und wollte, dass du mich ansiehst.«

»Der Bauer ist noch nicht gekommen? Penhailes? Wie spät ist es?«

»Halb sieben.«

»Halb was? Halb sieben. Er kommt nicht früh. Erinnerst du dich nicht, dass sie sagte ...«

»Ich weiß. Ich weiß. Entschuldige – entschuldige, liebster Mann und Junge und Ehemann. Ich bin eine egoistische, schreckliche, besitzergreifende ... Frau! Ja, Ehefrau!« Sie beugte sich zu ihm und küsste ihn. »Ich wollte nur, dass du mit mir wach bist.«

Er lächelte leicht, fasste sie dann bei den Schultern und rollte sie auf den Rücken, und während er das tat, küsste er sie. Sie wollte protestieren und ihn bitten, einfach zu liegen und die Sonne zu beobachten, die so verrückte Muster sprenkelte, und jetzt sang ein Vogel – eine Amsel? – wunderschön irgendwo ganz in der Nähe. Aber dann wusste sie, dass sie das nicht durfte. Sie überlegte, selbst während sie sich erregen ließ, wie es möglich war, dass sie plötzlich so klug war. Vielleicht lag das auch daran, dass sie wusste, dass sie verzogen war und egoistisch und wahrscheinlich hoffnungslos. Es mochte Schuldgefühl sein. Es mochte eine Art Überkompensation sein. Es war ihr gleich. Sie grub ihre Finger in sein kurzes krauses Haar und klammerte sich an ihn.

☆

Bauer Penhailes tauchte um halb elf mit einem weiteren Krug Milch, einem frischgebackenen Laib Brot und der versprochenen Kaninchenpastete auf.

»Durch dieses Dickicht führt ein Bächlein. Es ist immer kalt. Stellt den Milchkrug da hinein – klemmt ihn zwischen ein paar Steine und vergesst nicht, ihn zuzudecken – und die Frau sagt, dass in der Pastete Rüben und Kartoffeln sind und Zwiebeln und Karotten und dass ihr nichts weiter braucht. Und ich fahre morgen um sechs raus. Sei in der Bucht, wenn du mitkommen willst.« Er sprach zu Jack, und obwohl Hope nicht auf die Idee gekommen war, mit Jack fischen zu gehen, wäre sie vielleicht ein wenig verärgert gewesen, weil sie ausgeschlossen war, hätte sie sich nicht so sehr über alles andere gefreut. Sie hatte vorher noch nie gehört, dass jemand ›Bächlein‹ gesagt hatte, und war ganz vernarrt in das Wort. Die Kaninchenpastete war noch ofenwarm und ihr kräftiger Duft überlagerte fast, aber nicht ganz, das wundervolle Aroma von frischem Brot.

Jack fragte praktischerweise nach dem Petroleumofen und sie gingen hinein, wo Hope versucht hatte, das Geschirr von Abendessen und Frühstück in kaltem Wasser abzuwaschen. Sie schauten zu, wie der kleine kornische Mann – er war halb so groß wie seine Frau – den Ofen entzündete und ihn sorgfältig regulierte.

»Sehe, ihr habt letzte Nacht den Herd angemacht«, bemerkte er. »Der Kamin war in Ordnung?«

Sie sahen sich schuldbewusst an und nickten dann.

»So, gut. Das wäre dann eure Heißwasserversorgung.« Er zeigte auf einen großen Kessel an der Hinterseite des Herdes. »Füllt ihn und setzt ihn dann einfach auf den Rost. Wird noch am Morgen warm sein. Da die See direkt hinter der Klippe ist, werdet ihr ja wohl nicht baden wollen. Falls ihr sie braucht, habe ich etwas Meerseife.«

»Meerseife?«

»Sie schäumt im Meerwasser.«

»Oh, wie wundervoll.« Hope lächelte begeistert. »Vielen, vielen Dank, Mr. Penhailes. Alles ist einfach so ... so wundervoll.«

Der mürrische alte Mann lächelte sie an. Er hatte zwar nicht mehr viele Zähne, doch das hinderte ihn nicht daran, zu lächeln. »Du brauchst mich nicht Mr. Penhailes zu nennen, mein Mädchen. Peter. So heiße ich. Peter Penhailes. Wirst du doch nicht vergessen, oder? Peter Penhailes.« Er kicherte, während er an dem Tisch vorbeischlurfte. »Auf der Schule wurde ich Peppy genannt, aber dann sagte die Missis, es klänge, als ob ich ein Ausländer wäre, und sie rief mich immer ›Alter‹. Aber alle anderen mussten mich Peter nennen. Und wenn sie etwas sagt, dann ist das so.« Er blinzelte Hope zu. »Nicht vergessen. Sie sagte, kein anderes Gemüse zu der Kaninchenpastete. Wehe, wenn sie euch erwischt, dass ihr in St. Buryan Kohl oder Kartoffeln kauft!«

Er lachte und ging, und wieder sprang Hope in dem Raum herum und in die Küche und wieder zurück, als könne sie nicht glauben, dass das Cottage Wirklichkeit sei. Sie war von allem hellauf begeistert, und Peter Penhailes stand auf ihrer Liste ganz oben.

»Er ist herrlich!«, jubelte sie. »Ein Bächlein! Hast du das gehört? Ein Bächlein, in dem die Milch gekühlt wird! Unangenehm ... unangenehm, mein Gott! Dies ist Arkadia!«

Jack, der wieder auf seinen Knien war und ein Feuer im Herd entzündete, lächelte in die Asche der letzten Nacht und erinnerte sich daran, wie er sie das erste Mal gesehen hatte, eine in einer Schar ehemaliger Schülerinnen, die aus dem herauskamen, was Gloucester Commercial College genannt wurde, worauf die ältliche Miss Marchant bestand. Es war, als ob dieses eine Mädchen von einer Aura aus Licht umgeben sei, wie eine Laterne leuchtete, bewirkte, dass die schäbigen alten Gebäude des Badeortes wie etwas aus dem alten Griechenland aussahen. Er registrierte, dass sie dunkel war und veilchenblaue Augen hatte, und dann versuchte er, sie zu vergessen. Alle Mädchen bei Miss Marchant hatten gerade erst die Schule verlassen und waren mindestens sechs Jahre jünger als er. Und er würde ohnehin nicht hier in Gloucester bleiben. Nichts würde ihn hier halten. Ein Job ohne Chancen, den Wehrdienst hatte er hinter sich, ein Bruder war in Australien ... Er hatte sich keine großen Hoffnungen gemacht ... was für ein Narr er gewesen war ... er hätte sie verlieren können und sein Leben wäre immer grau und angstvoll geblieben. Er sagte: »Er ist dir verfallen, Ho. Ich hab' das sehr objektiv beobachtet. Er hat sich gegen dich behauptet, bis du ihm erzähltest, wie wundervoll alles sei. Dann, zack, ging er.«

Sie lachte. »So ein Unsinn. Aber ich hatte doch Recht, oder? Alles ist wundervoll?«

»Du hattest Recht«, sagte er ernst.

Doch die Flammen kämpften lange mit der Glut, die weiß bedeckt war, und Hope, die darauf brannte, hinauszugehen, huschte wie ein Schmetterling um ihn herum.

»Ich möchte das Bächlein sehen! Komm schon – das können wir später tun!«

Es war ihm gelungen, ein Gitterwerk von Holz und Kohlen zu errichten. Er stand auf. »Lass uns das Heißwassersystem füllen und dann gehen und dieses gesegnete Bächlein finden!«, sagte er mit gespieltem Widerwillen.

Sie fanden das Bächlein und gaben fast allen Bäumen in dem Gehölz Namen. Henry war der größte. Eine Ulme beherbergte eine schäbige Krähenkolonie. Die Amseln lebten offensichtlich in einer Gruppe von Erlen – getauft Mable Arch – um das Bächlein. Es gab überall Vögel, überwiegend Seevögel, die über ihnen kreisten und kreischten und über der Klippe verschwanden. Ein Reiher stand ernst und ohne Angst da und hatte zierlich ein Bein aus dem Wasser gehoben.

Sie gingen zurück, um Handtücher zu holen und machten sich daran, die Bucht zu erkunden. Das Bächlein rann in unmöglicher Höhe über den Rand der Klippe, aber zu seinen beiden Seiten gab es Pfade, und als sie einem folgten, der nach unten zu führen schien, entdeckten sie eine grobe Treppenflucht, die aus dem Granit gehauen war und zu einer kleinen Bucht hinunterführte, die sandig war, von Steinen übersät und auf eine ziemlich bedrohliche Art in den Eingang zu einer Höhle geschnitten war.

»Sieh doch, die Flut kommt bis zu der Klippe hoch.« Jack war wie ein Pfadfinder in seinem Element. »Siehst du den Seetang, der da im Höhleneingang festhängt? Dahinter ist trockener Sand – oh, und da ist das Boot der Penhaileses, denke ich.«

Hope ging zu der Höhle und schaute ein wenig ängstlich hinein. Ein großes Boot, einem Leichter ähnlich, nahm fast den ganzen Raum ein. Es sah recht robust aus, aber sie hatte eine Mole und Rettungsringe erwartet.

»Das ist alles ein bisschen amateurhaft«, meinte sie skeptisch.

»Muss toll sein, hier abzulegen. Das Wasser läuft ab, weshalb ich glaube, dass morgen um sechs Höchststand ist. Sieh dir die Reifen an. Das sind natürlich Fender. Müssen einiges aushalten, wenn's gegen die Klippe geht.« Er hob einen der Reifen, unter dem ›PZ‹ (für Penzance) stand und dazu der Name des Bootes: *Mirabelle.*

»Du glaubst doch nicht ...?«, sagte sie.

»Nein. Bessie oder Nancy. Aber nicht Mirabelle.«

Sie kicherte. »Gladys.«

»Helga.« Jack grinste. »Ich hoffe nur, dass Mirabelle seine Mutter war. Ich lege keinen Wert darauf, mir den Zorn von Mrs. Penhailes zuzuziehen.«

Er ließ den Reifen wieder fallen und etwas abblätternde Farbe fiel auf den Sand. Hope war besorgt.

»Ist das denn auch sicher? Ich würde nicht mitkommen wollen. Nicht, dass man mich gefragt hat ...«

»Macht es dir nichts aus? Ich dachte, du würdest lieber am Strand liegen oder so.«

»Es macht mir überhaupt nichts aus. Ich weiß nicht, was daran reizvoll sein soll.«

»Ich wollte Beute mit nach Hause bringen!« Er breitete seine Arme aus und tat, als sei er Tarzan. »Ich wollte meine Frau versorgen! Aus dem Land – aus dem Meer – aus der Luft!«

»Aus der *Luft*?«

»Vögel. Wahrscheinlich hat Peter P. ein Gewehr. Eine alte Vogelflinte ...«

»Wir können doch keine *Vögel* essen! Kaninchen, in Ordnung. Obwohl ich hoffe, dass Mrs. P. sich darum kümmert. Fisch ... ich glaube, ich könnte mit Fisch umgehen. Aber mit Vögeln definitiv nicht. Und mit alten Vogelflinten noch definitiver nicht.«

Sie lachten grundlos, umarmten sich und beschlossen zu schwimmen. Trotz seiner Buhrufe zog sie sich hinter einem Felsen um und bemerkte, als sie in ihrem neuen Badeanzug hervorkam, dass er hinter einem anderen war. Sie liefen Hand in Hand in die kleinen Sommerwellen.

☆

Am nächsten Morgen war keine Zeit, um den Tanz von Sonne und Schatten zu beobachten. Sie bereitete Sandwiches für ihn zu, während er den Herd anmachte, dann zog sie ein Hemd und einen Baumwollrock an, um mit ihm zur Bucht zu gehen. Die Flut nippte in der Tat am Fuß der Klippe, und sie blieb auf den Stufen stehen und schaute zu, wie Peter Penhailes Jack Anweisungen gab, wie er das ›alte Mädchen‹, so bezeichnete er das Boot, durch das Gewirr von Seetang dorthin zu manövrieren habe, wo es in einem halben Faden Wassertiefe hilflos schaukeln konnte.

»Halt sie ruhig, Junge! Möchte nicht, dass sie gegen die Klippe schlägt, egal, ob da Fender dran sind oder nicht!« Sie standen beide hüfttief im Wasser und hatten offensichtlich jeden Muskel angespannt.

Hope murmelte laut: »Wie er das wohl schaffen mag, wenn er Jack nicht hat?« Sie schaute mit einiger Angst zu, wie Peter an Bord kletterte, während Jack am Heck zurückblieb und es von der Klippe wegschob. »Er könnte zermalmt werden! Was denken die sich denn dabei?«, fragte sie voller Angst.

Aber dann erwachte der Motor brüllend zum Leben und brachte Jack dazu, hilflos zu spucken, und das Boot nahm Fahrt auf, und plötzlich schwamm Jack und Peter beugte sich über die Seite und hievte ihn an Bord. Die Sandwiches, in Pergamentpapier eingewickelt, fielen in die Höhle.

»Verdammt!«, sagte Hope laut.

»Bis heute Abend, Liebling!«, rief Jack, der offensichtlich ganz außer sich vor Begeisterung war.

»Du bist völlig durchnässt! Komm zurück!«, rief Hope.

Peter und Jack lachten schallend. Dann löste Peter das Ruder und sie fuhren geradewegs aufs Meer hinaus.

Hope stand da und schaute hilflos zu. »Gut, ich werde ... zum Teufel«, sagte sie.

Ihr war kalt, weshalb sie wieder ins Bett ging, bis das Feuer brannte. Sie fühlte sich ohne Jack sehr sonderbar. Sie hatte ihn achtundvierzig Stunden lang an ihrer Seite gehabt, und sie waren bereits zusammengewachsen. Sie war eigentlich nicht einsam. Sie wusste seltsamerweise nicht, was sie machen sollte. Die Lichtmuster waren nicht die gleichen, und als es nebenan raschelte, war sie sicher, dass es Mäuse waren, und sie sprang hastig aus dem Bett und führte ziemlich laute Selbstgespräche.

»Ich werde herausfinden, welcher Baum diese Muster auf die Wand wirft. Danach wird Ebbe sein und ich kann nach Feuerholz suchen. Ob das trockene Seegras wohl brennt? Ich wette, das tut es. Ich werde das auch sammeln. Anschließend gehe ich Milch holen. Und ich könnte mit dem Auto nach Buryan fahren und etwas Obst kaufen. Ich habe Appetit auf eine

Orange. Oder auf eine Banane. Und Eis am Stiel. Ein Eis am Stiel hätte ich gerne.«

Um das Cottage standen keine Bäume, sodass sie zu dem Schluss kam, dass die Muster von den Wedeln der Farne gemacht wurden, die die Senke so umsäumten wie das Häkelnetz den Milchkrug abdeckte. Sie legte Holz auf das Feuer und füllte den Kessel mit Wasser und wanderte dann ziemlich ziellos zum Strand hinunter. Es war fast Mitte Vormittag und das Wasser lief schnell ab und hatte auf dem Sand ein halbes Dutzend verkohlter Spieren zurückgelassen. Sie sammelte sie und ging in die Höhle, um getrocknetes Seegras zu holen. Im Halbdunkel war es unheimlich, und sie ging schnell wieder hinaus und machte sich mühsam, bewaffnet mit ihrem Feuerholz, zurück auf den Weg zum Cottage. Dann reinigte sie die winzige Spülküche vom Boden bis zur Decke und öffnete die zur Felsseite gerichteten Fenster, damit sie trocknen konnte. Sie hatte noch nie zuvor einen richtigen Hausputz gemacht und sie betrachtete ihr Werk von der mittleren Tür aus mit viel Vergnügen. Sie wollte nach oben gehen und das Bett machen und die Fenster dort putzen, aber das würde bedeuten, dass sie über ihren frisch gereinigten Boden laufen müsste, weshalb sie es ließ und sich an den Herd zurückzog, wo sie etwas von dem ›Heißwasservorrat‹ nahm und Tee machte. Unglücklicherweise hatten weder sie noch Jack daran gedacht, gestern Abend die Milch zurück in das Bächlein zu stellen, und so roch sie etwas sauer. Sie schenkte sich mehr Tee ein und trank ihn schwarz, verzog ihr Gesicht, war aber entschlossen, ihn zu genießen.

Die Sonne schien heiß. Sie schenkte sich noch mehr Tee ein und stellte einen Stuhl hinaus auf den Weg vorm Haus. Laut sagte sie: »Es ist wie diese Cottage-Teekannen, und dies ist die Tülle, die zu dem Bächlein hinunterführt.« Sie lehnte den Stuhl gegen die Böschung und legte ihren Kopf auf ein Kissen von Seenelken. Einige Zeit später, als die Sonne hinter dem Haus verschwunden war und der Rand des Gartens im Schatten lag, erwachte sie. Auf ihrer winzigen rechteckigen Uhr war es halb fünf. Sie sprang auf und ging ins Haus. Das Feuer war aus, und obwohl der Boden der Spülküche trocken war, dachte sie, dass wahrscheinlich keine Zeit sei, das Schlafzimmer zu reinigen. Sie würde das morgen tun. Sie brauchte Lebensmittel zum Abendessen; ganz sicher Milch. Sie nahm ihre Handtasche und betrachtete ihr Gesicht im Spiegel ihrer Puderdose und legte rasch ein wenig Make-up auf. Wie hatte sie bloß den ganzen Nachmittag vergeuden können? Sie schoss aus der Tür und begann, die Klippe hinaufzusteigen. Es war verlockend, den Wagen zu benutzen, aber das schien ihr doch etwas verrückt zu sein, und so machte sie sich auf den Weg zur Farm der Penhailes' und spazierte genau auf die untergehende Sonne zu.

Mrs. Penhailes war auf dem Hof, über ein Fass mit Äpfeln gebückt, und legte sie einzeln und mit großer Sorgfalt in flache Kisten. »Ich sollte das jetzt nicht tun«, sagte sie und richtete sich mit einiger Mühe auf. »Konnte ihn riechen. Irgendwo hier ist ein fauler.« Sie blickte grimmig nach unten. »Immer einer in jedem Fass, und wenn man ihn nicht rausholt, ist das ganze Fass verdorben.«

Hope sagte eifrig: »Lassen Sie mich!« Sie kniete sich auf die alten Fliesen. Der Duft war schwer und süß und ein klein wenig scharf.

Mrs. Penhailes sagte, dass Montag sei, weshalb es kein Wunder sei, dass ihr Rücken schmerze und dass sie eine Törin sei, mit den Äpfeln zu beginnen, aber andererseits wisse ja jeder, dass sie eine Törin sei. Sie hatte mit dem Waschen angefangen, kaum dass Peter an diesem Morgen gegangen war. Das Waschhaus wurde schnell warm, da ein gutes Feuer unter dem Waschkessel brannte. Viel Sonne, viel Wind, so war alles getrocknet, bevor sie die Eisen erhitzen konnte. Sie hatte den ganzen Nachmittag gebraucht, weil sie auch die Arbeitsanzüge für die Steinhauer machte, aber sie würde fertig sein und alles wäre verstaut, bevor der Alte zurückkam. So musste man an einem Montag verfahren.

Hope nickte, verstand aber nicht wirklich. Ihre Mutter hatte schon sehr bald nach Ende des Krieges eine Waschmaschine gehabt. Vor kurzem hatte sie auch einen Trockner bekommen. Waschtag konnte an jedem Tag der Woche sein, und im Dorf war ein Mädchen, das das Bügeln besorgte.

»Oh, hier.« Sie blickte auf. »Ich denk', ich hab' ihn gefunden. Weich.«

»Gutes Mädchen. In den Schweinekübel damit, und dann lass uns die anderen schön auslegen.«

Sie sortierten die Äpfel sorgfältig und dann führte Mrs. Penhailes sie stolz in die Milchküche, die – so erklärte sie stolz – jeden Tag geschrubbt wurde. Auf den Marmorplatten standen Metallschalen, von denen eine Butter enthielt, die die Farbe von Sonnenschein hatte. Sie wuschen beide ihre Hände an dem flachen Steinausguss, und Mrs. Penhailes zeigte Hope, wie sie die Butter zwischen zwei Holzbrettern klopfte und dann vorsichtig ihr Zeichen, eine Eichel, in jedes Pfund drückte. »Ich brauch's nicht oft zu wiegen«, prahlte sie. »Ich weiß genau, wie viel ich jedes Mal pressen muss.« Sie demonstrierte es. »Schau's dir an«, sagte sie, setzte den Klumpen auf Pergamentpapier und hob ihn dann auf die Hängewaage. »Könnte doch wohl nicht besser sein, oder?«

»Es ist perfekt«, sagte Hope. Dann, »Wann werden die denn nach Ihrer Meinung zurückkommen?« fragte sie, wobei sie überlegte, was sie zum Abendessen bekommen könnte und wie schnell sie das Feuer im Herd entzünden könnte.

»Mit der Flut. Gegen halb sieben, würde ich sagen.« Sie wickelte die Butter ein und legte sie neben einen in ein Tuch gewickelten Laib Brot in einen Korb. »Nimm etwas davon, wenn du deine Makrele kochst«, sagte sie auf die Butter deutend. »Im Schrank neben dem Herd steht eine Platte. Leg sie Nase an Schwanz, ’n bisschen Salz, ’n bisschen Pfeffer. Die Petersilie müsste jetzt rausgekommen sein – du kannst ein Bund mitnehmen ...«

»Makrele?«, fragte Hope.

»Das ist das, was sie wahrscheinlich mitbringen werden. Aber was immer es ist, du kannst es genau so zubereiten. Wenn du den Fisch ausnimmst, drück ihn so runter ...« Sie demonstrierte das auf der Marmorplatte vor ihr. »Auf diese Weise löst du die Rückengräte und kannst sie vor dem Kochen rausziehen.«

Hope blinzelte. Sie hatte Jack sagen gehört, dass er sie mit Lebensmitteln versorgen wolle, aber irgendwie war ihr nicht der Gedanke gekommen, dass sie auf seinen Erfolg wartete. Der Gedanke an einen richtigen Fisch mit Augen und Schwanz und ›Eingeweiden‹ ... war nicht beruhigend.

»Mach ein gutes Feuer, dann wird der Ofen heiss sein und sie werden nicht mehr als eine Stunde brauchen.«

Das war etwas, was sie tun *konnte.* Sie ging rasch zurück, den Korb tragend und versuchend, nicht zu stolpern, als sie den grasigen Weg hinunterstieg, der um Widdershins herumführte. Sie liebte es, durch die Haustür und um den Tisch herum zu gehen. Alles begann so vertraut und lieb zu werden. Jack würde binnen einer Stunde zu Hause sein. Sie sehnte sich danach, dass er endlich die makellos saubere Spülküche sah. Sie begann den Tisch zu decken. Er sah wundervoll aus. »Des Jägers Haus vom Hügel aus«, murmelte sie und sah alles mit seinen Augen. Teller, Messer, Gabeln – so etwas wie Fischmesser gab es nicht, aber das war unwichtig. Das Salz war in einem offenen Napf mit einem kleinen Löffel darin. Sie verstreute etwas auf der Tischdecke und nahm es auf, um es über ihre linke Schulter zu werfen – nicht, dass sie auch nur im mindesten abergläubisch war, aber wenn man in einem Cottage wohnte, das Widdershins hieß, mochte es vielleicht ratsam sein, den Gott Pan gnädig zu stimmen.

Dann kam das Feuer. Sie holte die Asche heraus und legte mit großer Sorgfalt Papier und Anmachholz hinein. Oben drauf legte sie etwas von dem getrockneten Seegras und dann einige kleinere Holzstücke. Sie entzündete dies und grinste erfreut, als die Flammen um das Seegras zu knistern begannen, die kleinen Bläschen platzen ließen und auf ermutigende Weise an dem Holz leckten. Nachdem der kleine Haufen jedoch durchgebrannt war, erstarb das Feuer ein wenig. Sie ging mit einem Krug zwischen der Spülküche hin und her und füllte den Kessel, und dann legte sie mehr Seegras und Tang auf und schaute zu, wie die Flammen züngelten. Mehr Holz. Mehr Gras. Es brannte jetzt wirklich sehr gut. Sie warf einen Blick auf ihre Armbanduhr und beschloss, zur Bucht hinunter zu gehen, um das Boot zu empfangen. Von der Haustür aus sah das Cottage so zufriedenstellend aus, dass sie fast laut zu lachen begann. Der Tisch war so einladend, das Feuer noch mehr und der Kessel begann zu singen. Sie rannte fast zu dem Bächlein hinunter und dann die Klippe und dann den Pfad und dann diesen erstaunlichen Zickzackweg durch die Felsen zu der Bucht. Und dort kam er ihr entgegen, sah aus wie jemand aus dem Alten Testament, ihr Jack.

Sie warf ihn mit ihrer Begrüßung fast um.

»Oh, Liebling, du stinkst aber wirklich! Es ist wunderschön – Fisch und noch mehr Fisch!« Er lachte sie an, gab ihr einen salzigen Kuss und versuchte zu verhindern, dass die Schnur mit Makrelen, die über seiner Schulter hing, hinunterfiel. »Wo ist das Boot? Wo ist Mr. Penhailes? Peter?«

»So beruhige dich doch. Wenn diese Beute zurück ins Meer fällt, wirst du zum ersten Mal einen starken Mann in Tränen aufgelöst sehen!« Er rückte die Fische zurecht. »Peter sagt, wir können die Fische räuchern, die wir nicht wollen. Geräucherte Makrele, Ho! Unsere ganz eigene geräucherte Makrele!«

»Herrlich. Wundervoll. Aber wo *ist* Peter? Und wo ist das Boot?«

»Es ist ein Logger, Liebling. Ein kornischer Logger. Wir haben sie in die Höhle gebracht und auf trockenen Grund gezogen, und er spritzt sie ab. Sagte mir, ich sollte schon vorgehen. Du würdest besorgt sein.«

»Das bin ich nicht gewesen. Ich bin so beschäftigt gewesen, Jack! Wie eine richtige Hausfrau. Zuerst dachte ich, es würde ein langer Tag werden, aber dann war er nicht einmal annähernd lang genug! Ich habe die Spülküche geputzt, und ich hatte das Schlafzimmer putzen wollen, aber dazu war keine Zeit. Wie war's bei dir, Liebling? War es sehr anstrengend?«

»Ich habe dich vermisst.« Sie waren jetzt oben auf der Klippe und er drückte sie gegen die Makrelen und küsste sie. »Es war für mich ein langer Tag. Es ist aufregend, wenn man etwas erbeutet, aber es gibt viele Stunden, in denen das nicht der Fall ist!« Er küsste sie wieder. »Beim nächsten Mal musst du mitkommen, Ho.« Er lachte plötzlich. »Jetzt verstehe ich, was du mit dem Stinken meintest. An mir selbst konnte ich es nicht riechen, aber an dir kann ich es riechen!«

»Du Schweinekerl!« Sie rannte davon und er jagte ihr hinterher und küsste sie wieder, und sie wusste mit absoluter Sicherheit, dass er sie auf der Stelle geliebt hätte. Es gab ihr das Gefühl, allmächtig zu sein, so, als könne sie auf der Welt alles tun. Aber noch während sie sich fragte, was sie tun sollte, kam von jenseits des Baches ein Schrei. Sie blickten auf und schauten sich verstört an und dann stürmten sie durch das Gehölz und hinein in das kleine Gartenstück. Ein Mann stand vor der Haustür. Ein Fremder. Er hustete. Aus jedem Fenster und jedem Spalt von Widdershins quollen Rauch und Ruß wie eine schwarze Flüssigkeit. Er fand genau in dem Augenblick keuchend seinen Atem wieder, als sie ihn erreichten.

»Allmächtiger Gott«, keuchte er. »Wollt ihr mich umbringen? Ich habe doch überhaupt nichts getan! Habe da nur ein paar Nächte lang geschlafen. Seegras auf dieses Feuer zu legen, wo dieser Kamin seit Gott ich weiß nicht wann nicht mehr benutzt worden ist – das musste ja so kommen!«

Er stieß die Tür auf. Das kleine Wohnzimmer, das keine Stunde zuvor noch so einladend ausgesehen hatte, war rußgeschwärzt. Alles, was auf dem Tisch stand, desgleichen. Als Hope ein verzweifeltes Stöhnen ausstieß, füllte ein weiterer Rußregen den Rost und stieg in Wolken um den Kessel auf.

Jack sagte: »Oh, mein Gott!«

Der Mann hatte Mitleid mit den beiden. »Ist in Ordnung. Der Rußniederschlag hat das Feuer gelöscht. Ist nur Rauch und Ruß. Aber das drang in meine Hälfte durch und hätte mich fast erstickt, das kann ich euch sagen!«

Hope war zu verblüfft, um etwas zu sagen. Sie stürmte ins Haus und ergriff den Milchkrug. Das Netz hatte den größten Teil des Rußes zurückgehalten, doch darunter war ein Film, der aussah wie schwarzes Öl, das oben auf der Milch trieb. Die Butter war nicht wiederzuerkennen. Sie nahm sie und den Brotlaib in ihre Arme und ging in die Spülküche. Auch hier war Ruß. Daraufhin weinte sie und versuchte hilflos, den Brotlaib über der Spüle zu reinigen.

Sie hörte Jack sagen: »Was, zum Teufel, soll das heißen? Ihre Hälfte?«

»Ich bin vor einigen Abenden zurückgekehrt. Hörte, dass ihr euch niedergelassen habt und vermutete, dass die Penhailes' das Haus an jemand anders vermietet haben. Also zog ich bei den Brombeeren ein!«

Das war der Tropfen, der das Fass zum Überlaufen brachte.

Sie erinnerte sich an das alte Bett und an seine nicht gerade leisen Begleiterscheinungen, als sie Liebe gemacht hatten. Dieser Mann hatte sie gehört. Hatte gehört, wie sie sich liebten. Etwas, das heilig und verehrungswürdig gewesen war, war plötzlich befleckt und billig.

Sie legte das Brot in den mit Ruß gefüllten Ausguss, senkte ihren Kopf und weinte dicke Tränen. Und als Jack sie in die Arme nahm und ihr sagte, dass es doch überhaupt nichts ausmache und dass sie bald alles gereinigt haben würden, wollte sie sich nicht trösten lassen und wäre ins Bett gegangen, wäre da nicht der winzige Kamin im Schlafzimmer gewesen, der ebenfalls eine Schicht Ruß von sich gegeben und diese auf die Tagesdecke gespuckt hatte.

So arbeiteten die drei im Zwielicht, und der Fremde – der Eindringling, der der Künstler war, wie sich herausstellte, und Jem Trewint hieß – reinigte den Fisch im Bach und machte ein Feuer im Garten, und als sie die Butter abgekratzt hatten, das Brot unter der Pumpe abgespült und die Milch abgeschöpft hatten, war der Fisch zum Essen bereit.

Jack, der sich inzwischen gut mit Jem verstand, sagte: »Du wirst mit uns essen müssen, Junge. Wärst du nicht hier gewesen, hätte das Haus abbrennen können.«

Jem grinste und schüttelte seinen Kopf. »Ich sagte es doch. Der Ruß hat das Feuer gelöscht. Und der Schornstein ist jetzt sauber.« Er hockte sich auf das Gras und machte es sich bequem. »Ihr könnt das Feuer am Morgen anzünden. Häng die restlichen Fische in den Kamin und räuchere sie. Jetzt alles in Ordnung, kleine Dame?«

»Hope.« Sie aß den Fisch mit den Fingern. Er war köstlich. Sie begann, sich besser zu fühlen. »Es tut mir Leid wegen ... dem. Es ist nur so, dass ich so schön aufgeräumt und den Tisch gedeckt hatte ...« Sie spürte, dass ihr wieder Tränen die Kehle zuschnürten und stockte.

Er nickte. »Ich hab' dich gehört. Ich wäre ja gekommen und hätte geholfen, aber wahrscheinlich hätte ich bei dir einen Herzinfarkt ausgelöst!«

Sie erinnerte sich ihrer schlechten Angewohnheit, laute Selbstgespräche zu führen, und errötete tief.

Er sagte: »Du bist sehr schön. Ich denke, das weißt du. Würdest du mir Modell sitzen?«

»Tja – weißt du, wir sind ziemlich beschäftigt.«

»Wir sind in den Flitterwochen«, sagte Jack, plötzlich direkt und nicht ganz so freundlich.

Jem Trewint ließ sich rücklings aufs Gras fallen und lachte hilflos. »Ich hätte es wissen müssen!«, krähte er. »Und du willst natürlich nicht, dass deine Frau vor mir ihre Kleider ablegt. Die Antwort lautet also Nein. Und ihr hättet es lieber, wenn ich nicht nebenan wäre.«

Jack sagte: »Sogar sehr.«

Hope war es enorm heiß. Sie kaute geschäftig und schaute auf ihre nackten Beine, die in Füßen endeten, die in Sandalen steckten. Sie zog ihren Rock bis zu den Knöcheln hinunter.

»Ah.« Jem Trewint grinste noch immer, begann aber aufzustehen. »Ich werde einfach meine Farben und meine Sachen holen. Bella wird mich heute Nacht in der Scheune schlafen lassen.« Er streckte Hope eine fischige Hand hin. »Lebwohl. Vielleicht begegnen wir uns ja wieder und dir wird meine Anwesenheit nicht ganz so peinlich sein!«

Hope legte ihre fettige Hand in seine. »Es tut mir ja so Leid«, stammelte sie. »Wirst du zurechtkommen?«

Sie stellte Jack die gleiche Frage, nachdem der Künstler oben auf der Klippe verschwunden war.

Jack war kurz angebunden. »Natürlich wird er zurechtkommen. Er ist einer dieser Hippies.«

»Woher weißt du das?«

»Hast du sein Haar nicht gesehen? Er sah wie Jesus aus.«

»Oh, Jack. Er war zuerst hier. Und wir haben ihn vertrieben.«

»Wolltest du, dass er nebenan wohnte und allem lauschte, was wir sagten und täten?«

»Natürlich nicht. Aber ... er war so hilfsbereit. Hat aufgeräumt und gekocht und alles. Und zuerst hast du ihn auch gemocht.«

»Das war, bevor er dich aufforderte, deine Kleider auszuziehen!«

Sie schaute zu ihm auf. »Das hat er doch gar nicht wirklich gesagt ... oh, du scherzt! Oh, Jack. Es tut mir so Leid. Ich habe alles verdorben, nicht wahr?«

Er sagte ihr, dass sie das nicht getan habe. Er küsste sie auf ihren fischigen Mund und sagte ihr, dass sie wundervoll rieche, und plötzlich lachten sie wieder. Sie sprudelte: »Mrs. Penhailes muss Mirabell heißen. Er – der Maler – nannte sie Bella. Hast du das gehört?«

»Ich hab's gehört.«

Sie lachten noch immer, als sie die Reste des Mahls wegräumten und nach oben in das rußige Schlafzimmer gingen. Und es war gut so. Alles war gut. Aber es war nicht das Gleiche. Vorher hatten sie nicht gewusst, dass sie gehört werden konnten. Vorher waren es nur sie beide gewesen.

☆

Jack Langley hatte keine Eltern. Sie waren ums Leben gekommen, als er drei und sein Bruder Giles zehn war. Die beiden Jungen waren bei den sehr strengen Großeltern aufgewachsen und Jacks Kindheitserinnerungen waren vor allem die an heftige Auseinandersetzungen zwischen Giles und seinem Großvater, auf die ein eisiges Schweigen folgte, das Jack einschloss. Giles hatte seinen Wehrdienst während des Koreakrieges geleistet und Jack gestanden, dass dieser verglichen mit dem Zusammenleben mit Großvater ›ein Klacks sei‹. Als der Waffenstillstand vereinbart worden war, war er nach Hause gekommen und hatte eine Stellung in der Shire Hall in Gloucester bekommen, war aber nicht lange geblieben. Er hatte sich bei Jack ausgiebig entschuldigt und war 1956 nach Australien ausgewandert. »Ich pack's hier nicht, alter Junge«, hatte er gesagt. »Ich hatte in Korea ein paar Kameraden aus Australien, und nach dem, was die mir erzählt haben, ist dies das Land der Zukunft. Immigranten werden dort ›Zehn-Pfund-Poms‹ genannt, eine Anspielung auf die Strafgefangenen, die früher dorthin verschifft wurden. So einer werde ich dann auch sein.« Er hatte gegrinst. »In wenigen Jahren wirst du auch deinen Wehrdienst hinter dir haben und dann kannst du zu mir kommen. Wie klingt das?«

Es hatte sehr gut geklungen. Doch seltsamerweise war das Leben in dem kleinen Reihenhaus in der Brook Street nicht so schlecht, wie Jack befürchtet hatte. Großvater runzelte oft die Stirn, aber er ging mit Jack zu Fußballspielen und ließ ihm einen Anzug maßschneidern, als er den Job im Hafen bekam. Als beide Großeltern starben, während Jack seinen Dienst bei der Friedenstruppe in Korea leistete, hatte er wirklich getrauert. Doch wie bei Giles hatte die Reise seinen Horizont erweitert, und bis er Hope kennen gelernt hatte, hatte er sich über den Job und sein Angebundensein geärgert und ständig mit dem Gedanken gespielt, zu Giles nach Australien zu gehen.

Er spielte noch immer mit dem Gedanken. Er war durchdrungen von den Ansichten seiner Großeltern über stolze Unabhängigkeit, und die Tatsache, dass Hope so viele ihrer materiellen Annehmlichkeiten aufgab, um ihn zu heiraten, war ärgerlich, um es gelinde auszudrücken. Zu seines Großvaters Zeit waren die Männer die Ernährer und Versorger gewesen und er war entschlossen dafür zu sorgen, dass es in seiner Ehe auch so sein würde. Darum liebte er es so, seine Beute aus dem Meer nach Hause zu bringen; darum war er mit Peter Penhailes auf Kaninchenjagd gegangen. Hatte ihn sogar zum Schlachthaus begleitet, als die Lämmer der Penhailes' geschlachtet wurden – »Schmerzlos, Ho. Das verspreche ich dir.« Der Ort, an dem sie ihre Flitterwochen verbrachten, der zunächst so wenig vielversprechend gewesen zu sein schien, erwies sich als ideal. Er konnte den Pionier spielen und tat dies sehr erfolgreich.

Es war ein sonderbares Vergnügen gewesen, festzustellen, dass Hope das Cottage während seiner Abwesenheit fast niedergebrannt hatte. Er hatte es genossen, sie zu trösten, das Kommando zu übernehmen, alles in Ordnung zu bringen. Nach dem ersten Schock wegen der Entdeckung, dass Jem Trewint fast nur in Armeslänge Entfernung von ihnen gelagert hatte, hatte er die ganze Situation recht komisch gefunden. Es war etwas, wovon er den Jungs bei der Arbeit erzählen konnte. Selbst die Geschichte, dass er Hope hatte malen wollen. Jack war stolz auf sich, weil er mit seiner Weigerung so offen gewesen war. Er hatte seine Frau verteidigt. Das war's, was er jetzt tun wollte: Er wollte auf Hope aufpassen und sie, falls nötig, verteidigen.

An diesem Abend gingen sie zu Bett und lachten über den alles durchdringenden Rußgeruch. Er hielt sie dicht an sich gezogen, ganz sicher, dass nichts jemals dieses Glück zerstören würde. Es ging ihnen gut, und es war schön und es würde immer schön sein und ihnen immer gut gehen.

☆

Hope war nur zu glücklich darüber, dass jemand ›auf sie aufpasste‹. Irgendwie war sie während der Zuwendung, die ihr ein Leben lang zuteil geworden war, zu dem Schluss gekommen, dass sie mit dem Leben allein nicht fertig wurde. Jacks Beschützerinstinkt war genau das, was sie brauchte. Sie war ein typisches Kind älterer Eltern, absolut zufrieden, glücklicher bei Erwachsenen als mit anderen Kindern. Als Jack sie zum ersten Mal über die Köpfe der anderen Mädchen hinweg bei Miss Marchant angeschaut hatte, hatte sie nicht zu hoffen gewagt, dass er sich zu ihr hingezogen fühlte. Er war ein älterer Mann, was bedeutete, dass er seinen Wehrdienst geleistet haben musste, wahrscheinlich in Fernost. Das grenzte seine Altersgruppe ab, machte sie zu etwas Besonderem. Als er am nächsten Tag auf sie im Park wartete, war sie außer sich vor Freude. Sie wusste sofort, dass sie ihn liebte und nie einen anderen lieben würde. Sie war sich selten zuvor irgendwelcher Dinge sicher gewesen. Aber sie wusste, dass sie Jack liebte.

Ihre Eltern, Edward und Milly Marsh, waren nach Horsley gezogen, als in Ledbury eine neue Niederlassung der Three Counties Friendly Society eröffnet worden war. Edward war während des Krieges in der City gewesen, und die altmodischen Three Counties beauftragten ihn, ihre neue Niederlassung aufzubauen. Es war 1945, der Krieg war vorbei und mit fünfundfünfzig dachte Edward an seine Pensionierung. Horsley House sollte ihr Alterssitz werden. Es war, als ob das Haus und das Dorf auf sie gewartet hätten, und sie hatten sich binnen eines Monats nach dem Umzug eingewöhnt. Milly schloss sich dem Women's Institute an, und sie beide begannen Bowling zu spielen. Samstags fuhren sie nach Gloucester und kauften ein. Sonntags besuchten sie den Frühgottesdienst in der grauen Kirche mit ihrem geduckten angelsächsischen Turm. Milly begann mit Perlstickerei und Edward mit dem Sammeln alter Landkarten.

Dann wurde Milly, die zwölf Jahre jünger als Edward war, aber sich ebenso begeistert auf die Pensionierung freute, wie ein Blitz aus heiterem Himmel schwanger. Sie konnten es nicht glauben. Milly hatte den Eindruck, bei ihr hätten ›die Wechseljahre‹ begonnen, und sie suchte erst dann ihren Arzt auf, als ihr Bauch zu schwellen begann und sie glaubte, sie habe eine Geschwulst.

Der Arzt war jung und lustig. »Tja, die haben sie ganz bestimmt, Mrs. Marsh! Aber Operationen werden nicht erforderlich sein. Ich würde sagen, Sie verlieren sie in etwa drei Monaten.« Er war über ihre völlige Verblüffung amüsiert. »Sie erwarten ein Baby, Mrs. Marsh.«

»Aber das kann nicht sein!« Milly wünschte sich, zu ihrem alten Arzt in London gehen zu können. »Ich bin zu alt.«

Dr. Booth studierte ihre Patientenkarte. »Dreiundvierzig? Das ist nicht zu alt. Mein Gott, Sie stehen in der Blüte Ihres Lebens!« Er konnte sich nicht vorstellen, wie es war, dreiundvierzig zu sein. Jedenfalls wäre es zweifellos der Tod für ihn, müsste er jemals den National Health Service in Anspruch nehmen.

»Mein Mann wird in fünf Jahren pensioniert sein!«

»Dann wird das für ihn auch ein Scho ... eine ziemliche Überraschung sein?«

»Absolut.«

»Wie ich sehe, haben Sie sonst keine Kinder.« Er hielt seinen Blick auf die Karte gerichtet. Er wollte lachen, merkte aber, dass es da nichts zu lachen gab.

»Wir haben's versucht. Wir hatten uns Kinder über alles gewünscht, aber wir akzeptierten, dass es nicht sein sollte. Und dann wäre es natürlich während des Krieges falsch gewesen, ein Baby in die Welt zu setzen.« Sie schluckte. »Ich *bin* wirklich zu alt, Doktor.«

»Sie sind völlig gesund, Mrs. Marsh. Es gibt keinen Grund auf Erden, warum etwas nicht in Ordnung sein sollte.« Er griff nach einem Rezeptblock. »Hören Sie. Ich werde Ihnen Vitamine verschreiben. Und wenn Sie gern einen Obstetriker aufsuchen möchten ...«

»Einen was?«

»Einen Spezialisten.«

»Oh. Nein, ich glaube nicht. Sie sind schließlich qualifiziert.« Das klang zweifelnd und er blickte auf und grinste. Dann nickte er. »Ich will abwarten, was mein Mann dazu sagen wird. Oh, Gott.«

»Er wird sich riesig freuen. Sie werden schon sehen.« Dr. Booth hatte ein Konto bei Three Counties und wusste, dass der Direktor bei Überziehung großzügig war.

Edward war nicht nur erfreut, er war außer sich vor Entzücken. Und zugleich verängstigt. Sie suchten nicht nach einem Namen und kauften auch nichts, sie bekreuzigten sich und achteten darauf, nie unter Leitern hindurchzugehen. Als ein völlig gesundes Mädchen ohne Probleme geboren wurde, war er es, der sagte: »Sie ist unsere Hoffnung für die Zukunft, Milly.«

Milly sagte, leicht die Stirn runzelnd: »Hoffnung? Das ist aber ein ziemlich altmodischer Name, Edward.«

»Ich meinte das im übertragenen Sinne, Liebling. Aber andererseits ... Hope, das ist doch ein wunderschöner Name. Sollen wir?«

Und Hope hatte all ihre Hoffnungen erfüllt, war traumhaft schön, nicht überklug, aber auch nicht dumm. Und als sie sich in Jack Langley verliebte, waren sie hocherfreut. Er war älter als sie, entschlossen, auf sie aufzupassen. Sie bewunderten seine hartnäckige, auf Unabhängigkeit bedachte Art. Er war kein Raffke. Edward Marsh hatte in seinem Geschäft eine Menge Raffkes kennen gelernt, deshalb war dieser Charakterzug wichtig für ihn.

Hope wurde nicht verwöhnt. Aber sie wurde umhegt. Sie wurde nie zu etwas gedrängt. Ihr wurde immer gesagt, es sei gut genug, wenn sie ihr Bestes gäbe. Als sie Jack Langley kennen lernte und er ihr sagte, sie sei hoffnungslos, war sie empört. Dann, allmählich, aber sah sie, dass er diese Qualität an ihr schätzte. Vielleicht machte sie auch so viel Anerkennung vertrauensvoll.

2

Als sie zum Sandhurst Cottage zurückkehrten, das so wenig malerisch und unbequem war, wie Widdershins es gewesen war, waren sie noch immer wie Kinder, die ›eigenen Hausstand haben‹ spielten. Hopes Eltern waren von Horsley gekommen, um die wenigen Möbelstücke aufzustellen, die Spüle und den schrecklichen alten Gasherd zu reinigen und das Bett zu machen. Hochzeitsgeschenke leuchteten unerwarteterweise von Wänden und Regalen. Ein brandneuer Toaster stand, ein wenig fehl am Platze wirkend, auf dem durchnässten hölzernen Abtropfbrett, und das Tischtuch hatte noch seine Falten.

Hope schaute sich dies alles begeistert an, eilte dann nach draußen, während Jack die Koffer nach oben trug, und kehrte mit einem Strauß Löwenzahn und Butterblumen zurück. Sie arrangierte sie in einer Kristallvase, die der Frauenverein von Horsley gestiftet hatte, und stellte die Vase in die Tischmitte.

Jack nickte beifällig, fragte aber dennoch: »Sind Lebensmittel da?«

»Ich denke, dass Mummy uns ein Brot und etwas Milch hingestellt hat. Irgendwo.« Sie öffnete wahllos Schranktüren und fand viele Lebensmittel. »Alles ist da! Was möchtest du zum Abendessen, Liebling? Ich koche, was du haben möchtest! Irgendwo steht hier ein Fondueset und hier ist sehr viel Käse. Oder Pfannkuchen? Mit Käsefüllung?«

»Ich hätte gerne ein Stew«, sagte Jack. »Eins mit Karotten und vielen Klößen.«

Sie starrte ihn bestürzt an, und er lachte schallend und zog sie an seine Schulter und sagte ihr, dass Käse mit irgendwas wunderbar wäre.

»Du bist ein Teufel«, sagte sie zufrieden und schnüffelte an dem Salz, das noch an seinem Hals klebte. »Es muss kein Käse sein. Es sind Konservendosen da.« Sie schaute zu ihm auf. »He – vielleicht ist sogar irgendwo eine Dose mit Stew!«

»Nein, ich würde Käse bevorzugen.« Er runzelte ein wenig die Stirn. »Deine Mutter muss das Haushaltsgeld eines Monats ausgegeben haben, um uns mit Vorräten zu versorgen.«

»Oh – komm mir jetzt bitte nicht mit völliger Unabhängigkeit. Lass uns eine Kanne Tee kochen und bei unseren wundervollen Blumen sitzen und einfach ... verheiratet sein!«

☆

Diese ersten Sommerwochen waren idyllisch. Der Fluss, der fast an ihrer Tür vorbeifloss, war schokoladenbraun und führte viel Wasser. Es war ein ganz normaler Fluss voller Boote und Barkassen. Sie waren weniger als eine Meile von den Docks entfernt. Noch immer wurden gelegentlich die Wasserstraßen benutzt, um Waren und Güter für Tewkesbury und Worcester zu transportieren. Oben, hinter Wainlodes, wurde ein großes Haus renoviert, und während ihres ersten Monats fuhren täglich Lastkähne mit Bath-Steinen vorbei. Milly und Edward kauften einen der neuen Farbfernseher und versuchten Jack zu überreden, ihren alten schwarzweißen zu übernehmen. Es war Hope, die sich bei ihnen für das Angebot sehr bedankte, aber ablehnte und sagte, sie wollten keinen Fernseher, weil es so viel zu tun und in Sandhurst so viel zu sehen gab. Und dann, Ende September, als sie eigens deshalb nach Horsley fuhren, um den Stapellauf der neuen *Queen Elizabeth II* zu sehen, begann es Hope jeden Morgen übel zu werden.

Zuerst war jeder besorgt. Es war so früh und sie hatten Hopes Gehalt wirklich als Spargroschen eingeplant, der schließlich eine Anzahlung für ein Haus werden sollte. Doch wie Milly sagte: »Wenn es so geschieht, muss Gott seine Hand im Spiel gehabt haben – und schließlich denk einmal daran, wie überrascht wir waren, als du kamst, mein Liebling.«

Jack sagte: »Gut. Da haben wir ja wirklich etwas auf Kiel gelegt, was?« Er war hocherfreut und ein Lächeln huschte über sein Gesicht.

Milly sagte: »Oh, Jack, du bist so witzig. Soll das irgendwie eine Anspielung auf den Stapellauf des neuen Schiffes sein?«

Alle starrten sie an. Edward Marsh meinte sanft: »Das glaube ich nicht, meine Liebe. Es ist nur so eine Redensart.« Und dann lachten sie alle schallend, wodurch der unbeabsichtigte Scherz wirklich komisch wurde.

Die Übelkeit kam und ging. Hope schneiderte sich ein paar recht elegante Kittel und einen Wickelrock für später, aber sie erzählte nicht vielen Leuten von dem Baby. Ihre Sorgen um das Geld behielt sie für sich. Jack schien alles spielend zu schaffen.

»Du musst deine Arbeit sofort aufgeben, Ho. Wir dürfen nichts riskieren.«

»Liebling, ich möchte nicht, dass du einen großen Wirbel darum machst. Ich möchte, dass dies eine ganz natürliche Sache ist. Mindestens vier Monate lang wird niemand im Büro es wissen. Und das zusätzliche Geld wird sehr nützlich sein.«

Er schüttelte heftig den Kopf. »Wir werden Kindergeld bekommen. Und wenn du zu Hause bleibst, werden wir ja Geld sparen. Du wirst billigeres Fleisch kaufen können und sättigende Eintöpfe machen – du weißt, dass die mein Lieblingsgericht sind. Und ich kann zur Arbeit laufen – ist überhaupt nicht nötig, mit dem Wagen zu fahren. Eigentlich könnten wir ihn ebensogut verkaufen.«

Dabei empfand sie einen kleinen Stich, aber sie nickte dennoch. »Ja, ich glaube, dass das vernünftig ist. Wir haben einige Ausgaben, Liebling. Mummy und Daddy wollen uns einen Kinderwagen schenken ...« Sie sah sein Gesicht und fügte hastig hinzu: »Das machen Großeltern immer. Und du darfst nicht verstimmt über sie sein, Jack. Sie wollen doch so sehr daran teilhaben ...«

»Aber nicht soweit, dass sie für alles bezahlen«, protestierte er sofort. »Der Kinderwagen, in Ordnung. Aber nicht mehr. Ich bin absolut fähig, für meine Frau und für mein Kind zu sorgen!«

»Oh, Liebling!« Sie ging zu ihm und setzte sich auf seinen Schoß. »Ich werde es wirklich lieben, wenn du so patriarchisch wirst.« Sie hob seine seidenweiche braune Stirnlocke und küsste ihn auf die Stirn. »Du wirst ein so liebevoller Vater sein, Jack. Ich hätte das nie zuvor gedacht, aber jetzt ...«

»Sag einfach, dass du am Montag deine Kündigung einreichen wirst«, flüsterte er. »Bitte, Ho. Ich wünsche mir so sehr, nach Hause zu kommen und zu sehen, dass das Abendessen auf mich wartet.«

Sie begann zu kichern und biss etwas heftig in sein Ohr, und er kreischte auf und stand auf und hob sie auf. Später erzählte er ihr, wie glücklich sie ihn machte. Die ganze Zeit.

☆

Im November traten die Petersens auf den Plan. Mandy und Henrik Petersen kamen aus Norwegen und hatten Pläne für einen Staudamm in Severn vorgelegt, der gigantische Generatoren speisen sollte. Norwegen war führend auf dem Gebiet der Wasserkraftwerke und die Öffentlichkeit war vorsichtig im Hinblick auf die neuen Atomkraftwerke, weshalb die Petersens in gewisser Hinsicht VIPS waren. Alle in Sandhurst kannten sie. Sie hatten Salmon Cottage gekauft, das ein Stück weiter flußaufwärts lag, und ›ein Vermögen ausgegeben‹, um es restaurieren zu lassen. Der Wirt des Pubs nahm an, sie würden eine große Party zur Einweihung geben und das ganze Dorf einladen, doch als das nicht geschah, begann das Gerücht zu kursieren, dass sie überhaupt nicht verheiratet seien. Angeblich habe er eine Frau und sechzehn Kinder in Bergen. Oh, natürlich gaben sie Partys, aber es waren mehr Orgien der Art, wie sie die Schickeria in London feierte. Drogen und Sex und all das. Auf diese Weise bekämen sie ihre Pläne bei der bekanntermaßen langsamen Inland Waterways durch, vom Stadtrat und dem Hafenamt ganz zu schweigen. Aber damit lägen sie völlig daneben. Sie müssten schon mehr tun, als ein paar verrückte Partys geben, um die Genehmigung zu bekommen.

Jack kam nach Hause und berichtete dies alles mit seinem besten bäurischen Akzent. Hope lachte und war den Petersens überaus dankbar dafür, dass sie für Abwechslung sorgten. Jetzt, da sie schwanger war, verbrachte ihre Mutter häufig Zeit mit ihr. Jack war davon nicht so begeistert. Er war nicht direkt besitzergreifend. Es war einfach so, dass er, da er selbst keine Familie hatte, nicht verstand, dass Hope ihre brauchte.

Und dann eines Sonntags, am Ende dieses tristen Monats, als sie und Jack den Tag in Horsley hätten verbringen können, aber er gesagt hatte, sie sollten anständig zusammen sein –

Hope war kurz davor gewesen, ihn schnippisch zu fragen, was zum Kuckuck er damit meinte – wurde an die Tür geklopft und die Petersens standen davor. Hope wusste, wer sie waren, da sie mit ihrem Volvo mindestens zweimal täglich an ihrem Cottage vorbeifuhren. Sie lächelte breit und sagte: »Sie sind unsere neuen Nachbarn. Willkommen. Möchten Sie hereinkommen?«

Jack sprang von seinem Stuhl auf und hielt ihn so, dass Mandy sich setzen konnte. Sie war überaus schön. Blond und blauäugig und sehr skandinavisch. Möglicherweise schon dreißig. Sie gab Hope das Gefühl, ein albernes Schulmädchen zu sein.

»Wie lieb von Ihnen!« Trotz ihres skandinavischen Aussehens, wies ihr leichter Akzent sie als Londonerin aus. »Wir fanden, es sei an der Zeit, mit jemandem Kontakt aufzunehmen. Ich bin Mandy und das ist Henrik und wir wohnen im Salmon Cottage – wie Sie wissen – und wir spazieren zum Lunch in den Pub. Wir dachten, Sie würden uns vielleicht begleiten.«

Jack und Hope waren erstaunt. Sie aßen sonntags ihren Lunch nie ›auswärts‹, keiner ihrer Bekannten tat das.

»Gibt es denn dort Lunch?«, sagte Jack.

»O ja. Wir essen dort fast täglich. Es ist leichter, als nach einem geeigneten Restaurant zu suchen, und außerdem scheint es in Gloucester ohnehin nicht allzu viele zu geben.« Sie wandte sich mit strahlendem Lächeln an ihren Mann. »Henrik, mein Schätzchen, sag du es. Besteh darauf.«

Henrik war älter als seine Frau, wahrscheinlich um die zehn Jahre. Er war gertenschlank, sah vornehm aus und kam eindeutig aus Norwegen.

»Gewiss werde ich versuchen, sie zu überzeugen.« Er wandte sich höflich an Hope. »Wir würden erfreut sein, wenn Sie unsere Einladung akzeptierten. Denn anschließend möchte ich Ihrem Mann gerne meine Pläne zeigen. Wie ich gehört habe, arbeitet er für Inland Waterways, und er kann mich vielleicht an seinen Ortskenntnissen teilhaben lassen. Was für mich sehr hilfreich wäre.«

Niemand hatte je zuvor Jack um Rat gefragt. Er stammelte: »Überaus gern ... Sie sind sehr freundlich.« Er warf Hope einen Blick zu. »Wir wären erfreut ... ich denke ... ja, Hope?«

Es war ein Geschenk des Himmels. Plötzlich blühte der triste Sonntagnachmittag auf. »O ja«, sagte sie und strahlte Mandy an. »Aber Lunch ... Ich bin mir nicht sicher ...« Sie hatte seit einiger Zeit nichts Gekochtes essen mögen.«

Mandy sprang vom Stuhl auf, drückte Hope an ihre süß duftende Schulter und küsste sie auf die Wange. Sie schien von der Schwangerschaft zu wissen, obwohl Hope darauf bedacht gewesen war, es niemandem im Dorf zu erzählen.

»Mein liebes Mädchen. Wie gemein. Wir werden das regeln. Ich habe zu Hause einen besonderen Kaffee. Henrik wird zurückgehen, ihn holen und dann mit dem Wagen kommen.« Sie hob eine Hand, als Hope und Jack zu protestieren begannen. »Ich möchte keine Widerrede hören! Mein Kaffee wird Sie sofort wieder in Ordnung bringen. Man trinkt ihn schwarz. Er ist bitter, aber es hilft! Anschließend fahren wir mit Ihnen zum Gasthaus, Sie werden ein großes Lunch essen, was köstlich sein wird, da Sie es vorher nicht kochen müssen, und dann fahren wir zurück nach Salmon Cottage, und während die Männer sich mit den albernen Papieren beschäftigen, werden wir Tee trinken und plaudern!«

Es klang wunderbar. Henrik lief bereits wieder flink über den Treidelweg zurück.

»Ich möchte keine Umstände machen«, murmelte Hope und warf Jack einen Blick zu. Doch der lächelte, und es störte ihn überhaupt nicht, dass Mandy einfach das Kommando übernommen hatte.

Mandy sagte: »Nun hören Sie zu. Sie gehen nach oben und übergeben sich. Waschen Sie sich das Gesicht, und wenn Sie wieder runterkommen, sind Sie ein neuer Mensch!«

Hope sollte lernen, dass Mandy nie Worte wie Übelkeit oder Brechreiz benutzte. Sie sagte brechen oder übergeben. Und das oft. Sie vermittelte Hope das Gefühl, Teil der schönen neuen Welt der sechziger Jahre zu sein, und nach wenigen Monaten fiel es schwer sich vorzustellen, dass sie und Henrik nicht immer da gewesen waren. Das wirklich Gute an den Petersens war, dass Jack sich nicht über sie ärgerte. Wenn er nach Hause kam und Mandy antraf, war er darüber eindeutig erfreut. »Schön, dass du Ho Gesellschaft leistest«, sagte er. Und Mandy gab darauf schnippische Antworten. »Henrik hat mich rausgeworfen« oder »Ich wollte nur etwas Zucker leihen ...«

Hope war über seine Reaktion erfreut. »Wenn du von der Arbeit nach Hause kommst, bist du doch müde und hast ein Recht darauf, dein Zuhause für dich allein zu haben.«

»Mandy stört mich nicht. Sie hat ja keine gemeinsame Vergangenheit mit dir.« Er merkte, dass dies eine indirekte Kritik an Milly war, und fuhr schnell fort: »Und außerdem, Ho, sind Henriks Pläne absolut wundervoll. Und ich glaube, er möchte, dass ich mehr als nur ein vorübergehendes Interesse daran habe.«

»Das klingt aufregend.«

»Ist es.« Er grinste. »Ich bin mehr als nur in einer Hinsicht voller Hoffnung!«

Die alten Scherze über ihren Namen waren oft nicht lustig, und ihr Lächeln war mehr eine Ermunterung. Das Problem war, wenn man ein Baby erwartete, dass man etwas aufgab ... war es Identität? Oder Kontrolle? Mandy war auch hierbei eine Hilfe. Sie bestand darauf, dass Hope ›Hosen anziehen solle‹. Sie ging mit ihr in ein kleines Geschäft für Umstandsmode an der St. John's Lane und zeigte ihr, wie das ging.

»Siehst du, Süße, die heißt deshalb Känguruhose, weil durch die Klappe dein Bäuchlein rausragen kann. Dreh dich mal seitwärts. Trag deinen Kittel – ich muss übrigens zugeben, dass er großartig aussieht – über der Klappe. Siehst du? Der Sitz der Hose wird nicht beeinträchtigt.«

Hope musste ihr beipflichten. »Es ist fast so wie dieser König im Märchen, der eine goldene Klappe auf seine Schuhe setzen ließ, damit er Platz für seine entzündeten Fußballen bekam. Oder für seine Hühneraugen. Oder was immer es sonst war.«

»Still, Schätzchen.« Mandy gab der Verkäuferin gebieterisch ein Zeichen. »Wir nehmen zwei davon. Und ...«, sie deutete auf Hopes Kittel, der aus geripptem Samt war, einen Mandarinkragen und weite Ärmel hatte – »dies ist ein Original Hope Langley. Möchten Sie etwas Ähnliches zur Auslage im Schaufenster haben?«

Die Verkäuferin sah irritiert aus. »Ich müsste die Geschäftsführerin fragen. Sie ist im Augenblick im Urlaub.«

»Nun gut. Ich finde, dass eine sogenannte Boutique einige Designerkleider führen sollte. Eine Boutique für Umstandsmode sogar noch mehr.«

»Ich bin sicher, Sie haben Recht.« Die Verkäuferin fügte sich Mandys klarer Überlegenheit und ließ sich von Hopes breitem Lächeln gewinnen. »Ich werde das gewiss gegenüber Mrs. Bagnold erwähnen, wenn sie wieder da ist.« Sie schob die Umstandshosen in eine Tasche und ergriff einen Stift. »Wie war doch gleich noch der Name?«

Hope wollte kichern. Sie beschäftigte sich mit ihrem entsetzlichen Wickelrock, während Mandy in ihrem Auftritt fortfuhr. Nicht, dass es im eigentlichen Sinne ein Auftritt gewesen wäre. Mandy Petersen fegte wie ein Mähdrescher durchs Leben. Alles wurde in Angriff genommen und mit einem Schlag eingewickelt. Sie war im Begriff, Hope einzuwickeln.

Sie verließen das Umstandsmodengeschäft und gingen in die Tudor Tearooms, um einen Kaffee zu trinken. »Ich würde dieses Geschäft gerne übernehmen«, sagte Mandy, während sie eine russische Zigarette in ihre Spitze steckte. »Es hat eine gute Lage. Leute, die von Marks and Spencer's herauskommen, können es nicht verfehlen. Aber was für ein Name! Der Umstandsmodeladen. Ich bitte dich!«

Hope rückte verstohlen ihre Schwellung zurecht und erinnerte sich, dass ihr Kittel Mandy gefallen hatte. »Aber das ist es doch, Mandy. Wie sollte es jemand wissen, wenn es hieße ... ich weiß nicht ... Mandys Kittel?«

Mandy schnitt eine ihrer perfekt abscheulichen Grimassen, und Hope kicherte endlich.

»Tja, ich kann mir einfach nicht vorstellen, dass jemand kretinhaft genug ist, nicht zu wissen, dass mit Mandys Kittel Umstandsmode gemeint ist!« Sie inhalierte tief, kniff die Augen zusammen und ließ den Rauch aus ihren Nasenlöchern quellen. »Wie wär's mit – Erwartungen? Nur dieses eine Wort. Voller Erregung und Vorfreude.«

»Gott. Ja.« Hope starrte bewundernd ihre Freundin an. »Du könntest das wirklich schaffen. Nicht, dass hier in Gloucester ein Bedarf an zwei Umstandsmodengeschäften bestünde. Die großen Warenhäuser haben Umstandsmodeabteilungen.«

»Würdest du aufhören, dieses Wort immer wieder zu gebrauchen?! Es klingt so dick. Ich kann's nicht ertragen. In anderen Umständen steht am einen Ende der Skala und Frauen in Hoffnung am anderen. Das eine so spießig, das andere so protzig kitschig, dass man am liebsten kotzen möchte!«

Hope lachte entzückt auf. Sie erinnerte sich daran, wie Mandy im letzten November Kontakt aufgenommen hatte. Als Jack ihr schließlich für den Besuch gedankt hatte, hatte sie zu ihnen beiden gesagt: »Meine Lieben, ich besuche Leute nicht. Ich mache Kontakt mit ihnen. Mit euch beiden habe ich Kontakt machen wollen, seit Henrik und ich hier ankamen.« Obwohl Hope sich in den ersten Wochen ihrer Schwangerschaft so schrecklich gefühlt hatte, hatte sie bemerkt, dass Henrik und Mandy Petersen nicht eingezogen waren: Sie waren angekommen.

Jetzt nahm Mandy ihren schwarzen Espresso mit geschürzten Lippen entgegen. »Eines der vielen Dinge, bei denen ich am liebsten kotzen möchte, ist Espresso«, sagte sie. »Wenn man diesen Effekt von geschäumter Milch nicht hat wie bei deinem, ist Espresso ein totaler Reinfall.«

»Nun denn ...«, sagte Hope, die ihren Schaum beiseite blies und mit geschlossenen Augen trank.

»Nun denn. Ich muss wie ein Habicht auf meine Figur achten. Das ist etwas, mit dem du keine Probleme hast!«

»Ich weiß, dass ich eine fette Beule bin, aber ...«

»Du weißt auch, dass ich das nicht gemeint habe. Du bist von Natur aus schlank. Ich bin es nicht. Das ist traurig, aber wahr.« Sie beugte sich vor. »Aber, Schatz, nun mal im Ernst. Als du mir sagtest, du würdest deine eigenen Kittel machen, hatte ich ja keine Ahnung. Wenn dieses Mädchen ihre Mrs. Peabody dazu bringt, ihn ins Schaufenster zu legen, wirst du ein gutes Geschäft machen.«

»Mrs. Peabody?«

»Oder wie immer ihr Name war.«

»Ich glaube, er war Bagnold.«

»Welch passender Name für die Geschäftsführerin einer Boutique! Mrs. Bagnold! Was ist bloß aus der Welt geworden? Nun, offensichtlich wird es wohl immer der Umstandsmodeladen sein. Jemand mit einem Namen wie Mrs. Bagnold kann Anspruchsvolleres nicht erreichen.«

»Aber, Mandy, sie wird doch wahrscheinlich ohnehin nicht

damit einverstanden sein, etwas auszustellen, was ich gemacht habe, oder? Diese alte Nähmaschine auf dem Küchentisch ... alle Nähte sind unsauber, und sieh dir nur meine Knopflöcher an!« Sie steckte einen Finger durch eines und blieb mit ihrem Nagel an einem Faden hängen, der sich prompt löste. »Nun sieh dir an, was ich getan habe!« Hope grinste. »Das ist allein deine Schuld!«

Mandy trank ihren Kaffee und kniff wieder die Augen zusammen, während sie ihre Freundin musterte. Dann sagte sie: »Du machst es noch immer, nicht wahr? Als ich sagte, ich würde dich unter meine Fittiche nehmen, hast du mir versprochen, du würdest das Wort ›hoffnungslos‹ nicht einmal denken. Ich habe das seinerzeit wohl gehört. Eine Art Echo aus dem Grabe, sogar während du mich mit Vorwürfen überschüttest. Und hör einfach mit diesem Schulmädchengekicher auf. Manchmal wünschte ich, ich hätte einen Kassettenrekorder dabei, damit du dich hören könntest. Nein, nicht das Gekicher. Tatsache ist, dass es zuweilen zauberhaft sein kann – aber dann kann es einen auch wieder rasend machen. Nun, das ist in Ordnung. Die andere Geschichte.«

Hope schüttelte den Kopf. »Es ist jetzt nur noch ein Scherz. Eine Art ... Verteidigung. Weißt du, Selbstherabsetzung. Was auch immer. Ich habe gestern eine Tasse zerbrochen – eine von denen, die wir als Hochzeitsgeschenk bekommen hatten. Und da habe ich's gesagt.«

»Was hat Jack gesagt?«

»Er war nicht da. Ich wünschte, du würdest nicht annehmen, dass es Jack ist, der mich für hoffnungslos hält. Das bin ich selber.« Hope schwenkte ihre Hände. »Und wirklich – wie ich gerade sagte – ich tue das, um – um – etwas Schreckliches zu etwas Erträglichem zu machen.« Sie schaute trotzig drein. »Es ist besser als fluchen!«

»Es ist nicht besser als fluchen. Fluchen ist perfekt. Wirst du mir versprechen, dass du das nächste Mal, wenn du eine Tasse zerbrichst, sehr laut sagen wirst, verdammte Schei ...«

»Mandy!« Hope hob eine Hand. »Um Himmels willen! Wir sind in den Tudor Tearooms!«

»Und es ist neunzehnhundertachtundsechzig.« Aber Mandy lächelte. »Du sagtest ›um Himmels willen‹. Das ist besser als das, was du zu sagen pflegtest. Mensch und Herrje und gute Güte ... ich wollt's nicht glauben, als wir uns kennenlernten.«

Hope sagte: »Ich kann auch nicht mehr glauben, wie ich war. Ich war behütet und bis zu einem gewissen Maße verzogen, oder?« Sie genoss diese Gespräche, wenn sie ihren Charakter analysierten. Jack war so mit seiner Arbeit an den Docks beschäftigt, das er keine Zeit für das hatte, was er als Oberflächlichkeit bezeichnen würde.

»Ich weiß nicht.« Mandy inhalierte, verengte die Augen und exhalierte. »Du warst vielleicht eine Treibhauspflanze. Ich habe dich beim Kommen und Gehen beobachtet. Wenn du auf die Straße kamst, um Brot oder Gemüse oder Fisch zu kaufen ... war's die Art, wie du dich in die Hände dieser Händler begeben hast. Sie hätten dir jeden Abfall verkaufen können. Das taten sie aber nie.«

»Das würden sie auch nicht. Es sind gute Menschen.«

»Nein, es sind keine guten Menschen. Und sie hätten mir Abfall verkauft, wenn ich ihnen die Möglichkeit geboten hätte.« Sie beugte sich plötzlich vor. »Hör zu, Schätzchen. Ich verspreche dir, dass dieses lächerliche kleine Geschäft, dessen Name nicht erwähnt werden soll, deinen Kittel auslegen wird und auch den nächsten, den du machst. Und den danach.«

»Oh, Mandy! Ich liebe dich. Aber du bist hoffnungslos voreingenommen ...«

»Wieder dieses verdammte Wort! Und du sagtest, du liebtest mich. Verstehst du, was ich meine? Du bist bereits verwundbar und du machst dich vorsätzlich noch viel verwundbarer. Mein Gott.« Sie lehnte sich zurück. »Du brauchst mich.«

»Natürlich brauche ich dich. Aber nicht, um meine Kittel zu verkaufen. Nur, um meine Freundin zu sein.«

Mandy lehnte sich noch weiter zurück. »Ich glaube, ich fange gleich an zu weinen.« Dann grinste sie. »Nein, das werde ich nicht. Ich werde dieses Geschäft kaufen, den Namen in Erwartungen ändern und exklusiv Kleidung verkaufen, die Hope Langley entworfen hat!«

Beide lachten unmäßig, bestellten dann nochmals Kaffee und lösten gemeinsam das Kreuzworträtsel im *Telegraph.*

☆

Hope wusste, dass sie noch nie so glücklich gewesen war. Sie war selten unglücklich gewesen, und die Zeit in Widdershins, mit Jack im Bett zu sein und ihre Kindheit in Horsley House war ganz idyllisch gewesen. Doch das Auftauchen von Mandy und Henrik Petersen hatte ihr Glück noch größer gemacht und – irgendwie – ihr Leben erfüllt. Henrik kam und ging immer lächelnd, war immer glücklich, alles zu tun, was Mandy verlangte, ermutigte Jack dazu, seine Meinung zum Staudammprojekt vorzutragen, über die Vorzüge und Nachteile fossiler Brennstoffe und Atomkraft zu diskutieren. Er war ein wundervoller Gastgeber auf kleinen Dinnerpartys in Salmon Cottage und fuhr Hope und Jack hin, wohin sie wollten. »Er arbeitet wie verrückt ... Pläne, Kalkulationen ... er hat das schon dreimal zuvor getan. Am Ende kam nichts dabei heraus.« Mandy lachte. »So erhöht er jedes Mal sein Honorar.«

»Diesmal wird es klappen.« Jack war sehr enthusiastisch. Er war auf dem umgebauten Dachboden im Cottage der Petersens mit Henrik die Pläne durchgegangen. Er wollte unbedingt dabei sein. Er wollte raus aus der Langeweile seiner Arbeit als kaufmännischer Angestellter des Speditionsunternehmens im Hafen. »Die Regierung hatte sechsundsechzig eine solche Mehrheit, dass sie alles tun kann. Sie verstaatlicht die Inland Waterways ... baut Autobahnen.« Henrik strahlte ihn an, was Jack dadurch verdarb, dass er hinzufügte: »Und wir gewannen die Fußballweltmeisterschaft!«

»Ha!«, sagte Henrik. »Fußball! Der erobert alles!«

Aber Jacks Phantasie war entfacht. Er widmete sich einigen Kalkulationen von Henrik: Mathematik war auf der Schule sein bestes Fach gewesen, und er hatte das in Korea genutzt, um an Statistiken zu arbeiten. Henrik hatte ihn ein wenig unterrichtet und vorgeschlagen, er solle Abendkurse in der völlig neuen Computerbranche besuchen. Jack fand Gefallen daran, dies war seine Chance. Er wusste instinktiv, dass Henrik ihm helfen würde. Er wusste auch, dass dafür ein Preis zu zahlen war. Er war erfahren genug, um zu wissen, dass man immer einen Preis zu bezahlen hat. Er glaubte, der Preis sei, dass Mandy Hope förderte.

Mandy hatte zu Beginn dieses Jahres recht unverblümt verkündet, dass sie beabsichtige, Hope an die Hand zu nehmen, und sie war eine Frau, die viele Interessen hatte. Sie bezog Hope in viele davon ein. Sie gingen auf Auktionen, wo sie ›Stücke‹ für Salmon Cottage kaufte. Sie nahm sie mit in teure Geschäfte und auf Modenschauen, auf Kunstausstellungen und ins Ballett. Er hatte nichts dagegen. Manchmal schien ihm, dass Mandy Hope für ein anderes Leben aufbaute, aber er war immer darin einbezogen.

In letzter Zeit hatte Jack viel über Stoffe gehört. Er kam nach einem Tag, an dem er Seefrachtbriefe geprüft hatte, nach Hause und fand Hope fast bis zu den Augen von Stoffballen umgeben.

»Ist dies nicht ein wunderschöner Stoff?«, fragte sie voller Begeisterung in dem Bemühen, seine zu wecken.

»Stoff?«, fragte er und blickte auf den Brokat, den seine Großmutter für Wohnzimmervorhänge bevorzugt hatte. »Du meinst Gewebe? Tuch?«

»Natürlich.«

Mandy hatte Hope gesagt, sie solle ›Grenzen überschreiten‹, wenn sie Stoffe für ihre Kittel auswählte. »Denk dramatisch. Denk an Körper – Steifheit. Niemand will einen Kittel, der an jeder Rundung klebt. Lass uns nach Cheltenham fahren. Ich habe in Cavendish House ein Konto. Wir nehmen Henriks Wagen, der ist größer. Für den Bauch auch bequemer.«

So hatten sie den Volvo genommen und waren damit nach Cheltenham und zum Cavendish House gefahren, wo Mandy mit schmalen Augen zuschaute, während Hope die Stoffballen durchging und bei jedem den Kopf schüttelte. Es war Mandy, die gesagt hatte: »Komm, Schätzchen. Lass uns in die Möbelstoffabteilung gehen.« Und Hope hatte fast sofort gesagt: »Der Brokat. Der hat Substanz. Der hat Drama. Abends wäre der wunderbar.«

Mandy hatte gefragt, wie viel Meter sie wolle, und war zum Ladentisch gegangen. Ein Verkäufer hatte den riesigen Ballen Brokat zum Wagen getragen. Hope wusste, dass er ein Vermögen gekostet hatte und war besorgt.

»Wenn ich ihn nun verhunze?«

»*Du* wirst nichts verhunzen. Es wird Abfälle geben. Wir kaufen dann neuen.«

»Aber die Kosten ...«

»Die schlagen wir auf den Verkaufspreis auf.« Mandy hatte ihr ihr schönstes Lächeln geschenkt. Sie hatte die steife Knochenstruktur einer Marlene Dietrich, aber wenn sie lächelte war es, als würde sie ihre Seele preisgeben.

Hope hatte verehrungsvoll inbrünstig gesagt: »Weißt du, du bist innerlich ebenso schön wie äußerlich!«

Mandy hatte trocken erwidert: »Tja, das kommt so etwa hin. Ich brauche jeden Morgen fast eine Stunde, um mein Gesicht zurechtzumachen. Wahrscheinlich würde ich Jahre brauchen, um das Gleiche mit meiner Seele zu machen!«

»Oh, halt doch den Mund!«, sagte Hope zärtlich. Und das tat Mandy endlich einmal.

Hope hatte sich den ganzen Tag mit dem schweren Brokat abgemüht und ihn auf dem Boden zugeschnitten, um einen Musterkittel zu machen. Zweimal hatte sie ihre Maschinennähte wieder auftrennen müssen, und für einen Augenblick glaubte sie, Jacks Frage nach dem Stoff sei seine Art, sie zu ärgern. Deshalb fiel ihr ›natürlich‹ kurz angebunden aus.

Er reagierte sofort auf ihren Tonfall. »Bist du müde? Was genau machst du eigentlich? Dieser Stoff ist schwer. Wenn er für Vorhänge gedacht ist, können wir sie anfertigen lassen ...«

»Er ist nicht für Vorhänge!« Sie stand auf und ging in die Küche. »Wenn's dich nicht stört, werde ich ihn liegen lassen. Nach dem Essen mache ich weiter.«

»Das wirst du nicht tun. Du bist erschöpft, das sehe ich doch.« Er war ärgerlich. Er hob Hope mühelos hoch, trug sie in das winzige Wohnzimmer und legte sie auf das Einzelbett, das sie mit Kissen bedeckt hatte. »Leg dich einfach hin und denke an nichts. Ich werde Tee machen. Was ist heute? Montag? Dann gibt's kaltes Fleisch und Reste?«

Sie gestand sich ein, dass sie müde war. »Oh, Jack. Es tut mir Leid. Ja, das gibt es – klingt das nicht langweilig?«

»Das esse ich wirklich am zweitliebsten. Stew und Klöße.«

»Mandy und Henrik würden um keinen Preis der Welt kaltes Lammfleisch und Reste essen.«

»Nein. Aber die haben ja auch nicht, was wir bekommen haben.« Er kniete sich neben sie und streichelte ihr kurzes dunkles Haar. »Du darfst dich von Mandy nicht so müde machen lassen. Wenn dies nicht wäre ...«, er deutete auf die Nähmaschine, »... würdest du dich hingelegt haben.« Er küsste sie. »Ist mit dir alles in Ordnung, Ho? Ist wirklich, wirklich alles in Ordnung?«

»Ja, natürlich. Ich hätte früher aufhören sollen. Ich bin nur so verzweifelt, Jack. Wenn es nicht um dich ginge ...« Sie wusste, dass er Recht hatte, und sie klammerte sich an ihn und ließ sich von ihm bemuttern. Sie musste wieder an das Baby denken. Sie durfte nicht so einen Wirbel machen, weil sie ein Baby bekam. Nachdem sie gegessen hatten und alles wieder gut war, fiel ihr etwas ein, was er gesagt hatte.

»Liebling«, sie fühlte sich wundervoll schläfrig, »was meintest du, als du sagtest, wir hätten etwas, das Mandy und Henrik nicht haben?«

Sie wollte objektiv über die Petersens reden. Sie und Jack wollten gemeinsam über die Petersens reden. Vielleicht sogar ein bisschen kritisch.

»Ich meinte ... Ich weiß es nicht. Sie lieben sich, das ist offensichtlich. Aber nicht wie wir, Ho. Wir haben etwas ganz Besonderes.«

Sie schmiegte sich in seine Armbeuge. »Ich frage mich, warum sie keine Kinder haben? Henrik muss doch in den Vierzigern sein.«

»Vielleicht ist seine Arbeit so zeitraubend?«

»Aber du arbeitest doch auch hart, Jack. Ich glaube wirklich nicht, dass das viel damit zu tun hat!« Sie kicherte und erwartete, dass er darauf einginge.

»Das ist anders als bei Henrik. Er verdient sehr viel Geld. Er bat mich, ihm bei seiner Steuererklärung zu helfen und, mein Gott ... es geht um mehr als Geld. Er ist kreativ. Wie das gesamte zivile Ingenieurswesen. Er – er erzeugt irgendwie Dinge.«

»Aber Mandy zufolge wachsen sie selten – erblühen nicht oder was auch immer.«

»Er hat die Phantasie, Dinge vor seinem geistigen Auge zu sehen. Das genügt ihm wahrscheinlich.«

Sie dachte darüber nach. »Ob sie vielleicht deshalb keine Kinder brauchen? Wir – du und ich – wir sehen gerne das Ergebnis unserer Arbeit.« Sie begann wieder zu kichern. »Meine Kittel. Dein Angeln.«

»Das Baby.« Er küsste sie, während sie lauthals lachte. Sie war müde gewesen, so müde. Jack konnte sie immer wieder aufmuntern.

Doch dann, als er darauf bestand, den Abwasch zu machen und ihre Beine sorgfältig arrangiert und er ihr ein Kissen in den Rücken gelegt hatte, verdarb er fast alles.

»Ich werde nie das Ergebnis deines ersten Versuchs der Haushaltsführung vergessen! Manchmal kann ich immer noch den Ruß schmecken.«

Natürlich neckte er sie. Vorher hatte sie das nicht gestört; kein einziges Mal. Jetzt aber ... seit es Mandy gab, störte es sie. Und zum ersten Mal fühlte sie sich wirklich unzulänglich.

☆

In diesem Juni fuhr Mandy mit Hope wieder nach Cheltenham und bestand darauf, sie solle Tischwäsche aus Chenille kaufen.

Hope war sehr skeptisch. »Mandy, Brokat wird für Vorhänge verwendet, aber er hat so eine gewisse königliche Würde ... Chenille indes ist – ganz einfach – altmodische Tischwäsche.«

»Süße, nun denk doch einmal nach. Sieh dir die Einfassungen an den Dingern an. Schau dir die Fransen an. Und jetzt ... denk nach.« Sie schloss ihre Augen kurz, während sie über den Stapel Tischwäsche gebeugt stand. »Stell dir ... Ponchos vor.«

Hope schwieg, schürzte die Lippen und runzelte ein wenig

die Stirn. Dann nahm sie eines der Tischtücher, faltete es zweimal zu einem Rechteck, fasste es am Mittelpunkt mit Daumen und Zeigefinger und ließ das Tuch lose hängen.

»Hmm. Ich sehe, was du meinst. Wir haben dann also riesige, schalähnliche Ärmel, Fransenbesatz und einen runden Halsausschnitt. Das lässt sich natürlich leicht über den Kopf streifen.«

»Versuch's einfach, Süße. Trag ihn selber.«

Hope hatte noch immer Bedenken. »Mandy, du hast schon eine ganze Menge Geld in Stoffe investiert ...«

»Du hast in Zeit und Arbeit investiert«, warf Mandy ein.

»Bisher hat das Umstandsmodengeschäft sich aber noch nicht bereit erklärt, etwas im Schaufenster auszulegen.«

»Das werden sie«, sagte Mandy zuversichtlich. »Diese Kittel kann man im Winter und auf Partys tragen. Warte bis zum Herbst. Dann werde ich zuschlagen! Und inzwischen diese leichteren Sachen. Es ist für dich leichter, damit zu arbeiten. Wahrscheinlich wirst du morgen einen fertig haben und damit über die Wiese springen.« Sie winkte dem Verkäufer und zückte ihr Scheckbuch. »Weißt du, Schatz, wenn du wieder ein Baby bekommst – und ich sehe dich als eine Art prachtvolles Urweib –, solltest du in Erwägung ziehen, deine eigenen Sachen zu machen.«

Hope richtete ihren Bauch in der Känguruhose und seufzte. »Lass erst einmal dies zur Welt kommen. Im Augenblick macht es keine große Freude.«

Mandy war sofort voller Mitgefühl. »Arme Hope! Komm, wir gehen rauf ins Restaurant und essen Lunch und dann bringe ich dich nach Hause und ins Bett. Mach dir wegen dem Abendbrot keine Sorgen. Henrik und ich werden mit euch beiden zum Boat House gehen, und Jack wird überglücklich sein, weil Henrik möchte, dass er für ihn Gezeitenberechnungen macht. Karten, Tabellen, Grafiken, weißt du.«

Es war so wundervoll, mit Mandy zusammen zu sein und alles arrangiert zu bekommen. Hope wusste im Grunde ihres Herzens, dass es eine Fortsetzung der Aufmerksamkeit ihrer Eltern war, aber Mandy war nicht viel älter als sie, weshalb das nicht zählte. Und sie revanchierte sich so gut sie konnte mit den Kitteln ... Sie sagte dankbar: »Das ist so lieb von dir. Aber ich habe für heute Abend Stew gemacht. Und Jack ist am Wochenende immer so schrecklich müde.«

Am Ende aber gelang es ihr – fast eine Sache des Prinzips – zu verhindern, für den Nachmittag ins Bett gesteckt zu werden. Sie ging auf eine Tasse Tee ins Cottage der Petersens, spazierte dann auf dem Treidelweg zu ihrem eigenen winzigeren, viel schäbigeren Cottage, das Paket mit der Tischwäsche unter dem Arm, und nahm sich vor, sofort mit der Arbeit zu beginnen, wenn sie im Haus war. Es war zu heiß für sie, um draußen zu liegen, wie Mandy es für sie geplant hatte, und die Fliegen waren um diese Jahreszeit sehr lästig. Sie würde einen Ausschnitt ausprobieren und ihn auf die Mitte des ›Poncho‹ nähen, bevor sie die Chenille wirklich zerschnitt: Vielleicht würde sie an der Seite reißen oder ausfransen. Sie hatte noch nie damit gearbeitet. Es war faszinierend zu planen, wie der Ausschnitt aussehen sollte. Ein V-Ausschnitt? Eine Schaufelform vielleicht – das schien im Augenblick große Mode zu sein.

Sie hielt inne, als das Baby in ihr herrisch strampelte. Jack liebte es, die Bewegungen zu fühlen. Sie musste ihm davon erzählen. Es war, als klopfe jemand an eine Tür. Ganz drängend. Sie schaute über den Fluss, ohne etwas zu sehen, und überlegte, wie die Geburt wohl sein würde. Ihre Mutter war sehr tröstlich. »Du wurdest zu Hause geboren, Liebling. Hatte keine Zeit, ins Krankenhaus zu gehen und – wirklich – anschließend schien es, als wäre es die Vergeudung eines Bettes gewesen, das jemand anders hätte haben können.«

Hope lächelte. Mummy war so süß, so lieb, ging in Daddy so absolut auf. Genau wie er in ihr. Vielleicht war es so, wenn man älter wurde. Vielleicht würde Jack dann zufrieden sein ... und Mandy und Henrik würden da sein, aber weiter im Hintergrund.

Hope seufzte. Sie war so unglaublich glücklich. Natürlich. Aber dann dachte sie ganz plötzlich an Widdershins und an das Bächlein, das durch das Erlengehölz floss, und an die gewaltigen Klippen, die zu der winzigen Bucht hin abfielen. An die Isolation, die nie Einsamkeit war. Sie dachte an Jem Trewint, der zweifellos in das Cottage zurückgekehrt war, nachdem sie fort waren. Er hatte ihr erzählt, dass sie schön sei, und er hatte sie malen wollen. Sie hatte den Gedanken daran, dass Jem nebenan war und alles gehört hatte, gehasst ... was immer er gehört haben mochte. Aber dann war er auf den Penhailes-Hof gezogen, und sie und Jack hatten ihre schmutzige Kleidung ausgezogen und waren zu dem Bächlein gegangen, um sich zu waschen, und dann waren sie wie Adam und Eva in Eden ins Bett gegangen. Der ganze Zwischenfall – der ganze Tag der Trennung und dann der Nähe – war eine Art von Wiedergeburt gewesen. Als ob sie Freien gespielt hätten und geheiratet hätten, und dass sie dann nach diesem Tag ... verheiratet gewesen waren.

Sie lächelte und lief langsam über den Treidelweg und versuchte in der Schwüle von Wasser und Land ein Echo von Widdershins zu sehen. Sie war entzückt gewesen, als Jack ihr von dem letzten Cottage der Reihe am Fluss erzählt hatte. Und obwohl er kein Geld für neue Möbel und Teppiche hatte ausgeben können, hatte sie das winzige Haus zu einem behaglichen Heim für sie gemacht und darin etwas von der Dürftigkeit von Widdershins gesehen. Unglücklicherweise hatten die Renovierungsarbeiten der Petersens an ihrem allein stehenden Haus flussabwärts diese Illusion irgendwie beeinträchtigt, aber wie ihre Mutter so oft sagte: Vergleiche sind widerlich.

Hope war müde. Sie war etwa zweihundert Meter von dem Cottage entfernt, aber es schien ihr noch nie so weit weg gewesen zu sein. Die Sonne schoss Diamanten von Licht auf sie, sodass sie nicht länger aufs Wasser schauen konnte, aber sie war sich der ungeheuren Kraft des Flusses unmittelbar neben ihr bewusst, der dem Meer zuströmte, ebenso unerbittlich wie das Kind in ihr. Es war in gewisser Hinsicht fast erschreckend. Geburt, Tod ... die Zeit ließ sich nicht anhalten, überhaupt nichts ließ sich anhalten. Sie erschauerte, lächelte nicht mehr.

Es war gut, den winzigen Streifen des Gartens zu erreichen, der voller Farn und Lauch war. Sie hatte den hinteren Teil mit Salat und Rettichen und Gladiolen und Lupinen bepflanzt, den vorderen Teil aber so gelassen, wie sie ihn vorgefunden hatten. Flusspflanzen nannte Jack sie. Sie rochen nach dem Fluss, und wenn sie die Haustür öffnete, roch die kleine Diele genauso. Sie ging schnell in die Küche, wo die Kasserolle, die sie am Morgen vorbereitet hatte, herrlichen Zwiebelduft verbreitete. Sie lächelte wieder. Gab es einen heimischeren Geruch als den von Zwiebeln?

Sie machte sich wieder Tee und ließ die letzten zwanzig Minuten in sich einsinken. Es hieß, Schwangerschaft brächte seltsame Emotionen mit sich, obwohl ihre Mutter darüber den Kopf geschüttelt hatte. »Ich mache einfach weiter«, sagte sie. »Ich fühle mich ein bisschen geschafft, aber ich mache weiter.«

So nahm Hope etwas von dem Stoff aus ihrem Nähkorb und formte ihn zu einer weiten Ellipse. Sie fand das Zentrum des Tischtuches, nähte das Oval darum und schnitt die Mitte aus. Dann streifte sie das Zelt über ihren Kopf und ging eifrig nach oben, um in den Spiegel des Kleiderschranks zu sehen. Sie wusste augenblicklich, dass Mandy Recht gehabt hatte.

Die Kombination von Streifen, Fransen und weicher Chenille sah einfach umwerfend aus. Wenn sie die Ärmel genau an der richtigen Stelle schneiden könnte, sodass der Fall blieb wie er war, hätten sie wirklich eine todsichere Sache. Sie drehte sich zur Seite, dann herum und musterte über eine Schulter ihren Rücken. Sie bezog verschiedene Posen, sie grinste und kicherte laut in der staubigen Hitze des Schlafzimmers. Ihre Mutter hatte wie immer Recht: Durch die Arbeit an dem Kittel waren all ihre Sorgen beseitigt worden. Und er war ein Erfolg. Ihre Mutter hatte Recht und Mandy hatte Recht. Und sie auch!

Und dann begann ohne Vorwarnung ein Schmerz von ihrer Scheidenwand auszugehen und schien ihre Eingeweide zu zerschneiden. Sie stieß einen keuchenden Schrei aus, hielt sich am Bettpfosten fest und krümmte sich unter Krämpfen. Es riss an ihren Beinen und war vorbei.

Sie stand still da, halb gebückt, schwer atmend, nicht entsetzt, aber sehr verängstigt und sehr bewusst. So ging das nicht vor sich. Sie war zu Gesprächen bei der örtlichen Sozialstation gewesen. Es gab alle möglichen warnenden Anzeichen: Rückenschmerzen, Erschöpfung. Aber auch ein Bedürfnis, ein Verlangen nach Arbeit. Das hatte sie gehabt.

Sie richtete sich Zentimeter um Zentimeter auf und schaute in den Spiegel. Ihr Gesicht war weiß und verzerrt, aber in dem fließenden Poncho sah sie nicht mehr schwanger aus. Das war ebenfalls erschreckend. Sie hielt die Chenille von sich ab und betrachtete die Form ihres Bauches. Während sie hinsah, bewegte er sich. Sie sah die Bewegung ganz deutlich. Sie wurde augenblicklich gefolgt von einem weiteren reißenden, quälenden, unerträglichen Schmerz.

»Oh, Gott. Oh, Gott.« Sie war neben dem Bett auf den Knien, klammerte sich an die Tagesdecke. Sie rutschte vom Bett zu ihr und sie ergriff sie und wickelte sie um sich. »Oh, Gott. Was passiert da?«

Ihr blieb noch gerade genug Zeit, um nach unten zu gehen. Sie wusste, dass sie nach draußen gehen musste, damit jemand sie sehen konnte. Am Ende der Reihe wohnte eine der Schullehrerinnen. Sie würde bald nach Hause kommen und sie hatte Telefon.

»Es ist zu früh ...« Sie sprach laut, weil es wie gewöhnlich, wenn Dinge nicht recht liefen, ein Trost für sie war, ihre eigene Stimme zu hören. »Es ist noch nicht soweit. Es ist zu früh ...«

Der Schmerz überkam sie, bevor sie die Tür erreichen konnte. Sie fiel auf die Knie und presste ihre Stirn auf das abgetretene Linoleum des Zimmers. Hinter ihr, auf dem Tisch, ragte ihre Nähmaschine riesig auf, kam näher und näher. Sie war sicher, dass sie auf sie fallen würde. Als der Schmerz nachließ, sah sie, dass sie noch dastand, völlig still und unbewegt. »Oh, lieber Gott. Halluzinationen ... oh, lieber Gott.«

Sie ging hinaus aus der Tür und fiel in den Farn. Er war tröstend, feucht und kühl. Ihr war in dem Poncho so heiss, aber sie konnte ihn nicht herunter bekommen, wie sehr sie auch daran zerrte. Der Schmerz wollte jetzt nicht mehr weggehen. Er durchfuhr mit heftigen Stichen ihren ganzen Körper. Sie hörte Schreie und mit einem Teil ihres Verstandes begriff sie irgendwie, dass es ihre eigenen waren.

Und dann hörte sie ein Auto. Es war sonderbar, dass sie bei all diesem Durcheinander und dieser Verwirrung das zischende Motorengeräusch von Henriks Volvo hörte, noch sonderbarer, dass er – so ruhig, fast schweigsam – sofort handelte. Sie hätte erwartet, dass er zu Mandy fahren und sie holen und telefonieren würde. Das tat er nicht. Er hockte sich neben sie und hob sie aus dem Farn und nahm sie mit dem Poncho auf seine Arme und legte sie so behutsam und doch so schnell in das Auto, dass sie die Bewegung kaum spürte. Er sprach in seiner norwegischen Muttersprache zu ihr, sodass sie nicht wusste, was er sagte, obwohl sie sich getröstet fühlte. Er parkte das Auto unmittelbar vor der Entbindungsstation des Krankenhauses und trug sie hinein. Sie war steif vor Angst, hielt sich hektisch an ihm fest, stöhnte in den Aufschlag seiner schönen Tweedjacke. Und dann war sie in erfahrenen Händen und eine Maske wurde ihr aufs Gesicht gesetzt, und sie atmete so tief sie konnte, versank in Bewusstlosigkeit, ohne sie aber ganz zu erreichen ...

Es war eine lange Geburt, und Faith wurde erst zwölf Stunden später geboren. Hope vergaß, dass sie ein Baby bekam. Da waren nur sie und der Schmerz und sie versuchte so oft, dem Schmerz nachzugeben und ihn siegen zu lassen, sie wohin auch immer zu führen. Und dann hörte sie Jacks Stimme eindringlich an ihrem Ohr und sie sagte: »Press nur noch einmal, Liebling. Nur noch einmal.« Und dann noch einmal und noch einmal, und dann war da keine Kraft mehr und Schmerz umfing sie und presste sie ins Bett. Und Jack ließ sie nicht los und hielt ihre Hände. Sie flüsterte: »Jack ... es ist hoffnungslos ... hoffnungslos.« Und er schrie wie ein Wahnsinniger: »Du bist nicht hoffnungslos! Du bist meine Hoffnung. Meine Erlösung. Hörst du mich?«

Sie machten sie bereit für einen Kaiserschnitt, als er das sagte und sie sich aufbäumte und sie seine Hände hielt und ihm »nur noch einmal ... ein einziges Mal« gab. Und Faith kam. Verrunzelt, verschrumpelt, untergewichtig, aber perfekt.

Hope schaute erschöpft und völlig emotionslos zu, was sie mit ihr taten, und wie Jack vor ihr kniete, hilflos weinte und ihr sagte, wie wunderbar sie sei.

»Ich hatte solche Angst ... dies darf nie wieder geschehen, mein Liebling. Keine weiteren Babys. Nie mehr.«

Sie nickte dankbar. Sie wollte das nie wieder durchmachen. Sie hatte es einmal gemacht und einmal war genug.

3

Faith war das ideale erste Baby für ein junges Paar, das weder Geld noch eine Perspektive hatte. Sie liebte jeden, brauchte keine andere Unterhaltung, als zuzuschauen, wie sich die Espenblätter über ihrem Kinderwagen bewegten, und kam vom Stillen ohne einen Rülpser oder irgendeinen anderen Protest zu Breinahrung. Wenn sie nachts aufwachte, weinte sie, als würde es ihr das Herz brechen, aber sobald Hopes Gesicht über der Wiege auftauchte, wurde ihr Gejammer zu Freude und sie spannte ihre Ärmchen, ballte ihre winzigen Finger zu Fäusten und änderte ihre mitleiderregende Miene zu einer sichtlichen Aufregung. Edward und Milly Marsh nahmen sich ihrer an.

»Sie ist genau wie du«, sagte Milly zu Hope. »Sie freut sich am Leben.«

Für den Fall, dass Jack sich ausgeschlossen fühlen sollte, fügte Edward rasch hinzu: »Ich wette, du warst als Baby ein ziemlich ruhiges Kind, oder, Jack?«

»Giles fand, ich sei ein kleiner Räuber«, sagte Jack. »Hielt ihn wach, wenn er lernen wollte.«

»Nun seht sie euch an!«, sagte Milly begeistert. »Sie versucht, sich an meinen Daumen hochzuziehen! Wie alt ist sie? Noch keine vier Monate. Ich erinnere mich, dass du in diesem Alter versuchtest, auf meinem Schoß zu stehen, Hope!«

»Mutter!«

Hope überließ sie ihnen und ging, um Tee zu machen. Die Angst von der Geburt war gewichen und sie war wieder fröhlich und voller Eifer. Sie spürte, dass ihr Leben sich erstaunlich beschleunigt hatte: Sie brauchte ihren alten Wagen nicht mehr. Mandy brachte täglich die Einkäufe mit, und da sie »wusste, wohin sie zu gehen hatte«, waren die Rechnungen erheblich niedriger als zu der Zeit, als Hope selbst eingekauft hatte. Die begeisterten Großeltern kamen jede Woche mit Geschenken wie Obstkuchen und frischem Gemüse, Henrik tauchte an den meisten Tagen auf seiner Heimfahrt von Weston auf, und die Nachbarn in dem kleinen Reihenhaus am Fluss kamen fast immer vorbei, um nach dem Baby zu schauen. Es war, als ob das Cottage am Flußufer zum Mittelpunkt des Universums geworden sei.

Edward und Milly stimmten ihre Besuche immer auf das Wochenende ab, weil sie dachten, Jack könne sich ausgeschlossen fühlen, wenn sie kamen, während er auf der Arbeit war. Sie kamen um vier und gingen um sieben und es war ein erfreuliches Ritual. Sie nahmen an dem Tisch im Esszimmer das ein, was Hope ›einen Sonntagsschultee‹ nannte. Dort schneiderte sie noch immer gelegentlich einen ihrer Kittel, obwohl Mandys an den Haaren herbeigezogene Pläne noch nicht Wirklichkeit geworden waren. Ihr Vater sagte, »Ich liebe Sardinen-Sandwiches. Wann haben wir das letzte Mal Sardinen-Sandwiches gehabt, Milly?«

»Wir essen beim Tee nicht.« Ihre Mutter warf einen Blick auf die Tür, wo Faith in ihrem Bettchen lag und mit ihren Zehen spielte. »Denkst du, sie hat es warm genug, Hope? In der Diele ist keine Heizung. Und in zwei Wochen ist Weihnachten.«

»Es ist doch nicht kalt, oder?« Hope leckte einen Finger ab und hielt ihn hoch. »Der Wind kommt aus Westen!«

Alle lachten, aber Jack stand auf, holte das Baby und behielt es auf seinem Knie, während sie Tee tranken. Faith gurgelte erfreut.

»Ihre Füße sind tatsächlich nasskalt, Ho.«

»Sie behält aber nichts an und sie macht sich wegen kalter Füße und Hände keine Sorgen. Ihr Körper ist immer warm.«

Milly beugte sich über den Tisch und befühlte die winzigen

Zehen und Finger. »Vielleicht solltest du ein paar dieser Elektroradiatoren aufstellen, Liebling«, sagte sie. »Möchtest du zu Weihnachten etwas wirklich Praktisches wie das haben?«

Hope sah Jack nicht einmal an. »Ich hatte auf eine neue Strickjacke gehofft. Oder auf einen Rock – machst du noch immer die in Gobelinart, Mami?«

»Ja. Und natürlich sollst du etwas Persönliches haben. Ich dachte an Faith. Sie ist noch zu klein, um Spielzeug würdigen zu können – und Mandy und Henrik werden ohnehin etwas in dieser Richtung tun!« Sie lächelte, obwohl sie diese neue und enge Freundschaft nicht völlig guthieß. »Die Radiatoren wären für Faith, nicht für dich und Jack!«

Wieder lachten alle, Jack weniger als die anderen.

Hope stand auf, ging in die Küche und kehrte mit getoasteten süßen Brötchen zurück. Edward faltete theatralisch seine Hände. »Teekuchen! Mein Lieblingskuchen! Warum gibt's bei uns keine Sardinen-Sandwiches und Teekuchen, Milly?«

Milly wollte wieder protestieren, dass sie zum Tee nichts äßen, sah aber dann seinen Blick. »Du wirst Sardinen-Sandwiches und Teekuchen bekommen, mein lieber Edward. Morgen. Und Dienstag. Und wenn du möchtest auch Mittwoch und Donnerstag!«

Edward verzog zu Jack gewandt sein Gesicht. »Siehst du, so etwas muss ich mir gefallen lassen, alter Junge. Das sollte festgehalten werden. Ist es möglich, jemanden mit Freundlichkeit umzubringen?«

Milly erwischte sich dabei, dass sie an Mandy und Henrik Petersen dachte. Versuchten sie, die jungen Langleys mit Freundlichkeit umzubringen ...? Sie hätte fast über sich selbst gelacht.

Nachdenklich sagte sie: »Wisst ihr, ich denke über diese Radiatoren nach. Faith entwickelt sich so gut. Und außerdem stellt ihr sie ja ohnehin bei jedem Wetter im Kinderwagen nach draußen. Ich denke, wir lassen die Dinge besser so wie sie sind, oder?«

Jack lächelte und schaute in das Gesicht seiner Tochter. Sie schlief fast in seinen Armen. Eine Welle von Liebe überkam ihn.

»Was denkst du, kleine Faith?«, murmelte er. »Bist du glücklich mit dem Leben so, wie es ist?«

Das Baby festigte den Griff um einen seiner Finger und verzog die Lippen zu einem Lächeln. Alle gaben entzückte Geräusche von sich.

☆

Die Petersens überschütteten Faith an diesem Weihnachtsfest in der Tat mit Plüschtieren; Jack bekam eine Armbanduhr und Hope ein Paar Diamantohrringe.

»Oh, wie wundervoll!« Sie hielt sie am Fenster ins graue Licht. Sie verbrachten Weihnachten im Cottage. Jack bestand darauf, dass Faith' erstes Weihnachtsfest im eigenen Heim verbracht werden sollte. Die Großeltern konnten nicht zu ihnen kommen, da Millys viel ältere Schwester für zwei Wochen zu Besuch war und nichts riskieren wollte.

Die Diamanten funkelten wie blaues Feuer. Sie waren echt.

»Henrik hat sie ausgewählt«, sagte Mandy. »Ich sagte ihm, dass du keine Ohrlöcher hast, aber er sagte, du würdest dir für die Ohrringe welche stechen lassen!«

»Henrik, sie sind wirklich prachtvoll. Das hättest du nicht tun sollen! Aber vielleicht werde ich mir – eines Tages Ohrlöcher stechen lassen. Wenn Faith heiratet!«

»Und ich habe deine Uhr ausgesucht«, sagte Mandy zu Jack. »Lass sie mich dir anlegen. Es ist eine Rolex. Wenn sie dir nicht gefällt, wird man sie umtauschen.«

Jack war rot vor Verlegenheit. »Mein Gott. Mandy – Henrik. Ihr seid zu gut – dem können wir nichts Vergleichbares entgegensetzen!«

»Dummer Junge!« Mandy schlug ihm aufs Handgelenk und wandte sich an Hope. »Ihr habt uns Freundschaft geschenkt. Das schätzen wir mehr als jedes andere Geschenk, das wir je bekommen haben.«

»Ich habe Kissen für euch gemacht.« Hope holte sie unter dem Baum hervor. Sie waren in dünnes, mit Stechpalmenzweigen bedrucktes Papier eingewickelt. »Es ist eine Art von Patchwork, über die ich gelesen habe. Und du bist ja immer so von ungewöhnlichen Stoffen begeistert. Nun sag mal, was du von ihnen hältst!«

Sie waren aus ungebleichtem Kaliko, und ein dunkler Faden verlief unregelmäßig durch die Naturfasern. Aus irgendeinem unklaren Grunde sagte Hope: »Tatsächlich hat Jack sie ausgesucht.«

Mandy war entzückt. »Ihr Schätzchen, ihr hättet nichts Besseres für uns finden können! Und damit wirst du wieder einen Trend setzen, Hope! Oh, mein liebes Mädchen, ich habe einen dunkelgrünen Teppich vor Augen, auf dem diese Kissen verstreut liegen ...« Sie sah Henrik an. »Soll ich es ihr jetzt erzählen?«

»Das musst du ja wohl, nicht wahr? Wenn du's nicht tust, wird sie vor Neugier sterben!«

»Hope. Jack. Ich habe all deine Kittel verkauft. Alle zwölf. Diese gräßliche Frau, deren Namen ich mir nicht merken kann, hat den Scheck auf mich ausgestellt, weshalb ich ihn eingelöst und einen für dich ausgestellt habe.«

Sie griff in ihre Handtasche und holte einen Scheck heraus. Hope, die bereits wie ein aufgeregtes Kind im Zimmer umherhüpfte, blieb unter dem Mistelzweig stehen und nahm ihn. Er war auf 960 Pfund ausgestellt. Sie war entgeistert.

»Mandy? Was hast du denn pro Kittel verlangt?«

»Achtzig Pfund, meine Liebe. Wenn man keinen guten Preis dafür verlangt, werden die Leute denken, es sei selbst geschneiderter Abfall ...«

»Aber so ist es doch!«

»Das ist ganz gewiss nicht so!«

Hope reichte Jack den Scheck, der ihn ebenso ungläubig ansah.

Henrik sagte, »Themawechsel! Bleib genau, wo du bist, Hope!« Er trat zu ihr, deutete auf den Mistelzweig und nahm sie in seine Arme.

Mandy schaute schnell zu Jack und sagte: »Mach dir nichts aus dem Mistelzweig, Jack. Was dem einen Recht ist, ist dem anderen ...« Sie legte ihre Arme um seinen Hals. Als Henrik sich von Hope löste, die noch immer lachte, standen Jack und Mandy eng umarmt da. Henrik lachte schallend und Mandy hob ein Bein, bis der Absatz ihres Schuhes ihr Gesäß berührte. Und dann löste sie sich und tat, als fiele sie in Ohnmacht.

Jack grinste einfältig. Er faltete den Scheck sehr umständlich, steckte ihn in einen Briefumschlag und dann ein. Er ergriff Hopes Hand und sie standen da, offensichtlich unfähig, Worte des Dankes zu finden.

Mandy klatschte in die Hände. »Jetzt lasst uns mit Faith einen Spaziergang machen. Ich muss einfach dabei gesehen werden, wie ich am Weihnachtsfeiertag einen Kinderwagen schiebe! Ich mag zwar kinderlos sein, aber der Gedanke zählt!« Über diese unsinnige Bemerkung lachten alle erleichtert.

☆

Mandy fuhr mit Hope zum Winterschlussverkauf. »Um Stoff zu kaufen. Speziell Kaliko. Ich möchte, dass du mit den Kissen anfängst – sie sind nicht so massig, nicht wahr? Jack hatte nach der Geburt von Faith mit mir gesprochen. Er fand, der Brokat sei zu schwer für dich.«

»Tatsächlich hatte ich mir die Chenille angesehen, als Faith kam. Sie war nicht schwer«, sagte Hope. »Und wo, zum Kuckuck, willst du Kissen verkaufen? In einem Geschäft voller Umstandskleidung wird das wohl nicht gehen!«

»Ich wüsste nicht, warum nicht. Für schwangere Mütter ist es doch angenehm, auf dem Boden zu liegen. Ein paar Kissen, die auf dem Teppich verteilt sind, wie ich dir ja zu Weihnachten sagte ...«

»Wir haben zu Weihnachten eine Menge Dinge gesagt und getan, die ...« Hope hatte nicht versucht, ihre Gefühle in Worte zu fassen, nicht einmal für sich selbst. Und Mandy und Henrik waren so freundlich und großzügig, dass sie sich wünschte, damit jetzt nicht angefangen zu haben. »Nun ... die maßlos übertrieben waren.«

Mandy juchzte vor Entzücken. »Du warst eifersüchtig, als ich Jack küsste, nicht wahr?«

»Nein. Überhaupt nicht.« Hope begann zu lachen.

Mandy sagte: »Richtig. Es ist komisch. Ich bin alt genug, um seine Mutter sein zu können, verdammt!«

»Das bist du ganz bestimmt nicht!« Hope drehte sich um, um einen Blick auf Faith zu werfen, die auf dem Rücksitz in ihrem Sportwagen saß. »Ich meinte ..., oh, du weißt schon, die Geschenke. Die müssen ein Vermögen gekostet ...«

»Rede nicht von Geld!« Mandy bog in die Hare Lane ein und dann in die Archdeacon Street. Sie lenkte den Wagen auf den letzten freien Parkplatz und lehnte sich zurück. »Gloucester ist zum Parken wirklich schrecklich. Es gibt hier zu viele Autos.«

»Wir haben keins«, erinnerte Hope sie.

»Nein. Und darum seid ihr ja ganz besondere Menschen. Die Dinge, die ihr nicht habt werden ... positiv.« Mandy drehte sich um und schaute ihre Freundin zum ersten Mal ernst an. »Schau mal, Hope. Alles, was Henrik und ich haben, ist Geld. Er hat sich von seiner Familie getrennt, als wir zusammenzogen. Dir ist klar, dass wir nicht verheiratet sind? Henrik hat zu Hause eine Frau, die stinksauer war, weil keine Kinder kamen. Ich will keine Kinder. Wir haben uns kennen gelernt, als ich in einem Hotel in Bergen als Hostess arbeitete – ich habe immer in der Hotelbranche gearbeitet, habe in einer Pension in Sussex Gardens angefangen –, und wir wussten sofort, dass wir füreinander bestimmt waren. So leben wir im Ausland – haben manchmal das Gefühl, als seien wir auf der Flucht. Lächerlich heutzutage und in dieser Zeit, nicht wahr? Aber so einen Einfluss haben eben Familien. Das ist nicht gut. Wir brauchen sie nicht. Aber wir brauchen Freunde und ihr gebt uns etwas Kostbareres, als wir euch je geben könnten. Glaub mir.«

Hope starrte in die meerblauen Augen und schluckte schwer. Sie hatte immer gewusst, dass ein Schicksal hinter Mandys umwerfendem Aussehen und ihrer unbekümmerten Art steckte. Aber dies ... im altmodischen Gloucester in Sünde leben. Das war unerhört. Es war ja völlig in Ordnung, keine Kinder zu wollen, aber man konnte diese Dinge nicht immer planen. Was, wenn Mandy ein Baby bekäme? Ihr Herz flog ihr zu; kein Wunder, dass sie eine Freundin brauchte.

»Sie sagte, »Entschuldige. Entschuldige, Mandy. Du weißt, wie wundervoll unsere Freundschaft auch für uns ist. Sie ... sie hat unser ganzes Leben verändert. Das meine ich ganz im Ernst.«

»Das weiß ich. Natürlich ist das nicht wahr. Euer Leben wäre vielleicht ohne uns besser gewesen. Aber ... wir tun unser Bestes. Und das war, warum ... du weißt schon. Die Ohrringe und so weiter.« Sie grinste. »Wenn Henrik möchte, dass du dir Ohrlöcher stechen lässt, denk darüber einmal nach, mein Lämmchen. Es würde ihm eine Menge bedeuten.«

Hope lachte und fühlte sich wieder ein wenig unangenehm berührt. Sie breitete ihre Hände in einer Geste der Ergebung aus, und Mandy beugte sich augenblicklich vor und küsste sie auf die Wange.

»Komm. Lass uns Faith auf ihre Räder setzen und dann machen wir uns auf die Suche nach Stoffen.«

Sie kauften für ein Taschengeld Kalikoreste und Matratzendrill. Mandy war skeptisch, aber Hope tat es, von neuem Selbstvertrauen erfüllt, trotzdem.

»Ich werde deinen Scheck wieder ins Geschäft investieren!«, scherzte sie. »Petersen und Langley müssen dann und wann experimentieren. Matratzendrill wird sehr avantgardistisch sein!«

»In Ordnung. Aber Langley und Petersen. Das klingt besser.«

»Mandy Hope klingt noch besser.«

»Oh, Gott. Ich hasse die Kurzform meines Namens. Amanda Hope. Bitte.«

Sie setzten das fort, während sie ihre Päckchen in das Fach unter dem Sportwagen legten, und dann tranken sie Kaffee und Faith begann zu weinen, weil ihr Fläschchen im Auto war.

Mandy gab ihr die Schlüssel. »Ich begleite dich zum Lift. Dann muss ich noch nach einem kleinen schwarzen Kleid schauen! Wirst du das schaffen? Wir gehen auf ein Fest. Handelskammer oder so etwas. Henrik hat mich gebeten, bei ihnen Eindruck zu machen. Die Kostenvoranschläge sind höher als die ursprüngliche Ausschreibung.«

»Natürlich. Lass dir Zeit. Faith wird sie sich auch nehmen!«

Hope lenkte den Sportwagen über die Northgate Street, wobei sie ermutigend zu Faith sprach. Das Baby war sofort wieder fröhlich und grüßte wie stets mit geballter Faust den Himmel. Hope wollte in die Hare Lane abbiegen, blieb dann aber stehen und ging in die St. John's Lane und weiter zum College Court. Das Umstandsmodengeschäft war so schrecklich wie immer. Kittel und Hosen hingen an Bügeln und in einer Ecke des Schaufensters stand ein Puppenkinderwagen. Von einem Amanda Hope-Kittel war nichts zu sehen. Hope nagte an ihrer Unterlippe und manövrierte dann den Sportwagen in das Geschäft. Zum Glück kannte die Verkäuferin sie nicht. Vielleicht war dies die mysteriöse Mrs. Bagnold.

»Haben Sie irgendwelche Designerkittel?«, fragte Hope mit einem strahlenden falschen Lächeln. »Ich suche nach etwas völlig Einzigartigem und ich habe gehört, dass sie einige besondere Kittel vorrätig haben. Die etwas teurer sind«, fügte sie rasch hinzu.

»Teure Mode wird bei uns nicht gefragt, fürchte ich.« Mrs. Bagnold lächelte freundlich. »Vielleicht haben Sie in Cheltenham Glück. Es ist nun einmal so, dass Gloucester eben eine Arbeiterstadt ist.«

Hope dankte ihr und ging, und ihr war sehr heiß und sie fühlte sich überaus beunruhigt. Sie kehrte zum Wagen zurück und schraubte Faith' Sportwagen von dem Fahrgestell ab. Als sie es im Kofferraum verstaut und die in Frottee eingewickelte Flasche herausgeholt hatte, weinte Faith wieder. Es blieb keine Zeit über irgendetwas nachzudenken, bis sie sie gefüttert hatte. Und dann wusste sie kaum, was sie denken sollte. Kein Wunder, dass Mandy die Kittel so lange Zeit gehabt hatte. Sie war in Gloucester abgewiesen worden und hatte sie wahrscheinlich alle nach Cheltenham gebracht. Hatte sie sie am Ende verkauft? Hope nagte wieder an ihrer Unterlippe. Offensichtlich war es nicht so. Sie hätte den Namen des Ladens genannt, statt Hope in dem Glauben zu lassen, sie seien zu Mrs. Bagnold gegangen.

Aber was, zum Himmel, sollte sie tun? Das war eindeutig

ein Almosen. Zum ersten Mal konnte Hope völlig verstehen, wie Jack sich fühlte, wenn ihre Eltern ihnen zu helfen versuchten. Sie konnte den Gedanken nicht ertragen, dass Mandy und Henrik planten, wie sie ihre ›Freundschaft‹ subventionieren könnten. Hätte sie dies nur vor Mandys kleiner Rede am Vormittag entdeckt, hätte sie offen reden können und gesagt, es könne nicht sein. Aber Mandy war irgendwie nicht wie Mandy gewesen. Nicht gerade mitleiderregend, aber sehnsüchtig. Sie würde mit Jack darüber reden müssen. Ja, genau, das würde sie tun. Heute Abend würde sie mit Jack die ganze Geschichte durchsprechen.

Mandy tauchte an der Fahrerseite auf und schob sich so schnell wie möglich auf ihren Sitz.

»Mein Gott, ist es kalt. Ich glaube, wir bekommen diesen Monat Schnee.« Sie schaute über Hopes Schulter zu Faith. »Oh, ist sie nicht einfach liebenswert? Oh, Hope. Es war ein schöner Tag heute, nicht wahr?«

Was anderes konnte sie schon sagen als, Ja?

☆

Jack stand der ganzen Situation ziemlich reserviert gegenüber.

»Ich sehe darin kein Problem – nun, jedenfalls noch nicht. Offensichtlich hatte sie die scheußlichen Kleidungsstücke verkauft. Warum sie dir erzählt hat, dass sie an diesen Laden gegangen sind, weiß ich nicht ... Hat sie das wirklich gesagt?«

»Daran kann ich mich jetzt nicht mehr erinnern. Vielleicht sollte ich sie fragen. Rundheraus.«

»Ho, das kannst du nicht tun. Es sieht aus, als schaue man einem geschenkten Gaul ins Maul. Sie hat das Geld irgendwie von irgendwo bekommen. Das in Frage zu stellen, wäre schrecklich.«

Er hatte Recht; sie konnte es nicht in Frage stellen. Aber

nicht aus Undankbarkeit. Jetzt etwas in Frage zu stellen oder zu kritisieren, das Mandy tat, würde eine Art Verurteilung sein.

»Und was, wenn sie es von ihrem eigenen Bankkonto hat?«

»Das würde sie nicht tun. Tatsache ist, dass sie sehr geschäftstüchtig sind. Henrik hat herausgefunden, wo es einen Computerkurs gibt. In Bristol. Er meinte, dass ich – richtig – für ihn arbeiten könne, wenn ich den absolvieren würde. Ich sagte ihm, dass wir uns das nicht leisten könnten, aber er lächelte nur und schlug vor, ich sollte die Uhr versetzen.«

»Jack! Mein Gott. Meinst du, sie hätten uns diese lächerlichen Geschenke als – als eine Art Bezahlung gegeben?«

»Bezahlung für was?«

»Tja, das weiß ich nicht. Was hoffen sie, von dir künftig zu bekommen? Mandy sagt immer, wie hilfreich du für Henrik bist. Wenn er jetzt davon spricht, dich einzustellen – nun, dann könntest du es doch nicht ablehnen, dass er für diesen Dingsbums-Kurs bezahlt, oder?«

»Er hat davon gesprochen, ich solle eine eigene Beratungsfirma aufmachen!«

Sie war verblüfft. Das geschah alles zu schnell für sie. Sie atmete tief ein und sagte: »Liebling. Bist du sicher, dass du mich nur deshalb wegen der Kittel beruhigen willst, weil du mit Henrik in Verbindung bleiben musst?«

»Ho-ho!« Er machte humorlos eines seiner üblichen Wortspiele. »Geliebtes Mädchen. Ich glaube wirklich, dass Mandy diese Kittel verkauft hat. Aber wenn du deswegen unglücklich bist, warum legst du nicht ein Bankkonto an, zahlst das Geld darauf ein und lässt es dort liegen? Du kannst es ihr später immer noch zurückzahlen.«

Sie schluckte, da sie nicht zugeben wollte, dass sie einen Teil des Geldes beim heutigen Stoffeinkauf ausgegeben hatte.

Mit dünner Stimme sagte sie: »Wie willst du das mit diesem Kursus machen?«

Jack lachte. Er war aufgeregt. »Ich werde mir einen Monat unbezahlten Sonderurlaub nehmen. Die Uhr versetzen, genau wie Henrik es gesagt hat.«

»Mandy hat sie ausgesucht.«

»Sie wird es verstehen. Und dies ist unsere Chance, Ho. Ich habe ein gutes Gefühl dabei. Dieses Computergeschäft ist groß im Kommen, und die Menschen, die jetzt einsteigen, werden mit ihm etwas werden.« Er hob sie hoch und wirbelte sie um den Tisch herum. Als er sie absetzte, war er plötzlich ernst. »Du weißt nicht, wie sehr ich mir wünsche, dir alles zu geben, Ho. Alles. Du hattest so viel, bevor wir heirateten. Deine Eltern haben mich nie kritisiert, aber ich fühle ... ich habe über das Auswandern nachgedacht und alle möglichen Dinge. Aber jetzt ... das ist es. Henrik sagt, dass wir, wenn wir jetzt einsteigen, jeden anderen unterbieten können. Er sagt, er will mich exklusiv als Bausachverständigen und für Angebotsprüfung einsetzen. Andere Ingenieure werden folgen. Ich kann meinen Preis selbst bestimmen. Wir können aus diesem feuchten Loch heraus und in etwas Besseres hinein, mit einem richtigen Badezimmer und Einbauküche und – und«, er hob seine Hände hoch über den Kopf »einem – einem Geschirrspüler!«

Sie lachte, da sie wusste, dass er so viel mehr als einen Geschirrspüler meinte. Sie drückte und küsste ihn und erinnerte ihn nicht daran, dass sie ein Baby hatten, um das sie sich kümmern mussten. Sie würde glauben müssen, dass Mandy die Kittel verkauft hatte.

Sie hatte nicht beabsichtigt, ihm von Mandys Geständnis zu erzählen, aber sehr viel später sagte sie schläfrig: »Liebling, Mandy erzählte mir heute, dass sie und Henrik nicht verheiratet sind.«

Jack schnaubte ein kleines Lachen in ihr Ohr. »Natürlich sind sie das nicht.«

Sie war erleichtert, weil er es bereits wusste. Und dann neugierig darauf, wie er es erfahren hatte. Aber danach fragte sie ihn nicht.

☆

Der Kursus bedeutete ein Arbeitspensum von einem Monat, sieben Tage die Woche. Er war für Juni geplant und wurde von einer amerikanischen Firma veranstaltet. Die Liste dessen, was zu berücksichtigen war, war enorm.

»Mein Anzug wird nicht genügen, Ho. Ich werde einen neuen brauchen!«, stöhnte Jack. »Weißes Hemd, Krawatte, auf Hochglanz polierte Schuhe. Klingt völlig unwichtig. Was ist das – ein Kursus für männliche Models?«

Hope war beeindruckt. »Das bedeutet Geschäft, Jack. Sie wollen da keine Hippietypen haben.« Sie ließ die Mundwinkel hängen. »Was mir Sorge macht, sind die vielen Stunden. Acht Stunden täglich und dazu privates Studium – das sind Hausaufgaben, nehme ich an. Und das sieben Tage pro Woche. Das kommt auf insgesamt ...«

»Zweihundertvierundzwanzig Stunden«, ergänzte Jack. »Klingt nach Gehirnwäsche.«

»Kein Wochenende daheim. Ich werde dich vermissen.«

»Wirst du denn alleine zurechtkommen? Möchtest du nach Horsley gehen?«

Sie wusste, dass er das nicht wirklich wollen würde. »Nein. Natürlich nicht. Dies ist unser Heim und ich werde zurechtkommen.«

»Ich würde sagen, dass Mandy und Henrik sich um dich kümmern sollen, aber ich weiß, dass du das nicht wollen wirst.«

»Ich denke, dass ich die ganze Freundschaft auf eine bessere Ebene gehoben habe.« Hope nickte verständig. »Ich habe noch nichts mit dem Kaliko und dem Matratzendrill gemacht, den Mandy und ich im Ausverkauf bekommen haben. Sie fragte mich mehrmals nach Kissenbezügen und ich sagte, ich sei zum Nähen zu beschäftigt gewesen.«

»Gute Idee.« Jack spielte mit den Papieren über das Kursprogramm. »Du hast ihr doch nicht ... nun ja, ich meine, einen Dämpfer versetzt oder so, Ho? Ich meine, also wenn du mit den Kitteln Recht hättest ... nun, sie hat es doch gut gemeint.«

»Natürlich habe ich ihr keinen Dämpfer versetzt!« Hope legte eine Hand auf seine. »Hör zu. Ich weiß, wie viel dieser Kursus für dich bedeutet – und auch Henriks Unterstützung. Ich werde das nicht gefährden.«

»Ich hatte nicht an den Kursus gedacht!«

»Aber ja.« Sie lachte und wich einem imaginären Schlag aus.

Er hielt sie und kitzelte sie gnadenlos, küsste sie dann, löste sich von ihr und sagte ernst: »Geliebte Ho, sie brauchen uns. Ich weiß nicht recht, warum, aber es ist so. Spürst du das nicht?«

»Ja?« Sie legte einen Finger auf seine Stirn und fuhr über seine kurze Nase zu seinem Mund. »Darüber habe ich wirklich viel nachgedacht. Sie sind nicht ganz glücklich. Sie lieben sich, aber rechtes Glück ist nicht da. Ich vermute deshalb, weil sie in Sünde leben.« Er lachte, aber sie schüttelte den Kopf. »Ich meine einfach ... sie brauchen uns, weil wir wirklich glücklich sind.«

Er führte ihre andere Hand an seinen Mund, küsste sie und drückte sie an sein Herz. »Das ist dein Werk, Ho. Deine Mutter sagt, Faith sei wie du, freue sich, zu leben. Und sie hat Recht.«

»Nur halb Recht. Du bist die andere Hälfte. Glück schaffen

wir zusammen.« Sie schaute ihn ruhig an. Ihr dunkel bewimperten blauen Augen waren ernst. »Sei vorsichtig, wenn du fort bist, Jack. Tust du das?«

»Das werde ich. Und du auch.«

☆

Es war erstaunlich, dass sie sich so krank fühlte, kaum dass Jack fort war. Sie sagte sich, es sei psychisch bedingt, aber das änderte nichts. Jeden Abend, wenn sie sich ins Bett legte, wirbelte die Sommerdunkelheit wie ein Derwisch um sie, sodass sie sich an den Kissen festklammern musste, um nicht im Zimmer herumgeworfen zu werden. Dieses ›Wenden‹ wie sie es nannte, endete gewöhnlich mit Übergeben, und dann schlief sie so erschöpft wie ein Kaninchen, bis Faith sie im Morgengrauen aufweckte und das Ganze wieder begann. Sie lehnte Mandys Hilfsangebot mit untypischer Barschheit ab und sagte ihr, dass sie es vorziehen würde, wenn Henrik nicht vorbeikäme, um Faith zu besuchen, bis die Dinge besser wären. Mandy nickte widerwillig und bat darum, sie solle ein Rauchsignal senden, wenn sie Hilfe brauche. »Ich meine das wirklich so, Hope. Zünde das Feuer im Wohnzimmer an. Ich kann den Rauch aus meinem Küchenfenster sehen und werde in zwei Sekunden bei dir sein.« Hope nickte dazu und stoppte abrupt, als die Küche sich um sie drehte. Aber es war eine Erleichterung zu wissen, dass sie das Haus für sich allein hatte und einfach sitzen und Faith zuschauen konnte, wie die merkwürdig seitwärts im Laufstall herumkrabbelte, sie gelegentlich fütterte und bis zur nächsten Mahlzeit nichts zu tun hatte. Sie überlegte, ob diese Sommergrippe oder was es sonst sein mochte, sich im Nachhinein als Segen erweisen würde. Sie durchbrach sicherlich das Muster, das die Petersens geschaffen hatten.

Ihre Mutter kam aus Horsley herübergefahren und sah sofort, dass etwas wirklich nicht in Ordnung war.

»Komm mit mir nach Hause, Liebling. Bitte. Ich kann Dr. Booth kommen lassen, damit er dich untersucht, ich kann dich versorgen und Daddy kann mit Faith im Dorf spazieren gehen – es wird für dich ein kleiner Urlaub sein.«

Das klang himmlisch. »Lass es mich ausschwitzen, was immer es ist.« Hope saß auf einem harten Stuhl über den Tisch gebeugt und hatte Angst, sich bequemer zurückzulehnen für den Fall, dass der Raum sich zu bewegen begann. »Außerdem könnte ich nicht zu Doc Booth gehen – das wäre unanständig. Dr. O'Brian würde sehr verletzt sein. Er hat mir bei dieser entsetzlichen Geburt geholfen ... oh, Mummy, du glaubst doch wohl nicht, dass ich wieder schwanger bin, oder?«

Milly sagte feinfühlig: »Nun, das solltest du wissen, Liebling.«

Hope verzichtete auf Einfühlungsvermögen. »Ich benutze immer mein Pessar! Ich könnte es nicht ertragen, wenn ich das wieder durchmachen müsste!«

»Nun, dann ...«

»Es heißt, so etwas wie eine völlige Geburtenkontrolle gibt es nicht!«

Milly versuchte vernünftig zu sein. »Hör mir zu, Liebling, Hope. Hattest du diese Benommenheit auch, als du Faith erwartetest?« Sie beantwortete die Frage selbst. »Nein. Es ist als Symptom für eine Schwangerschaft höchst unwahrscheinlich. Tatsächlich habe ich das noch nie gehört. Viel eher dürfte es eine Viruserkrankung sein, die sich dadurch verschlimmert hat, dass du hier alleine bist. Bitte, komm mit mir nach Hause.«

Hope war ernsthaft versucht, das zu tun, aber sie hatte das Gefühl etwas tun zu müssen, um sich selbst zu beweisen.

»Lass mich noch ein bisschen allein bleiben, Mummy. Ich

verlasse mich zu sehr auf andere Menschen. Ich würde gern das Gefühl haben, dass ich mit allem alleine fertig werden kann. Ich werde dich anrufen. Versprochen.«

Doch nachdem ihre Mutter in jene Art von Sonnenuntergang gefahren war, die bei Hope Tränen auslöste, hatte sie die schlimmste aller Nächte. Sie nahm sich vor, um neun Uhr in Horsley anzurufen und ihren Vater zu bitten, sie zu holen. Aber als sie schließlich Faith' Badewasser erhitzt und ihr etwas von dem Porridge zubereitet hatte, das sie zum Frühstück gehabt hatte, fühlte sie sich ein wenig besser. Sie setzte Faith ins Bad und brachte ein feuchtes Lächeln zustande, als das kleine Mädchen mit ihrer Faust auf das Wasser schlug. Dann wäre sie fast aus der Haut gefahren, als plötzlich Henriks Gesicht am Küchenfenster auftauchte.

Sie öffnete die Hintertür.

»Mit mir ist alles in *Ordnung,* Henrik! Falls Mandy dich gebeten hat, bei mir nach dem Rechten zu sehen, sag ihr einfach, dass bei mir alles in Ordnung ist. Wirklich.« Sie stand im Türrahmen und er schaute an ihr vorbei auf Faith in ihrem Bad. Das Kind krähte vor Entzücken.

»Ich vermisse Faith.«

Er klang einsam. Sie seufzte und trat beiseite.

»Komm und sag Hallo. Es tut mir Leid. Es ist nur so, dass ich besser alleine bin, wenn ich mich nicht so gut fühle.«

»Soll Mandy sich um Faith kümmern? Sie würde das sehr gerne tun, weißt du.«

»Das ist nicht nötig.« Aber er stand so hilflos da und schaute auf die Wanne, die auf dem kleinen Ständer stand. »Setz dich Henrik. Ich werde Faith abtrocknen und dann werde ich Kaffee kochen. Hast du Zeit?«

»Natürlich.« Er setzte sich eifrig und beugte sich über Faith, machte kleine Wellen über ihrem Bauch. »Versuch, mit der offenen Hand zu schlagen. So.« Er schlug sanft auf das

Wasser und sie krähte vor Vergnügen und schlug mit den Beinen. »Vorsicht! Sonst gibt's eine Überschwemmung!« Er blickte auf. »Hope, darf ich sie abtrocknen?« Sie begann den Kopf zu schütteln und hörte abrupt auf, als sie sein Gesicht verschwommen im Kaffeewasser sah. Er sagte traurig, »Wie haben wir dich gekränkt, Kind? Leugne es nicht. Irgendwie haben wir dich verletzt – das wissen wir beide –, wir wissen nur nicht wie.«

Hope hielt sich am Rand der flachen Spüle fest, bis der Schwindel vorbei war, und dann platzte sie heraus, weil sie nicht länger taktvoll Ausflüchte machen konnte; »Mandy hat diese Kittel nicht verkauft. Ich bin in das Geschäft gegangen und da hat man es mir erzählt. Sie hat sie noch immer zu Hause, nicht wahr?«

Er starrte sie an. Faith schlug mit der offenen Hand auf das Wasser und bespritzte seinen eleganten Sommeranzug mit Tropfen.

Er sagte: »Ja. Aber nicht lange. Du verstehst nicht, Hope.«

Hope sagte matt: »Sie erzählte mir, dass ihr beide Freundschaft braucht. Ist euch nicht klar, dass ihr sie tötet, wenn ihr sie zu kaufen versucht? Völlig?«

»Siehst du uns so? Dass wir dich kaufen wollen? Wegen der Kittel?«

»Ihr habt Jack eine Uhr geschenkt und ihm dann gesagt, er soll sie verkaufen.«

»Natürlich! Ich wollte, dass er weiß, dass er mit ihr machen kann, was er will.«

»Ich auch? Du hast mir Ohrringe gekauft, obwohl du wusstest, das meine Ohren nicht durchstochen sind ...«

»Ich hoffte, dass eines Tages ... hör zu, Hope. Hör zu. Bitte. Mandy hat dir zu Weihnachten nichts gesagt, weil sie noch beim Verhandeln war. Aber sie kauft dieses kleine Geschäft. Sie will daraus eine Boutique machen. In ein paar Wochen wirst du wieder in die Stadt fahren können und deine Kittel in diesem Schaufenster sehen. Sie sah nicht ein, warum du auf dein Geld warten solltest. War das falsch von ihr? War es falsch von mir, für dich etwas zu kaufen, von dem ich hoffte, dass du es eines Tages tragen würdest? Diamanten sind meine Lieblingssteine. Mandy mag sie nicht. Sie sagt, zu ihrer hellen Haut braucht sie Rubine oder Smaragde. Aber du bist dunkel.«

Eine lange Pause entstand. Faith fuhr damit fort, ihr Badewasser auf den Fußboden zu befördern. Hope starrte in den Ausguss und dachte über Henrik und Mandy nach und ihre Vorliebe für Großzügigkeit. Schließlich griff sie nach dem Handtuch und reichte es über die Wanne.

»Wickel sie einfach ein und bring sie ins Wohnzimmer. Es ist dort sonniger. Ich bringe den Kaffee hinüber.«

Sie entzündete das Gas und gab Kaffee in einen Becher. Henrik sagte klugerweise nichts mehr zu ihr. Er führte sein Gespräch ausschließlich mit Faith. Hope belud den Teewagen, den ihr die Mädchen der Sekretärinnenschule geschenkt hatten, und klammerte sich daran, als sie ihm in das altmodische Wohnzimmer folgte. Er sah lächerlich aus, wie er jetzt in ihrem tiefen Stillsessel neben dem Babykörbchen saß, die Vorderseite seines Jacketts mit Talkumpuder bestreut und zwei Windelklammern im Mund. Sie sagte nichts dazu und mischte sich nicht ein. Irgendwie hatte sie das Gefühl, dass dies das Mindeste war, was sie tun konnte.

Schließlich erhob er sich, legte Faith in ihren Laufstall und nahm den Kaffee, den Hope ihm eingeschenkt hatte.

Er sagte, »Trinkst du keinen?«

»Nein, danke. Und meine Glückwünsche. Du kannst besser windeln als Jack es könnte.«

»Neffen. Nichten.« Er nahm einen Schluck. »Hope, empfindet Jack genauso wie du?«

»Nicht direkt. Er ist so aufgeregt über das, was du ihm angeboten hast.«

»Ich habe so wenig angeboten, meine Liebe. Er hat für mich bereits gearbeitet. Für diese Arbeit habe ich ihm nichts bezahlt. Künftig werde ich mich verpflichtet fühlen, das zu tun. Wird ihn das auch entfremden?«

»Natürlich nicht. Er will etwas verkaufen.«

»So wie du an Mandy verkauft hast.«

»Bitte, Henrik. Wenn Mandy erklärt hätte ...«

»Ich habe ihr gesagt, sie solle ehrlich und offen sein. Aber sie spürte bereits deine ... Reserviertheit.« Er beugte sich vor. »Sie hat nicht genug zu tun gehabt, Hope. Das ist ihr Problem gewesen. Aber jetzt ... sie ist von diesem Geschäft ganz begeistert. Sie würde gerne, wenn du es mit ihr zusammen machst, aber offensichtlich möchtest du das nicht. Es scheint jedoch, als habest du eine natürliche Begabung für Design. Ich denke – wenn du es so betrachten würdest wie Jack seinen Computerkurs –, dass du sehr viel beisteuern könntest.«

Sie schüttelte den Kopf. »Daran kann ich jetzt nicht denken, Henrik.«

»Wenn du dir vorstellen könntest, dass wir zu Jacks Familie gehören – vielleicht als Großeltern oder als Paten –, dann ist das vielleicht nicht so schwer.«

Vielleicht war es Henriks subtile ausländische Art, die diese Idee fast akzeptabel machte. Und wenn er sich so sah ... sie starrte auf Faith, die sich an den Stäben des Laufstalles hochzog. Sie nahm sich vor, das Jack zu erzählen, wenn sie heute Abend zur Telefonzelle ging. Und dann platzte sie heraus: »Ich glaube, ich bin wieder schwanger. Und ich habe schreckliche Angst.«

Sie hörte Henrik vernehmlich einatmen, sah aus den Augenwinkeln, dass er seine Kaffeetasse absetzte und sich dann plötzlich aufrichtete. Sie schaute auf sein Gesicht, und bevor das Zimmer sich drehte, sah sie das Strahlen unverhohlener Freude darin. Sie schloss ihre Augen und wartete darauf, dass der Anfall vorüberging.

»Hope, das ist wundervoll! Ich dachte, ihr würdet nicht mehr Kinder haben. Ich freue mich so für euch!«

Sie wartete, klammerte sich an die Kante des Sessels, um nicht herunterzufallen. Dann sagte sie, »Du hast nicht zugehört. Ich habe schreckliche Angst.«

»Mein liebes Kind.« Er kniete sich vor sie hin, umfasste mit seinen langen Armen den Sessel und hielt sie. »Hör zu. Meine Brüder und Schwestern, sie alle haben Kinder. Kein Baby ist wie das andere – wer würde so etwas auch erwarten? Ist es dann nicht logisch daraus zu schließen, dass zwei Schwangerschaften nicht gleich sind? Und auch nicht zwei Geburten?«

Sie hielt ihre Augen geschlossen, fühlte sich aber besser. Henriks ausgefallene Akzentuierung machte dieses Gespräch möglich, sogar leicht. Seine schmalen, in Leinen gehüllten Arme berührten sie nicht, aber sie umschlossen den Sessel wie ein Stützwerk. Sie war sicher. Sie gab aus tiefer Kehle ein Geräusch von sich.

Er fuhr fort: »Als ich dich im vergangenen Sommer zusammengebrochen im Garten fand, wusste ich, dass es schlimm werden würde. Ich weiß, dass es dieses Mal gut werden wird. Du hast jetzt diese Beschwerden. Danach wird es leicht sein. Du wirst ein wenig Urlaub machen und wenn du zurückkommst, wird es dir gut gehen und es wird auch so bleiben.«

Das Sonnenlicht zeichnete Muster hinter ihren geschlossenen Lidern. »Sei nicht albern, Henrik. Wir können uns keinen Urlaub leisten. Und nein, du kannst uns den nicht spendieren. Und ich werde meine Ohrringe nicht verkaufen!« Sie spürte, dass ihr Mund sich zu einem Lächeln verzog und merkte, dass er auf seinen Fersen hockte.

Er sagte mit leichterer Stimme. »In Ordnung, in Ordnung. Ich bin froh. Aber es tut mir auch Leid. Wie wär's, wenn du ins Haus deiner Eltern gehst?«

»Das kann ich auch nicht tun.« Sie öffnete ihre Augen und sah direkt in seine. »Ich bin mir nicht sicher. Verstehst du das? Ich habe zu Jack nichts gesagt. Du wirst nicht ...«

»Natürlich nicht. Er fragte mich am Telefon, ob etwas nicht in Ordnung sei.« Er hielt ihrem Blick stand. »Das ist doch nicht der Fall, oder?«

»Nein.« Sie verspürte enorme Erleichterung. »Nein, ist es nicht. Danke, Henrik.«

»Dafür, dass ich wie ein norwegischer Onkel mit dir geredet habe?«

»Ja.« Sie holte tief Luft. »Es geht jetzt wieder. Du kannst aufstehen.«

Das tat er. Sie reichte ihm ihre Hände, um sich von ihm hochziehen zu lassen, und als sie vor ihm stand und den Talkumpuder sah, der vorne auf seinem Hemd klebte, fühlte sie sich wirklich gut. Sie versuchte, sich zu bewegen, drehte ihren Kopf nach rechts, um auf Faith in ihrem Laufstall zu schauen, und dann sah sie Henrik an.

»Ich sollte einen Spaziergang machen. Könntest du Faith in den Sportwagen setzen, Henrik? Ich werde Mandy besuchen. Meinst du, dass ihr das recht ist?«

»Natürlich. Ich werde mit dir gehen.«

»Nein. Ich würde es vorziehen, allein zu gehen. Ich möchte mich entschuldigen.«

Er zögerte, nickte dann und ging in die Diele, um den Sportwagen zu holen. Sie winkte ihm zum Abschied zu und machte sich auf den Weg über den Treidelpfad. Sie brauchte nicht länger als fünf Minuten. Hätte sie keine Angst davor gehabt, dass die Benommenheit zurückkehren würde, wäre sie gerannt. Sie hatte Mandy mehr vermisst, als sie sich zugegeben hatte.

Mandy sah sie kommen, öffnete die Küchentür und kam zum Tor.

»Ich habe keinen Rauch gesehen! Ist mit dir alles in Ordnung? Mein Gott, du siehst schrecklich aus!«

Hope begann zu lachen. »Wirklich? Ich glaube, ich habe mich nicht frisiert – oh, Mandy. Es tut mir so Leid. Nicht, weil ich wie ein Wrack aussehe –, sondern wegen diesem Mißverständnis. Henrik hat mir erzählt, dass du dieses Geschäft kaufst! Ich dachte, du wolltest mir nur ein Almosen geben! Als wir zum Schlussverkauf gingen ... du erinnerst dich? Ich ging in das Umstandsmodengeschäft und die Frau wusste nichts von den Kitteln! Deshalb dachte ich ...«

»Liebste!« Mandy legte ihre Arme um Hopes Schultern. »Oh, ich freue mich so, dich zu sehen! Ich weiß gar nicht, wovon du redest, aber komm herein – es ist zu heiß – Faith, mein liebstes kleines, wunderbares Mädchen! Nun sieh dir diese Locken an! Wieso bist du blond, wo Mummy dunkel ist?«

Hope lachte herzlich, vor allem, weil es wundervoll war, dass sie sich wieder gut fühlte. Sie ging in Mandys moderne Küche aus rostfreiem Stahl und ließ Mandy den Sportwagen über die Schwelle ziehen.

Das Telefon klingelte und der Schreck löste bei ihr fast wieder einen Schwindelanfall aus.

Mandy nahm den Hörer auf und streichelte Faith gleichzeitig über das Haar. »Blödes Telefon ... oh, du bist es, Henrik! Nein, ich hatte mit Faith gesprochen. Hope ist gerade mit ihr hier angekommen ... ja. Ja. Oh. Natürlich, ja, ich verstehe. Sie sagte etwas darüber, als sie ankam, aber ich war so froh, sie zu sehen, dass ich es gar nicht richtig registriert habe. Offensichtlich, Liebling. Mach dir keine Sorgen.« Sie entfernte sich von dem Sportwagen und ging, so weit es die Telefonschnur erlaubte, in die Diele. Hope setzte sich an den Küchentisch, nahm Faith auf den Schoß und wiegte sie vorsichtig. Es war noch immer gut. Sie hatte den merkwürdigen Eindruck von Verschwommenheit in ihren Augen, aber in der Küche blieb alles wie es war. Sie drückte Faith' Lockenkopf unter ihr Kinn und schaute sich um. Eine Waschmaschine summte in der Ecke, der elektrische Wasserkessel und der Toaster waren graublau und passten so zu den Küchenstühlen und den Vorhängen an den beiden Fenstern.

Hinter ihr sagte Mandy leise: »Henrik sagt, du bist vielleicht wieder schwanger.«

»Ich bin mir nicht sicher.« Sie drehte sich um und schaute hinter sich und die Kissen und Vorhänge vermischten sich. Sie blinzelte angestrengt. »Die Symptome stimmen nicht. Ich hatte einfach solche Angst ... weißt du.«

»Ihr sagtet beide: Keine Kinder mehr.«

Hope spürte, dass sie überrascht die Brauen hob. »Ja, richtig. Noch ein Baby können wir uns nicht leisten. Und ... es war so schrecklich, Mandy.«

»Aber ihr müsst doch gewusst haben, was ihr tatet – das Risiko, das ihr eingegangen seid.«

Hope drehte ihren Stuhl mit etwas Mühe um. »Du bist besorgt!«, sagte sie. »Du bist genauso besorgt wie ich.« Irgendwie war das noch beruhigender als Henriks positive Reaktion. »Mandy, es wird gut werden. Wirklich. Wenn es das ist, schön – dann sei es. Besser als etwas Schreckliches in meinem Kopf!«

Eine Pause entstand; Mandy schien auf irgendeine Weise ihre Gefühle zu sammeln. Plötzlich stieß sie einen tiefen Seufzer aus und ließ sich auf ihre Knie sinken, genau wie Henrik es getan hatte.

»Liebste Hope. Es tut mir ja so Leid. Oh, Gott, so ein Schlamassel. Henrik hat mir gerade erzählt, dass du wegen der Kittel zu Mrs. Fürchterlich gegangen warst. Liebste, das tut mir auch Leid. Du verstehst doch – sicher –, dass das mit dem Geschäft wie eine Granate auf dich wirken sollte?«

»Ich denke schon.« Hope lächelte in das schöne, sorgfältig geschminkte Gesicht, das ihrem eigenen so nahe war. »Und ich weiß eigentlich auch nicht, worin der Unterschied besteht – aber es ist so. Solange sie verkauft werden können! Wenn sie da eine Ewigkeit hängen ...«

»Die werden wie frische Brötchen weggehen. Und alles andere, was dir einfällt, auch. Ich möchte, dass du bei mir einsteigst und mir im Laden hilfst ...«

»Nein. Definitiv nein, Mandy. Ich hätte nicht genügend Zeit für dich und außerdem ... nein.« Sie war froh, dass Mandy sie nicht weiter drängte. Erst als sie Kaffee tranken, erkundigte sie sich, weshalb Henrik angerufen hatte. »Er kann doch nur bis zum Postamt gekommen sein!«

»Ja, er hat von dort angerufen. Er hat Pläne auf dem Tisch im Arbeitszimmer liegen lassen und wollte nicht, dass Mrs. Malkin sie verkramt.«

»Ich dachte, Mrs. Malkin dürfe das Arbeitszimmer nicht betreten?«

»Tja, manchmal schon.« Mandy wiegte Faith geschickt. »Dazu hatte Henrik mal wieder eine seiner tollen Ideen. Er schlug vor, du und ich sollten Urlaub machen, während Jack seinen Kurs absolviert. Nur für ein paar Tage.«

»Ich sagte Henrik bereits ...«

»Nicht teuer. Tatsächlich hat Henrik überlegt, ob wir nicht euer Flitterwochen-Cottage bekommen könnten. Das war doch spottbillig, oder?«

Hope dachte wieder an Widdershins und ihr Herz schwoll leicht, aber merklich.

Sie sagte: »Das könnte ich Jack nicht antun.«

Mandy sagte schnell: »Natürlich nicht. Dumm von mir. Vergiss es.«

»Und eigentlich ist dazu auch keine Zeit. Er wird in zehn Tagen zu Hause sein.«

»Ja. Stimmt.« Sie küsste Faith und hielt sie hoch. »Oh, sie ist wunderschön, Hope. Bleib und iss etwas mit mir, und sie kann im Garten ein Nickerchen machen, während wir ein Sonnenbad nehmen.«

Hope schaute die beiden an. Faith schlief beinahe schon und ihr blondes Haar mischte sich mit dem von Mandy. Sie musste ständig daran denken, dass die Petersens zu Jack gehörten. Schwiegereltern. Wundervolle Schwiegereltern. Denn dann hatten sie ein Recht, großzügig zu sein. Es stand außer Frage, dass sie dafür eine Gegenleistung wollten.

»Das wäre herrlich«, sagte sie.

4

Die Benommenheit kam und ging, war aber nicht mehr die albtraumhafte Erfahrung, die es während der ersten beiden Wochen von Jacks Kurs gewesen war. Sie konnte ihn auch vom Telefon der Petersens anrufen, was ihn offensichtlich freute. Ihr war nicht bewusst gewesen, wie besorgt er durch das gewesen war, was sie jetzt alle ›die Spaltung‹ nannten.

»Liebling, Ho. Ich bin so froh, dass du das in Ordnung gebracht hast. Es war doch so dumm. Sie sind einfach so großzügig.«

Sie hätte ihn daran erinnern können, dass es die Großzügigkeit ihrer Eltern war, die ihn so reizbar gemacht hatte, aber das tat sie natürlich nicht.

»Nur noch drei Tage, Jack. Ist es das wert gewesen?«

»Tja, ich weiß es noch nicht. Aber, Gott, es ist interessant,

Ho. Ich schätze, dass die Welt in ein paar Jahren von diesen Dingern gesteuert wird.«

»Von Computern? Das klingt ja wie ein Science fiction-Film.«

»Lassen wir die Fiktion beiseite. Wenn wir die Fragen richtig stellen, können sie alles beantworten.«

Sie lächelte in den Hörer. »Liebling, du hast vergessen, wie hoffnungslos ich in Mathematik bin. Als du über Binärzahlen gesprochen hast, habe ich auf der Stelle passen müssen!«

»Gut, nun pass auf. Erinnerst du dich an diese seltsame Pflanze, die wir entdeckt hatten? Direkt vor Widdershins?«

Wieder dieses leichte Schwellen ihres Herzens. »Ja«, erwiderte sie, bereit zu schmelzen.

»Erinnerst du dich, wie wir rausgefunden haben, was es war? In der *British Flora,* in der öffentlichen Bibliothek von Penzance?«

»Ja.« Sie runzelte die Stirn, wusste, dass dieser Augenblick nicht zum Schmelzen geeignet war. »Es war eine Frage von Ja oder Nein. Und wenn Ja, schlage auf Seite soundso nach. Und wenn Nein, dann sieh auf Seite dingens nach ...«

»Siehst du, worauf ich hinaus will? Man musste nur ständig Fragen stellen. Das Buch konnte entweder Ja oder Nein sagen. Aber wenn man damit zu Ende war, hatte man die Antwort ... und genau so ist das mit Computern!«

Sie lächelte wieder, dieses Mal über seine jungenhafte Begeisterung und die Tatsache, dass er wollte, dass sie sie mit ihm teilte. »Du bist wundervoll, Jack«, sagte sie.

Er gab ein Geräusch von sich, das halb erfreut, halb verärgert klang. »Du kannst mich mit Komplimenten nicht abwimmeln. Ich möchte, dass du die enormen Möglichkeiten siehst – dass du sie verstehst.«

»Das tue ich. Das tue ich.«

Seine Stimme wurde so weich wie Porridge. »Ich auch«, sagte er.

»Oh, Jack.«

»Hier ist eine lange Schlange vor der Telefonzelle. Bis morgen.«

Mandy, die Faith in Hörweite wiegte, sagte: »Wollte er seine Tochter nicht hören? Was hat er gesagt? Nicht das Geringste. Das ist fast zum Kotzen!«

Hope grinste. »Er versuchte, Computer zu erklären.«

»Und du hast deinen abgeschaltet.«

Hope lachte. Ihre Mutter war an diesem Morgen mit ihr bei Dr. O'Brien gewesen, und der hatte bestätigt, dass sie fast im dritten Monat schwanger war und die Benommenheit auf Anämie zurückzuführen war, die leicht behandelt werden konnte. Im Nachhinein wurde ihr klar, dass sie Angst vor einem Gehirntumor gehabt hatte. Die Normalität ihrer Symptome war eine solche Erleichterung, dass sie vor der eigentlichen Geburt keine Angst mehr hatte. Außerdem war es so, wie Henrik gesagt hatte: Keine Geburt war wie die andere. Bei Faith war es schrecklich gewesen; diese würde leicht sein – so wie die ihrer Mutter.

Milly hatte sie beruhigt: »Ich hatte dich in zwei Stunden, Liebling. Und so wird es bei dir dieses Mal sein. Das verspreche ich.«

Jack kam spät am Freitagabend nach Hause. Er sah in seinem neuen Anzug noch immer unglaublich gut aus und strahlte neu gefundenes Selbstvertrauen aus. Er redete fast ohne Unterbrechung, bis Faith um zwei Uhr morgens aufwachte und zu ihnen ins Bett kam. Sie war überglücklich, ihn zu sehen und wollte mit ihm spielen, und er war zu aufgedreht, um zu schlafen, und so gingen die beiden nach unten und Hope schlief erschöpft ein.

Am nächsten Morgen fand sie ihn neben sich, zusammengerollt wie eine Katze und leicht in sein Kissen schnarchend. Faith schlief ähnlich in ihrem Bettchen. Hope ließ die beiden liegen und deckte in dem winzigen Hintergarten den Frühstückstisch. Als der Duft von Toast durch das Haus zog, wachte Jack auf und wankte nach unten. Sie ließ ihn dabei sein, während sie Faith badete und sie in ihren Laufstall setzte. Dann erzählte sie ihm von dem Baby. Sie war ein bisschen ängstlich. Er war ebenso entschlossen gewesen wie sie, keine weiteren Kinder zu haben. Aber sie wusste, bevor er ein Wort sagte, dass er sich freute. Er wartete angespannt und versuchte, ihre wahren Gefühle zu erkennen, und als sie bebend lächelte, nahm er sie in die Arme.

»Ho. Liebes ... liebste Ho. Bist du sicher? Wie geht es dir? Wie lange hast du es schon gewusst? Warum hast du vorher nichts gesagt ...?«

Und dann waren sie beim Heute. Er war den Tränen nahe. »All dies ist passiert und ich war nicht hier! Hättest du es mir doch bloß erzählt – deine Mutter hätte anrufen können – ich wäre nach Hause gekommen.«

»Idiot! Es war genau das, was wir nicht wollten! Sei ehrlich. Du sagtest, du habest dir diesen Monat um *fast* keinen Preis entgehen lassen wollen – und wenn meine Schwangerschaft das *Fast* gewesen wäre, was hätte uns das gebracht? Du brauchst diese Ausbildung jetzt mehr denn je – oh, Jack, vier Mäuler sind zu stopfen!«

»Das kann ich schaffen. Ich fühle mich wie ein Riese. Ich kann es schaffen!«

»Oh, Liebling. Ich weiß. Und siehst du – jetzt ist alles in Ordnung. Es war nur Einbildung. Henrik kam vorbei und erklärte das mit diesen *verflixten,* verflixten Kitteln, und ich fühlte mich sofort besser. Und es war toll, als mir der gute Dr. O'Brien die Neuigkeit erzählte.« Sie stockte. »Bist du sicher, dass du dich freust?«

»Das bin ich – das bin ich.«

Sie hatte es gewusst. Aber es war süß, ihn das sagen zu hören.

☆

Sie kamen wieder zur Ruhe. Milly und Edward kamen wie zuvor sonntags und auch oft mitten in der Woche. Edward erklärte, dass Computer niemals einen guten Bankangestellten ersetzen könnten, war aber dennoch sehr interessiert. Als Faith ihren ersten Geburtstag feierte, begleitete er Henrik und Jack in Henriks Arbeitszimmer und verbrachte den Abend damit, über Henriks Zeichnungen zu brüten und Jacks Zahlen zu prüfen.

»Was wird mit dem Sand geschehen?«, fragte er an einer Stelle stirnrunzelnd.

»Wie meinst du das? Du meinst das Meeresbett?« Henrik beugte sich über den Plan. »Die Wasserströmung wird natürlich enorm sein. Das ist das, was wir brauchen. Die Flut steigt hier am höchsten im Land, und indem wir sie vernünftig einschränken ...«

Edwards Stirnrunzeln vertiefte sich. »Am Ende wird dieser künstliche Damm einen tieferen Kanal schaffen. Die Seiten werden verschlammen. Was wird aus dem Sand? Aus den Stränden von Burnham und Weston? Werden sie weggeschwemmt oder zu gewaltigen Dünen? Und wie wird sich das auf die Gebäude auf beiden Ufern auswirken?«

Jack nickte. »Daran habe ich auch gedacht. Es ist sehr schwer, eine Prognose zu wagen. Aber wenn wir die richtigen Informationen eingäben, könnte ein Computer das berechnen. Die einzige Alternative ist, eine Art Modell zu machen und zu warten ... zwanzig Jahre?«

»Geht nicht«, sagte Henrik.

Edward hatte ein Gefühl von déjà-vu. Hoffnungsvolle Kreditantragsteller waren in der Vergangenheit mit ähnlichen Vorbehalten an ihn herangetreten. Henrik Petersen brauchte Zeit, aber Zeit musste oft gekauft und bezahlt werden. »Eine Testsituation könnte für die Dauer, sagen wir, eines Jahres geschaffen werden, und aus diesen Ergebnissen müssten dann Prognosen abgeleitet werden.«

Henrik sah ihn an. »Ich muss das bald wissen. Ich hoffe, Jack wird mir helfen können. Wenn kein Risiko für eine übermäßige Verschlammung besteht, glaube ich, die Leute in Somerset überzeugen zu können, dass dies ihre Chance ist, technologisch ganz vorne zu sein. Und dann kann ich das ganze Paket an die Elektrizitätsgesellschaft verkaufen.«

Jack warf seinem Schwiegervater einen Blick zu. »Ich kann abends arbeiten, Dad. Ein Programm erstellen – das ist so eine Art Dossier, das man in den Computer eingibt, um herauszubekommen, was man braucht. Dann gibt es in Bristol eine Firma, in der ich Computerzeit kaufen kann, um meine Programme einzugeben. Henrik wird das bezahlen und mich dort hinbringen.«

Edward nickte. »Und wenn falsche Antworten herauskommen?«

Henrik grinste. »Dann muss ich zu überzeugenderen Mitteln greifen. Ich denke, dabei wird Mandy mir helfen!«

Er drehte sich um und schaute nach unten. Jack schaute Edward nicht in die Augen.

Edward räusperte sich. »Wie schnell brauchst du deine Information?«

»Bald. Es wird knapp. Vor Weihnachten.«

»Ich verstehe.«

Edward fragte sich, wie abhängig Jack von diesem ausländischen Ingenieur war. Vielleicht wäre es ganz gut, wenn das Projekt zu Weihnachten abgelehnt werden würde. Bevor Jack seine Arbeit im Hafen wirklich aufgab.

Sie gingen zu den anderen zurück und dann, als die Flut ablief, trugen sie Faith zum Flussufer hinunter, um die Flotille von Booten, die sie für sie gekauft hatten, ins Wasser zu setzen. Edward saß auf seinem Jagdstuhl und beobachtete sie. Bei Hope war von ihrer neuen Schwangerschaft noch nichts zu sehen. Sie trug ein leicht tailliertes Kleid aus blau geblümter Baumwolle, das in einem glockenförmigen Rock endete. Ihr Haar leuchtete und fiel in üppigen Locken von ihrem Kopf, und ihre dunkelblauen Augen waren auf Faith gerichtet, die an Jacks Hand auf den Kieselsteinen herumschwankte. Mandy stand dicht bei ihr und schaute ebenfalls zu. Henrik ergriff Faith' andere Hand, und die beiden Männer schwangen sie über dem Wasser, sodass sie vor Entzücken jauchzte. Hope lachte. Mandy nicht. Edward hatte das Gefühl, dass sie den Tränen nahe war und empfand Mitleid mit ihr.

Er sagte: »Um Himmels willen, ihr zwei! Ihr werdet dem Kind noch die Arme ausreißen!«

Ganz plötzlich wusste er, dass er helfen müsste. Er entdeckte bei Jack einen Ehrgeiz, den er zuvor nicht gesehen hatte. Und dies war Jacks Chance. Und Hopes Glück hing von Jack ab. Er begann eine Finanzierung mit sehr präzisen Provisionen, an denen sein Schwiegersohn beteiligt sein würde, für das Projekt Petersens zu planen.

☆

In diesem Herbst eröffnete Mandy ihr Geschäft in Gloucester mit einer kleinen Party, auf der es Käse und Wein gab. Hope entwarf ihre eigenen Kittel und es gelang ihr, die Zeit zu finden, sechs Ponchos und ein Dutzend Kalikokissen zu nähen. Sie wusste, wäre diese zweite Schwangerschaft nicht gewesen, hätte sie sehr viel mehr tun können. So aber ging Mandy frech in ein Möbelstoffgeschäft an der Eastgate Street, fragte, wer für sie Vorhänge und Überdecken nähte, und entdeckte dabei Mrs. Martin, die in einem winzigen Reihenhaus in Tredworth lebte. Hope besuchte sie und zeigte ihr einige ihrer Entwürfe. Mrs. Martin war daran gewöhnt, Maß zu nehmen und Muster für Decken und Vorhänge zu machen, hatte sich aber noch nie an Kleidern versucht. Sie hatte eine Art, an ihren Lippen zu saugen, bis sie verschwanden, und als sie den Kopf schüttelte, gab Hope es auf und versuchte es nicht weiter bei ihr. Mandy indes schon. Sie machte ihr ein Angebot, das sie nicht ablehnen konnte. Sie erzählte Hope nie, wie hoch es war, doch in der folgenden Woche zog Mrs. Martin in die Wohnung über dem Geschäft ein. Am Tage war sie Verkäuferin und abends Näherin.

Mandy übernahm die Rolle einer Einkäuferin und hätte Hope mitgenommen, um nach neuen Stoffen zu suchen, nur dass Hope plötzlich und unerklärlicherweise das Interesse verlor. Mandy war sicher, dass die Dinge sich wieder ändern würden, sobald das neue Baby ›da und wohlauf‹ wäre, wie sie es nannte. Sie nannte ihr Geschäft ›Erwartungen‹ und ging mit offenkundiger Leichtigkeit ihr neues Leben an. Der einzige Unterschied war, dass sie sehr wenig Zeit hatte, die sie mit Hope verbringen konnte. Doch Henrik schaute weiter vorbei, um mit Faith zu spielen und Hope zu erzählen, wie ausgezeichnet Jacks Arbeit für das ›Projekt‹ war. Am Ende konnte er die notwendigen Informationen doch nicht vor Weihnachten präsentieren, aber der Chef des Planungskomitees hatte sich bereit erklärt, mehr Zeit zu gewähren. Wenn Jack nur diesen lächerlichen Job am Kanal aufgeben würde ... »Wir müssen von seinem Geld leben, Henrik!«, sagte Hope mit einer Schärfe, die fast unangemessen war. Henrik schnitt das Thema nicht wieder an.

Chatty wurde in der Woche vor Weihnachten geboren. Wie

ihre Mutter gesagt hatte, hatte Hope überhaupt keine Probleme. Dr. O'Brian, der einen Routinebesuch machte, fand sie am Laufstall, an dem sie sich festhielt und unfähig war, Faith hochzuheben. Er entzündete das Feuer im Wohnzimmer und binnen drei Minuten war Mandy an der Hintertür. Es war ungewöhnlich, dass sie tagsüber zu Hause war, und Hope hatte erwartet, dass Henrik das Rauchsignal sehen würde. Sie war dankbar, dass es Mandy gewesen war, obwohl sie nicht wusste, warum.

»Sie liegt im Bett«, erklärte der Arzt kurz. »Keine Zeit, sie ins Krankenhaus zu bringen. Rufen Sie doch diese Nummer an und dann helfen Sie mir bitte hier, bis Mrs. Green eintrifft.« Mrs. Green war die Hebamme. Mandy machte kehrt und rannte über den Treidelweg zurück. Als sie auch Jack und Henrik angerufen hatte, stand Mrs. Greens Morris Minor vor dem Cottage. Mandy eilte durch die Hintertür hinein und nahm Faith auf, die kräftig nach ihrer Mutter schrie. Mit dem Kind auf der Hüfte gelang es ihr, einen Keks für sie aufzutreiben. Als ein Geschrei erstarb, begann ein anderes. Sie schaute Faith an.

»So ... ein neues Familienmitglied. Zumindest kann Henrik nicht behaupten, es gehöre ihm. Es ist meins. Und, bei Gott, ich habe es verdient!« Sie lachte, und Faith lachte mit ihr.

☆

Jack hätte gern einen Jungen gehabt, und Hope empfand ein gewisses Schuldgefühl, als er an der Schlafzimmertür auftauchte. Er zog eine Grimasse.

»Das Problem ist«, sagte er, »dass der arme kleine Teufel Charity genannt werden muss. Und mit einem solchen Namen muss sie durchs Leben gehen!«

Hope lachte. »Wir können das auf Carrie abkürzen«, sagte sie und blickte auf das struppige dunkle Haar. »Oder wir wählen einen zweiten Namen aus und gebrauchen den.«

»Wir werden sehen.« Er ging zu ihr. »Dieses Mal warst du zu schnell für mich, Ho. Entschuldige, dass ich nicht da war.« Auch er starrte auf das neue Baby. Nicht einmal seine stolzen Eltern hätten sagen können, es wäre schön gewesen.

Hope sagte: »Sie war, glaube ich, wirklich ein bisschen zu schnell. Dr. O'Brien sagt, ihr Kopf wird in ein paar Tagen eine bessere Form haben. Dann wird sie nicht so ... zerdrückt aussehen.«

Charity mochte zwar kein hübsches Baby sein, aber sie war sehr lautstark. Es schien angemessen, ihren Namen in Chatty abzukürzen. Faith hatte sich bereits in Fay umgetauft und brachte so gerade Chatty heraus. So wurden die Mädchen zu Fay und Chatty. Indessen nannte Jack das neue Baby Schreihals, wogegen Henrik auf Nummer zwei bestand.

☆

Im Februar verließ Jack die Inland Waterways und begann den ganzen Tag – und die halbe Nacht – in Henriks Studio zu arbeiten. Es war ein gewaltiger Schritt. Hope hatte Angst, konnte aber angesichts seiner Überschwänglichkeit nichts sagen. Sie bekam ihn weniger denn je zu Gesicht, und die Verantwortung für die beiden Babys erschöpfte sie. Zu Ostern, als eine Doppeltaufe bevorstand, fragte sie sich, wie lange sie das noch durchhalten könnte. Und dann geschah etwas Unerwartetes und sehr Schönes. Edward und Milly überbrachten die Neuigkeit, dass ihre kleine Gemeinde mit zwei anderen Dörfern vereint werden und eine große Pfründe bilden würden. Dies bedeutete, dass das Pfarrhaus in Horsley nicht mehr benötigt wurde und man erwartete, dass die Kirche es verkaufte. Der örtliche Kirchenrat aber hatte den Vorschlag gemacht, es dem Kirchenvorsteher zu überlassen. Da Edward der Kirchenvorsteher war, planten er und Milly sehr schnell dort einzuziehen und schlugen vor, dass Hope und Jack Horsley House mieten sollten.

Milly kam ein paar Tage vor der Taufe und sprudelte die Neuigkeiten förmlich heraus.

»Liebling, ich weiß, dass der liebe Jack sehr stolz ist, was das betrifft, aber kannst du ihn nicht umstimmen? Denk doch nur – du wärst nur fünfzehn Minuten Fußweg entfernt! Und es wäre so wunderschön, wenn Fay und Chatty da aufwachsen würden, wo du groß geworden bist – wie du weißt hängt die Schaukel noch am Apfelbaum. Und da vier Zimmer im Hause sind, könnte Jack daheim ein Büro haben und du könntest dem Frauenverein beitreten ... oh, Hope, es wäre wundervoll!«

Aber Hope war entsetzt. »Ihr macht das – diesen Umzug in diese Scheune von einem Haus – nur für Jack und mich! Stimmt's? Mummy, Daddy ist neunundsiebzig! Fast achtzig! Er sollte in seinem Alter nicht mehr umziehen müssen.« Sie wollte hinzufügen, dass Milly selbst achtundsechzig sei, aber ihre Mutter schwieg sich über ihr Alter aus.

»Liebes Kind, es ist doch in dem Sinne keine Scheune. Im Erdgeschoss sind die Sonntagsschule und der Jugendclub. Die Wohnung oben ist völlig abgeschlossen, und die beiden Etagen, auf denen wir wohnen werden, sind kürzlich frisch renoviert worden. Denk doch nur – keine Verantwortung mehr für Reparaturen und Wartung! Jemand, der zur Stelle ist, wenn etwas schief läuft. Daddy kann's gar nicht erwarten, einzuziehen.« Sie sah noch immer Zweifel im Gesicht ihrer Tochter und sagte ernst: »Hope, wir werden umziehen, ob ihr nun Horsley House nehmt oder nicht. Aber da das Haus eines Tages euch gehören wird, scheint es nur vernünftig zu sein, jetzt darin zu leben, so lange wir noch eure Gesellschaft genießen können.«

Hope kühlte ein Blech mit Kuchen ab und stand stirnrunzelnd am Tisch. Die Aussicht, die zuerst völlig albern geklungen hatte, wurde solide und real. Sie dachte an das Leben in ihrem alten Zuhause, weg von dem feuchten Fluss, der durchaus der Grund dafür sein mochte, dass Chatty Nacht um Nacht mit verstopfter Nase aufwachte. Sie dachte an Fay, die im Obstgarten spielen würde. Sie dachte an das kleine Nähzimmer ihrer Mutter, wo sie wieder beginnen könnte zu arbeiten.

Als Milly dann ging, wollte sie wirklich sehr gern in Horsley House leben. Und sie war sicher, dass Jack das ablehnen würde.

Sie dachte darüber den Rest des Tages und die halbe Nacht nach. Als Jack um Mitternacht ins Bett gekrochen kam, rollte sie sich in seine Arme und küsste ihn. Er war überrascht.

»Ich dachte, du würdest wie gewöhnlich fest schlafen«, flüsterte er, stützte sich auf einen Ellenbogen auf und schaute im Dunkeln auf sie. »Bist du nicht müde?«

Sie schüttelte ihren Kopf und küsste ihn wieder. Nach einer Weile liebten sie sich sehr leise wegen Chatty, aber die wachte ohnehin auf und Hope saß aufrecht im Bett, stillte sie und dachte an all die Zimmer in Horsley House. Sie schaute auf Jack hinab, der sich bereits wieder zusammengerollt hatte, wie er es immer tat.

»Ich wollte dich etwas fragen«, murmelte sie, weil Fays Zimmer nur eine Wand entfernt war.

Jack stieß ein kurzes Lachen aus. »Du klingst wie Mandy«, sagte er.

»Was meinst du denn damit?« Sie war verblüfft.

Er lächelte schläfrig. »Tja ... du weißt schon.«

»Ich weiß nichts. Hat Mandy dich etwas gefragt? Wegen des Geschäfts?«

»Unsinn. Wie hätte Henrik denn für meine Untersuchungen zusätzlich Zeit bekommen sollen? Hast du vergessen, dass er bis Weihnachten Resultate brauchte? Jetzt ist schon Ostern.«

»Ich hatte keine Zeit über irgendetwas nachzudenken, seit Chatty geboren wurde!« Sie war unerklärlicherweise verärgert. »Und ich verstehe noch immer nicht, was hat Mandy mit Henriks Fristverlängerung zu tun?« Jack lächelte weiter mit geschlossenen Augen wie eine Katze. »Du willst doch wohl nicht sagen, dass sie sich mit den Planungsleuten eingelassen hat?«

Er lachte wieder. »Das gefällt mir. Eingelassen. Sicher hat sie dir das erzählt – sie ist doch die meiste Zeit so schrecklich offen! Sie hat mehr getan, als sich eingelassen!«

Sie starrte weiter in sein Gesicht. »Du meinst doch nicht etwa ... Sie hat doch nicht wirklich ...?«

»O Ho, denk doch mal nach.«

Sie saß da, dachte nach und fühlte sich sehr naiv. »Ich glaube es nicht!«, sagte sie schließlich. »Henrik würde das doch ahnen. Er würde es *wissen*!«

»Er weiß es. Naheliegenderweise.« Jack rollte sich auf die Seite. »Nun halt den Mund, Liebling. Morgen kannst du mich fragen, was immer du willst.«

Aber sie wusste, dass sie das nicht tun würde, nicht jetzt. Denn wenn sie mit Jack Liebe gemacht und ihn dann gefragt hätte, ob er bereit sei, umzuziehen, würde er vielleicht auf die Idee kommen, dass sie in Mandys Fußstapfen träte. Sie dachte weiter über Mandy nach, während sie Chatty stillte. Sie wusste nicht, ob sie Mitleid mit ihr haben sollte. Oder mit Henrik. Sie hatte jedoch kein Bedauern für Jack. Er fand das komisch. Wahrscheinlich bewunderte er Mandy. Sie legte Chatty in ihr Bettchen und fuhr ihr durch das feste schwarze Haar, bis das

Kind eingeschlafen war. Nein, sie würde Jack nicht um irgendeinen Gefallen bitten. Doch seltsamerweise sehnte sie sich mehr denn je danach, in Horsley House zu leben.

☆

Als ob Henrik ihre Gedanken lesen könnte, kam er mitten am Vormittag mit einem riesigen Strauß Fresien.

»Sie werden bis Sonntag halten. Zur Taufe«, sagte er und stellte sie neben der Spüle in einen Eimer Wasser. Hope hatte gerade den Abwasch gemacht und beäugte seine Besitzergreifung des Windeleimers mit kaum verhohlener Verärgerung. »Ah. Tochter Nummer zwei ist fertig. Und Fay?«

»Sie schläft.«

»Ich bin gekommen, um mit euch in die Stadt zu fahren. Hast du's vergessen? Mandy und Mrs. Martin planen die Osterparade.«

Sie hatte es vergessen. Mandy hatte es erzählt: Osterhäubchen für Babys. Eine Hutmacherin in Somerset hatte geschlossen und Mandy hatte den Warenbestand gekauft.

»Ich weiß, ich weiß«, sagte sie als Reaktion auf Hopes Erstaunen. »Hüte sind out. Selbst bei Beerdigungen. Neunzehnhundertsiebzig werden wir barhäuptig gehen. Finito.« Sie grinste. »Aber Häubchen für Ostern ... das ist etwas anderes.«

Hope seufzte und sah Henrik an. »Ich kann nicht, Henrik. Tut mir Leid.«

»Aber den Kindern wird es gefallen. Ich werde mich um Fay kümmern und du kannst dich um Nummer zwei kümmern. Mandy wird begeistert sein.« Er sah sie an. Sie merkte, dass ihr Gesicht sehr heiß war. Er sagte langsam: »Mandy tut dies für dich, Hope. So wie sie immer Dinge für mich tut. Sie kann nicht anders.« Er hob leicht seine Schultern. »Wir müssen lernen zu ... akzeptieren.«

Sie versuchte seinem Blick standzuhalten. »Akzeptieren? Wie viel? Alles? Jedes?«

Er schwieg einen Augenblick, dann sagte er: »Jack hat dir etwas erzählt. Wie Mandy Mr. Charles Clements überzeugt hat, uns zusätzlich Zeit einzuräumen? Wieder einmal bist du uns entfremdet.«

»Nein, das denke ich nicht. Ihr beide seid so anders als wir.« Sie zuckte die Schultern. »Was ihr tut, ist eure Sache.« Sie zwang sich, nicht verlegen zu sein. »Es ist nur, dass ich so beschäftigt bin. Die Taufe am Sonntag ... und ich bekomme nicht viel Schlaf.«

Er nickte. »Ich wünschte, wir könnten helfen. Jack arbeitet so hart. Ich fühle mich schuldig, Hope, aber das ist seine Chance, sich zu etablieren. Verstehst du?«

»Natürlich. Natürlich verstehe ich.« Sie umfing mit einer Geste die winzigen Räume. »Wir wohnen hier so beengt. Wenn Chatty ihr eigenes Zimmer hätte, würde sie bald durchschlafen. Da bin ich ganz sicher.«

Er war so verdammt scharfsinnig. Er sagte: »Habt ihr etwas anderes angeboten bekommen?«

Sie merkte, dass sie ihm von Horsley House erzählte. Von dem Nähraum, den vier Schlafzimmern, was bedeutete, dass Jack ein Büro haben könnte. Sie brauchte ihm von Jacks sturem Bestehen auf Unabhängigkeit nichts zu sagen.

Er sagte langsam: »Das klingt ideal für euch. Mandy wird euch schrecklich vermissen. Und ich auch. Aber ... es klingt ideal.«

Sie sagte ausdruckslos, »Es wird nichts werden. Natürlich werde ich es ihm erzählen. Aber daraus wird nichts.«

»Ich denke schon, Hope. Ich denke schon. Wenn du möchtest – wenn du es nicht als Einmischung betrachtest –, werde ich mit Jack sprechen.«

Sie räumte Spielzeug in einen Karton. Sie hielt inne und

blickte zu ihm auf. Wenn es etwas anderes gewesen wäre, egal was, hätte sie das auf der Stelle abgelehnt. Denn es *war* Einmischung. Aber dies war anders.

»Glaubst du, er wird auf dich hören?«

Henrik sagte ohne zu zögern: »O ja. Es ist schließlich ein gutes Geschäft.«

Sie atmete tief ein. »Selbst wenn er das zunächst einmal akzeptiert – den eigentlichen Umzug ... er wird wissen, dass wir dort nicht wohnen können, ohne ... wie heißt das noch? Beihilfe?«

»Nein. Es ist keine Beihilfe, liebe Hope. Es ist eine Investition.« Er setzte sich auf ihren niedrigen Stillsessel, sodass sein Gesicht auf einer Höhe mit ihrem war. »Ich glaube an Jack. Ich werde in ihn investieren. Das ist keine Beihilfe. Verstehst du?«

Sie wollte ihm glauben. Das war das Problem. Jack hatte ihm seit einiger Zeit schon glauben wollen: Jack hatte tatsächlich gekichert bei dem Gedanken an Mandys ›Überzeugen‹ der wichtigen Entscheider, um Henrik mehr Zeit zu verschaffen. Und jetzt wollte sie Henrik glauben.

Langsam sagte sie: »Ich verstehe. Er wird auf dich hören, Henrik. Also ... danke.«

Er zuckte die Schultern und sagte mehrere Sekunden lang nichts. Sie trat zurück und schob den Pappkarton in eine Ecke. Dann stand er rasch auf.

»Ja. So nun geh und mach dich fertig, weck Fay und ich lade den Sportwagen ins Auto.«

Er ging in die Diele und sie konnte ihn mit Chatty reden hören. Sie reckte ihr schmerzendes Kreuz. Sie wollte nicht nach Gloucester fahren und wohlhabende Kunden anlächeln und Mandy gestatten, Fay Häubchen aufzusetzen. Aber sie wusste, dass dies ihr Teil des Geschäfts war.

Am Schluss war es gar nicht so schlecht. Das Geschäft,

jetzt mit Mrs. Martins Vorhängen dekoriert, wirkte opulent. Die erneuerten Vorkriegshäubchen waren so hübsch, dass sie vor Mittag ausverkauft waren. Mrs. Martin, durch den Erfolg ganz motiviert, übernahm, während die anderen zu den Tearooms gingen. Henrik versorgte Fay und Hope gab Chatty ihr Fläschchen und lächelte, während Mandy Zukunftspläne machte.

»Sobald bei dir alles wieder seinen normalen Gang geht, liebe Hope, werden wir wirklich in die Stadt gehen! Ich möchte in Cheltenham oder Tewkesbury noch ein Geschäft haben und Abendmode anbieten.«

»In einem Umstandsmodengeschäft?«, fragte Hope.

»Absolut. Umstandsabendmode. Unmengen von fließendem Voile. Tolles Dekolleté. Ich habe gesehen, wie toll deine Brüste sind, seit du die Kinder hast. Warum sie nicht zeigen?«

Hope errötete, lachte aber auch, und Chatty versuchte, es ihr gleich zu tun und verschüttete Milch. »Verdammt, ich werde wieder säuerlich riechen!« Aber plötzlich störte Hope das nicht. Es war so gut, mit Mandy wieder offen und ausgelassen zu sein. Und wenn sie umzogen, würden sie nicht aufeinander kleben. Inzwischen würde sie ins Geschäft einsteigen ... Das Leben war voller Möglichkeiten. Sie wollte die Großzügigkeit ihrer Freunde mit ihren Mitteln erwidern. Sie sah Henrik an und sagte: »Was machst du heute Nachmittag?«

Er verzog das Gesicht. »Ich gehe wieder ans Zeichenbrett, denke ich. Buchstäblich.«

»Hast du für mich noch eine ... ich weiß nicht ... halbe Stunde übrig?«

»Natürlich. Musst du einkaufen?«

»Nein.« Sie lächelte die beiden an und dachte, wie glücklich sie sein könne, Freunde wie Mandy und Henrik zu haben. »Ich möchte mir Ohrlöcher stechen lassen.«

Die beiden klatschten. Es war, als hätten sie ein Geschenk

bekommen. Und es zeigte sich, dass es ganz leicht und völlig schmerzlos war. Als sie wieder daheim waren und Henrik den Sportwagen auslud und Fay zurück in ihren Laufstall brachte, hatte Hope das Gefühl, als seien sie auf einer Party gewesen. Die Mädchen waren erschöpft, aber zufrieden, und sie fühlte sich völlig anders. Nicht mehr müde und niedergeschlagen, sondern voller ... ja, Hoffnung!

Sie lächelte Henrik an. »Ich würde meine Diamantohrringe gleich anlegen, wenn man mir nicht gesagt hätte, dass ich diese Goldringe noch eine Weile drin behalten muss. Aber danke, Henrik. Ich bin so froh, dass du mich besucht hast ... es ist ein wundervoller Tag gewesen.«

»Danke, meine liebe Hope. Es ist in der Tat ein absolut ausgezeichneter Tag gewesen.«

Sie lachte wieder über seine ungewöhnliche Formulierungsweise, richtete sich dann auf und küsste ihn auf die Wange. »Ich bin glücklich, solche Verwandten wie euch zu haben!«, sagte sie neckend. »Geht jetzt bloß nicht nach Norwegen zurück.«

»Keine Sorge.« Er berührte kurz ihre Wange. »Wir werden erst gehen, wenn die Investition sicher ist.«

Ihr Lachen wurde unsicher; manchmal klang seine Art zu reden besonders seltsam.

Er küsste Fay und Chatty und ging durch den Garten auf die Straße. Sie stand an der Tür, winkte ihm mit einer Hand zu und bewegte mit der anderen einen ihrer Ohrringe im Ohr, so wie man es ihr gesagt hatte. Sie wusste nicht, warum ihre Hochstimmung so eine persönliche Sache war. Schließlich war Jack und nicht sie die Investition, wie Henrik es so diplomatisch gesagt hatte. Und doch ... und doch ... wusste sie, dass sie und Fay und Chatty ebenfalls Teil der Investition waren, auch wenn sie nicht wusste, wie und warum.

Nachdem Jack nach Hause gekommen war, schnell etwas

gegessen hatte und gleich wieder zu Henriks Studio gegangen war, brachte sie die Kinder zu Bett, nahm das Betttuch von dem Doppelbett und ging damit nach unten. Sie ignorierte das schmutzige Geschirr und die Unordnung und breitete das Betttuch über den Tisch. Es war ein Hochzeitsgeschenk: laubgrüne Seide bestickt mit einem feuerspeienden chinesischen Drachen. Sie hob es an zwei Zipfeln hoch und schlug es um sich. Dann befestigte sie es mit einer Wäscheklammer an einer Schulter und richtete den Stoff so, dass er in Falten über ihren Bauch fiel.

Sie hörte Mandy den Gartenweg herunterkommen und riss die Hintertür weit auf.

»Was meinst du?«

Mandy war begeistert. »Liebling! Es ist wundervoll! Du siehst aus wie das sexyste Mitglied des römischen Senats. Liebste, wie viele kannst du in – sagen wir – drei Monaten machen?«

Hope war außer Atem. »Ich weiß nicht. Ich habe wirklich zu viel anderes zu tun.«

»Ich weiß, ich weiß.« Mandy schaute auf die Spüle mit dem Geschirr und verzog das Gesicht. »Henrik hat mir von euren Umzugsplänen erzählt. Zuerst hasste ich die Idee, aber es könnte die Lösung sein, oder? Deine Mutter kann sich um die Kinder kümmern und du kannst arbeiten.«

Hope verzog ebenfalls das Gesicht. »Dessen bin ich mir nicht sicher. Daddy könnte Einwände haben. Und außerdem wird Jack ... auch Einwände haben.«

»Überlass Jack nur Henrik! Ich hatte immer geglaubt, dass die beste Karotte, die man Eseln ... entschuldige, Männern! – vor die Nase halten kann, Sex ist. Aber nachdem ich mit jedem Kerl dieses verdammten Komitees geflirtet habe, weiß ich, dass es Geld ist!«

Hope schluckte. Ihr gefiel die Anspielung nicht, dass Jack

gekauft werden könnte. Aber Mandys Worte ließen ihre Leistung fast unschuldig wirken.

»Warst du darauf aus?«, sagte sie.

»Du musst es geahnt haben! Ich bin ganz gut darin, obwohl ich das nicht sagen sollte.« Sie verzog das Gesicht und sie lachten beide. »Oh, Hope! Ich sehe dich in letzter Zeit so wenig, und wenn ihr umzieht, werde ich dich noch weniger sehen. Wir müssen eine Vereinbarung treffen – wöchentliches Lunchen oder so. Die Männer haben schließlich Geschäftsessen. Warum sollten wir nicht auch so etwas haben? Und du kannst dann Entwürfe für Mrs. Martin mitbringen. Sie ist wirklich Gold wert. Hat keine Ideen wie du, aber sie weiß, wie man kopiert.«

Irgendwie klang das alles wie abgemacht. Der Umzug, das Entwerfen und das Nähen. Die wöchentlichen Essen. Es war, wie Henrik sagen würde, absolut ausgezeichnet.

5

Vier Jahre schienen spurlos vorüberzugehen. Sie zogen nach Horsley House um und Hope trat dem Frauenverein bei, aber wegen der Kinder ging sie selten zu den Zusammenkünften. Gleiches geschah mit ihrem Nähen und ihren Designerplänen. Sie nähte zwar gelegentlich Kittel oder entwarf Umstandshosen mit Schlag und bestickten Umschlägen, aber mit dem Herzen war sie nicht dabei. Sie hatte zwei Fehlgeburten gehabt, die an ihr zehrten, und es fiel ihr schwer, das verschachtelte alte Haus zu führen und Mahlzeiten zuzubereiten.

Jack nahm das größte Schlafzimmer als Büro und schien

gute Arbeit zu leisten, obwohl er mit Hope nur noch selten darüber sprach. Die Tage des Spielens zu Hause waren vorbei.

Es war Chattys erster Schultag. Jack, der versprochen hatte, da zu sein, war früh aufgebrochen, um Henrik zu einer langwierigen Besprechung zu begleiten. Sie hatte ihm keine Vorwürfe gemacht, aber er hatte einen Blick in ihr Gesicht geworfen und kurz gesagt: »Ich habe es dir vorher gesagt, Ho. Das ist das richtige Leben. Okay?«

Mandy hatte ebenfalls versprochen, am Schultor zu sein, und ihre Abwesenheit fiel auf. Doch schließlich war es eine zehn Meilen weite Fahrt von Sandhurst nach Horsley, und Mandy hatte alle Hände voll mit ihren beiden Umstandsmodengeschäften zu tun. So nahm Fay, die mit ihrem sonnigen Wesen mühelos Freundinnen gewonnen hatte, ihre kleine Schwester bei der Hand und führte sie vom Tor weg und über den Schulhof. »Du wirst sehr glücklich sein«, sagte sie entschlossen, als sie mit Bestürzung bemerkte, dass Chattys Unterlippe bereits auf Höhe ihres spitzen Kinnes vorgereckt war. »Du wirst nicht weinen und du wirst nicht quatschen. Du wirst zuhören!«

Chatty schaute über ihre Schulter. Ihre Mutter war noch am Tor und lächelte ihr aufmunternd zu, und Chatty wusste, dass Eltern den Schulhof nicht betreten durften. Sie wusste auch, dass ihre Tante Mandy ihre eigenen Gesetze hatte.

»Wo ist Andy?«, fragte sie laut. »Sie sollte doch *hier sein*!«

Chatty hatte aus ›Tante Mandy‹ sehr bald ›Andy‹ gemacht.

Hopes Lächeln wich ein wenig. Chatty und Mandy hatten ein besonderes Band. Genauso wie Fay und Henrik.

»Ich denke, sie hat im Geschäft viel zu tun. Soll ich anrufen und sie bitten, zum Tee zu kommen?«

Chattys kleines, düsteres Gesicht erhellte sich. »Ja. Sie wird Schokoladenkekse mitbringen.«

»Das denke ich auch«, sagte Hope. »Und nun geh mit Fay.«

Die beiden Mädchen kamen bis zur Tür der Garderobe, aber dann schoss Chatty nach hinten zurück, sodass die beiden zu Boden fielen. Sie begann zu schreien. Wie üblich brach Tumult aus, wo Chatty involviert war. Mrs. Mayhew, die Lehrerin, kam aus der Garderobe und hob die Kinder auf, doch nur um von Chatty einen heftigen Tritt zu bekommen. Fay begann leise zu weinen, nicht weil sie verletzt war, sondern weil sie sich so sehr schämte. Hope rannte über den Asphalt und wurde von Mrs. Mayhew weggewunken, noch während die sich ihr angeschlagenes Schienbein rieb.

Und dann gab es einen zweiten Aufruhr, dieses Mal am Tor, und die Traube der Mütter teilte sich wie das Rote Meer, um für Mandy Platz zu machen, die über den Schulhof lief und Chatty in ihre Arme schloss.

»Schätzchen! Es tut mir ja so Leid! Es gab einen verflixten Verkehrsstau! Und dann wollte mich so ein schrecklicher Mann nicht die Straße überqueren lassen. Sollen wir hineingehen?« Sie lächelte Mrs. Mayhew breit an und begab sich zur Garderobe.

Hope hörte Chatty mit enormem Interesse fragen: »Was hast du denn zu dem schrecklichen Mann gesagt, Andy?«

»Ich habe ihm gesagt, er soll noch mal den Lehrgang auf der Schule für Höflichkeit wiederholen, mein Schatz.«

Mrs. Mayhew schaute zu Hope hinüber und grinste beruhigend. Sie war schon mehrfach zum Tee in Horsley House gewesen und hatte Mandy bereits kennen gelernt. Hope seufzte und lehnte sich an den Torpfosten, um auf Mandy zu warten. Es würde lustig sein, das Neueste über die Geschäfte und Mrs. Martin zu hören und über die ehemaligen Nachbarn in Sandhurst. Eigenartigerweise fühlte Hope sich zuweilen einsam. Sie sah ihre Eltern fast jeden Tag, aber andere Leute respektierten die Tatsache, dass Jack zu Hause arbeitete und dass die beiden Kinder immer da waren. Sie vermisste ihr Leben in

Sandhurst mehr, als sie es je für möglich gehalten hätte. Das Cottage mochte weniger komfortabel gewesen sein und viel zu klein, aber es schien immer voller Menschen. Doch wie Jack ihr erst an diesem Morgen in Erinnerung gerufen hatte, war sie es gewesen, die so erpicht darauf war, umzuziehen.

»Nun komm schon, Ho. Es geht dir doch hier wunderbar. Jeden Morgen Kaffee mit deiner Mutter. Weihnachtsmärkte, Sommerfeste. Kein Herumgelaufe mit Mandy, um grässliche Kittel zu machen!«

»Das hat mir nichts ausgemacht ... und außerdem war es Chatty, die das verhinderte, nicht der Umzug.«

»Schön für Chatty.« Jack war zurückgekommen. »So, nun lächle, altes Mädchen. Lass Henrik nicht dein langes Gesicht sehen. Ich hab's dir ja nie erzählt, aber es war Henrik, der mich überredet hat, umzuziehen.«

Hope hätte weinen können. Sie schaute zu, wie die beiden Männer wegfuhren, und fragte sich, was zum Himmel in letzter Zeit mit ihr los war.

☆

Wieder in Horsley House war Mandy so überschwänglich wie immer. Sie nahm das Frühstücksgeschirr vom Küchentisch und holte saubere Becher, während Hope den Kaffee machte.

»Ich habe das Gefühl, als sei Mittag und nicht erst neun Uhr«, beklagte sie sich. »Wie, zum Kuckuck, kannst du so früh am Morgen schon loslegen?«

»Chatty scheint jederzeit loslegen zu können.« Manchmal wünschte Hope sich, Chatty wäre in Mandys Anwesenheit nicht ganz so fröhlich. Es vermittelte einen völlig falschen Eindruck. »Danke dafür, dass du heute Morgen die Situation gerettet hast. Die arme Fay. Sie wäre am liebsten im Boden versunken.«

»Arme Fay, in der Tat. Es war die arme Chatty. Alles neu und fremd – warum bist du eigentlich nicht mit ihr in die Garderobe gegangen?«

»Du weißt sehr gut, dass es Regel ist, dass die Eltern am Tor zu bleiben haben. Und Chatty weiß das auch – schließlich bringen und holen wir Fay ja jeden Tag.«

»Keine Sorge. Als ich sie verließ, war sie völlig in Ordnung. Und bei allen anderen war das auch so. Alle wollten mir die Bilder von ihren Haustieren zeigen ... wo sie sitzen ... sagten mir ihre Namen ...«

»Mein Gott, du musst bei Mrs. Mayhew sehr beliebt gewesen sein!« Aber Hope lachte, während sie Kaffee einschenkte. »In all diesen Jahren, die ich dich kenne, hast du dich überhaupt nicht verändert. Sieben sind es in diesem November. Sieben Jahre. Nicht zu glauben!«

»Es ist wirklich schwer zu glauben. Normalerweise wären wir umgezogen, um den nächsten Auftrag anzunehmen. Dieser hier erweist sich als ... nun ja, unmöglich.«

Hope blickte scharf von ihrem Becher auf. »Was soll das heißen? Ihr werdet doch sicher nicht aufgeben? Jetzt doch nicht?«

»Nein. Das ist ja das Problem. Wir haben so viel Zeit und Mühe investiert, dass wir es uns nicht leisten können, aufzugeben.« Mandy verzog das Gesicht. »Zu viele Bosse, Ho. Der Gemeinderat, die Umweltschützer, die Elektrizitätswerke, die Baufirma, die sich um die Ausführung beworben hat. Ich kann da überhaupt nicht mithalten!« Sie lachte.

Hope fiel nicht in das Lachen ein. Einerseits war sie nie sicher gewesen, in welchem Maße Mandy in das einbezogen war, was Jack als ›diplomatische Überzeugung‹ bezeichnete. Und andererseits würde Jack in einer sehr schwierigen Position sein, wenn Henrik und Mandy England jetzt verließen. Bei der Dreitagewoche und dem Bergarbeiterstreik und wo der arme Mr. Heath eine Neuwahl ansetzen musste und Mr. Wilson kurz davor war, noch eine zu fordern, war jeder in einer schwierigen Position.

Mandy warf einen Blick über den Tisch und sagte sachlich: »Hätte ich meine Geschäfte nicht, hätten wir aufgehört und wären gegangen. Und du warst diejenige, die mich ins Klamottengeschäft gebracht hat, Ho. Das werde ich niemals vergessen.«

Ho zuckte die Schultern. »Bedenkt man, dass Rezession herrscht, ist es ganz gut gelaufen.«

»Die Menschen werden weiter Babys bekommen!«, sagte Mandy und lachte wieder.

Eine kleine Pause entstand, dann zuckte Hope wieder die Achseln. »Ich werde sicher nicht vergessen, dass wir ohne euch hier nicht wohnen würden ...«

»Das ist allein deinen Eltern zu verdanken!«, protestierte Mandy.

»Du weißt, was ich meine.« Unbewusst berührte Hope ihre kostbaren Ohrringe, als wolle sie Mandy an Henriks Rolle bei der Überredung Jacks zum Umzug erinnern. »Und es war nicht nur richtig, Jack zu überzeugen, sondern in die Beratung zu nehmen, wie ihr es getan habt. Das gibt ein Gefühl von Unabhängigkeit, und die ist so lebenswichtig für Jack.«

»Ja.« Mandy schaute an Hope vorbei auf die mit Abwasch gefüllte Spüle. »Der liebe Jack.« Sie schaute Hope wieder an und lachte. »Ihr Lieben alle. Die wunderbaren Langleys.« Sie hob ihren Kaffeebecher zum Salut. Hope lächelte, folgte ihr aber nicht.

Mandy nahm das mit ihrer schnellen Auffassungsgabe sofort wahr. »Was ist mit dir? Du scheinst heute Morgen in einer anderen Welt zu sein.«

Hope zuckte neuerlich die Schultern. »Wahrscheinlich vermisse ich Chatty. Was mich daran erinnert – kannst du zum

Tee kommen? Und Schokoladenkekse mitbringen? Sie verläßt sich darauf.«

»Natürlich. Henrik wird ebenfalls kommen. Er vermisst Fay schrecklich, weißt du. Dir ist doch klar, dass die Mädchen unsere Kinder sind, die man uns einmal weggenommen hat, oder?«

»Ich glaube, das habe ich mitbekommen!« Hope bemühte sich angestrengt, zu lachen.

»Und es macht dir nichts aus?«

»Warum sollte es mir etwas ausmachen? Jack hat niemand und ich bin ein Einzelkind – es ist wundervoll für sie, euch zwei als Ehrentante und Onkel zu haben.«

»Gott sei Dank!« Mandy gab ein übertriebenes Zeichen der Erleichterung von sich. »Ich dachte, du würdest auf deine alten Tage vielleicht ärgerlich werden. Wenn du noch einmal die Schultern gezuckt hättest, hätte ich dich schlagen müssen!«

Hope lachte herzlich und fragte warum.

»Weil es eine körperliche Darstellung dieses schrecklichen Wortes ist.«

»Hoffnungslos?«

»Sag das nicht!«

»Na, schön ... wie wär's dann mit ... nicht gebraucht werden? Weißt du, Mandy, das ist heute mit mir los! Ich werde nicht mehr gebraucht! Fay und Chatty haben beide ein unabhängiges Leben begonnen, Jack geht völlig in seinem verdammten Programmiergeschäft auf, und obwohl ich es liebe, in dem Dorf neben Mum und Daddy zu leben, werde ich tatsächlich nicht ... gebraucht!«

»Hör zu, du albernes Kind. Genau darauf haben wir gewartet. Du musst zurück an dein Zeichenbrett. Mrs. Martin kopiert nur immer wieder deine alten Sachen. Wir brauchen neue Entwürfe! Jack kann dir nicht mehr erzählen, dass es zu anstrengend sei. Du hast den ganzen Tag für dich. Geh nicht im Dorfleben auf – geh in deinem eigenen Leben auf!«

Hope spürte, dass ein leichtes Ziehen irgendwo um ihr Zwerchfell begann. Sie grinste und Mandy erwiderte das Grinsen.

»Siehst du, so schwer ist das nicht, oder? Du wirst das Haus sechs Stunden täglich für dich alleine haben. Henrik wird vorbeischauen, wenn Jack nicht da ist – er liebt es, häuslich zu sein, sodass du ein Staubtuch liegen lassen kannst, ohne dass die Aufforderung zu offensichtlich wäre ...« Sie lachte. »Komm schon, Ho. Freu dich. In den vergangenen vier Jahren haben wir uns nicht oft gesehen. Aber das werden wir.« Sie seufzte schwer. »Mein Gott, du brauchst mich!«

Und Hope lachte, wie sie es immer tat, wenn Mandy in dieser Stimmung war, und sagte dramatisch: »Das tue ich, das tue ich!«

Mandy lächelte nicht einmal. Sie beugte sich vor und legte ihre manikürten Finger auf Hopes rote Hand. »Und wir brauchen dich auch, Süße. Zusammen sind wir ein perfektes Ganzes. Fühlst du das nicht?«

Hope war überrascht, nickte aber. »Ja.«

»Ist das dir Ernst?«

»Natürlich.«

»Danke, Liebes. Du bist so verständnisvoll. Großzügig.« Sie lehnte sich, noch immer ernst, zurück. »Ihr seid stellvertretend unsere Familie. Das weißt du.« Sie sah sich um. »Und jetzt lass uns alles für Chattys Teeparty fertig machen. Und für Jack. Blumen, Kerzen, die besten Weingläser. Und du ziehst dir etwas Besonderes an.«

»Du klingst, als wärst du die Kummertante in einer Zeitschrift!«, protestierte Hope. Und als Mandy nicht antwortete, fuhr sie langsam fort: »Du glaubst, ich brauche das auch? Denkst du, dass Jack und ich ... etwas verlieren?«

»Natürlich nicht. Du bist einfach ... erwachsen geworden.« Mandy stand entschieden auf. »Ich werde hier aufräumen, während du das Esszimmer herrichtest. Dann werde ich gehen, weil ich möchte, dass du anfängst Georgette zu denken.«

»Georgette?«

»Jeder fragt nach Georgette. Ich dachte an eine dunkelblaue Farbe. Kein Dekolleté wie gewöhnlich. Vielleicht sogar eine lose Schleife am Hals – eine schlaffe, wie bei einem Künstler.«

Hope grinste. »Du bist eine Teufelin«, sagte sie.

Hope hatte vorgehabt, auf eine halbe Stunde zu ihrer Mutter zu gehen, bevor sie Chatty und Fay abholte, doch nachdem Mandy gegangen war, fand sie sich am Küchentisch wieder, wo sie ein Abendkleid skizzierte. Der Gedanke an ein pflaumenblaues Georgette gefiel ihr nicht. Sie fand schwarze Seide schöner. Ein Top in volumiger Glockenform geschnitten, das an den Hüften gehalten und über einem engen schwarzen Rock getragen wurde. Die Zeit verlor an Bedeutung, und als das Telefon läutete, war sie erstaunt, Mandy sagen zu hören: »Ich habe die Schokoladenkekse und Henrik und es wird noch reichlich dauern, bis wir an der Schule sind, also arbeite weiter!« Hope schaute ungläubig auf die Uhr. Es war gerade erst drei vorbei. Sie lachte und Mandy sagte: »Siehst du? Ich kenne dich besser als du dich.«

Es stimmte. In den folgenden Wochen blieb Mandy mit ihr per Telefon in Verbindung, erwarb praktisch das Vorkaufsrecht auf alles, was Hope tat, und strukturierte ihren Tag so, dass das Leben wieder einen Sinn und eine Richtung hatte. Als Milly erwähnte – sehr klaglos –, dass sie Hope weniger sähe als zu der Zeit, als Chatty noch nicht zur Schule gegangen war, war Mandy entzückt. »Darauf hat sie gewartet! Auf eine Chance, wieder Entwürfe machen zu können.«

Es war, als ob Hope neue Inspirationen hätte. Chatty schien

sich in der Schule eingelebt zu haben, und das Haus war während ihrer Abwesenheit ordentlicher. Aus heiterem Himmel tauchte Henrik zu den merkwürdigsten Zeiten morgens und nachmittags mit Nachrichten für Jack auf. Er verschwand für eine Stunde oben, kam dann herunter, stellte sich an die Spüle und schälte trotz Hopes Proteste Kartoffeln.

»Das kann ich, wenn die Mädchen zu Hause sind – lass es, Henrik. Bitte.«

Aber darauf lächelte er nur sanft, legte ihr ein Sandwich hin, küsste sie auf den Kopf und verschwand so unauffällig wie er gekommen war. Sie wusste, dass sie wieder von den beiden organisiert wurde, aber dieses Mal störte es sie nicht. Was besonders eigenartig war – es störte Jack auch nicht. Er gab zwar vor, als murre er, meinte das aber nicht Ernst.

»Sie haben mich übernommen und sie benehmen sich, als seien die Mädchen ihre eigenen Kinder«, sagte er eines Tages, als Henrik Fay und Chatty mit seinem Wagen abgeholt hatte und nach Hause brachte. »Jetzt haben sie dich wieder auf der Lohnliste stehen!« Er grinste ohne Groll.

»Wir sind ihre Familie«, sagte Hope. »Der arme Henrik ist von seinen Leuten praktisch enteignet worden, und Mandy scheint absolut allein auf der Welt zu sein.« Sie schaute ihn fragend an. »Hast du wirklich das Gefühl, Henrik habe dich übernommen?«

»Nun ja ... ich denke ... nicht direkt. Es ist nur so, dass der größte Teil meiner Arbeit noch immer von ihm kommt. Er vergibt in alle Welt Ausschreibungen und ich mache natürlich sämtliche Kalkulationen. Aber dabei kommt nichts heraus. Ich habe mich einfach gefragt, ob sie sich ganz auf das Klamottengeschäft stürzen wollen.«

»Arbeitest du denn auch für die Geschäfte? Für Mandy?«

»Ja. Im Augenblick mache ich die Buchhaltung. Aber das ist auch schon alles, einfache Buchhaltung. Was Henrik macht, hat Prognosen im großen Stil zur Folge.« Seine Augen leuchteten und sie umarmte ihn.

»Die Sache ist die, Jack, dass sie uns diese – diese – Begeisterung geben. Sie strahlen eine Art Erregung aus. Fühlst du das nicht? Können wir nicht einfach so weitermachen und sehen, was geschieht?«

Er schnitt eine Grimasse. »Ich glaube nicht, dass ich die große Wahl habe, Ho. Für dich ist es anders. Wenn du wirklich dieses Talent hast, könntest du dich ausbilden lassen – selbstständig arbeiten ...«

Sie schüttelte den Kopf. »Ohne Mandy könnte ich das nicht.«

Er sagte langsam: »Ich auch nicht.«

☆

Im folgenden Jahr hatte Edward Marsh bei der Abendandacht das, was er ›einen Wendepunkt‹ nannte. Dr. Booth hatte sich im Jahr zuvor zur Ruhe gesetzt, aber Edward ging dennoch zu ihm, angeblich um mit ihm über die Überwinterung von Fuchsien zu sprechen.

Der Arzt, nicht mehr jung, aber dafür noch zynischer, lauschte seinem einstigen Patienten und guten Freund, nickte verstehend und sagte: »Ich glaube, du hast eine Warnung bekommen. Einen Herzanfall. Klein, aber eindeutig. Was hat Milly gesagt?«

Edward heuchelte Erstaunen. »Wovon redest du? In der einen Minute noch reden wir über Kompostieren und in der nächsten ...« Er grinste schief. Mit fünfundachtzig besaß er noch eine stattliche Gestalt. Sein Haar war voll und schneeweiß und das weiße Hemd und die Krawatte unter seinem warmen grünen Pullover waren makellos. »Ja. Schön. Ich werde nicht mehr um den heißen Brei herumreden. Es könnte ein kleiner Herzanfall gewesen sein. Aber Milly weiß nichts davon.«

»Sie sollte es aber. Ja, ich weiß, es wird sie beunruhigen, aber ... sie sollte es wissen.«

Edward schüttelte den Kopf. »Ich denke, ich könnte es Hope erzählen«, schlug er vor.

»Gut. Erzähl es ihr. Und dann pass gut auf dich auf.«

»Keine Untersuchungen? Keine Fragen?«

»Das hat dein Arzt zu veranlassen. Ich spreche als Freund mit dir.«

Edward sagte beruhigt: »Das ist das, was ich wollte.«

Er traf alle erdenklichen Vorbereitungen, um zu gewährleisten, dass sein folgendes Gespräch mit Hope beiläufig klang. Er kam eines Nachmittags vorbei und brachte besondere Kerzen für den Kuchen mit, den sie zu Chattys sechstem Geburtstag backte.

»Werden sie ausgeblasen, entzünden sie sich von selbst wieder.« Er führte ihr das vor. »Es bedeutet, sie kann das mehrmals tun und sie dann an jemand anders weitergeben.«

»Wahrscheinlich wird sie vor Frust verrückt werden.« Hope grinste, während sie Marzipan zu verschiedenen nicht näher identifizierbaren Blüten formte. »Setz dich, Dad. Ich mache uns Tee. Henrik holt die Mädchen ab und fährt mit ihnen nach Gloucester, um ihnen die Weihnachtsdekoration zu zeigen.«

»Ja. Das sagte deine Mutter.«

Hope sah ihn scharf an.

Er erzählte ihr von dem Wendepunkt und von Doc Booth' Rat. Hope setzte sich. Ihr Gesicht hatte alle Farbe verloren. Er sagte scherzhaft: »Ich bin ein alter Mann, Ho. Hast du geglaubt, ich würde ewig leben?«

»Nein. Aber ich – wir – können nicht auf dich verzichten. Das weißt du.« Sie schluckte schwer. »Was ist mit Mummy?«

»Still. Sie wird dich haben. Oder nicht?«

»Natürlich. Aber ich bin nicht du.«

»In vielerlei Hinsicht wirst du es sein.« Er ergriff ihre Hand. »Es war ein leichter Anfall, Ho. Nichts, worüber man sich Sorgen machen muss. Ich wollte nur, dass du ... ein paar Dinge weißt.«

Sie zwang sich zu einem Lächeln und nickte stumm.

»Deine Mutter wird das alte Pfarrhaus aufgeben müssen. Kann sie hierher kommen?«

»Es ist ihr Zuhause. Natürlich.« Hope schlug die Hände zusammen. »Die Kinder. Wird sie die Kinder ertragen können?«

Edward sagte ruhig: »Ja.«

»Und wird sie kommen wollen?«

»Ich denke schon. Aber sie wird Geld haben, Ho. Wenn sie irgendwohin gehen will, wird sie finanziell unabhängig sein. Ich möchte, dass es bei ihr so bleibt, meine Liebe.«

Hope starrte ihn an. »Was meinst du damit?«

Edward sprach gelassen. »Ich möchte nicht, dass es in die bodenlose Grube kommt, die die Petersens gegraben haben.«

Sie riss die Augen weit auf. »Mein Gott. Ich weiß, dass du mit Henrik und Mandy nicht ganz glücklich bist, Dad. Aber soll das heißen ...?«

»Das soll heißen, dass ich in die Petersens kräftig investiert habe. Ich möchte nicht weiter investieren und ich möchte nicht, dass deine Mutter das in der Zukunft tut.« Er legte eine Hand auf ihre Hände. »Nun hör auf, deine Hände wie eine viktorianische Heroine zu ringen, Ho.« Er grinste. »Ich habe nicht mehr verloren als ich mir leisten konnte. Aber ich möchte, dass das, was übrig geblieben ist, deine Mutter bekommt und anschließend du und meine Enkelinnen. Das ist doch fair, oder?«

Sie war fassungslos. Ihr Vater hatte Geld verloren ... wegen Jack. Sie schluckte und flüsterte: »Weiß Jack das?«

»Von meiner Investition? Natürlich.«

»Aber es muss ihm doch schwerfallen, das zu akzeptieren.«

»Es ist Geschäft, Hope. Keine Wohlfahrt. Und ich denke, wenn die Petersens sich zurückziehen – was sie tun werden –, ist Jacks Ruf so gefestigt, dass er unabhängig weiterarbeiten kann. Das war meine Absicht.«

Sie starrte ihn weiter an und biss sich auf die Lippe, da seine Hand sie daran hinderte, ihre Hände zu ringen.

»Sich zurückziehen? Du meinst, aus dem Projekt aussteigen? Das Land verlassen?«

Seine Mundwinkel senkten sich. »Ich weiß es nicht, Hope. Sie verlagern ihre Interessen. Vielleicht beabsichtigen sie, durchzuhalten. Mandy hat die beiden Geschäfte, andere könnten folgen. Sie hat die Absicht, deine Talente auszunutzen, Ho. Darum wird deine Mutter helfen können. Mit den Kindern.«

»Aber ... Jack. Ich bin mir nicht sicher, ob er ... das alleine schaffen kann. Er scheint fast immer unter Henriks Daumen zu sein. Das ist natürlich albern. Er ist nicht mehr unter ihrem Daumen als ich. Als die Kinder es sind.«

»Du bist der Mittelpunkt seines Universums, Ho. Genauso ist das mit Fay und Chatty. Und so wird es immer sein. Mandy und Henrik repräsentieren Glamour. Das ist alles.«

Sie sagte nichts, und nach einer Weile fragte er, wobei er ihre Hände leicht drückte: »Ist Jack noch der Mittelpunkt deines Universums?«

Sie nickte automatisch. Lächelte dann. »Dad, dies alles ist ein bisschen viel. Ich finde, ich sollte etwas wirklich Ermutigendes sagen. Aber ich weiß nicht, was. Ich wünschte, du würdest mit Mummy reden.«

»Du weißt, dass ich das nicht kann. Nicht über das Geld und nicht darüber, wo sie leben wird.« Er tätschelte ihre Hand und stand auf. »Du bist so stark, Ho. Vergiss dieses Gespräch einfach für den Augenblick. Falls – wenn – irgendetwas passiert, erinnere dich daran. Petersen hat immer damit Geld verdient, dass er neue Projekte angefangen hat. Er wird seine Verluste minimieren und es schließlich wieder schaffen. Du und Jack, ihr werdet mit ihm gehen. Vielleicht wird dann Milly etwas tun können. Sich um die Kinder kümmern.«

Es war, als denke er laut. Hope war entsetzt. Wie könnte sie ihre Mutter verlassen, die Kinder verlassen?

»Oh, Daddy.« Verspätet gab es Tränen. Sie umarmten sich. Sie fühlten sich beide völlig unzulänglich.

Aber Chattys Geburtstag kam und ging; Weihnachten kam und ging und es war 1976. Hope beobachtete ihren Vater mit Argusaugen, konnte aber keine Veränderung bei ihm feststellen. Ganz allmählich begann sie sich zu entspannen. Alles schien gut zu werden. Henrik arbeitete Hand in Hand mit einem Konsortium, das sich für Ökologie engagierte, und er ermutigte Jack, eine Windmühle zur Stromerzeugung zu entwerfen. Die Geschäfte warfen noch immer Gewinn ab – wie Mandy sagte, bekamen die Menschen noch immer Babys, so düster auch die Aussichten waren. Vielleicht sorgte Mr. Callaghan mit seinem verschmitzten Lächeln dafür, dass die Dinge besser aussahen, als es unter dem armen Mr. Wilson der Fall gewesen war.

☆

Als Edward Marsh Anfang 1977 starb, war es, als sei ein Licht erloschen. Selbst die Petersens waren bewegt und ein Teil ihrer Überschwänglichkeit gedämpft. Keiner von ihnen hatte realisiert, wie viel er zu ihrem Leben beigetragen hatte. Die Kinder waren bestürzt. Wann immer sie Milly sahen, weinten sie unkontrollierbar, und sie weinte ebenfalls, war unfähig, sich zu helfen. Jack wirkte verängstigt. Hope versuchte daran zu denken, dass ihr Vater gesagt hatte, sie sei stark. Sie wusste, dass sie das nicht war, aber sie weinte nicht, und als Milly die Mädchen hielt und mit ihnen die Fassung verlor, legte sie ihre Arme um die drei und hielt sie fest.

»Nun kommt. Er hätte das nicht gewollt. Wir müssen stolz darauf sein, dass wir ihn kannten – stolz auf ihn. Köpfe hoch. Wir gehören zu Edward Marsh – das ist etwas, worauf wir stolz sein können!«

Ihre Mutter brachte ein Lächeln unter Tränen zustande. »Das hört sich an, als wolltest du gleich ›Vorwärts, ihr christlichen Soldaten‹ singen! Aber du hast Recht, Ho. Wir können gewiss stolz sein.«

Sie brachten die Beerdigung hinter sich und dann die lange Arbeit der Räumung des alten Pfarrhauses. Sie behielten die Stücke, die Milly wollte, und verkauften den Rest. Im Sommer hatte Hope das Gefühl, sich Millionen alter Fotos und Briefe angesehen zu haben. Jack und Henrik waren oft unterwegs, um mögliche Standorte für den Prototyp der Windmühle zu suchen. Milly ließ einen Bauunternehmer nach Horsley House kommen und ein weiteres Badezimmer sowie eine Küche einbauen. Bei einem Sandwich sagte sie gesprächig. »Ich wünschte, Daddy hätte das Geld nicht so festgelegt. Der Bauunternehmer wird drei Monate warten müssen, bevor ich seine Rechnung bezahlen kann. Zum Glück ist es Murchison – die wissen, dass ich ein sicherer Kandidat bin. Aber es könnte peinlich sein.«

Hope war überrascht. »Moment mal, Mummy. Auf dem gemeinsamen Konto von dir und Daddy waren über zehntausend Pfund. Das wird doch wohl nicht mehr als das kosten?«

»Liebling, da war das Geld für die Ingenieure. Weißt du das nicht mehr?«

»Ingenieure?«

»Die für Jack die Windmühle gebaut haben. Sie hat über zehntausend gekostet. Der arme Jack wusste nicht, an wen er sich wenden sollte.«

»Dann hast du den Petersens deine ganze Barschaft überlassen? Du hast das Konto geleert?«

»Nicht den Petersens, Ho. Das ist Jacks eigenes Projekt, Liebling. Das ist dir doch sicher klar, oder?«

Hope sagte bedächtig: »Ich glaube nicht, dass mir das klar war.«

Sie stellte Jack am Wochenende zur Rede. Er war kleinlaut. »Ich wollte es dir erzählen. Ich fühlte mich schrecklich, Ho. Das kannst du dir vorstellen. Henrik sagte, wenn ich das Geld auftreiben könnte, könnte ich dieses Projekt übernehmen – mit anderen Worten, er würde für mich arbeiten statt ich für ihn. Die Chance war einfach zu gut. Es wird offensichtlich keine langfristige Sache werden. Diese Ökologieleute werden Geld investieren, sobald sie unsere Windmühle vor Ort und arbeitend sehen können.«

»Dann ist es ebenso Henriks Projekt?«

»Er hat den Kontakt zu dem Konsortium hergestellt. Seinen Einfluss genutzt. Seine Expertise dazu abgegeben. Natürlich. Aber ...«

»Du warst es, die Mummy um das Darlehen gebeten hat. Ich kann das einfach nicht glauben, Jack. Du hast nie auch nur einen Heller von einem von ihnen akzeptiert und jetzt läufst du mit der Mütze in der Hand herum ...«

»Ho! Du weißt, dass es nicht so ist! Ich hätte das Geld von der Bank bekommen können, aber ich sah nicht ein, warum Milly die Zinsen nicht bekommen soll!« Jack hatte ein rotes Gesicht und war nicht mehr kleinlaut.

»Okay. Entschuldige. Es ist nur so, dass ich, wenn wir über Henriks Entwurf sprechen, nicht verstehe, warum Henrik das Darlehen nicht selbst hätte beantragen können.«

»Ich hab's dir gerade erzählt! Es ist mein Projekt! Hast du nicht zugehört? Henrik arbeitet in dem Fall für mich. Er war großzügig genug zu sagen, dass es an der Zeit sei, dass ich mal am Ruder wäre, da wir zu gleichen Teilen Arbeit investiert haben.«

Hope verstand es nicht. Sie sagte wieder: »Entschuldige. Ich war nun einmal verblüfft. Aber ich bin froh, dass das Geld für dich ist, Jack ...«

»Mein Gott, es ist nicht für mich! Es ist für uns alle, Milly eingeschlossen. Geht das nicht in deinen Kopf?«

Sie schluckte. »Ich meinte ja nur ... Ich hätte es vorher erklären sollen. Daddy war besorgt wegen Mandy und Henrik. Er dachte, sie könnten Mummy dazu überreden, eine Menge Geld zu investieren ... also, lass mich einfach sagen, dass ich froh bin, dass du es warst und nicht Henrik, der das Darlehen brauchte.«

Jack antwortete darauf nicht, und sie wusste, dass sie ihn verletzt hatte. Sie stand auf, ging zu ihm und legte ihre Arme um seinen Hals. Er nahm eine ihrer Hände und presste sie an sein Gesicht. »Entschuldige. Entschuldige, Ho. Ich wollte nicht laut werden, habe nur in letzter Zeit ziemlich viel im Kopf.« Er hielt ihre Hand fest, sodass es ihr unmöglich war, ihn zu drücken. »Wirklich, Ho, du hast keine Ahnung, was Geld anbelangt, jedenfalls nicht wirklich. Zehntausend sind ein Tropfen im Ozean verglichen mit dem, was die Petersens aufnehmen müssen.«

Sie lachte. »Soll mich das beruhigen?«

»Nein. Ich wollte nur, dass du weißt, dass ich Milly nicht bitten würde, mir etwas zu leihen, was sie sich nicht leisten kann.«

☆

Ein Teil von ihr hielt in den nächsten paar Monaten fast den Atem an, während das Windmühlenprojekt in Arbeit war. Und dann, im Februar 1978, war Jack plötzlich ein anderer Mann, lachte und tanzte mit ihr um die Möbel herum, genauso, wie er's getan hatte, als sie frisch verheiratet waren. Es war seine Freude, die sie erkennen ließ, wie introvertiert er im Laufe der letzten drei oder vier Jahre geworden war. Selbst wenn die Familie Spaziergänge machte, wusste sie immer, dass er zumindest mit der Hälfte seiner Gedanken nicht bei ihnen war.

»Sie wollen, dass wir zwanzig von diesen Dingern aufstellen, Ho! Zwanzig! Sie nennen es das Windenergie-Projekt – ich habe einen Namen, Ho! Ich habe wirklich einen Namen!«

»Du hattest immer einen Namen, Liebling«, sagte sie, aber sie lachte mit ihm und nahm Fay bei der Hand, während sie einen Conga durch die Diele und ins Esszimmer hinein tanzten. Milly kam, um zu sehen, was der Tumult zu bedeuten habe, und wurde von Chatty eingeholt.

Als sie sich beruhigt hatten, sagte Jack: »Hör zu, Milly. Du kannst dein Geld plus Zinsen zurückhaben. Oder du kannst dich in das Windenergie-Projekt einkaufen!«

Hope sagte: »Moment mal! Lass Mummy darüber nachdenken.«

Jack schaute sie fast scharf an und es entstand eine winzige Pause in ihrer Freude. Dann sagte er: »Natürlich – lass dir so viel Zeit wie du willst, Milly.« Er küsste Hope auf die Nase. »Du hast im nächsten Monat Geburtstag. Und ich habe gerade eine ganz wundervolle Idee.«

Sie lachte. »Ich will keine Anteile an dem Windenergie-Projekt!«

»Diese Entscheidung wirst du bedauern, mein Mädchen!« Aber er war wieder ausgelassen und wollte nichts weiter sagen.

Im Juni dieses Jahres, als Edward Marsh seit achtzehn Monaten tot war, gab Jack ihr sein Geburtstagsgeschenk. Es kam in einem riesigen lederbraunen Umschlag.

»Das war eine verdammt schwere Arbeit mit den Anwälten«, erklärte er fast nervös. »Es gab keine Urkunden oder sonst was. Ich meine, es war ja nur so etwas wie eine Schäferhütte ... ein Fischerschuppen ... Peter Penhailes hat ihn mit seinen eigenen Händen erbaut. Also musste ein Vertrag aufgesetzt werden – Land gekauft – es gab beeidigte Erklärungen und noch mehr.«

Sie schluckte und öffnete den Umschlag und starrte auf die Dokumente, die auf den Küchentisch rutschten.

»Was ist das, Mummy?« Chatty hüpfte wie ein Gummiball herum.

Fay sagte: »Ist es eine Windmühle? Hat Daddy dir eine Windmühle gekauft?«

Sie starrte ungläubig darauf.

»Er hat mir ein Haus gekauft.« Sie hob die dickste Urkunde auf und starrte darauf. »Oh, Jack. Es ist Widdershins. Du hast Widdershins gekauft!«

»Es ist auf deinen Namen eingetragen.« Er zog die Papiere zu sich und begann auf die Worte zu zeigen. »Siehst du? Es gehört dir, Ho. Du hast es so geliebt. Und ich wollte dir immer etwas geben, wovon ein anderer nicht einmal träumen würde!«

Sie spürte einen Kloß im Hals und flüsterte: »Jack, das ist das wundervollste Geschenk. So etwas hätte ich mir ganz sicher *niemals* träumen lassen.«

Er triumphierte. »Das hatte ich mir gedacht. Niemand wird dir etwas Vergleichbares schenken können, oder?«

Sie sah ihn an. Sie hatte vor Freude weinen wollen. Plötzlich trockneten ihre Tränen. Es war, als zahle er sie aus.

Sie schüttelte den Kopf. »Niemand«, sagte sie.

6

Es war unglaublich, dass sich nichts verändert hatte. Es war elf Jahre her, seit Hope in dieser kleinen abgelegenen Ecke des Landes gewesen war, und damals war sie nicht gefahren. Jetzt, nachdem sie die A30 erst einmal verlassen hatte, kannte sie ihren Weg fast instinktiv.

»Seht ihr diesen mächtigen Turm rechts, vor dem Sonnenuntergang? Das ist Saint Buryan. Widdershins liegt etwa vier Meilen von dort entfernt.«

Die Mädchen, die in letzter Minute Horsley und Daddy und Andy nicht hatten verlassen wollen, meckerten ein wenig.

»Es sieht unheimlich aus«, sagte Fay, gefesselt von der gewaltigen Silhouette, die wie ein abgebrochener Zahn aussah.

»Wie viel Minuten noch, Mummy?«, wollte Chatty wissen. »Oma, wie lange noch? Ich muss mal wieder ganz schrecklich Pipi machen.«

»*Du bist* schrecklich, Charity Langley«, erklärte Milly ihr, die nach acht Stunden extremer Nähe mit ihren Enkelinnen fast am Ende ihrer Kräfte war. »Sitz einfach still und hör auf, darüber nachzudenken, wie lange es noch dauert. Solange wir vor Einbruch der Dunkelheit dort eintreffen, ist alles in Ordnung.«

Fay richtete ihre großen blauen Augen besorgt auf ihre Großmutter. »Und wenn wir das nicht schaffen? Was wird dann passieren?«

Milly war versucht zu sagen, dass die kornischen Fischer kommen und sie auffressen würden, aber sie zwang sich zu einem Lächeln und sagte tröstend: »Dann wird es etwas umständlich sein, im Dunkeln auszupacken. Aber das ist auch alles.«

Fay sagte, »Oh, Gott. Ich wünschte, Daddy und Onkel Henrik wären mitgekommen.«

Hope grinste so in den Rückspiegel, dass Fay sie sehen konnte. »Was ist denn los mit dir? Was könnten zwei Männer tun, was vier Frauen nicht tun könnten? Wir sind die Phantastischen Vier! Wie klingt das?«

Die Mädchen, Chatty acht Jahre alt und Fay zehn, kicherten gedämpft. Chatty prahlte: »Ich bin so stark wie alle Jungen in meiner Klasse. Wir haben im Sport Armdrücken getan und ich habe Mark Jinty geschlagen und er ist größer als alle anderen Jungen.«

Milly sagte automatisch: »Wir haben Armdrücken *gemacht,* Chatty, nicht, wir haben es *getan.*«

Fay sagte verächtlich: »Er hat dich gewinnen lassen. Er will dich heiraten, deshalb.«

Chatty war wütend. »Tut er nicht – tut er nicht!«

Fay war aufreizend ruhig. »Will er nicht, nicht tut er nicht. So redet er nämlich. Du redest so, weil du ihn liebst.«

Chatty war außer sich vor Zorn. »Ich kann ihn sowieso nicht heiraten. Nicht mit diesem dämlichen Namen. Chatty Jinty. Der ist entsetzlich!«

Milly und Hope platzten auf den Vordersitzen fast vor Lachen, und als sie sich alle endlich beruhigt hatten, waren sie an Buryan vorbei und das Tor des Hofes der Penhailes' lag vor ihnen. Hope hielt an.

»Ich weiß nicht, ob wir an ihre Tür klopfen sollen«, sagte sie. »Das letzte Mal sind wir einfach so weit gefahren, wie wir konnten. Aber das scheint mir recht unhöflich zu sein ...«

Weiter kam sie nicht. Mrs. Penhailes kam aus der Tür der Milchküche und rannte fast den Weg zum Tor hinunter. Sie war so knochig, wie Hope sie in Erinnerung hatte. Hieß sie wirklich Mirabelle? Es fiel schwer, sich vorzustellen, dass sie einen noch unpassenderen Namen haben könnte. Hinter ihr kam Peter mit einem unglaublich breiten Grinsen, das sein Gesicht teilte, herangeschlendert.

»Wir haben nach dir Ausschau gehalten«, verkündete Mrs. Penhailes, die sich neben Hopes offenes Fenster hockte. »Gütiger Gott. Du hast dich ja überhaupt nicht verändert. Elf Jahre. Und dazu noch zwei hübsche Mädchen.«

Hope stieg aus und umarmte sie irgendwie. Sie waren verlegen, ertrugen es aber gelassen. Dann stellte sie die anderen vor.

»Meine Mutter Milly. Und Fay und Chatty.«

»Wir heißen eigentlich Faith und Charity«, sagte Fay ernst, während sie Peters riesige Hand schüttelte. »Aber wir konnten unsere Namen nicht richtig aussprechen. Und deshalb heißen wir Fay und Chatty.«

»Und ihr seid hergekommen, um euch euer Haus anzusehen« sagte Peter. »Seit eurer Ma und eurem Pa ist niemand hier gewesen. Nur Jem Trewint im Winter. Aber Bella und ich, wir waren mit Pinsel und Farbe unten und deshalb sieht alles frisch und nett aus.«

»Ich habe die Betten fertig gemacht«, sagte Mrs. Penhailes. »Und der Knecht hat eine neue Grube gegraben.«

Hope hatte vergessen, wie die Toiletteneinrichtungen waren. Nach elf Jahren hatten ihre Erwartungen sich geändert und durch die Badezimmer in Horsley House waren sie alle verdorben.

Peter grinste. »Und wir haben den Kamin gefegt!« Er langte in den Wagen und nahm Chatty in seine Arme. »Hat deine Mam dir je von dem Kaminbrand erzählt, mein Mädchen?«

Chatty stieß eine Art Keuchen aus. »Ich muss ...«

Hope sagte rasch: »Könnten wir vielleicht mal eure Toilette benutzen?«

Aber es war zu spät. Chatty begann zu jammern. »Jetzt ist es passiert! In meinen Schlüpfer! Jetzt ist es passiert!«, jammerte sie.

Peters Gesicht sprach Bände. Bestürzung, Verlegenheit und schließlich eine Art von Triumph legten auf dutzenderlei Art sein ledernes Gesicht in Falten.

»Tja! Du kommst nach deiner Mam, muss ich sagen! Hoffnungslos! Ihr beiden! Hoffnungslos!«

Seltsam, dass seine Beschreibung zu etwas Besonderem wurde. Sogar Chatty begann schließlich unter Tränen zu lachen.

☆

Hope hatte geglaubt, dass es ohne Jack nicht genauso sein würde, und natürlich war es das auch nicht, aber auf eine andere Art war es ebenso zauberhaft. Zudem hatte sich Jack, der elf Jahre zuvor Widdershins von einem Mann in einem Pub gemietet hatte, beträchtlich verändert, und Hope fragte sich, ob er das einfache Leben noch würde genießen können. Es fiel ihr schwer, ihn sich jetzt hier vorzustellen. Die Phantastischen Vier, wie sie sich nannten, schliefen im selben Zimmer, Hope und Milly im Doppelbett, die Mädchen auf dem Boden. Sie gingen zu Bett, wenn es dunkel war, und standen auf, wenn es hell war. Sie wuschen sich in dem Bächlein, das durch das Erlengehölz führte – das eine jüngere Hope Marble Arch genannt hatte –, und fanden das lustig. Mit den Toiletteneinrichtungen war keine recht glücklich, weshalb sie nach Penzance hineinfuhren, wo sie in einem Campinggeschäft eine chemische Toilette kauften, die sie mit einer entsprechenden großen Zeremonie in den zerfallenen Teil des Cottage stellten. Sie fuhren fort damit, Dingen Namen zu geben und der ›Thronsaal‹ wurde würdevoll mit rotem Band und einer Gartenschere eingeweiht. Henry, die Ulme, war der Ulmenkrankheit zum Opfer gefallen, so kauften sie in einem Gartenzentrum eine Weide und pflanzten sie an seine Stelle. Chatty bestand darauf, sie Mandy zu nennen.

»Ich denke nicht, dass Mandy erfreut sein wird«, bemerkte Milly Hope gegenüber. »Sie ist sehr untersetzt. Überhaupt nicht so schlank wie eine Weide.«

Hope, die in einem Liegestuhl hockte und zuschaute, wie die Mädchen mit Steinen eine Brücke über den Bach bauten, erwiderte: »Um ehrlich zu sein, ich glaube nicht, dass Mandy Widdershins mögen würde. Außer, ich ließe es völlig modernisieren. Aber das will ich nicht tun.«

»Nein.« Milly drehte sich etwas mühsam in ihrem Liegestuhl um. »Zauberhaft ist es nicht. Nicht im Postkartensinn. Und der baufällige Teil, der daran hängt, macht es auch nicht besser.« Sie drehte sich wieder um, entspannte sich und schloss ihre Augen. »Und doch hat es etwas. Ich habe mich nicht mehr so ... ruhig ... gefühlt, seit Daddy gestorben ist.«

»Oh, Mummy. Dann hast du aber eine gute Show geliefert. Hast die ganzen Veränderungen organisiert und die Möbel aussortiert. Du hast mich dazu gebracht, zu glauben, du habest es akzeptiert.«

»Nun ja, das habe ich. Ich meine, es passiert ja auch so viel ... die Mädchen und du und Henrik, der vorbeischaut. Ich tue etwas. Weißt du – es ist das Beste für mich, da zu sein. Was ich meinte war, ich bin so beschäftigt gewesen, dass ich keine Zeit zum Nachdenken hatte, bis ich ins Bett ging und dann weinte. Hier habe ich alle Zeit der Welt und ich habe nicht geweint.«

Hope gab ein ersticktes Geräusch von sich. Dann räusperte sie sich und sagte: »Komisch, dass du das sagst. Ich habe zu Hause nicht geweint. Aber hier ... Ich blicke auf das Meer hinaus und meine Augen werden nass. Nicht allein wegen Daddy, sondern wegen vergangener Zeiten. Einem Verlust von ... Zeit.«

Sie schluchzte verhalten und Milly beugte sich zu ihr und legte eine Hand auf ihren Arm. »Das bewirkt der Tod. Bringt einen zum Nachdenken. Aber ich habe diese Theorie ... ich glaube, dass irgendwo, irgendwie, alle Zeit zusammengerollt wird. Sie ist nicht verloren – sie verlässt sich nicht auf Erinnerung –, sie ist da. Wartet auf uns.«

»Zusammengerollt?«

»Wie ein Teppich. Wie ein magischer Teppich. Wir können darauf gehen, wohin wir wollen.«

»Oh, Mummy, das – das ist wundervoll!« Hope beugte sich zu dem anderen Liegestuhl hinüber und legte einen Arm auf Millys Brust. »Oh, Mummy, so bist du immer gewesen. Hast dafür gesorgt, dass Dinge ... nun, eben wundervoll klingen. Und du warst über vierzig, als du mich bekamst!« Sie blickte auf das Gesicht ihrer Mutter, die mit sechsundsiebzig noch immer hübsch war. »Vielleicht hätte ich warten sollen, bis ich die Mädchen bekam. Ich war zu jung.«

Milly drehte sich unter dem Arm, der auf ihr lag. »Liebling, natürlich bist du nicht zu jung. Du bist jung, ja. Aber nicht zu jung. Du und die Mädchen – ihr seid auf der gleichen Wellenlänge. Auf deine Art ist es viel besser als auf meine.«

Hope ließ ihre Mutter los und lächelte schief. »Nun hör aber auf. Du weißt, dass ich ohne dich und Daddy und Mandy und Henrik nichts erreicht hätte.«

»So ein unglaublicher Unsinn!« Milly war wütend. »Wir verlassen uns alle aufeinander. Das ist Teil menschlicher Beschaffenheit.« Sie richtete sich auf und sah ihre Tochter mit schmalen Augen an. »Warst du immer so, Ho? Wurde dein natürlicher Optimismus mit Selbstvertrauen verwechselt? Du bist doch noch optimistisch, hoffe ich. Ziemlich, jedenfalls. Aber wenn ich bedenke, dass du mit einem Mann verheiratet bist, den du anbetest und der dich anbetet und dass du diese beiden wunderschönen Töchter hast – und jetzt noch ein eigenes Haus –, so fehlt dir ein ... ich weiß nicht, wie ich es sagen soll ... Selbstwertgefühl.«

Hope verzog das Gesicht. »Mach dir darum keine Sorgen. Ich kenne mich. Das ist alles. Meine – meine Fähigkeitsgrenze ist niedrig. Es ist so, wie manche Menschen eine niedrige Schmerzgrenze haben. Was für mich absolut wundervoll ist, Mummy, ist, dass ich immer von Menschen umgeben war, die *glauben,* dass mit mir alles in Ordnung ist. Dass ich gelassen bin.« Sie nahm die Hand ihrer Mutter und hielt sie leicht mit ihren beiden Händen. »Du und Daddy. Der liebe Jack. Mandy und Henrik.«

Milly schwieg lange Zeit. Dann sagte sie leise: »Die meisten von uns sind wie du, Liebling. Und dann werden wir auf die Probe gestellt. Und wir sind von uns selbst ziemlich überrascht.«

Hope drückte die Finger ihrer Mutter und ließ sie dann los.

»Es wird komplizierter. Ich werde ein Picknick vorbereiten, wenn du so lange die Mädchen im Auge behältst.«

Während sie durch das winzige Tal zu dem Haus ging, konnte sie Milly sagen hören: »Wir werden ein Picknick machen. Dann gehen wir zum Strand hinunter und schwimmen. Danach kommen wir zurück und machen das Feuer an, und dann wird jeder der Reihe nach eine Geschichte erzählen. Also, fangt schon mal an, darüber nachzudenken!« Sie spürte, dass ihre Augen feucht wurden. Wenn ihre Mutter sprach, klang alles so ... sicher.

☆

In der Mitte der Schulferien kam Jack für ein paar Tage vorbei. Er hatte sich Mandys Wagen ausgeliehen. Die Kinder waren begeistert, Jack erheblich weniger. Auch er hatte vergessen, wie wenig komfortabel das Haus war, und es war wenig förderlich, dass er auf dem Boden des winzigen Wohnzimmers schlafen und sich in der höhlenartigen Spülküche dahinter rasieren musste. Er musste zweimal nach Buryan fahren, um zu telefonieren. »Warum?«, fragte Hope. »Es ist doch nur über ein Wochenende, Jack! Henrik wird doch wohl sicher mit allem drei Tage lang alleine fertig werden?« Er reagierte mit einem Schulterzucken darauf. Sie fragte sich, ob er ihre Gewohnheit, mit den Schultern zu zucken, übernommen habe oder nicht. Es war leicht zu sehen, warum Mandy etwas dagegen hatte.

An dem Samstag, als er die Rückfahrt antreten sollte, kam Peter Penhailes vorbei. »In einer Stunde beginnt die Flut. Wir könnten mit den Damen eine Kreuzfahrt machen, wenn sie mögen.« Peter grinste Jack an. »Ich erinnere mich, dass du gut darin warst, die alte Wanne aus der Höhle zu schaffen. Magst du immer noch?«

Jack wollte das Angebot ablehnen, aber die Mädchen sprangen wie verrückt um ihn herum, und Hopes Blick war, wie in diesen Tagen so oft auf ihn gerichtet, als erwarte sie etwas von ihm.

Er sagte: »Also schön dann. Ho – kommst du mit?«

Hope schüttelte den Kopf. »Mummy und ich werden hier bleiben. Wir werden versuchen, ein Feuer im Kamin zu machen.«

Alle lachten pflichtschuldig und Jack sagte: »Gut, würdest du dann bitte nach Buryan fahren und Henrik anrufen? Sag ihm, dass ich pünktlich morgen früh zu Hause sein werde.«

Hope nickte. »Natürlich. Du wirst es genießen, Jack. Es wird dir gut tun.«

Peter ruderte sie in einem Dingy in die Höhle. Die Mädchen hielten sich aneinander fest, als spürten sie die gewaltige Kraft des Meeres unter sich. Sie kletterten an Bord der *Mirabelle* und setzten sich gehorsam. Ihre Sonnenhüte waren leuchtende weiße Flecken vor dem dunklen Fels. Wie damals löste Jack die Leinen des Bootes, als es ruhig an die Klippe stieß, und wartete dann auf die Welle, die es in die See heben würde. Wie zuvor wurde er völlig durchnässt und musste hinausschwimmen und an Bord gezogen werden. Hope empfand die gleiche Angst, während sie die ganze Operation beobachtete. Sie wusste, dass es für ihn nicht so leicht war, wie es elf Jahre zuvor gewesen war. Als Peter ihn schließlich an Bord gezogen hatte, war er offensichtlich am Ende seiner Kräfte und saß durchnässt mit gesenktem Kopf neben den Mädchen, bis sie aus der Bucht hinaus waren. Dann winkte er ihr zu und hob seinen Daumen hoch. Sie hörte sich selbst leise sagen: »Ich hoffe, dass sie sich gut amüsieren. Es kann nicht genauso sein. Nichts kann mehr genauso sein, aber ich wünsche mir, dass sie sich gut amüsieren.« Sie hatte das Gefühl, als versuche sie, Jack in der Zeit zurückzuziehen. Es war eigenartig, ›verrückt‹ wie Mandy sagen würde.

Sie und ihre Mutter gingen zum Auto, fuhren ins Dorf und tätigten einige Einkäufe. Dann setzte Milly sich auf eine Bank vor der Kirche, während Hope telefonierte. Es war ein perfekter Tag ohne Wind, die Sonne strahlte und die Luft kam frisch von der See. Es fiel schwer, sich Henriks Studio in Sandhurst vorzustellen; die großen Tische mit Plänen bedeckt, die Sonne durchs Dachfenster brennend und Stäubchen fangend, wodurch es stickig im Raum wurde. Einmal hatte sie eines der kleineren Fenster geöffnet, aber Jack war heraufgesprungen, um es zu schließen, weil die Pläne so leicht durcheinander geweht werden könnten.

»Henrik? Ich bin's, Hope. Wie geht es dir?«

»Ohne euch alle fühle ich mich verlassen. An manchem Morgen nehme ich, ohne es zu merken, versehentlich die Straße nach Newent.«

»Fay vermisst dich ebenfalls. Aber es gefällt ihr hier. Es gefällt uns allen. Jack ist heute mit ihnen im Boot hinausgefahren. Darum rufe ich an. Er wird heute nicht zurückkommen.

Er sagt, dass er sich morgen sehr früh auf den Weg machen wird. Ich sagte ihm, dass es dir recht sein würde!«

»Das ist in Ordnung. Ja.« Henriks Stimme klang so, als gewähre er die Erlaubnis dafür. »Sag ihm das. Sag ihm, dass das in Ordnung ist.«

»Natürlich. Ja.« Hope beobachtete sich in dem winzigen Spiegel über dem Telefon. Ihre Mundwinkel waren nach unten gezogen. War Henrik immer so penibel? Nein, schlimmer als pedantisch – besitzergreifend. »Ich habe ihm das schon gesagt. Niemand ist unentbehrlich.«

»Nur für sich selbst. Ja. Gewiss.«

»Henrik – ist mit dir alles in Ordnung? Ist mit Mandy alles in Ordnung?«

»Beides. Ja. Bist du glücklich mit deinem Präsent? Dem Geschenk des kleinen Cottages?«

»Ein Traum ist Wirklichkeit geworden.«

»Darüber bin ich froh. Sag Jack, dass ich ihn dann morgen sehe. Und ich werde dich am ersten Tag des September sehen.«

»Ja.« Sie zögerte und sagte dann: »Auf Wiedersehen, Henrik.«

»Wiedersehen, Hope.«

Sie stieß die schwere Tür der Telefonzelle auf und setzte sich neben Milly. Auf der dem Postamt gegenüberliegenden Straßenseite wurde ein schwunghafter Handel mit Blumenkohl betrieben. Eine Gruppe Urlauber drängte sich um den Stand mit Postkarten. Milly sagte etwas über mit Käse überbackenen Blumenkohl zum Abendessen, und Hope nickte. Die ganze Zeit ging ihr etwas Beunruhigendes durch den Kopf, ohne dass sie wusste, was.

An diesem Abend wartete sie, bis Milly eingeschlafen war, trat dann vorsichtig über die Mädchen hinweg und schlich nach unten. Jack saß auf seiner Luftmatratze und las die Zeitung, die sie in Buryan gekauft hatte. Er grinste sie begrüßend an und legte die Zeitung beiseite.

»Liebling! Komm und kuschel mit mir. Es ist sehr gemütlich hier unten, besonders, wenn wir den Kamin angemacht haben.« Er zog sie an seine Schulter und küsste sie auf den Kopf. »Es war ein toller Nachmittag, Ho. Die Mädchen waren begeistert. Ich bin froh, dass du mich überredet hast, das zu machen.«

Sie lehnte sich überrascht zurück. »Ich habe doch kein Wort gesagt!«

»Das brauchtest du auch nicht. Du hast mir einen deiner Blicke geschenkt!«

»Jack!«

»Es ist wahr.« Er küsste sie wieder aufs Haar und beugte sich dann vor, um ihren Mund zu finden. »Sollen wir?« murmelte er.

Sie wollte es nicht. Sie empfand eine Welle von Schuldgefühl. Da sie schließlich zu ihm gegangen war, sich in sein Bett begeben hatte, musste die Botschaft naheliegend gewesen sein. Aber ihr Liebemachen hatte seine Spontaneität verloren und ihr war die Anwesenheit ihrer Mutter und der Mädchen schrecklich bewusst.

»Hier ist einfach kein geeigneter Boden. Nur blanke Dielen.«

»Ich werde dafür sorgen, dass du die vergisst!«

Aber das konnte er nicht und sie fühlte sich wieder schuldig, dachte an das erste Mal, als er sie nach oben getragen und auf das Bett geworfen hatte. Sie hatten so viel gelacht und dann aufgehört zu lachen. Aber jetzt war da kein Gelächter mehr. Das spielte natürlich keine Rolle, weil die Intensität dennoch da sein konnte. Aber das Gelächter war so ... fröhlich gewesen. Und jetzt stellte sie unerwarteterweise fest, dass sie weinte. Und was noch schlimmer war, er ebenfalls.

»Ho. Liebling. Habe ich dir weh getan? Es tut mir Leid, Ho. Es tut mir Leid.«

»Natürlich hast du das nicht.« Sie schniefte und lächelte. »Du weißt doch, was für eine Idiotin ich bin.«

»Freust du dich über das Cottage?«

»Das hat Henrik mich auch gefragt.« Und deshalb war sie nach unten gegangen. Sie hatte über Henrik sprechen wollen, über das Cottage. Jetzt war sie sich nicht sicher, ob sie überhaupt über etwas sprechen wollte. »Natürlich freue ich mich. Ich liebe es. Das weißt du doch. Aber du scheinst nicht so recht die ... Verbindung dazu zu haben.«

Er wusste, was sie meinte, und protestierte nicht. »Es ist einfach so ... ich erinnerte mich nicht, dass es so primitiv ist.«

»Mein Gott, was hast du für einen Wirbel gemacht, als du es zum ersten Mal sahst! Hast du das vergessen?«

»Nur weil es mir so baufällig erschien.« Er grinste schief. »Als ich am Dienstag ankam, fragte ich mich, was für ein Geschenk ich da eigentlich gemacht hatte. Einen Haufen Steine.«

»Sei nicht albern.«

»Ich habe mit Peter Penhailes gesprochen. Jem Trewint kommt noch immer jedes Jahr hierher. Wenn wir wollen, könnte er über Winter hier bleiben. Das Haus renovieren.«

»Ich liebe es so, wie es ist, Jack. Du sprichst wie Mandy. Widdershins ist nicht dazu gedacht, schmuck zu sein.«

Er sagte scharf: »Was hat Mandy gesagt?«

»Das würde sie sagen, wenn sie hierher käme. Neue Küche, modernes Badezimmer, zusätzliches Schlafzimmer ... du weißt schon.«

»Oh. Ja.« Er setzte sich auf, suchte in seiner abgelegten Schlafanzugjacke nach einem Taschentuch und schnäuzte sich. Dann sagte er: »Das könnten wir uns nicht leisten. Aber Jem könnte den zerfallenen Teil entrümpeln. Ihn aufräumen.«

»Wir werden sehen.« Sie rutschte von der Luftmatratze und stand auf. Sie überlegte, was Mandy sonst noch sagen würde. »Schlaf gut, Jack. Ich sehe dich dann morgen früh.«

Erst viel später, als sie schließlich in Schlaf zu sinken begann, kam ihr der Gedanke, dass keiner von ihnen vorgeschlagen hatte, sie solle unten schlafen.

☆

Es gab kein plötzliches Gefühl der Leere. Milly, die erwartet hatte, dass die Mädchen niedergeschlagen sein würden, hatte sich eine Schatzsuche und eine Schnitzeljagd für sie ausgedacht. Sie schauten zur Kirche von Buryan hinüber, wo Jack gerade um das Kriegerdenkmal herumfahren musste.

»Es ist ein so schöner Tag, Großmutter«, sagte Fay. »Lass uns damit warten, bis es wieder trübe ist, und stattdessen zum Strand hinuntergehen. Sollen wir?«

Chatty nickte heftig, und so nahm Milly sie mit Badeanzügen und Handtüchern bewaffnet mit zum Strand, während Hope Sandwiches vorbereitete und das winzige Cottage aufräumte. Sie versuchte sehr bewusst an Jack und das erste Stück seiner langen Reise nach Hause zu denken, aber obwohl sie sich zu einem Gefühl von Verlust zwang, erzwungenen Vorstellungen und ebenso erzwungenem Gefühl, wusste sie, dass da auch Erleichterung war.

Laut sagte sie: »Es ist einfach so, dass er irgendwie Spannungen mitgebracht hat. Und das war nicht seine Schuld. Er war nicht lange genug hier, um sich zu entspannen und seine Geschäfte zu vergessen.« Sie schaute sich in dem beengten Wohnzimmer um. »Vielleicht könnte ich Jem Trewint bitten, etwas zu tun. Einfach so, dass Jack es behaglicher findet. Ich könnte das Nähgeld brauchen.« Sie empfand plötzlich das erregende Gefühl, etwas geschafft zu haben. »Ich habe dieses

Geld – es gehört mir! Ich könnte es ... investieren.« Sie lachte. »Ich könnte es in Widdershins investieren!«

Sie nahm den Picknickkorb und machte sich auf den Weg zum Strand. Sie dachte an den langen Tag, der im Sonnenschein vor ihnen lag. An diesem Abend würde sie den Sonnenuntergang verfolgen und wahrscheinlich um ihren Vater weinen. Sie würde neben ihrer Mutter schlafen und die Mädchen ruhig atmen hören, fast im Rhythmus der See. Und ihnen blieben noch zwei weitere Wochen, bevor sie nach Hause fuhren. Sie wollte nicht nach Hause fahren, aber jetzt würde sie allein für Widdershins arbeiten. Es würde wirklich von Bedeutung sein. Und deshalb war sie glücklich. Ja, in genau diesem Augenblick war sie glücklich. Sie konnte ihr Glück fast herausnehmen und über seine vielen Facetten nachdenken. Als sie die Spitze der Klippe erreichte und auf die Kinder hinabschaute, die bereits in der kristallklaren See waren, stellte sie mit einem gelinden Schock fest, dass sie Jack bei diesem Szenario völlig ausgelassen hatte. Sie machte sich sehr schnell wieder daran, sich vorzustellen, wie er nach Hause fuhr. Er würde jetzt Penzance hinter sich gelassen haben und Richtung Truro fahren.

Ihre Mutter sah zu ihr herauf und winkte und Fay schrie: »Sie bespritzt mich dauernd, Mummy! Sag ihr ...« Hope verzichtete auf jedweden zusammenhängenden Gedanken und lachte, während sie die letzten paar Meter zum Strand lief. Sie war glücklich. Und daran klammerte sie sich.

☆

Die Schulferien in Widdershins wurden der Höhepunkt in den nächsten Jahren. Der folgende Sommer von 1979 war vielleicht sogar noch besser als der erste. Die Phantastischen Vier waren fest etabliert. Sie kannten ihre eigenen Grenzen ebenso gut wie die Grenzen der anderen. Sogar Chatty wusste, wann sie mit

Reden aufzuhören hatte, und Fay, die etwas besorgt war, weil sie im kommenden Jahr in die ›große Schule‹ in Gloucester fahren musste, gab sich wirklich alle Mühe, hilfreich zu sein. Durch den morgendlichen Tee im Bett wurde das von Decken übersäte Schlafzimmer zum Schlafsaal eines Internats. Fay tauchte an der Tür auf und balancierte das Tablett vorsichtig mit einer Hand, während sie über die schlafende Chatty trat, um die Tassen behutsam auf den Kaminsims zu stellen.

»Liebling, es wäre doch viel einfacher, wenn wir nach unten kommen würden«, sagte Hope, die verzweifelt die Hände ausstreckte, um Milch und Zucker daran zu hindern, weiter in Kaskaden vom Tablett zu strömen.

Aber Fay war hartnäckig. »Unten kann jeder seinen Tee einnehmen«, sagte sie verächtlich. »Aber wir sind die Phantastischen Vier wie du weißt!«

In diesem Jahr erzählte Bella Penhailes Hope, dass Jem Trewint in der Gegend sei, und Hope konnte für ihn eine Nachricht hinterlassen, in der sie ihn bat, in Widdershins vorbeizuschauen. Eines Nachmittags tauchte er auf, als sie früher vom Strand zurückgekehrt war, weil sie Kopfschmerzen hatte. Sie saß im Schatten der von Farn gesäumten Klippe, hatte die Augen geschlossen und wartete darauf, dass das Aspirin wirkte, als sie fast aus ihrem Liegestuhl sprang, weil eine Stimme sagte: »Ich denke, es gibt gleich ein Gewitter.«

»Allmächtiger Gott!« Sie hielt sich an der Lehne fest. »Ich wusste ja nicht ... sind Sie es, Mr. Trewint? Sie haben es sich zur Gewohnheit gemacht, unsichtbar zu sein, nicht wahr?«

Er lachte. Sie hatte ihn als typischen Hippie in Erinnerung, so überaus langhaarig und bärtig, dass es unmöglich gewesen war, zu sehen, ob er nett aussah oder einfach hässlich war. Jetzt, rasiert, aber stoppelig, seinen vermutlich kahlen Kopf beschützt von einem verzierten afrikanischen Hut, war er eindeutig hässlich. Wiedererkennbar nur an den Perlenketten um seinen Hals und an den Handgelenken und der auf seinen Arm tätowierten sich windenden Schlange, sah er wie ein typischer Sträfling aus. Sie stand auf und hielt sich an der Lehne des Stuhles fest und wünschte sich sehr, ihn nicht gebeten zu haben, vorbeizukommen.

Er lachte brodelnd und sagte: »Mein Gott, du hast dich nicht verändert. Du siehst noch immer umwerfend aus. Und du bist so förmlich! Ich heiße Jem. Dein Typ hat mich Jem genannt.« Er hörte auf zu grinsen und sagte kläglich: »Aber du hast mich nicht gemocht.«

Sie schüttelte den Kopf. »Unsinn. Ich war ein bisschen durcheinander, dass da jemand nebenan wohnte, und wir absolut keine Ahnung hatten.«

Er hatte sich verändert, war gealtert. Sie versuchte herauszufinden, wie alt er sein mochte. Über vierzig wahrscheinlich. Und noch immer kein anständiges Leben.

Auch er schüttelte seinen Kopf. »Du hast mich nicht gemocht. Sei ehrlich. Du hast mich damals nicht gemocht und du magst mich jetzt auch nicht.«

Sie begann, sich unruhig zu fühlen. Seine Worte waren eindeutig aggressiv. Und doch lächelte er wieder, forderte sie dazu heraus, ehrlich zu sein.

»Also, ich habe bei den Penhailes' eine Nachricht hinterlassen. Ich wollte dich sehen.«

Sein Grinsen wurde breiter. »Gut gekontert.« Er breitete seine Hände aus, ging dann plötzlich in die Knie und hockte sich aufs Gras. »Entschuldigung. Bitte, setz dich und entspann dich wieder. Dann kannst du mir erzählen, warum du mich sehen wolltest.«

Sie fühlte sich albern, als sie sich nicht gerade anmutig zurück in ihren Liegestuhl begab. Warum, zum Teufel, hatte sie sich nicht einfach an einen örtlichen Bauunternehmer gewandt, statt sich einer derartigen Begegnung auszusetzen?

Nichtsdestoweniger gab es jetzt keine Möglichkeit mehr, sich aus der Affäre zu ziehen.

»Ich hoffte, du würdest diesen Winter hier wieder wohnen und ... vielleicht ... versuchen, etwas von dem ... Mauerwerk zu reparieren. Und anderes.«

Er schwieg und starrte sie an. Dann sagte er schließlich: »Ist das dein Ernst?«

»Natürlich.«

»Du magst mich nicht. Du redest mich nicht einmal mit meinem Namen an. Und trotzdem vertraust du mir soweit, dass ich in deinem Haus wohnen – Bella Penhailes erzählte mir, dass es jetzt dein Haus ist – und daran arbeiten soll?«

»Nun ja, ich habe erfahren, dass du noch malst. Und ich glaube nicht, dass ein Bauunternehmer die Arbeit übernehmen würde. Und ich hatte einfach überlegt ... eigentlich gehofft ... und natürlich ist es nicht so, dass ich dich nicht mag.« Ihre Worte klangen wie etwas, das Fay oder Chatty vielleicht sagen würden. Sie schloss trotzig: »Jem.«

Er gab ein kurzes Lachen von sich, sagte aber nichts. Sein Blick war entnervend. Sie fragte: »Nun?«

»Entschuldige. Ich kann einfach nicht glauben, dass du noch so ... impulsiv bist.« Er zuckte die Schultern und nickte dann. »Natürlich werde ich das tun. Was auch immer. Es wird wundervoll sein, in diesem Winter ein Dach über dem Kopf zu haben – unabhängig zu sein. Wenn du mir erzählst, was du getan haben möchtest ...«

»Ich weiß es nicht. Eigentlich nicht so recht. Vielleicht kannst du ja auch gar nichts tun. Nimm ihn dann einfach weg – den zerfallenen Teil meine ich. Aber wenn du irgendwie was machen könntest ... also ...« Sie zuckte die Schultern. »Es klingt hoffnungslos, nicht wahr?«

»Es kann nicht hoffnungslos klingen, da es von dir kommt. Oder?«

»Wie meinst du das?«

»Nun, du heißt Hope. Das habe ich nie vergessen. Ich kann mich nicht an viel aus diesem Sommer erinnern. Natürlich an den Kaminbrand und an das Grillen der Makrelen. Aber ich war die meiste Zeit ziemlich high. Dein Name – Hope – Hoffnung. Das war wie ein Leitstern.«

Sie war schockiert. »Nimmst du noch immer Drogen?«

»Ich habe gekifft. Aber nein. Bella sagt, du hast Töchter. Ich bin völlig in Ordnung. Das kann ich dir versichern.« Aber er grinste, spöttelte über ihre Naivität.

Sie sagte: »Schau mal, ich muss mit meinem Mann darüber sprechen. Aber – ganz grundsätzlich – würdest du's versuchen?«

»Es wird etwas kosten.«

Sie war wieder verblüfft. »Natürlich. Ich habe etwas Geld gespart. Aber da ist noch etwas. Du müsstest mir so was wie einen Kostenvoranschlag machen.« Dies würde nicht funktionieren. Es war alles zu unprofessionell.

»Kein Geld. Ich möchte dich malen.«

Sie erinnerte sich an etwas Ähnliches von früher. »Nein. Tut mir Leid. Das geht nicht.«

»Ist schon in Ordnung. Voll bekleidet. Ich würde dich nicht bitten, mir zu sitzen. Ich könnte vielleicht ein paar Fotos machen. Aber ... nur mit deiner Erlaubnis.«

»Tja ... in Ordnung.«

»Danke.« Er lächelte und war wie umgewandelt. Mit dem Grinsen hatte er zynisch, ja sardonisch gewirkt. Das Lächeln machte ihn freundlich und angenehm. Sie merkte, dass sie sein Lächeln erwiderte und dachte, dass sie am Ende vielleicht doch keinen schrecklichen Fehler gemacht hatte.

»Möchtest du dich umsehen?«

»Nein, danke. Ich erinnere mich gut an alles. Und ich will dich nicht weiter stören. Schließ deine Augen.« Er stand auf, erhob sich ohne große Mühe. »Hier.« Er ging zu der Klippe hinüber und zog Sauerampfer heraus. »Kau die Blätter. Sie schmecken gut, und wenn du gerade Kopfschmerzen hast, helfen sie dagegen.«

Sie zögerte, war im Begriff zu leugnen, dass die Wahrscheinlichkeit bestünde, dass sie je Kopfschmerzen habe. Dann nahm sie die Pflanze, lächelte und entspannte sich. »Als wir Kinder waren, haben wir Weinblätter dazu gesagt.«

»Dann probier sie.« Er lächelte sie wieder an. »Dann soll ich mir, denke ich, irgendwann im Herbst von Penhailes einen Schlüssel holen?«

»Ja. Mach das.« Es war so formlos. Sie wusste nicht, was er tun würde, und er ebenfalls nicht. Jack würde damit nie einverstanden sein.

Er war so schnell und lautlos verschwunden wie er gekommen war. Sie saß da mit geschlossenen Augen und kaute den Sauerampfer, so wie eine Kuh wiederkäute. Als der erste Donner bedrohlich über dem kleinen Tal grollte und die Kinder schnell und aufgeregt herangerannt kamen, war ihr Kopf klar und sie brachte sie ins Haus und hielt Milly die Tür auf, als die ersten schweren Tropfen fielen.

Danach sahen sie Jem Trewint nicht wieder, aber jedes Jahr war etwas anderes gemacht worden. Sie hatte Jack nie um Rat gefragt, hatte ihm einfach erzählt, dass Jem jeden Winter dort verbringen würde und die zerfallene Hälfte des Cottage in Ordnung brachte. Sie erhielt zwei Nachrichten von ihm. Anfang 1982 schrieb er ihr, dass in Falmouth eine Firma sei, die eine Senkgrube ausheben und einrichten und jedes Jahr entleeren würde. Er schrieb auf, wie viel diese Arbeit kosten würde und auch die Kosten dessen, was er als ›Badezimmer-Einrichtung‹ bezeichnete. Sie antwortete ihm schriftlich und legte einen Scheck bei. Als sie in diesem Sommer dorthin kamen, übertraf die Freude, ein Badezimmer zu haben, fast den Spaß, im Bach baden zu können. Aber nicht ganz.

1987 hatte Widdershins einen weiteren Raum unten und ein Schlafzimmer darüber. In diesem Jahr war Fay nicht dabei. Sie war neunzehn und hatte gerade ihr erstes Jahr auf der Universität in Sheffield beendet. In ihrem Semester war ein Junge von den Orkney-Inseln, ein Geologiestudent, der zu einer Gruppe gehörte, die eine Feldexkursion nach Island plante. Fay studierte Englisch und hatte sich auf Mythen und Legenden spezialisiert. Als er ihr vorschlug, sich der Gruppe anzuschließen und sich das Heimskringla in Reykjavík anzusehen, machte das Sinn, obwohl Hope wie Jack sich keine Illusionen darüber machten, was ihre wirkliche Motivation war. »Islandsagas, gute Güte!«, merkte Jack zu ihrer Verärgerung an. Aber sie gestattete ihnen dennoch, ein Wochenende in Sheffield zu verbringen, an dem sie ihnen Martin Craigie vorstellte. Er schüttelte ihnen gleichzeitig die Hände, die von Jack mit seiner rechten, die von Hope mit seiner linken Hand. »Ich glaube, ich sollte etwas über mich sagen.« Seine Augen waren so blau wie die von Fay, und darin steckte Lachen. »Meine Mutter strickt und kümmert sich um die Kinder meiner Schwester, während meine Schwester mit ihrem Mann herumfliegt, der Pilot ist. Und mein Vater ist Bauer und fischt. Und ... das ist alles.«

Jack sagte: »Klingt in meinen Ohren gut. Aber was ist mit dir – welche Pläne hast du, wenn du hier fertig bist?«

»Ein Lehramt will ich nicht«, sagte Martin entschlossen. »Ich möchte einen Job bei einer Ölgesellschaft bekommen. Als Prospektor arbeiten.«

»Daddy hat mit alternativen Energiequellen zu tun«, sagte Fay mit sehr durchsichtigem Eifer.

»Wirklich?« Martin ließ Hope los und pumpte Jacks Hand weiter. »Daran wäre ich wirklich interessiert ... irgendwann einmal ... vielleicht ... also, das heißt, wenn Sie nichts dagegen haben. Und mal Zeit für mich hätten. Diese Sache da in Tschernobyl, in Russland, letztes Jahr, hat doch jeden dazu gebracht, sich Sorgen wegen der Kernkraft zu machen.«

Jack nickte. Es war wahr. Sogar Henriks langsam voranschreitendes Projekt für einen Staudamm bei Severn hatte seit letztem April neues Interesse gefunden. »Natürlich. Du musst einfach mal zu uns kommen, dann werde ich dir die Windkraftanlage zeigen. Jetzt heißen die Windparks. So nutzt der Mensch Land und Wetter.«

Fay sagte: »Eigentlich wäre Martin mehr an dem Staudamm interessiert, Dad. Er könnte vielleicht sogar bei diesem Verschlammungsproblem helfen, das ihr noch immer habt.«

Hope spürte eine Welle kleiner Schocks. Sie hatte nicht realisiert, dass die schrecklichen Ereignisse von Tschernobyl Jack und Henrik helfen könnten. Hatte nicht realisiert, dass Fay mehr über Jacks Projekte wusste als sie. Und nicht, dass Fay verliebt war.

Unglücklicherweise war Chatty nicht so erpicht darauf, ohne Fay nach Widdershins zu fahren.

»Es ist nicht so, dass ich mit dir und Großmutter nicht gerne dort wäre«, versuchte sie zu erklären und breitete hilflos ihre Hände aus. »Es ist nur so, dass ... nun ja, wir würden nun mal nicht die Phantastischen Vier sein, oder? Und Fay und ich machen eine Menge Dinge gemeinsam ... also, ich weiß nicht. Sollen wir dieses Mal nur für eine Woche fahren?«

Milly sagte: »Hört zu, ich werde dieses Jahr darauf verzichten – nein, wirklich, laßt mich ausreden. Ich werde mich um das Haus kümmern und für Jack Anrufe entgegennehmen. Jack soll fahren. Nur ihr drei. Es wird toll sein – anders, aber sogar besser. Ihr habt noch nie als Familie Urlaub gemacht.«

Hope war dankbar dafür, dass es Chatty war, die sagte:

»Ach, nun hör aber auf, Großmutter! Daddy kommt jeden Sommer dorthin und langweilt sich zu Tode!«

Es war Henrik, der die perfekte Lösung hatte. Er kam vorbei, angeblich, um Jack abzuholen, tatsächlich aber um zu fragen, ob es Nachrichten von Fay gäbe.

»Jack ist in Bristol. Im Computerzentrum. Er hätte dir das sagen sollen.« Hope war kurz angebunden. Sie war an dem Punkt, vorzuschlagen, dass sie allein nach Widdershins fahren wolle, um endlich einmal richtig Urlaub zu machen.

Henrik entschuldigte sich und nahm die Postkarte aus Island. Um ihn herum ging die Auseinandersetzung weiter. Es stellte sich nun heraus, dass Mark Jinty im Austausch nach Frankreich ging. Andernfalls hätte er mit ihnen kommen können. Hope bemerkte sarkastisch: »Das wäre lustig gewesen«, und Chatty fiel plötzlich über sie her und bezichtigte sie, überhaupt nichts zu verstehen.

Henrik sagte vorsichtig: »Warum fragst du Mandy nicht, ob sie mitkommen will, Ho? Sie und Chatty kommen so gut miteinander aus, und ich glaube, sie könnte eine Abwechslung sehr gut gebrauchen.«

Eine Pause entstand. Dann schrie Chatty begeistert auf. Hope und Milly wechselten Blicke. Sie konnten nichts sagen. Hope, dankbar für das Badezimmer und das separate Schlafzimmer, lächelte und willigte ein. Chatty jubilierte, »Hurra! Wir sind noch die Phantastischen Vier!«

Aber irgendwie war es nicht so. Chatty und Mandy fuhren mit Peter in der alten *Mirabelle* hinaus und überredeten ihn, in einer der Buchten von Fal anzulegen, wo sie in einem Pseudo-Schmugglergasthof eine Mahlzeit und einen Drink zu sich nehmen konnten. Sie fuhren nach Penzance und kauften wie verrückt ein und kehrten mit kunsthandwerklichen Wandbehängen und Windspielen zum Cottage zurück. Sie freundeten sich in St. Ives mit einer Art Künstlerkolonie an und nahmen an etwas teil, das Chatty als ›Wochenend Sauf- und Fressgelage‹ bezeichnete. Selbst wenn Hope diese Dinge hätte tun wollen, hätte sie ihre Mutter nicht allein lassen können. Aber sie wollte alles dies auch gar nicht tun. Widdershins war nicht mehr wie in den Sechzigern elementar und von der Welt abgeschieden. Seine Isolation musste jetzt vor Spaziergängern oder Leuten, die nach dem Freilufttheater suchten, beschützt werden. Hinaus zu gehen und die hektischen Touristenorte zu besuchen, schien eine Herausforderung für eine Invasion in ihre kostbare Privatsphäre zu sein.

So machten sie und Milly das, was sie immer getan hatten: Wenn das Wetter gut war, bereiteten sie Picknicks vor und gingen damit zum Strand hinunter; war es schlecht, machten sie langsame Spaziergänge längs der Klippe, zündeten abends das Feuer im Kamin an, lasen und plauderten.

Unerwarteterweise tauchte etwa um die Mitte des Monats Jem Trewint auf. Es war früher Nachmittag und Mandy und Chatty, die erklärten, einen Kater zu haben, saßen in Liegestühlen nahe dem Bach und hatten Gurkenscheiben auf ihre geschlossenen Augen gelegt. Ihre Ohren indes mussten sehr scharf gewesen sein, denn als sie neben den Stimmen von Milly und Hope eine Männerstimme hörten, standen sie gleichzeitig auf und begaben sich zum Cottage.

»Jem!« Hope war wirklich erfreut, ihn zu sehen, und hatte nach ihrer achtjährigen Korrespondenz keine Probleme damit, ihn mit Namen anzureden. »Wie schön, dich zu sehen! Wir sind von deiner Arbeit so begeistert – wir wollten dir danken ...«

»Das hast du bereits getan. Oft genug.« Er wirkte wirklich verlegen. Dieses Mal war sein Haar lang und kräuselte sich in kleinen Locken über den Ohren. Die Stoppeln um sein Kinn waren verschwunden. »Hatte gedacht, ich schaue mal vorbei und danke dir für die Unterbringung in den letzten acht Jahren!« Er grinste auf seine leichenhafte Art. »Als im letzten Winter diese heftigen Stürme kamen, war ich mehr als dankbar dafür, ein Dach über dem Kopf zu haben.« Sein Grinsen wandelte sich zu einem Lächeln und er schaute Milly an. »Ich bin nun mal nicht mehr der Jüngste.«

Sie war von ihm fasziniert. »Was haben Sie ... vorher gemacht? Ich meine, wo haben Sie geschlafen?«

»In Scheunen. In der Milchküche der Penhailes'. Sie sind immer gut zu mir gewesen.«

»Mein Gott, wie ungemütlich.«

»Damals haben das viele Leute gemacht. Heute nicht mehr.«

Hope sagte verlegen: »Du weißt, dass du dieses Haus jederzeit benutzen kannst. Und das hat nichts mit Almosen zu tun. Du hast dir hier einen Platz verdient, Jem.«

»Ich habe ein Zimmer. In Falmouth. Ich nenne es Studio, aber es ist nur ein Zimmer.« Er drehte sich um, als Chatty herankam. »Mein Gott, bist du gewachsen. Wo ist deine Schwester?«

Mandy tauchte hinter Chatty auf. »Tja, ich bin das nicht.« Sie lachte. Hope wusste, dass sie fast fünfzig sein musste, aber sie hatte sich nicht verändert. Selbst nach ihrem letzten Ausflug ins künstlerische Gesellschaftsleben sah sie wunderschön aus. Seit jener Zeit in Sandhurst hatte Hope Mandy mehrfach ›in Aktion‹ gesehen, wie Jack es bezeichnete. Sie beobachtete sie jetzt, ohne amüsiert zu sein.

Chatty sagte: »Fay ist auf Island. Mit Freunden.«

Aus irgendeinem Grunde sah Hope sich veranlasst zu sagen: »Es ist ein Freund, der zufällig auch ein Junge ist.«

Mandy lachte wieder, und Milly sagte schnell: »Warum trinken wir nicht eine Tasse Tee? Kommen Sie und setzen Sie sich ... Jem. Ich persönlich möchte Ihnen für das Badezimmer danken. Ohne das käme ich hier nicht zurecht.«

Er errötete tatsächlich. »Na ja ... ich sprach mit der Firma, die die Grube ausgehoben hat. Und dann kam einer von denen und half mir, die Rohre zu verlegen. Dann ist es also so in Ordnung?«

»Es ist großartig.«

Sie waren mit ihrem Lob überschwänglich. Nur Mandy, die das Cottage in seinem ursprünglichen Zustand ja überhaupt nicht gesehen hatte, sagte nichts. Sie beobachtete Jem leicht lächelnd. Er wusste, dass sie ihn anschaute, und die Röte blieb in seinem Gesicht.

Er schluckte Tee und sagte: »Ich kam, um zu sehen – nun ja – was als nächstes zu tun ist.«

Chatty sagte: »Wie wär's, wenn man die Trennwand herausschlagen würde? Dann hätten wir eine große Bauernhausküche. So ähnlich wie die von Bella.«

Hope sagte: »Augenblick mal. Dadurch, dass wir dieses kleine Wohnzimmer haben, haben wir auch ein zusätzliches Schlafzimmer. Wenn Daddy herkommt, wäre es sehr nützlich.«

»Daddy wird nicht kommen«, sagte Chatty überzeugt. »Und außerdem können wir jederzeit zusammenrücken.«

»Wie steht's mit der Küche?«, fragte Jem. »Vielleicht wollt ihr eine Stromleitung gelegt haben, damit ein Herd angeschlossen werden kann.«

»Und eine Waschmaschine«, sagte Milly.

»Und einer dieser Sandwichtoaster«, fügte Chatty hinzu.

Hope hob eine Hand und lachte. »Stop!« Sie schüttelte leicht den Kopf. »Tut mir Leid. Aber ich möchte sonst nichts hier verändert haben.« Sie wartete, bis Chatty aufgehört hatte zu stöhnen. »Ich liebe diese beiden neuen Zimmer, und das Badezimmer ist wundervoll. Aber ich liebe es auch, abends die Lampen anzuzünden, mit einer Kerze hoch ins Bett zu gehen, ich liebe diesen schrecklichen alten Petroleumherd, die Pumpe an der Spüle ... ich möchte, dass Widdershins Widdershins bleibt.«

Jem nickte und schien erfreut zu sein, und Milly sagte: »Hört, hört.«

Mandy sagte, »Oh, Gott. Dann wird der Tee ja weiter wie Petroleum schmecken.« Jem lachte und merkte dann, dass sie ihn ansah, und er hörte auf zu lachen. Sie fuhr mit belustigter Stimme fort: »Vielleicht könnten wir Jem einladen, in dem kleinen Wohnzimmer zu bleiben, sodass wir ihm zeigen können, wie dankbar wir sind.«

Chatty schaute betont gelangweilt drein, und Milly meinte, wie nett es wäre, wenn er die Zeit dafür hätte. Hope zögerte und sagte dann etwas verspätet: »Wenn du das gerne möchtest, natürlich.«

Jem schaute sie der Reihe nach an und dann wieder Hope. »Es wäre eine gute Gelegenheit, das Porträt zu malen«, sagte er vorsichtig.

»Porträt?« Mandy war plötzlich hellauf begeistert. »Ein Porträt von dir, Ho? Du hast uns davon nie etwas erzählt. Wie wundervoll – ein echtes Porträt! Wir könnten es in einem der Geschäfte aufhängen – es muss romantisch sein, Jem! Sie muss etwas tragen, das sie selbst entworfen hat.«

Hope war verärgert über sie. »Es ist so lange her. Ich dachte, du hättest das längst vergessen.«

»Ich konnte das nicht wieder ansprechen, bevor alles fertig war. Es war schließlich die Restzahlung. Aber wenn du sicher bist, dass du sonst nichts gemacht haben willst ...«

So blieb er diese Nacht und für den Rest des Urlaubs. Mandy schwebte so fasziniert wie eine Mücke herum, aber es gab keine förmlichen Sitzungen. Er skizzierte unauffällig, tauchte unversehens mit seinem Zeichenblock auf, wenn Hope Erbsen schälte oder im Bach Wäsche wusch. Mandy sagte entzückt: »Er ist in dich verliebt! Mein Gott, es ist so romantisch! All diese Jahre wart ihr irgendwie miteinander verbunden! Und jetzt wird dieses Gemälde ein Höhepunkt achtjähriger absoluter Anbetung sein ...«

»Um Himmels willen, Mandy!«

»Es ist wahr. Er weiß, dass ich es weiß. Es ist ihm peinlich, wenn ich in der Nähe bin. Das gefällt mir. Ich werde oft in der Nähe sein, um dich vor dir selbst zu beschützen.«

»Mandy, wenn du nicht den Mund hältst, werde ich dafür sorgen, dass in deinem Morgentee Petroleum ist.«

Darauf sagte Mandy so beiläufig, als sei es völlig unwichtig: »Ich finde, du bist ein Dummkopf. Ich würde auf der Stelle mit ihm schlafen, wenn er mich wollte. Wie dieser Typ in *Lady Chatterley*. Erdhaft und real.«

Plötzlich hatte Hope genug. »Soll das ein Witz sein? Ich hoffe für dich, dass du scherzt, Mandy! Wenn ich bedenke, wie Henrik dich anbetet – wie kannst du so etwas nur sagen?«

Mandy starrte sie überrascht an. »Aber, Schätzelchen. Was ich sage, bedeutet überhaupt nichts. Das weißt du. Ich bete Henrik ebenfalls an. Aber ... Süße, ich dachte du wüsstest es, und vielleicht sollte ich es dir besser jetzt sagen.« Sie lächelte. »Süße, Henrik ist impotent. Darum hat seine Familie ihn mir überlassen. Er kann niemals ein Baby zeugen. Warum wohl, glaubst du, liebt er Fay und ich Chatty? Sie sind die Kinder, die wir nie haben konnten.« Ihr Lächeln wurde zu einem Lachen. »Schau nicht so drein, Ho. Du hast erst richtig verstanden, was ich gesagt habe, als ich die Babys erwähnte, nicht wahr? Es ist in Ordnung, Schatz. Wir kommen sehr gut damit zurecht. Und wir verstehen uns perfekt. Wirklich.«

Jem tauchte im Türeingang auf und Mandy schwebte auf ihn zu und nahm seinen Arm. »Jem. Seien Sie ein Schatz und gehen Sie mit mir spazieren. Das ist doch hoffentlich nicht zu viel verlangt, oder? Hope muss ein bisschen allein sein.«

Hope blieb stehen, wo sie war, und schaute zu, wie die beiden das kleine Tal hinunter zu dem Gehölz gingen. Sie dachte an Henrik. An diesen Kuss unter dem Mistelzweig vor so vielen Jahren, an seine Sorge um sie, als sie mit Fay schwanger war. Er war besitzergreifend, fordernd, großzügig. Und jetzt ergab das einen Sinn.

Sie musste lange Zeit so da gestanden haben, weil Milly, die zum Hof hinüber gegangen war, um Milch zu holen und mit Bella zu plaudern, etwas später zurückkehrte und sie noch immer an derselben Stelle fand.

»Stimmt etwas nicht, Liebling?« fragte sie.

»Nein. Doch. Mummy, ich bin froh, dass wir in wenigen Tagen fahren.«

»Oh.« Milly schluckte. »Hast du es nicht genossen?«

»Doch, sehr. Es war für uns etwas Besonderes, nicht wahr? Für dich und mich.« Hope lächelte und nahm ihrer Mutter die Milch ab. »Lass uns einen Kaffee trinken und ein bisschen sitzen. Es ist nur so, dass ich ... ich muss Jack sehen.«

Milly setzte sich dankbar. »Ich würde gern einen Kaffee trinken. Bella redet und tut und macht und setzt sich nie.« Sie lächelte. »Ich hatte auch das Gefühl, dass dies für dich und mich eine besondere Zeit gewesen ist.« Sie seufzte schwer. »Aber ... warum musst du Jack sehen? Ist etwas mit Chatty nicht in Ordnung?«

»Nein. Es ist alles völlig in Ordnung. Wirklich alles. Aber ich dachte ganz plötzlich, dass Jack und ich ... wir haben uns auf vielerlei Weise auseinander gelebt, Mummy. Aber er ist mein Mann und der Vater meiner Kinder.«

Milly lachte und griff nach der Hand ihrer Tochter. »Das ist etwas, an das alle Ehefrauen sich dann und wann erinnern sollten, Ho«, pflichtete sie ihr bei.

Chatty kam hereingestürmt. Ihr Haar war nass und glatt und ihre Augen vom Salzwasser gerötet.

»Ihr werdet es einfach nicht glauben!« Sie kicherte hilflos

und hielt sich am Tisch fest. »Mandy und Jem. Sie küssen sich. Ich zog mich im Marble Arch an und sie wussten nicht, dass ich dort war! Sie küssen sich und knutschen und umarmen sich und streicheln sich gegenseitig ...«

Hope versuchte ebenso zu kichern wie Chatty. »Deine Tante Mandy ist schon ein besonderer Fall, Chatty! Aber das solltest du ihr lieber nicht sagen.«

Milly sagte: »Hat sie solchen Blödsinn gemacht, als ihr auf dieser schrecklichen Party wart? Wenn das so ist, werde ich ein Wörtchen mit ihr reden ...«

»Kommt nicht in Frage, Mummy!« Hope wandte sich von Chatty ab und schaute ihre Mutter bedeutungsvoll an. »Du weißt, dass Mandy sich einfach ein bisschen austoben muss.«

Chatty ging zur Treppe. »Wenn du wegen einem Kuss einen Aufstand machen willst – es ist nicht Mandys Schuld, Großmutter! Zum Tango tanzen gehören immer zwei!«

Milly wartete schäumend darauf, dass Chatty auf der Treppe verschwand und wandte sich dann wieder an Hope. »Es ist deshalb, weil er an dir Interesse zeigte, Ho! Das ist es, was mich wahnsinnig macht. Was immer du und Jack bekommen habt, will sie haben.«

»Mummy, hör auf. Sie ist so großzügig ...«

»Ja, aber siehst du denn nicht ... das ist doch nur, um etwas zu bekommen. Es ist wie eine Bezahlung.« Milly erschauerte.

»Nun hör auf. Lass uns nicht alles verderben.«

Sie deckten schweigend den Tisch. Hope schaute aus dem Fenster dorthin, wo das Wäldchen am Ende des winzigen Tales den kleinen Bach verbarg. Es dauerte eine halbe Stunde, bis Mandy schließlich auftauchte. Sie war erregt und wirkte sehr glücklich.

7

Fay schien vor Glück förmlich zu leuchten. »Ich bin strahlend!«, sagte sie und wirbelte wie ein Kreisel in der Küche herum. »Das ist mein neuestes Wort! Ich ... bin ... strahlend!«

Hope und Milly umarmten sie abwechselnd. Milly sagte: »Genau so war deine Mutter, als sie deinen Vater kennen lernte«

Jack sagte: »Ich hoffe, Martin ist ebenso strahlend!«

Chatty sagte unglücklich: »Jetzt wird alles anders werden. Ich möchte aber nicht, dass sich etwas ändert.«

»Es wird einfach besser werden!«, jubelte Fay. »Besser und besser und besser.«

Henrik und Mandy kamen zu einem richtigen Sonntagstee, bevor Fay nach Sheffield zurückkehrte. Die Blätter waren bananengelb und orange und scharlachrot. Der geduckte angelsächsische Turm der Kirche hinter dem Hang des Gartens war von silbernen Birken umrahmt.

Mandys Reaktion auf Fays Jubel war, dass sie Chatty umarmte. »Verschenk du dein Herz jetzt bloß noch nicht!«, befahl sie.

Henrik sagte nüchtern, »Es ist die erste Liebe, Fay. Es ist vielleicht nicht die letzte. Sei vorsichtig.«

»Oh, ich weiß.« Fay war selbstsicher und hielt sich für überaus realistisch. »Ich habe über alles nachgedacht. Aber uns interessieren die gleichen Dinge. Er – er *versteht* Dinge. Menschen. Er versucht sogar zu erklären, wie Sinn Féin *fühlen!* Ich meine, er weiß, dass sie eine bestimmte Ansicht haben ...«

»Das wissen wir alle, Fay.« Henrik sah aus wie eine Figur aus einem Stück von Ibsen. »Wir wissen auch, dass sie sich irren.« Er verzog den Mund. »Und wo ist er jetzt? Warum ist er nicht mit dir hierher nach Hause gekommen? Hat sich vergewissert, dass du sicher angekommen bist?«

»Henrik, hör auf! Er wohnt auf den Orkney-Inseln, Himmel noch mal! Und außerdem ist nichts *gesagt* worden. Das bin nur ich – ich sehe alles so anders. Ich kann es einfach nicht erklären!«

Jack sagte: »Du hast es gesagt.« Er grinste. »Du bist strahlend.«

Hope ging plötzlich zu ihm hinüber und setzte sich auf die Lehne seines Sessels. Sie dachte dankbar: Keiner von uns hat es vergessen ... es ist zwar nicht mehr dasselbe, aber wir haben es nicht vergessen.

Und Mandy, die die beiden beobachtete und dann einen kurzen Blick zu Henrik warf, der an einer Seite neben ihnen stand, fühlte sich irgendwie ausgeschlossen und umfasste Chatty fester. »Wir haben in St. Ives einiges an Glanz gesehen, nicht wahr, Schatz? Hat auf uns aber keinen großen Eindruck gemacht!«

Chatty entspannte sich und grinste. »Andy – du bist eine Realistin! Wir beide sind Realistinnen!«

Es war für niemand eine Überraschung, als Fay am Ende des Semesters anrief und fragte, ob Martin Craigie Weihnachten in Horsley House verbringen könne.

»Er möchte zu Neujahr zu Hause sein«, erklärte sie atemlos, »weshalb wir dachten, wir verbringen Weihnachten bei meiner Familie und Neujahr bei seiner. Geht das in Ordnung?«

Es war Jack, der sagte, dass es in Ordnung sei. Hope war nicht zu Hause. Im November hatte Milly einen Knoten unter ihrem Arm entdeckt und wurde im Gloucester Royal untersucht. Hope hatte das Gefühl, als sei plötzlich alles auf den Kopf gestellt. Sie hörte abrupt mit dem Skizzieren und Nähen auf. Als Chatty fragte, ob sie an ihrem achtzehnten Geburtstag mit Mandy nach Paris fahren könne, nickte sie abwesend. Sie dachte, es sei ganz gut, wenn beide Mädchen in dieser Zeit fort sein könnten. Jack protestierte.

»Ho! Es ist ihr achtzehnter Geburtstag. Das heißt, sie wird dann offiziell volljährig! Sollten wir nicht gemeinsam etwas unternehmen?«

»Ich mag nicht an Partys denken, Jack!«, entgegnete sie leidenschaftlich. »Mein Gott, ist dir denn nicht klar, was das bedeuten kann?«

»Natürlich. Aber deine Mutter würde nicht wollen, dass Chatty so beiseite gedrängt wird. Milly ist schließlich fünfundachtzig, Ho. Fast so alt wie dein Vater war. Sie könnte nicht wieder nach Widdershins fahren.«

»Oh, Gott!« Daran hatte Hope gar nicht gedacht. Zurückblickend schien es jetzt so, als habe ihre Mutter gewusst, dass es ihr letzter Urlaub sein würde. Die Phantastischen Vier. Nie wieder.

»Sieh einmal ...« Jack versuchte, so vernünftig wie möglich mit ihr zu reden. »Lass uns doch einfach den Vorschlag machen, dass Chatty und Mandy vor dem eigentlichen Geburtstag ein Wochenende in Paris verbringen ...«

»Verstehst du denn nicht, Jack? Ich will nicht feiern ... überhaupt nichts! Weder Chattys Geburtstag noch Weihnachten noch Neujahr ...«

Er hörte auf, vernünftig zu sein und sagte barsch: »Halt den Mund, Ho! Hör auf, so verdammt egoistisch zu sein! Du musst deine Mutter loslassen – mein Gott, du hast es bei deinen beiden Töchtern auch geschafft, von mir ganz zu schweigen!«

Sie war schockiert, verblüfft. »Ich weiß nicht, was du meinst«, sagte sie.

Er starrte sie lange Zeit an und sie erwartete, er würde seine Arme ausstrecken und sie trösten. Aber das tat er nicht. »Du weißt das wirklich nicht, nicht wahr?« Er sprach so langsam, als spräche er zu sich selbst. »In den letzten zwölf Jahren bist du überhaupt nicht an dem interessiert gewesen, was ich tue. Du hast Henrik deinen Lunch zubereiten lassen, und als Fay in Gloucester auf die Schule ging, hat er sie gewöhnlich gefahren ...«

»Nur wenn sie den Bus verpasst hatte!«, protestierte sie.

»Chatty ist immer bei Mandy ...«

»Das ist nicht wahr, Jack!«

»Es ist nicht weit von der Wahrheit entfernt. Im Grunde bist du noch immer das verwöhnte Einzelkind, Ho. Und dein jetziges Verhalten bestätigt das.«

»Du bist nicht fair. Wie kann ich an dem interessiert sein, was du tust, wenn du mir nie etwas erzählst! Du bist kaum jemals hier, also muss ich mich, wenn Henrik vorbeischaut – er kommt *deinetwegen,* vergiss das nicht –, um ihn kümmern!« Sie merkte, dass sie wegen der Ungerechtigkeit dieser Attacke, zumal auch noch zu einem solchen Zeitpunkt, schluchzte. »Er war einfach zufällig in der Nähe, als ich Fay zur Welt brachte – er hatte immer das Gefühl, deshalb einen Anteil an ihr zu haben. Und es war genauso, als Chatty geboren wurde, nur dass Mandy da war. Du weißt das alles! Mein Gott, du bist doch derjenige, der sich auf ihn verlässt – wegen Arbeit, wegen Geld, wegen ... allem!«

Er ignorierte ihre Worte und fuhr im gleichen gemessenen Tonfall fort: »Ich weiß, dass er dich liebt, Ho. Liebst du ihn?«

Sie hätte fast aufgeschrien und schlug sich die Hand vor den Mund. Als sie sprechen konnte, sagte sie ausdruckslos: »Er ist impotent, Jack.«

Er runzelte ungeduldig die Stirn. »Das weiß ich. Mandy wusste das auch und hat sich dennoch in ihn verliebt. Und du?«

Das Schrillen des Telefons verhinderte ihre verächtliche

Antwort. Sie riss den Hörer hoch, und eine unpersönliche Stimme sagte: »Hier spricht Schwester Morris, Mrs. Langley. Die Resultate Ihrer Mutter liegen jetzt vor, und der Doktor möchte mit ihr reden. Es wäre am besten, wenn Sie ebenfalls hier sein könnten.«

Da wusste sie, dass die Ergebnisse sehr schlecht waren. Wären sie gut gewesen, hätte es keinen Anlass für einen Beistand gegeben. Sie schloss kurz ihre Augen und sagte dann deutlich: »Ich bin auf dem Wege.«

Sie schaute Jack an und wollte ihn verletzen. Deshalb sagte sie unversöhnlich: »Ich glaube nicht, dass du das Geld zurückzahlen musst. Es ist jetzt zehn Jahre her. Keine Zinsen. Ein sehr gutes Geschäft.«

Er zuckte zusammen, und sie hätte alles gegeben, um zurücknehmen zu können, was sie gesagt hatte. Aber es gab kein Zurück.

☆

Chatty fuhr in diesem Jahr nicht nach Paris, weil Milly kurz vor ihrem achtzehnten Geburtstag starb und die Beerdigung unmittelbar darauf war. Fay brachte Martin wie geplant mit nach Hause, doch er nahm sehr taktvoll den Schlafwagen zurück nach Aberdeen, als er die Situation erkannte. Hope hätte durch die Anwesenheit ihrer beiden Töchter unendlich getröstet sein sollen, doch irgendwie hatte ihr Streit mit Jack, ein Streit, der kalt und unterdrückt und unaufgelöst war, alles vergiftet. Selbst ihre Trauer um ihre Mutter schien in gewisser Hinsicht befleckt und unaufrichtig zu sein. Es war Jack, der nach der Beerdigung zusammenbrach, sich von den anderen abwandte und allein zu der Reihe der Autos zurückkehrte.

Fay sagte traurig: »Oma war die Mutter, die er nie gehabt

hatte. Sie standen sich so nahe. Aber er hat dennoch nicht unsere Blutsbande, oder?«

Hope sah sie überrascht und schockiert an. »Blutsbande! Was haben die schon zu bedeuten? Ich bin froh, dass du meinst, Dad habe ihr so nahe gestanden.«

»Ja. Das hat er. Doch dieselben Gene und Dinge zu teilen ist wichtig. Das gibt einem Rechte.« Sie hakte sich bei ihrer Mutter und bei ihrer Schwester ein. »Es sind die Islandsagas. Darin geht es um Familien. Sie sind tröstlich.« Sie lächelte. »Geh du und sprich mit dem Vikar. Er wartet auf dich. Wir gehen zu Dad. Komm schon, Chatty. Wir sind Dads Bindeglied zu Oma, er braucht uns.«

Hope schaute zu, wie die beiden Mädchen in ihren dunklen Dufflecoats Jack folgten. Der Vikar kam zu ihr und schüttelte ihr die Hand und ging dann zu Mandy. Henrik blieb bei ihr. Sie blickte in sein väterliches Gesicht auf, als er seine Arme um sie legte. War er wirklich in sie verliebt?

Mit leiser Stimme sagte er: »Es wird ja wieder gut, Ho. Es braucht seine Zeit.«

»Ja.« Ihre Stimme wurde durch seinen riesigen Mantel gedämpft. Sie bewegte ihren Kopf und sah, dass Mandy den Vikar verließ und zu Jack hinüberging. »Aber es wird nie wieder dasselbe sein. Das ist das Problem.«

☆

Fay blieb bis zum zweiten Tag des neuen Jahres zu Hause und reiste dann zu ihrem versprochenen Besuch nach Lerwick ab. Jack war dafür und selbst Chatty war der Meinung, sie solle fahren. Nur Hope schwieg. Als Mandy wieder den Paris-Besuch ansprach und Jack auch dafür war, mochte Hope ihren Ohren kaum trauen. Sie sagte nichts. Ihr Gefühl, beraubt zu sein, entwickelte sich zu Selbstmitleid. Sie sah förmlich, wie

Chatty und Fay ihren Kummer überwanden und wieder zum Leben erwachten. Sie wollte sich ihren Weg zurück in die Vergangenheit bahnen. Die Zukunft schien völlig leer zu sein.

Jack sagte: »Warum fängst du nicht wieder an zu arbeiten, Ho? Nach Montag wirst du das ganze Haus für dich allein haben. Henrik und ich haben einen Termin mit dem Konsortium, um über die Anlage eines neuen Windparks zu sprechen.« Er streckte eine Hand aus. »Es tut mir Leid wegen ... nun, du weißt schon. Wegen dieser Dinge, die ich gesagt habe.«

Sie strengte sich gewaltig an und ergriff die Hand. »Es lag an mir. Es war meine Schuld. Ich kann mir jetzt gar nicht mehr vorstellen, was geschehen ist. Ich denke, unsere Nerven waren überspannt. Es war schrecklich, was ich gesagt habe. Ich war in einem so schlimmen Zustand. Bin es noch. Ich glaube nicht, dass ich es ertragen könnte, einfach abzuschalten. Entschuldige, ich weiß, dass das lächerlich ist.«

Er schwieg. Dann sagte er: »Deine Mutter hat an mich geglaubt, Ho. Sie hat mich voll unterstützt. Jetzt ist sie nicht mehr da ... ich vermisse sie sehr.«

Sie hielt seine Hand fest, dachte an das, was Fay über Blutsbande gesagt hatte. Sie musste sich daran erinnern, wie gut Jack und ihre Mutter miteinander ausgekommen waren. Nachdem Milly erst einmal sein stures Beharren auf Unabhängigkeit akzeptiert hatte, hatte es nie wieder irgendwelche Reibungen zwischen ihnen gegeben. Sie drückte dankbar seine Hand. Es war das an Trost, was sie derzeit einander geben konnten. Sie hoffte, es würde ein Neubeginn für sie sein. So war es ein schrecklicher Schock, als sie vom Anwalt ihrer Mutter den Brief erhielt. Sie rief ihn sofort an.

»Mr. Rawlings?« Seine Sekretärin hatte nicht überrascht geklungen und sie sofort durchgestellt. »Mr. Rawlings, ich bekam heute morgen Ihren Brief. Ich verstehe das nicht. Ich hatte geglaubt, mein Vater habe sein Geld so festgelegt, dass meine Mutter nicht mehr bei den Petersens investieren könnte. Doch diesem Schreiben zufolge wurden bei mehreren Gelegenheiten mehrere große Zahlungen an Windpower getätigt.«

»Windpower ist die Firma Ihres Mannes, Mrs. Langley. Naheliegenderweise hätte ich ihr abgeraten, hätte sie mehr Geld in die Firma Petersen stecken wollen. Sie hat das alles mit mir durchgesprochen und sah es einfach als Überschreibung ihres Kapitals an die Menschen, die am Ende ohnehin davon profitieren würden. Was doch sicherlich der Fall ist, oder?«

Hope wurde schwindelig. »Aber es sind doch so riesige Summen!«

»Wie Sie sehen, hat Ihre Mutter Ihren Töchtern beträchtliche Beträge hinterlassen.« Er zögerte. »Sie sagte immer, dass sie es vorziehen würde, wenn ihr Geld genutzt werden würde, solange sie lebe. Darum schenkte sie Ihnen das Haus nach dem Tode Ihres Vaters.« Er machte eine Pause, und als Hope nichts sagte, fügte er hinzu: »Ihr Mann hat dies alles erledigt, Mrs. Langley. Ihre Mutter wusste, dass sie darüber streiten würden und hielt es deshalb für das Beste, schnell zu handeln. Die Sieben-Jahres-Klausel, wissen Sie.«

»Sieben-Jahres-Klausel?«

»Alle Schenkungen – wie beispielsweise Grundbesitz – müssen sieben Jahre vor dem Tode des Erblassers gemacht werden, wenn sie nicht versteuert werden sollen.«

»Aber – aber mein Vater hatte mich ausdrücklich darum gebeten, dafür zu sorgen, dass das Kapital meiner Mutter gesichert war, Mr. Rawlings! Das wussten Sie!«

»Gesichert vor Investitionen in Projekte von Petersen. Nicht vor ihrer eigenen Familie.« Sein Tonfall änderte sich und wurde beruhigend. »Mrs. Langley, dieses Windenergieprojekt Ihres Mannes entwickelt sich doch prächtig, wie ich gehört habe. Ich denke nicht, dass Ihr Vater etwas dagegen einzuwenden gehabt hätte, Ihnen zu helfen, oder?«

Aber natürlich wusste nur sie, auf welch komplizierte Weise Jack und Henrik miteinander verbunden waren.

Hope legte den Hörer auf und musterte stirnrunzelnd die Küche, als habe sie die noch nie zuvor gesehen. Sie sagte sich, dass alles in Ordnung sei, aber sie konnte nicht glauben, dass Jack sich so viel geliehen und ihr nichts davon erzählt hatte. Und ihre Mutter hatte nichts gesagt. Als ob sie sich irgendwie gegen sie verschworen hätten. Sie erschauerte, als sie bemerkte, wie verrückt das war. Aber ihrer Mutter musste doch sicher bewusst gewesen sein, dass Geld, das sie Jack geliehen hatte, auch Geld war, dass sie Henrik geliehen hatte?

Sie kam einfach nicht zur Ruhe. Sie hatte das Bedürfnis, etwas zu tun, aber sie wusste nicht, was. Sie ging nach oben in Jacks Büro und setzte sich vor den Monitor seines Computers, hoffte, ihn dazu bringen zu können, seine Geheimnisse preiszugeben. Aber er war ihr immer ein Rätsel geblieben. Jack hatte ihr gesagt, dass sie an dem, was er tat, nicht interessiert sei, aber es war einfach so, dass sie es nicht verstand. Sie saß da, runzelte noch immer die Stirn und bewegte den Drehstuhl hin und her. Alle waren fort. Sie würde Jack erst heute spätabends sehen und er würde nicht in Stimmung für ihre Fragen sein. Henrik war ebenfalls fort und Mandy war mit Chatty in Paris. Aber sie hatte einen Schlüssel für das Cottage in Sandhurst, und dort würden Henriks Aufzeichnungen sein, in der exakten Art, die sie immer lesen und begreifen konnte.

Sie fuhr mit übertriebener Vorsicht, fürchtete fast, nicht die völlige Kontrolle über sich zu haben. Das Gefühl, plötzlich allein auf der Welt zu sein, war überwältigend. Sie sehnte sich voller Verzweiflung nach ihrer Mutter, aber ihre Mutter hatte ihr nicht alles erzählt. Und Fay – nicht nur, dass Fays Interessen anderswo lagen, es hatte so ausgesehen, als verstünde sie mehr vom Geschäft ihres Vaters als sie, Hope. Und Chatty ... eines der Dinge, die der letzte Urlaub in Widdershins offenbart hatte, war, dass Chatty plötzlich in erster Linie Mandy gegenüber loyal war.

Als sie in Gloucester war, fuhr sie durch den Hafen. Sie redete sich ein, das zu tun, um zu sehen, was neu gebaut worden war, tatsächlich aber tat sie das, um sich die Zeit in Erinnerung zu rufen, als sie Jack kennen gelernt hatte. Was sie jetzt tat, war tatsächlich der Beweis, dass sie ihm nach zwanzig Jahren nicht mehr vertraute. Sie sollte zurück auf die Westgate Street und dann nach Hause fahren ... Es gab einen Augenblick, in dem sie das fast getan hätte, doch dann bog sie nach rechts in die neue Ringstraße ein und fuhr nach Sandhurst Lane.

Nichts hatte sich verändert. Noch immer war es so, dass kahle Bäume sich scharf gegen den Januarhimmel abzeichneten, dass Matsch auf die Straße spritzte und links von ihr der Fluss angeschwollen war. Und doch war es irgendwie vertraut und beruhigend. Jack war mit ihnen allen ins Cottage der Petersens zum Weihnachtsessen gefahren, weil sie absolut kein Interesse daran gehabt hatte, in Horsley Weihnachten zu feiern, aber sie hatte kaum aus dem Autofenster geschaut. Vielleicht hatte es geregnet. Wie auch immer, da die Beerdigung gerade erst fünf Tage zuvor gewesen war, hatte sie nur in ihrem Kopf gelebt und kaum etwas von dem registriert, was draußen geschah.

Sie passierte die Reihenhäuser, die im neunzehnten Jahrhundert für Kahnführer und Prahmschiffer errichtet worden waren, und sie bemerkte, dass der Vorgarten des letzten Hauses, in dem sie vor so langer Zeit zusammengebrochen war, als ihre Wehen einsetzten, jetzt mit Kies bestreut war. Gestutzte Lorbeerbäume in eleganten Töpfen standen jetzt darin. Sie erinnerte sich daran, wie Henrik gekommen war und sie in sein großes Auto getragen hatte. Sie tatsächlich übernommen hatte. Von da an war es so gewesen, dass die Petersens allmählich von Freunden zu Familie geworden waren. Fay hatte gesagt, dass das Teilen von Genen einem Rechte gäbe. Irgendwie waren die Petersens stärker als Gene.

Sie hielt am Rand der Straße, bevor sie das Cottage erreichte. Sie konnte ihr Tun jederzeit rechtfertigen, aber sie wusste, dass es falsch war. Ihren Schlüssel zu benutzen und in ihr Haus zu gehen, in Henriks Papieren zu wühlen, um nach einem Hinweis darauf zu suchen, dass er sich das Geld ihrer Mutter angeeignet hatte, war schrecklich. Wahrscheinlich auch illegal. Sie stellte den Motor ab, kurbelte das Fenster herunter und ließ die feuchte Luft in den Wagen dringen, und nach einer Weile sagte sie leise: »Ich werde es nicht tun. Wenn ich es tue, bedeutet dies, dass ich Henrik nicht vertraue und dass ich meinem Mann nicht vertraue. Also ... werde ich es nicht tun.«

Es war, als ob ein schweres Gewicht von ihren Schultern genommen worden sei. Sie reckte ihren Hals und lächelte kläglich. Was, zum Teufel, war los mit ihr? Sie hatte da eine Verschwörung gesehen, wo es lediglich eine formlose Vereinbarung zwischen ihrer Mutter und ihrem Mann gegeben hatte. Sie sollte darüber erfreut sein. Ja, mehr noch, sogar entzückt.

Sie atmete tief ein und beschloss, zurück nach Hause zu fahren und die Skizzen herauszuholen, die sie im Herbst begonnen hatte. Bevor Milly den Knoten entdeckt hatte. Sie würde wieder steifere Stoffe verwenden, genau so wie sie es getan hatte, als sie angefangen hatte. Etwas machen, was am Rücken absolut gerade fiel, an der Vorderseite aber eine Verbreiterung besaß, einen Mandarinkragen. Goldene Paspeln? Sie startete den Motor und fuhr an dem Cottage vorbei, um zu wenden. Und dort, fast den Blicken verborgen, aber nicht ganz, stand Henriks Wagen. Der Wagen, in dem er und Jack an diesem Morgen weggefahren waren.

Sie bremste und fuhr wieder an den Straßenrand. Wenn etwas ganz gewöhnlich falsch gelaufen war, hätte Jack angerufen. Es musste also wirklich etwas passiert sein. Ihr Herz hämmerte warnend, und sie zog die Handbremse an, stellte den Motor ab, sprang aus dem Wagen und rannte nach nicht einmal zwei Sekunden über die mit Kies bestreute Auffahrt. Sie kam am Küchenfenster vorbei. Dort war niemand zu sehen. Ebensowenig war jemand in dem riesigen Wohnzimmer, das da ganze Erdgeschoss des Hauses einnahm. Natürlich waren sie oben, im Studio. Sie benutzte ihren Schlüssel und nahm zwei Stufen zugleich, schwenkte um den Treppenpfosten herum, um auf den umgebauten Dachboden zu gelangen, und erstarrte. Die Schlafzimmertür stand weit auf. Jack lag rücklings auf dem Bett. Mandy war über ihm. Beide waren nackt.

☆

Hope erinnerte sich nur sehr vage daran, die Treppe wieder hinuntergegangen, zurück über den Kies gerannt und in den Wagen gestiegen zu sein. Da waren Schreie von Mandy und Jack. Verzweifelte Schreie. Sie konnte ihnen keine Beachtung schenken. Ihre Prioritäten mussten woanders liegen: die letzten vier Stufen hinunter in die Halle zu springen, daran zu denken, dass Mandys Haustür sich nach außen öffnete und kräftig zugeschlagen werden musste, damit sie schloss – sie wusste, dass sie sie schließen musste, um das wegzuschließen, was sie soeben gesehen hatte. Glücklicherweise hatte sie die Tür des Wagens nicht abgeschlossen, aber es schien sie all ihre Energie und sehr viel Zeit zu kosten, den Motor zu starten, die Kupplung zu treten und den Rückwärtsgang einzulegen. Sie setzte auf den Weg zurück, ohne in den Rückspiegel zu schauen und registrierte flüchtig, wieviel Glück sie gehabt hatte, dass niemand von dem Hof gekommen war, der unterhalb des Cottages lag. Und dann fuhr sie mit heulendem Motor über den Weg zurück auf den Pub zu und bemerkte erst, als sie die Ringstraße erreichte, dass sie im dritten Gang fuhr.

An den Rest der Fahrt hatte sie keinerlei Erinnerung. Ihr Gedächtnis setzte erst wieder ein, als sie auf ihrer eigenen Auffahrt hielt und aus irgendeinem Grunde ausstieg, die Garagentür öffnete, den Wagen sorgfältig parkte und die Tür wieder schloss. Falls sie geglaubt hatte, Jack würde annehmen, sie sei irgendwo anders hingefahren – wohin hätte sie denn fahren sollen? –, irrte sie sich. Zehn Minuten später – sie trug noch ihren Mantel, ihre Handschuhe lagen auf dem Küchentisch und sie hielt ihre steifen Hände über den Herd – kam er durch die Hintertür hereingestürmt, völlig bekleidet, aber definitiv völlig zerzaust, als bedürfe sie einer Erinnerung daran, wie sie ihn zuletzt gesehen hatte. Ihr war übel.

Er sagte gequält: »Ho – es hat nichts zu bedeuten! Gegenseitiger Trost – nenn es, wie du willst! Es hat überhaupt nichts mit dir und mir zu tun! Verzeih mir, Ho. Bitte.« Er blieb einen Meter von ihr entfernt stehen, als fürchte er sich, sie zu berühren. Sie war ihm dankbar dafür. Nicht einmal so konnte sie ihn ansehen.

Er wartete. Sie wollte ihn fragen, wie lange das schon so ging. War es nicht das, was betrogene Frauen immer fragten? Aber wenn sie sprach, würde sie physisch krank sein. Sie brauchte all ihre Kraft, um zu bleiben, wo sie war, mit ausgestreckten Händen.

Er gab ein Geräusch von sich, das irgendwo in der Mitte zwischen Stöhnen und Seufzen lag. »Ho. Willst du nicht mit mir sprechen?« Eine lange Pause, und dann schien er, obwohl er sich nicht bewegte, in einer Art verzweifelten Ergebens in sich zusammenzufallen. »Du musst mir zuhören, Ho. Ich weiß nicht, wie du das heute mit uns herausgefunden hast, aber offensichtlich musst du etwas vermutet haben. Wahrscheinlich schon seit einiger Zeit. Mandy sagte, du seist selbst in diesem

Urlaub in Widdershins distanziert gewesen. Und als wir diesen ... Streit ... hatten, kurz bevor Milly starb, da dachte ich schon, du wüsstest es.«

Sie wollte das nicht hören. Sie sperrte ihren Verstand aus und verschloss physisch die Muskulatur ihrer Kehle. Wenn sie ins Badezimmer ging, würde sie an ihm vorbei müssen. Ihn vielleicht sogar berühren. Sie durfte sich nicht übergeben. Sie musste genau da stehen bleiben, wo sie jetzt stand, und sie durfte sich nicht übergeben.

Seine Stimme wurde heiser. »Weißt du ... Mandy liebt Henrik noch immer. Und ich liebe noch immer dich. Henrik hat das die ganze Zeit gewusst und er hat nichts dagegen. Deshalb dachte ich ... vielleicht ... da du mich nicht mehr willst ...« Sie musste irgendein Geräusch von sich gegeben haben, da er für einen Augenblick zu reden aufhörte. Als er fortfuhr, hatte sein Tonfall sich geändert. Er begann zu rechtfertigen, was er getan hatte. Sie wusste, dass er Mandys Argumente benutzte.

»Du kannst es einfach nicht leugnen, Ho. Ich kann mich wirklich nicht erinnern, wann es mir bewusst wurde. War es dieser erste Besuch in Widdershins? Ich kam auf ein Wochenende und du kamst zur mir in dieses lächerlich kleine Wohnzimmer ... Du konntest es nicht erwarten, wieder nach oben zu gehen, nicht wahr? Und es hat auch andere Gelegenheiten gegeben. Das musst du zugeben, Ho. Sex bedeutet dir nicht viel. Aber den meisten Menschen schon. Bitte – bitte – gib das zu.«

Sie wollte ihn fragen, wie man den sexuellen Akt von Liebe trennen könnte. Aber sie wagte nicht zu sprechen. Sie musste den Wasserkessel auf niedrige Hitze gestellt haben, weil er dampfte. Sollte sie Tee machen? Würde das etwas lösen? Der Gedanke an Tee löste Brechreiz bei ihr aus. Sie biss die Zähne zusammen und schloss die Augen.

Er sagte fast aggressiv: »Nun?«

Sie senkte ihren Kopf noch weiter, hielt die Augen geschlossen.

»Du kannst es nicht sagen, aber du weißt, dass es wahr ist.« Er drehte sich plötzlich um und trat ans Fenster. Sie öffnete die Augen und sah Henriks Wagen draußen stehen. Ihr Herz schlug ihr bis zum Halse. Saß Mandy darin?

Er legte seine Hände auf die Fensterbank und senkte ebenfalls den Kopf. »Ho ... wenn du das sehen kannst – wenn du das ehrlich siehst – dann besteht eine Chance, dass du mir verzeihst. Dass wir von vorn beginnen können. Mach etwas Positives aus diesem Fiasko.«

Ihr Verstand klammerte sich an diese Worte. Sie hatte ihren Mann verloren und ihre beste – und vermutlich einzige – Freundin. Wie könnte daraus etwas Positives kommen? Sie murmelte etwas, und er schaute schnell zu ihr.

»Was?« Er streckte eine Hand aus. »Was hast du gesagt, Ho? Können wir von vorn beginnen?«

Sie zwang ihre Zähne auseinander und flüsterte: »Zwei Negative. Du. Mandy. Werden die ein Positiv machen?«

»Es gibt kein ich und Mandy. Wir sind fertig, Ho. Das ist etwas, das du mir glauben musst. Ich habe gewusst – ich habe die ganze Zeit gewusst –, dass das, was ich tat, falsch war. Nur weil das für Mandy richtig war, war es für mich nicht richtig. Heute ... nun ja, heute ist mir diese Tatsache klar geworden.«

Sie zwang ihre Lippen dazu, sich zu bewegen. »Du liebst sie nicht?«

»Gott, nein! Ich habe versucht, dir das zu sagen! Es gibt keine Liebe – überhaupt keine. Auf beiden Seiten nicht.«

Sie konnte es nicht bis zum Badezimmer schaffen, aber sie musste es bis zum Spülstein schaffen. Er versuchte, ihre bebenden Schultern zu halten. Wollte ihr so Trost geben, wie er es getan hatte, wenn ihr zu Beginn aller Schwangerschaften schlecht wurde. Sie schlug ihn mit ihren Armen fort. Er zog einen Küchenstuhl heran, und als ihr zuckender Körper allmählich ruhiger wurde, brach sie darauf zusammen und legte die Stirn auf den kühlen rostfreien Stahl. Sie fühlte sich so schwach wie ein Kätzchen und sie zitterte und ihr war kalt.

Er machte Tee und goss das restliche Wasser in eine Wärmflasche. Sie presste sie auf ihren Bauch, konnte aber nicht verhindern, dass sie weiter fröstelte. Er schenkte den Tee ein und setzte sich an den Tisch und versuchte, seinen zu trinken.

Schließlich sprach er. »Ho. Bitte. Ich verspreche dir, dass ich gehen werde, wenn du dich nur aufrichtest und versuchst, etwas Tee zu trinken. Du brauchst dich meinetwegen nicht wieder zu übergeben. Aber ich kann dich so nicht verlassen. Das kann ich nicht.«

Sie verstand das. Es gelang ihr sehr langsam, sich aufzurichten. Sie erinnerte sich daran, schon einmal eine ähnliche Übelkeit gehabt zu haben. Vor Fay? Oder Chatty? Henrik war damals bei ihr gewesen.

»Würdest du mich deine Tasse halten lassen – nur versuchen zu halten – bitte, Ho ...«

Er war zu nah. Seine Kleidung roch vertraut, aber sie hatte vorhin noch in Mandys Schlafzimmer gelegen. Sie nippte und wandte dann ihren Kopf ab und er setzte sich wieder. Sie schloss erleichtert ihre Augen.

Gequält sagte er, »Oh, Gott. Wie soll ich dich denn so verlassen?«

Sie flüsterte, »Wo ist Chatty? Hat Mandy sie nach Hause gebracht?«

»Nein. Mandy hatte eine Einladung zu einer Modenschau. Sie hat Chatty fahren lassen.«

Sie hob ruckartig den Kopf. »Chatty ist völlig allein? In Paris?«

»Sie ist achtzehn. Aber Henrik ist jetzt bei ihr. Er ist geflogen. Heute morgen.« Sie schaute ihn jetzt direkt an und er senkte seinen Blick. »Ich weiß. Noch mehr Betrug. Aber zumindest weißt du, dass Chatty nicht allein ist.«

»Er ist ein Perverser! Sie ist bei einem Perversen!« Ihre Stimme wurde schrill.

»Henrik? Was redest du denn da?«

»Er beschafft ... Sexpartner für Mandy! Was ist er denn dann wohl?«

»Liebling ... er läßt gewisse Dinge geschehen. Macht die Augen zu, denke ich. Das hat doch nichts zu tun mit ...«

»Wann kommt sie heim? Chatty? Wann ist sie ...?«

»Morgen. Er bringt sie morgen zurück. Sie hatte geplant in Sandhurst zu bleiben und einige der Kleider, die sie gesehen hat, für Mandy zu skizzieren ... Sie will das machen, was du machst, Ho. Aber in viel größerem Stil.« Er schaute sie wieder an und sagte eindringlich: »Schau doch nicht so, Ho. Wie könnte sie mit dir denn über all dies reden? Wo Milly gerade erst tot und Fay nicht hier ist ...«

Sie ließ ihren Kopf hängen, weil diese entsetzliche Übelkeit sie wieder überkam. Ihr Gefühl von Isolation war schrecklich. So hatte sie sich noch nie in ihrem Leben gefühlt.

»Wohin ... wohin willst du gehen?«, keuchte sie, als sie zu sprechen wagen konnte.

»Ich weiß es nicht.«

»Zu Mandy.« Sie antwortete sich selbst. »Natürlich wirst du zu Mandy gehen.«

»Nein.« Er klang müde. »Ich dachte, du würdest zumindest das akzeptieren, Ho. Ich habe nicht die Absicht, Mandy wiederzusehen. Und ich werde versuchen, mich von allem zu lösen, was mit den beiden zu tun hat, abgesehen vom Geschäft.«

»Abgesehen vom Geschäft?«

»Du weißt, wie eng meine Verbindung mit Henrik ist. Ich hätte das alleine nicht geschafft.«

»Trotz all dem Geld von meiner Mutter?« Plötzlicher Ärger ließ ihr Rückgrat starr werden. »Hast du gedacht, ich würde das nicht erfahren? Der Anwalt rief heute Morgen an. Alles, Jack. Entweder dir geschenkt oder den Mädchen. Tausende Pfund. Hat dich das nicht unabhängig von den Petersens gemacht? Oder ist es nicht das, was du willst? Willst du in einer Position sein, in der du dich nicht lösen kannst ... war das das Wort, was du benutzt hast? Lösen?«

»Ho, so war das nicht. Es war für uns. Nicht für mich. Deine Mutter wollte, dass mein Geschäft gut läuft – und ja, gelöst von den Petersens ist. Sie wollte das noch zu ihren Lebzeiten sehen ...«

»Wusste sie von dir und Mandy?«

»Gott, nein! Natürlich nicht!«

»Weiß Chatty es? Fay?«

»Niemand sonst weiß es, Ho. Henrik und du.«

Sie starrte ihn einen langen Augenblick an, schaute dann wieder auf den Tisch. Ihr Ärger wich mit der Übelkeit und sie fühlte sich wie ausgelaugt.

Benommen sagte sie, »Das Haus ist groß genug. Ich brauche dich nicht zu sehen. Bleib, wenn du willst.«

»Danke. Danke, Ho. Vielleicht können wir weiter reden? Später? Ich koche etwas Leichtes ...«

»Tu, was du willst, Jack.« Sie umfasste die Tischkante und zog sich hoch. »Ich gehe jetzt ins Bett. Ich werde später wieder aufstehen und mir selbst etwas zu essen machen. Aber ich möchte dich nicht sehen.«

Aus dem Winkel ihres Blickfeldes sah sie, dass er zusammenzuckte, doch er sagte nichts. Und nach einer Pause hatte sie sich gefasst und konnte allein in die Halle und zur Treppe gehen.

8

Chatty kam nach Hause und hatte so viel Neuigkeiten, dass sie zwei Tage lang nicht bemerkte, dass etwas nicht in Ordnung war. Andy hatte ihr die wunderbarste Zeit geschenkt, die sie jemals erlebt hatte. Ob sie schon einmal von Jean Lascelles gehört hatten? Er war der Designer für Jules Ferrier, nicht weniger als das! Andy hatte ihn vor Jahren kennen gelernt, vor Henrik übrigens, und sie mussten wohl etwas miteinander gehabt haben, weil er sie offensichtlich noch immer anbetete. Er hatte Chatty in seinem Studio herumgeführt. Sie hatte mit den Models gesprochen. Sie hatte die Stoffe angefasst, die in der nächsten Frühjahrskollektion verwendet werden würden. Sie hatte ihm Skizzen gezeigt ...

»Ich wusste gar nicht, dass du Skizzen gemacht hast«, sagte Hope matt.

Chatty lachte. »Es war wohl kaum die richtige Zeit, dir meine Sachen zu zeigen, oder? Du weißt doch, dass ich im nächsten Sommer mit dem Kunststudium beginne.«

Hope hatte fast auch das vergessen. Sie hatte vergessen, dass Chatty fortgehen würde. »Ich nehme an, dass du dich in diesem Semester um einen Platz auf einem College bewerben wirst«, sagte sie.

Chattys Redefluss geriet für einen Augenblick ins Stocken, ging dann aber unbekümmert weiter. »Jean fand meine Arbeiten vielversprechend. Er meinte das im Ernst. Natürlich muss ich noch viel Erfahrung sammeln. Ganz klein und von unten anfangen.«

»Den Tee kochen?«, meinte Jack, darum bemüht, normal zu klingen.

Aber Chatty nickte eifrig. »Ja. Wenn das damit gemeint ist.«

Hope sagte langsam: »Willst du damit zum Ausdruck bringen, dass du im nächsten September nach Paris gehst? Statt auf die Universität?«

»Nicht nächsten September, Mummy! Um Himmels willen – die Aufgabe besteht darin, bei der nächsten Frühjahrskollektion zu helfen!« Sie registrierte den Gesichtsausdruck ihrer Mutter zum ersten Mal und fuhr schnell fort: »Sei doch nicht so pedantisch deswegen. Du bist nicht auf die Universität gegangen und Daddy auch nicht. Und ihr habt beide sehr viel erreicht.« Chatty streckte eine Hand über den Tisch aus. »Mummy, schau doch nicht so drein, als ob die Welt untergehen würde! Das ist das Phantastischste, was mir je hätte passieren können!« Sie hielt die Hand ihrer Mutter fest und schaute von Hope zu ihrem Vater. »Die meisten Mädchen würden zu Mördern werden, um eine solche Chance zu bekommen. Ehrlich. Andy hat das für mich getan – mir das auf einem Teller serviert ...«

»Könnte etwas mit deinem Talent zu tun haben!«, sagte Hope scharf.

»Genau das hat sie gesagt.« Chatty lachte, weil keine direkte Missbilligung folgte. »Mum – Dad – ihr *versteht* das doch, oder? Es ist eine Chance, die ich mir einfach nicht entgehen lassen darf! Ich kann mit dem Chefdesigner Jules Ferriers zusammen arbeiten!«

Darauf folgte langes Schweigen. Jack sagte: »Wir wissen zu wenig darüber, Chat. Das alles ist ziemlich ... Du müsstest ja irgendwo wohnen. Und was würde dir gezahlt werden? Du musst ja schließlich etwas zu essen haben!«

Chatty sagte, »Hört zu. Redet mit Mandy-Andy darüber. Sie wird sicher morgen kommen, um mich zu besuchen – sie wird wissen wollen, wie ... nun ja, einfach alles! Sie wird euch schon überzeugen!«

Die Unmöglichkeit, über irgendetwas zu reden, was mit Mandy zu tun hatte, war Hope und Jack sofort klar, und deshalb herrschte wieder Schweigen. Dann sagte Jack: »Wie wär's, wenn du dich weiter mit deinem Kunststudium beschäftigten würdest, erst einmal versuchst, einen Platz an der Universität zu bekommen und ein Jahr durchhalten würdest? Bis du definitiv weißt, dass Design das ist, was du wirklich machen möchtest.«

Hope nickte. »Damit hättest du etwas, worauf du zurückgreifen könntest.«

Chatty zog ihre Hand weg, hob den Kopf zur Decke und heulte wie ein Hund. »Ihr habt nicht zugehört, nicht wahr? Das ist definitiv eine einmalige Gelegenheit! Wenn ich sie nutze, dann muss ich sie nächsten Monat nutzen. Mir bleiben nur zwei Wochen, um eine Wohnung zu finden und mich einzugewöhnen.« Sie schaute auf ihre verschlossenen Gesichter. »Was ist denn los mit euch beiden? Sprecht doch zumindest mit Andy darüber! Ich übertreibe nicht.«

Hope sagte: »Es tut mir Leid, Chatty, aber ...«

Chatty unterbrach sie, wandte sich verzweifelt an Jack. »Du verstehst das doch, Dad! Du hast doch auch deine Chance bei Henrik ergreifen müssen. Mandy hat ihre Chancen mit den Umstandsmodengeschäften nutzen müssen. Mum weiß nicht, wie es draußen in der wirklichen Welt ist – bitte, sag Ja! Andy wird alles für mich regeln – das verspreche ich. Oder ihr beide könnt für eine Woche rüberkommen und mir helfen, irgendwo eine Bleibe zu finden ... bitte, Dad!«

Jack runzelte die Stirn, und Hope merkte plötzlich, dass er Tränen unterdrückte.

»Wir müssen darüber reden, Chat. Du hast all dies ein bisschen forciert ... das geht alles zu schnell.«

»Ich habe keine *Zeit*!«, sagte Chatty und ballte ihre Fäuste.

»Zumindest ist da heute Abend. Wie bist du da drüben verblieben?«

Sie atmete aus und schwieg einen Augenblick lang. Dann

sprach sie leise. »Ich hatte Ja sagen müssen. Ich konnte nicht unhöflich sein und auf Nummer sicher gehen. Oder? Denkt doch einmal nach. Es war ein Geschenk – und man druckst bei einem Geschenk nicht herum.«

Jack trat an die Spüle und schaute aus dem Fenster. Es regnete, und die alte Schaukel quietschte protestierend, als der Wind sie verdrehte. Er sagte: »Ich nehme an, dass du uns, wenn wir Nein sagen, daran erinnern wirst, dass du achtzehn bist und unsere Erlaubnis nicht brauchst, um das zu tun.«

Chatty schluckte. »Ich liebe euch«, sagte sie einfach.

Hope schluchzte kurz auf und ging zu ihr. Chatty umarmte sie und lachte dann verlegen. »He – Mum, du drückst aber ein bisschen fest!« Sie entzog sich ihr und schaute in Hopes ernstes Gesicht. »Und du bist sehr dünn geworden!« Sie warf einen Seitenblick auf den steifen Rücken ihres Vaters. »Geht es dir gut? Ist alles in Ordnung?«

»Alles ist gut.« Hope zwang sich zu einem Lachen, richtete sich auf und ging zu ihrem Stuhl zurück. Sie wusste plötzlich, dass es an ihr lag. Und sie konnte ihre Kinder nicht damit belasten. Jack würde sagen, was sie sagte. Dessen war sie sicher. Sie räusperte sich, und es gelang ihr, mit einer neuen, kraftvollen Stimme zu sprechen. »Es ist nur so ... wir machen uns Sorgen um dich. Ich kann's nicht ändern.« Sie dachte, wenn ich sie jetzt nicht gehen lasse, werde ich sie verlieren. Sie trommelte auf die Tischplatte. »Setz dich und lass uns richtig darüber reden. Jack, wie wär's mit einer Tasse Tee?«

Die plötzliche und unechte Normalität hätte Chatty warnen sollen, aber sie wollte dies so sehr, dass sie sich etwas vormachen ließ. Sie akzeptierte ohne Frage die Versicherung ihrer Mutter, dass Andy genügend lange ihren Geschäften – und Henrik – fern geblieben war und dass Hope mit ihr nach Paris fahren würde, um irgendwo ein geeignetes Zimmer zu finden.

»Könntest du nicht auch mitkommen, Dad?«, fragte sie. Sie

wusste nur zu gut, dass Hope Britannien noch nie verlassen hatte.

Jack sah Hope einen Augenblick an und sagte dann, »Ich habe sehr viel Urlaub gehabt, Schatz. Vielleicht könnte ich in zwei oder drei Wochen auf ein Wochenende rüberkommen?«

Chatty nickte und merkte dann, dass die Frage an ihre Mutter gerichtet war. Hope sagte mit dieser anderen Stimme: »Warum nicht? Wir könnten dich abwechselnd besuchen und sehen, ob du vielleicht Heimweh hast.«

»O ja!« Chatty strahlte. So eine Art von Kooperation hatte sie nicht erwartet. »Aber ehrlich, ihr dürft euch um mich *keine* Sorgen machen! Ich werde gar keine Zeit haben, Heimweh zu bekommen. Da wird die ganze Nacht gearbeitet und ... und alles ist so aufregend – Mum, es wird dir einfach gefallen. Da wird der Stoff so hochgehoben, wie du es tust, und dann wird geschaut wie er fällt! Und die Entwürfe – manchmal nur vier oder fünf Striche auf dem Papier ... aber man kann es *sehen.* Man kann es tatsächlich sehen!«

Hope musste unwillkürlich lächeln. Vielleicht war dies alles am Ende doch kein weiterer schrecklicher Fehler. Vielleicht hatte Mandy nicht die Absicht gehabt, den Menschen, die sie als ihre Familie zu lieben vorgab, den entscheidenden letzten Schlag zu versetzen. Vielleicht könnte es sich als etwas Gutes erweisen. Es würde gewiss etwas sein, was sie, Hope, in den nächsten beiden Wochen machen könnte. Es würde ihr etwas Zeit zum Nachdenken geben.

Doch zwei Tage später, als Chatty ihre Koffer wieder gepackt hatte und Hope für sich einen Reisepass bekommen hatte und Jack nach Gloucester zu den Anwälten gefahren war, ging Chatty in der Küche ans Telefon und wählte Mandys Nummer in Sandhurst. Hope, die an der Spüle stand und Kartoffeln fürs Abendessen schälte, merkte erst, was geschah, als Chatty sagte: »Andy? Wo hast du gesteckt? Mum sagte, du seist so beschäftigt gewesen, nachdem du dir Zeit für Paris genommen hattest, aber ich dachte, du würdest mal anrufen, um zu hören, was rausgekommen ist.«

Hope zwang sich, nicht aufzublicken. Sie hatte alle Nachfragen nach Henrik und Mandy abgewehrt, aber dies hatte kommen müssen. Sie halbierte eine große Kartoffel und starrte darauf, als ein Blutstropfen das Weiß blassrosa färbte. Sie hatte sich in den Daumen geschnitten.

Chatty sagte: »Es geht ihr gut. Nein, wirklich. Natürlich vermisst sie Großmutter – wir alle vermissen Großmutter. Darum ist das ja so wundervoll. Es hilft uns – weißt du –, an etwas anderes zu denken. Und das ist allein dir zu verdanken. Wir werden dir nie genug danken können.«

Hope schloss ihre Augen fest in einem körperlichen Bemühen, Gedanken zurückzuhalten. Sie wusste, dass es, soweit es Chatty anbelangte, das Normale gewesen wäre, aufzublicken und ein paar Worte für Mandy auf den Weg zu geben. Grüße zu senden, zu fragen, wie es ging. Sie begann die Blut befleckte Kartoffel zu schälen.

Chatty sagte: »Du klingst wirklich komisch, Andy. Freust du dich nicht über ... du bist erkältet? Pass auf, wir kommen rüber. Bringen dir was mit ... Schön, ich muss Lebewohl sagen! Du hast mir schließlich den Job besorgt!« Es gab eine lange Pause. Hope starrte auf eine andere Kartoffel. Sie wollte sie mit Sourcreme zubereiten und kaltes Fleisch und Tomatenchutney, das sie letzten Sommer gemacht hatte, dazu essen.

Chattys Stimme wurde plötzlich rau. »Du kannst nicht einfach ... gehen! Warum hast du denn vorher nichts gesagt? Du musst das doch gewusst haben, als wir in Paris waren!« Sie deckte den Hörer mit einer Hand ab und zischte ihrer Mutter etwas durch die Küche zu. Hope blickte nicht auf. »*Natürlich* weiß ich, dass du dorthin gehen musst, wohin Henriks Arbeit ihn führt! Ja, ich erinnere mich, dass Dad vor einer Ewigkeit etwas von Südafrika sagte ... aber jetzt? Die Situation dort ist schrecklich. Da kannst du nicht hingehen! Es ist gefährlich! Hast du mit Mum darüber gesprochen?« Diesmal hielt sie sich nicht damit auf, den Hörer abzudecken, sondern rief durch die Küche, »Mum, komm und sprich mit Andy! Offensichtlich weißt du gar nicht, was los ist ...« Sie hörte auf zu reden und hörte zu und Hope rührte sich nicht. Lange Zeit stand sie da, hielt die Kartoffel in der einen Hand, das Messer in der anderen. Chatty gab Geräusche von sich, protestierendes Schluchzen. Dann schließlich sagte sie: »Aber hör zu, Andy, ich verstehe. Wirklich – ich bin nicht so dumm, wie alle glauben, wirklich! Wenn sie wütend sind – wenn sie dies als Desertion ansehen – schön ... ja, das verstehe ich. Aber du und ich ... ich muss auf Wiedersehen sagen, Andy! Ich muss auf Wiedersehen sagen!« Es war fast ein Jammern der Verzweiflung und einen Augenblick war Hope von purer Eifersucht erfüllt.

Doch Mandy musste etwas gesagt haben, was Chatty zusammenzucken ließ, als ob Mandy sie physisch geschlagen hätte. Dann richtete sie sich auf, schien hart zu werden. Mit zuerst bebender Stimme sagte sie: »Es war mir nicht bewusst ... natürlich wusste ich, dass du daran gewöhnt bist, durch die Welt zu reisen, andere Orte zu sehen. Ja, ich pflichte dir bei, Sandhurst ist ein bisschen provinziell – obwohl ich es immer geliebt habe und dachte, das sei bei dir auch so.« Von der Spüle aus konnte Hope Mandys klingendes Lachen hören. Chatty hörte wieder zu. Ihr Unterkiefer schob sich allmählich auf diese aggressive, sture Weise vor, die Hope nur allzu gut kannte.

Sie sagte: »Ja, ich habe die Absicht, auf eigenen Füßen zu stehen, Andy. Natürlich – das ist genau das, was ich will!« Sie wandte sich halb der Wand zu. »Tatsächlich wünsche ich mir, dass ich es so schaffen würde wie sie! So schlecht ist das ja nicht, was sie erreicht haben. Du hast kein Recht, zu sagen ... ja, vielleicht werden wir das, irgendwann einmal in der Zukunft. Aber wenn nicht, sage ich trotzdem Dank für deine Hilfe. Und auf Wiedersehen.« Sie legte den Hörer schnell auf und wandte sich zu ihrer Mutter.

»Ich wünschte, du hättest es mir erzählt! Ich bin da einfach hineingelaufen und du hast das geschehen lassen!«

Hope schloss wieder ihre Augen und holte tief Luft. »Dir was erzählt?«

»Ach, hör doch auf! Dass sie weggehen. Über den Streit, weil sie weggehen. Dass sie mir den Job als eine Art Abschiedsgeschenk besorgt hat!« Sie setzte sich abrupt an den Küchentisch. »Ich fühle mich ... schrecklich. Irgendwie so, als ob das eine Bestechung oder so was ist. Ich weiß nicht. Irgendwie sollte ich ihr sagen, sie soll sich den Job reinstecken, wo ...!«

»Chatty!« Hope protestierte automatisch. Sie legte Kartoffel und Messer hin und ging zu ihrer Tochter. »Hör zu, ich wünschte, du hättest von dem Streit nichts erfahren. Aber ich versichere dir, dass Andy dir diese Gelegenheit in gutem Glauben ...«

»Du weißt ja gar nicht, was sie gesagt hat. Dass ich mich richtig mit meinem ganzen Gewicht in die Welt einbringen müsste – endlich auf eigenen Füßen stehen müsse ...«

»Das kann ich mir vorstellen. Du musst aufpassen, dass du nicht nach deiner Mutter kommst!« Hope brachte ein kleines Lachen zustande. »Mach dir darüber keine Sorgen, Liebling. Sie ist auf mich wütend, nicht auf dich. Mach nur und beweise allen, dass du es schaffen kannst. Unser kleiner Streit hat nichts mit dir zu tun und du darfst dir dadurch nichts verderben lassen. Wirklich.«

Hope hielt den dunklen Lockenkopf an ihren alten Tweedrock gepresst. Sie wollte weinen und auf ihr Zimmer laufen und sich dort wieder einschließen. Aber das konnte sie nicht.

Chatty legte ihre langen Arme um die Hüfte ihrer Mutter und hielt sich an ihr fest. »Wirklich?«, wiederholte sie.

Hope lachte. »Wirklich.«

»Und wir werden wie geplant mit der Fähre hinüberfahren? Dad sagt, er könnte vielleicht nicht mitkommen. Wird das denn gehen? Nur du und ich?«

Hope sagte: »Erinnerst du dich an die Phantastischen Vier?«

»Aber damals war Großmutter dabei.«

Einen Augenblick lang empfand Hope Panik. Dann sagte sie sehr ruhig: »Ich denke, sie wird auch diesmal dabei sein.«

Chatty schwieg einen Augenblick. Sie hasste, was sie ›diese Art von Gerede‹ nannte. Dann entspannte sie sich wieder. »Du meinst, so wie Fay es sagte? Blutsbande und all das? Schön, ja. Sie ist in dir und mir und deshalb wird sie dabei sein. Ja.«

☆

Es war erstaunlich, wie gut die Dinge danach gingen. Hope sagte sich, dass Milly die ganze Expedition leitete. Jack bot wieder an, sie zu bringen und sofort abzureisen, nachdem er sie im Hotel untergebracht habe, aber Hope war absolut entschlossen, das alleine zu tun.

»Wenn die Petersens wirklich fortgehen, wirst du im Büro sein müssen.« Sie warf ihm einen dieser schnellen Blicke zu, die noch immer das Einzige waren, was sie zustande brachte. »Wusstest du, dass sie nach Südafrika gehen wollten?«

»Nein. Aber ich habe bereits alle meine Verbindungen abgebrochen. Darum war ich zum Anwalt gefahren.« Er zögerte. »Es wird nicht leicht werden, Ho.«

Sie hasste die Intimität ihres abgekürzten Namens. Sie zuckte die Schultern.

Er sagte: »Ich weiß, dass dich das nicht interessiert. Aber

wir sprechen darüber, dass Fay auf der Universität ist. Und jetzt geht Chatty nach Frankreich.«

Sie sagte: »Viele Leute, die viel ärmer sind als wir, haben ihre Kinder auf der Universität. Aber soweit ich das sehe, wird Chatty unabhängig sein.«

»Es ist nicht sehr wahrscheinlich, nicht wahr?« Auch er zuckte die Schultern. »Natürlich wird das die Zeit ergeben. Aber inzwischen ... ja, es könnte vielleicht ganz gut sein, wenn ich nahe am Telefon bleibe.«

Es war eine enorme Erleichterung, wegzukommen. Das Haus bedeutete jetzt Jack, und obwohl er sorgsam darauf bedacht war, ihr aus dem Weg zu gehen, wusste sie, dass er da war. Sie erschauerte bei dem Gedanken an die Zukunft. Beide Mädchen weg, ihre Mutter tot, ihr Mann entfremdet, ihre beste Freundin ... nicht mehr ihre beste Freundin. Was würde aus den Geschäften werden? Wenn Mandy und Henrik erst wirklich weggegangen waren – falls sie gingen – könnte sie vielleicht Mrs. Martin aufsuchen. Möglicherweise könnten sie eine Vereinbarung treffen. Sie erschauerte wieder. Sie wusste, dass sie irgendwie von Jack unabhängig werden musste, aber ihr Verstand arbeitete nicht richtig.

Chatty war verständlicherweise nervös, aber sie hatte die Reise erst vor kurzem gemacht, weshalb sie ihre Mutter durch die Schwierigkeiten der U-Bahn, des Zuges mit Schiffsanschluss, der Überfahrt und von Calais aus der Bahnfahrt zum Gare du Nord führen konnte. Aber dann schien sie zu zerbrechen, und so war es Hope, die ein Taxi heranwinkte und der es gelang, es mit ihrem fast vergessenen Schulfranzösisch zu dem winzigen Hotel in der Rue Ste. Jeanne d'Arc zu dirigieren. Hier wurde die phlegmatische Concièrge von Hopes Lächeln und ihrer unglaublichen Ähnlichkeit mit Elizabeth Taylor eingenommen. Sie sorgte dafür, dass englischer Tee und französisches Gebäck serviert wurden, während sie auspackten. Hope nippte vorsichtig am Tee und nickte dann.

»Chatty, mein Schatz, es geht bergauf. Aber je schneller du Französisch lernst, desto besser. Also geh wieder nach unten und erkundige dich, ob diese nette kleine Frau dir einen Plan der Métro geben kann!«

Chatty schaute ihre Mutter überrascht an und sagte dann traurig: »Weißt du, du hörtest dich gerade genau wie Andy an.«

Hope weigerte sich, entmutigt zu sein. Sie schnitt eine Grimasse und stöhnte, »Oh, Gott ...« und war nicht getröstet, als Chatty in der Tür stehen blieb und nickte.

»Siehst du?«

Sie hatten geplant, dass Hope Chatty zu dem kleinen Studio, in dem Monsieur Lascelles arbeitete, begleiten sollte und sie dann nach einem Quartier suchen wollten, das zu Fuß erreichbar war. Sie nahmen die Métro zu den Tuileries und spazierten dann die Champs-Elysées hinunter, wobei sie das Messingschild passierten, das verkündete, wo Jules Ferriers ›Haus‹ war. Das Designstudio befand sich dahinter in einer Gasse, in der noch der Müll der letzten Nacht stand. Jemand hatte sehr viele Orangen gegessen und der leicht faulige Geruch von Schale und Kernen war nicht unangenehm. Chatty stand vor etwas, das offensichtlich eine Brandschutztür war, und schaute ihre Mutter flehend an.

»Ich weiß nicht, was ich tun soll!«, sagte sie. »Wenn ich klopfe, wird mich niemand hören. Und wenn man mich hört, werden die bestimmt kein Englisch sprechen.«

Aber ihr Glück hatte sie nicht verlassen. Hope zog ihre Handschuhe aus und hämmerte gegen die Tür, die sich sofort öffnete, da jemand herauskam. Es war ein Mädchen, nicht viel älter als Chatty. Sie trug einen karierten Faltenrock, der mehrere Zentimeter über ihren Knien endete, ein sehr konventionelles Twinset, das an ihr sehr unkonventionell wirkte, dicke schwarze Strümpfe und Halbstiefel. Sie schlüpfte in einen Armeemantel.

»Oh, hallo!« Sie blieb stehen und grinste Hope und Chatty an. »Ich bin der andere englische Lehrling. Man sagte mir, dass du kommen würdest. Jetzt, wo wir hier sind, wissen die nicht, was sie mit uns machen sollen! Lascelles schläft offensichtlich, und niemand spricht gut Englisch. Deshalb hat man mich weggeschickt, damit ich mir ein Zimmer suche. Letzte Nacht habe ich auf dem Bahnhof im Warteraum geschlafen!«

Hope war erfreut, sie zu sehen. Es war eine Sache, Chatty völlig allein in Paris zu lassen, eine ganz andere, sie mit diesem Mädchen zusammen hierzulassen, das einen sehr passablen Eindruck machte. Sie gaben sich die Hände und Chatty sagte: »Du hättest mit uns kommen können. Wir sind in einem witzigen kleinen Hotel nahe dem Concorde.«

Hope sagte: »Wir wussten nicht, dass noch eine Auszubildende da sein würde. Wir können gemeinsam nach einem Zimmer suchen.«

Beide Mädchen nickte enthusiastisch, und Chatty wirkte weniger nervös. »Meine ... Tante ... sagte, dass vielleicht noch jemand da wäre. So ein Glück. Soll ich reingehen? Oder soll ich mit euch kommen?«

»Gehen wir doch alle rein. Vielleicht nimmt dann jemand von uns Kenntnis. Ich heiße übrigens Fiona Tabb. Sag einfach Fi. Ich weiß, dass du Charity bist ... weil Lascelles mir das erzählt hat, als ich mich beworben hatte. Ich habe in London gearbeitet und dann in Madrid, was ich hasste, weshalb ich an Ferrier schrieb und sagte, dass ich ein Jean Muir-Typ sei und in Frankreich Erfahrung sammeln wollte, und ihnen muss das irgendwie gefallen haben, weil ich mich vorstellen durfte. Soll ich zu dir Charity sagen oder wird dein Name auch abgekürzt?«

Chatty tat so, als sei sie bestürzt. »Ich werde Chatty genannt, weil ich so viel rede.« Und dann lachten alle.

☆

Am Ende suchte Hope nach einem Zimmer für die beiden Mädchen. Sie fühlte sich durch Fiona Tabb, die offenkundig überall zurecht kam, sehr beruhigt. Wenn Chatty erst einmal etwas Selbstvertrauen gewonnen hatte, würden sie ein ähnliches Paar sein – sie grinste sogar schief bei dem Gedanken daran, wie die beiden miteinander diskutierten. Einen Augenblick spielte sie mit dem Gedanken, in eine Telefonzelle zu gehen und Jack anzurufen, um ihn ebenfalls zu beruhigen, erkannte dann aber, dass sie das nicht tun konnte. Jedenfalls würde sie wahrscheinlich früher als erwartet nach Hause fahren. Während sie im Künstlerviertel am linken Seineufer eine Treppe hochstieg, hatte sie wieder das Gefühl völliger Verlassenheit und musste stehen bleiben. Sie klammerte sich an das Treppengeländer und beugte ihren Kopf, als sei sie von einem Sturm überrascht worden. Und dann, ganz plötzlich, wusste sie an diesem nicht viel versprechenden Ort, was sie tun konnte. Sie konnte nach Widdershins fahren. Das gehörte ihr. Es hatte nichts mit Jack zu tun. Sie könnte die alte Nähmaschine ihrer Mutter mitnehmen und sie in der Küche aufstellen, nahe dem Herd, gegenüber dem Fenster, von dem aus man auf das winzige Tal hinunterschaute, zu der Baumgruppe und dem kleinen Erlenhain, der Marble Arch hieß. Sie könnte Kittel nähen und damit nach Penzance fahren und versuchen, sie zu verkaufen. Bella Penhailes würde ihr Milch verkaufen – vielleicht auch Brot – und Peter würde ihr dann und wann Fisch bringen. Sie könnte Kohl anpflanzen und Bohnen und Salat und Kartoffeln. Sie könnte ... sie könnte überleben!

Sie richtete sich auf und atmete tief ein. Sie hatte eine Vorahnung, dass dieses Zimmer auf der zweiten Etage das von Fi und Chatty werden würde. Dass die beiden Freundinnen werden würden. Dass dies ein wunderbares Erlebnis für die beiden werden würde. Sie stieg die letzte Treppenflucht hoch und klopfte an eine Tür. Ein älterer Mann öffnete sie. Er war Amerikaner und erzählte ihr, dass er, nachdem er pensioniert worden war, versucht hatte, seinen Traum, in Frankreich Künstler zu werden, zu verwirklichen. Jetzt war er aufgewacht und wollte heimkehren. Sie lächelte und sagte, das Studio sähe genau aus wie das, was sie für ihre studierende Tochter vor Augen gehabt hätte. Er lächelte ebenfalls.

☆

Es war sonderbar leicht, Horsley House zu verlassen. Vor allem gab ihr das die Möglichkeit, an etwas anderes zu denken als an diese scheußlichen Bilder von Jack und Mandy. Sie rief eine Möbelspedition in Gloucester an, und die schickte einen Mitarbeiter, der mit ihr durch die kleine Wohnung ihrer Mutter ging und notierte, was mitgenommen werden sollte.

»Ist das alles, Madam? Dann brauchen wir nicht mehr als einen Lieferwagen. Es sind also Kleidung, Bettzeug, dieser Kaffeetisch, Fotos, die Nähmaschine? Sonst nichts? Wie sieht's mit einem Fernseher aus?«

»Kein Strom.« Hope erklärte es ihm kurz. »Der Lieferwagen wird oberhalb des Tales stehen bleiben müssen, ja? Von dort aus muss man laufen ... es sind etwa zehn Minuten.«

Der Mann nickte. Jack stand im Türrahmen und schaute kläglich zu.

Er war über Hopes Entscheidung entsetzt gewesen. »Ich dachte ... vielleicht ... mit der Zeit. Ich weiß – ich weiß. Egal, wie viel Zeit vergehen mag, es ist dennoch unverzeihlich. Aber ... Widdershins. Lass uns ein Auto für dich kaufen. Mich dich zumindest dorthin fahren.« Sie schüttelte nur den Kopf. Sie konnte ihm noch immer nicht in die Augen schauen.

»Sie sind weg, weißt du. Die Petersens. Sie sind tatsächlich gegangen.«

Sie sagte gleichmütig: »Das ändert wirklich überhaupt nichts. Es tut mir Leid. Ich kann's nicht ändern. Ich muss ein anderes Leben beginnen.«

»Ho – hör zu. Mrs. Martin hat irgendeine Mietvereinbarung wegen der Läden getroffen. Ich habe sie besucht und sie kann deine Entwürfe noch immer brauchen.«

»Ich sagte dir ...«

»Ich weiß. Aber du könntest in Widdershins arbeiten. Sie schicken.« Er hob hilflos die Hände. »Ich dachte, das würde dir gefallen.«

»Vielleicht. Ich weiß es noch nicht.«

Er hielt den unvermeidlichen Becher mit Tee in der Hand. Er schien zu zittern. Er sagte: »Wie wirst du es denn schaffen, durch den Winter zu kommen? Es ist erst Januar!«

»Ich werde es schaffen, weil ich es schaffen muss«, sagte Hope müde. »Ich habe es hier schaffen müssen. Es wird dort leichter sein.«

»Du brauchst doch Geld. Du hast dieses Sparkonto. Lass mich ...«

»Ich will nichts von dir! Bitte, versteh das. Nichts!«

Jack zuckte zusammen, sagte aber nichts mehr.

Sie schrieb fast gleich lautende Briefe an Fay und Chatty. Es waren sogenannte Erklärungen für ihren plötzlichen Wunsch, einen Winterurlaub im wilderen Teil von Cornwall zu machen, aber als sie sie durchlas, wurde ihr klar, dass sie nichts erklärten. Sie zögerte, klebte sie dann zu und klebte Briefmarken darauf. Es musste genügen.

So beinahe schmerzlos der Weggang auch gewesen war, die Ankunft war fast erschreckend. Die Winterlandschaft war öde und fast finster. Vom Beifahrersitz des Lieferwagens aus wirkte die Kirche von Buryan wie ein Finger des Untergangs, der in einen metallgrauen Himmel zeigte. Der Fahrer, der zuerst gesprächig gewesen war, war schon längst in düsteres Schweigen verfallen. Jetzt aber, als die Straße in den Feldweg zum Hof der Penhailes' überging, bemerkte er: »Ist wie das Ende der Welt, was?«

Die Fenster des Bauernhauses waren bereits erleuchtet, aber niemand kam heraus, um ihnen das Tor zu öffnen. Hope tat es selber und konnte das Meer unten gegen die Felsen schlagen hören. Das Geräusch schien viel zu wuchtig für Wasser zu sein. Es dröhnte gebieterisch, forderte den Platz, den diese winzige Halbinsel einnahm. Sie erschauerte, als sie das Tor hinter dem Lieferwagen schloss. Sie dachte an Fay, die am anderen Ende des Landes auf den kleinen, vom Wind umtosten Orkneys war, an Chatty, eine wahre Unschuldige in Paris. Für einen flüchtigen Moment sah sie Jack in den leeren Räumen von Horsley House auf und ab gehen, aber sie verdrängte diesen Gedanken, kaum dass er gekommen war. Der Wind zerrte an ihrem Haar und presste ihre Jeans gegen ihre Beine. Sie kämpfte sich ihren Weg zurück zu dem Transporter. Dies war ihre Entscheidung. Zum ersten Mal in ihrem Leben war sie allein.

Der Weg hinunter in die winzige Talmulde zum Cottage war ein Albtraum und musste ein halbes Dutzend Mal zurückgelegt werden. Sie mochte zwar nicht viel mitgebracht haben, doch was sie hatte, befand sich in unförmigen Plastiktüten – Stoffe und Nähmaterialien, alle Pullover und Strickjacken, die sie hatte finden können, Decken und Deckbetten und Kissen, Kartons mit Konserven, Milchpulver, Kerzen. Chattys kleines Radio und Batterien, Reservetaschenlampen, eine Umhängetasche voll Gemüse, weil Jack gesagt hatte, er würde es sonst wegwerfen, Fotos. Und schließlich die Nähmaschine ihrer Mutter.

Sie bereitete die drei Öllampen vor, füllte sie aus dem Kanister in der Küche und zündete sie an, bevor völlige Dunkelheit das kleine Tal einhüllte. In ihrem Licht konnte sie sehen, dass der Tisch wie immer für ihre Ankunft gedeckt war. Und für zwei. Sie hatte doch in ihrem Brief bestimmt geschrieben, dass sie allein kommen würde? Auf dem Herd lag Anmachholz, in der Ecke standen Eimer mit Kohle. Nachdem sie die Maschine in das kleine Wohnzimmer gestellt und so aus dem Weg geschafft hatten, entzündete sie das Feuer und ging mit dem Kessel in die Spülküche, um ihn dort an der Pumpe zu füllen.

Der Fahrer sagte freudlos: »Müssen wir warten, bis das richtig brennt, bevor wir Wasser kochen können?«

Sie merkte, dass sie lächelte. »Nein. Ich sehe nur eben nach, ob Petroleum in dem Ofen ist, und dann können wir in knapp zehn Minuten eine Tasse Tee trinken.« Sie deutete auf den Tisch. »Bedienen Sie sich. Dieser Schinken ist hausgemacht.«

»Gibt's Tomatensoße?«

Ihr Lächeln wurde breiter. »Nein.«

Sie machte Tee und schaute zu, wie der Fahrer kräftig zulangte, während sie einige der Taschen im Wohnzimmer verstaute und einen Teil ihrer Konserven auspackte. Als sie vor etwas über einer Woche in Paris auf dieser Treppe gestanden hatte, hatte ihr Unterbewusstsein genau dies vorhergesehen. Als sie und ihre Mutter über den Verlauf der Zeit gesprochen hatten, hatte sie sich nach etwas in der Vergangenheit gesehnt, vielleicht nach etwas, das sie zuvor in ihrem Leben verpasst hatte, das ihr entgangen war. Sie hatte sich – sehnsüchtig – gewünscht, die Uhr zurückdrehen und Dinge anders machen zu können. Nun, vielleicht war dies der Weg, um das zu tun. Sie stand wieder vor einem Anfang. Jetzt ... hier und jetzt ... würde sie herausfinden, was für eine Art Mensch sie wirklich war. Ob sie allein leben könnte. Völlig allein.

Sie ging mit dem Fahrer zum Transporter zurück und schaute zu, wie er vorsichtig zum Tor des Hofes zurücksetzte. Während sie im Licht ihrer Taschenlampe zurück zum Cottage ging, stellte sie sich, wie sie es sich so oft in der Vergangenheit vorgestellt hatte, die Rückreise nach Buryan und dann Penzance und Hayle und Truro und weiter zu den öden Höhen des Bodmin Moor vor. Das Gefühl der Isolation verstärkte sich wieder. Dies war ein anderes Land. Das hatte sie immer gewusst. Doch mit Jack und den Mädchen war es wundervoll anders gewesen. Jetzt war sie sich seiner Gefahren bewusst. Wenn sie oberhalb der Talmulde stürzte und zwischen der Wand der Klippe und der Hauswand feststeckte, würde sie vermutlich sterben, bevor jemand sie fand. Sie bewegte sich vorsichtig den schlammigen Weg entlang, bis der Rauch des Feuers ihr verriet, wo sie war. Dann richtete sie sich auf, ging in die Mulde hinunter und trat in die vom Lampenschein erhellte Küche.

Sie sagte sich, dass Isolation gleichbedeutend mit Frieden sei. Sie brauchte Jack nicht zu sehen. Sie musste nicht ständig an diese Szene im Cottage der Petersens in Sandhurst erinnert werden. Sie konnte sich setzen und anfangen, wieder an Chatty zu schreiben. Und dann, morgen, an Fay.

9

In dieser Nacht kamen die Stürme. Sie bliesen aus Südwest und hätten warm sein sollen, aber in ihrem Atem war Eis, was, wie das Radio Hope verriet, ›der Wind-Kältefaktor‹ bewirkte, der durch die Geschwindigkeit von annähernd 150 Stundenkilometer verschlimmert wurde.

Hope schlief nicht. Ihr Gefühl von Isolation war mit Desorientierung vermischt, was jedes Gefühl von Behaglichkeit effektiv verbannte. Sie lag in der Dunkelheit auf dem Rücken. Ihr war kalt und sie fühlte sich unbehaglich. Sie vermisste ihre Heizdecke, war wütend auf sich, weil sie keine Wärmflasche mitgenommen hatte, und überlegte, ob sie nach unten gehen sollte, um nach einem Ziegelstein zu suchen, den sie im erlöschenden Feuer erwärmen könnte. Irgendwie schien ihre Isolation sie jetzt zu verraten. Sie wurde daran erinnert, dass ihre Mutter erzählt hatte, wie sie sich während des Krieges, wenn ihr Daddy bei den Sanitätern im Einsatz war, unter der Treppe versteckt hatte, weil sie ganz sicher war, dass die Luftwaffe allein nach ihr suchte. »Ich glaube, das ist es, was den wahren Feigling kennzeichnet«, hatte sie sachlich festgestellt. »Es ist eine schlimme Form von Egoismus.«

Als der Sturm zum ersten Mal heranfegte, durch das kleine Tal tobte und mit der Wucht eines Expresszuges gegen das Haus anstürmte, wusste Hope genau, was ihre Mutter meinte. Oberhalb des Tales, jedem Wetter ausgesetzt, würde der Hof der Penhailes' die ganze Wucht des Sturmes abbekommen, doch Hope hatte noch immer das Gefühl, dass der dämonische Wind nur sie suchte.

Sie saß kerzengerade in dem Doppelbett, und während der Sturm das kleine Haus schüttelte wie ein Terrier eine Ratte schüttelt, suchte sie nach Streichhölzern und entzündete die Kerze. Für einen Augenblick, während der Wind Atem holte, brannte die Flamme hoch, und sie konnte sehen, das der winzige Raum um sie unversehrt war. Dann duckte sich die Flamme, als der Sturm wieder zuschlug. Sie zuckte, sodass die Schatten wie verrückt über Wände und Decke sprangen. Sie schützte die Flamme mit ihren Händen, doch Zugluft drang nicht nur durch die Fenster, sondern auch durch das Dach. Noch während sie dies registrierte, hob sich das Wellblech und knallte mit Übelkeit erregender Wucht über ihrem Kopf herunter. Sie duckte sich, wartete darauf, dass die Deckenbalken brachen, aber dann folgten andere Geräusche – die Fenster rasselten und unten schlug die schwere Eingangstür so heftig gegen das Schloss, als versuche jemand, ins Haus zu gelangen. Dann jaulte der Sturm geisterhaft kreischend auf, bevor er das Dach wieder hob und es heftig auf seine Streben schmetterte.

Sie kletterte aus dem Bett und wankte nach unten, hatte entsetzliche Angst davor, dass das Dach einstürzen würde. Die kleine Spülküche schien solide zu sein. Sie starrte auf das schwarze Fenster, stellte sich vor, dass die Klippenwand hereinstürzen würde. Eine weitere tosende Böe umfing das Haus und drückte, gefangen in der Enge des Raumes, mit einer solchen Heftigkeit gegen das Glas, dass sie im Kerzenlicht sehen konnte, wie es sich nach innen wölbte. Doch es hielt.

Die Küche fing die volle Wucht des Sturmes auf. Die Tür schlug wie verrückt gegen den Riegel. Sie öffnete die Lampe und entzündete sie an der Kerze, stellte sie auf den Boden und schob den Tisch vor die Tür. Das Hämmern ließ nach, doch nur, um mehr Raum für die klappernden Fenster und das scheppernde Dach zu lassen. Die Kakophonie war schrecklich. Sie schloss die Augen und bedeckte für einen Augenblick die Ohren mit den Händen, bevor sie sich zwang, nach unten zu gehen und Ausschau zu halten, ob es irgendwelche Schäden gab. Ein ständiges Tröpfeln im Wohnzimmer verriet ein Leck. Sie streifte einige Plastiktüten über Möbel und Nähmaschine und fand einen Eimer, in dem sie die Tropfen auffing. Dann ging sie zurück zum Herd, um das Feuer wieder zum Leben zu erwecken. Sie fühlte sich besser, als es brannte, obwohl die Flammen mehr als die der Kerze hüpften und sich duckten. Wenn der Wind sich hinter dem Hause fing, bewirkte er Zug und Druck im Kamin, sodass das Feuer in einer Minute hell aufloderte und in der nächsten nur noch schwach glühte. Das Problem war, dass dies ihren kleinen Brennstoffvorrat verschlang. Sie hatte bereits am Abend einen ganzen Eimer Kohle verbraucht und war jetzt beim dritten. Noch zwei weitere und das Feuer würde erlöschen. Dieser Gedanke war irgendwie entsetzlich. Sie siebte die Asche heraus, löschte sie zischend mit dem Wasserkessel und schürte das Feuer weiter hinten. Dann füllte sie den Kessel wieder und setzte ihn vorne auf den Herd in der Absicht, Tee zu kochen. Aber dazu fand sie keine Zeit. Plötzlich taten sich im Schlafzimmer Lecks auf und in dem berühmten Thronsaal gab es plötzlich einen Rückstau von der Sickergrube. Sie lief mit Handtüchern und Desinfektionsmitteln hin und her und schluchzte vor Anstrengung und Entsetzen und Ekel.

Ihre Uhr zeigte halb sechs morgens, als der Sturm etwas nachzulassen begann. Endlich konnte sie sich eine Kanne Tee machen. Sie wollte ihn nicht, wusste aber, dass sie ihn trinken, sich setzen und alles andere ignorieren musste. Als sie die Tasse zum Mund führte, zitterte ihre Hand unkontrolliert, sodass sie die Tasse in beide Hände nahm. Sie hörte, wie der Sturm wieder von der See hereingefegt kam, die Bäume in dem Tälchen peitschte, jaulend durch das Tal schoss und mit dem Dröhnen einer Kanone gegen das Haus anging, das ihm Widerstand leistete. Das Blechdach hallte kläglich, das Feuer verschlang sich selbst und versenkte sich in seine Asche, und dann wurde ein Hagel von Steinen und grobem Sand gegen das Fenster geschleudert, und die Flammen leckten um den Kessel herum und Hope sprang auf, um das Feuer wieder zu dämpfen.

Sie war hundemüde, als die späte Morgendämmerung einen Teil der Verwüstung enthüllte. Sie hatte in dem erbärmlichen Versuch, zu verhindern, dass Glas herumflog, wenn der Wind die Scheiben eindrückte, die Vorhänge mit Reißzwecken an den Fensterrahmen befestigt. Es erwies sich als Mammutaufgabe, eine Messerklinge unter die Reißnägel zu schieben und sie herauszuziehen. Doch das Glas hatte gehalten und das Scheppern des Daches war Beweis dafür, dass es ebenfalls noch da war. Sie schaute durch die verschmutzten Fenster und sah, dass das Tal voller Trümmer war, voller Äste und entwurzelter Büsche. Widdershins war in dieser Nacht ein Damm gegen das herangeschleuderte Strandgut gewesen. Noch während Hope hinausschaute, flog eine der Erlen des Marble Arch aus dem Tal heran, schlug gegen das Schlafzimmerfenster und fiel zu Boden. Zerbrechende Fenster waren also noch immer eine echte Gefahr, aber sie war zu müde, um die Reißzwecken wieder anzubringen. Sie schleppte sich nach oben. Das Dach schepperte jetzt düster, ähnlich den altmodischen Nebelhörnern auf dem Meer. Die Eimer waren übergelaufen und sie brachte sie nach unten, entleerte sie in dem flachen Ausguss und trug sie wieder hoch. Sie rollte das Bettzeug zusammen, hängte es um den Herd herum über die Stühle. Die Matratze darunter war trocken. Sie fand weitere Plastikbeutel, nahm Bücher und Nähmaterialien heraus, legte sie auf das Bett und breitete sie aus. Oben und unten sah das Cottage aus, als hätten Vandalen darin gewütet. Sie starrte trübsinnig vor sich hin, ließ sich dann in einen Sessel fallen, und als der Wind schließlich zu einem durchdringenden Pfeifen geworden war, schlief sie ein.

Ein lautes Klopfen am Fenster weckte sie, und sie fuhr mit einem Ausruf des Erschreckens auf.

»Ich bin's!« Bella Penhailes' Stimme war hörbar erleichtert, weil sie ein Geräusch von drinnen hörte. »Lass mich rein, Mädchen! Dieser Wind hebt mir noch den Rock über den Kopf!«

Mit einem keuchenden Lachen zog Hope den Tisch von der Tür weg und schob die Riegel zurück.

»Hatte nicht gedacht, dass sie halten würden.« Sie schob einen Stuhl zum Herd. »Ich bin so froh, dich zu sehen – ich hätte nie geglaubt, dass Widdershins die Nacht überstehen würde!«

»Verdammtes Widdershins! Was ist mit dir? Du sagtest, du würdest Jack nicht mitbringen, aber ich dachte, dass die Mädchen – oder irgendwer – bei dir sein würden. Warum bist du nicht auf den Hof gekommen?«

Hope schüttelte den Kopf. »Ich konnte hier nicht weg. Und außerdem wäre ich ohnehin nicht gegen den Wind angekommen.« Sie schaute sich in dem winzigen Raum um. Unglaublicherweise war alles intakt. Nach dem Schrecken der Nacht verspürte sie jetzt ein ausgeprägtes Gefühl von Zugehörigkeit. Sie und Widdershins hatten gemeinsam überlebt. Sie schüttelte wieder ihren Kopf und lächelte schief. »Ich glaube, jetzt bin ich wirklich hier.«

Bella hörte auf, an ihrer Kleidung herumzuzupfen, starrte sie kurz an und sagte dann: »Hätte selbst runterkommen sollen, aber der Alte ist krank. Hat die Grippe, glaube ich. Letzten Winter hatte er Lungenentzündung. Deshalb lass' ich ihn nicht raus, wenn das Wetter schlecht ist.«

Hope zeigte ihre Besorgnis, machte Tee, schüttete die letzten Kohlen ins Feuer und bat Bella um mehr Brennmaterial, Milch, Brot, Butter und Käse.

»Wie lange willst du bleiben?« Bella sah sie scharf an. »Du hast das gerade doch wohl nicht ernst gemeint? Du könntest hier nicht leben. Nicht das ganze Jahr über. Jem war anders. Nach den Scheunen und Hecken war das für ihn ein Palast.«

Hope schaute in das schmale, dunkle Gesicht und sagte ruhig: »Ein Palast für Jem. Ein Hafen für mich.« Sie reckte ihren schmerzenden Rücken. »Die Dinge sind falsch gelaufen, Bella. Ich bin jetzt allein. Und dieses Haus gehört mir. Es ist auf meinen Namen eingetragen.« Sie lächelte und schaute auf das drapierte Bettzeug, auf die Eimer, auf den mit Asche bedeckten Herd. »Ich hatte ein Gefühl dafür, weißt du. Sofort als ich es sah, schien es ... zu mir zu gehören. Und ich zu ihm. Es wird mir hier gut gehen – mach dir um Himmels willen keine Sorgen um mich.«

Bella gab nicht ohne Widerrede auf, seufzte aber am Ende scharf und stand auf. »Muss zurück. Sturm hin oder her, der Alte wird Frühstück wollen. Schindeln kamen vom Dach der Milchküche. Muss irgendwie Perkins erwischen.« Auch sie richtete sich mit einiger Mühe auf. »Wollte dir das sagen. Wir haben jetzt auch Telefon. Dachte, es sei besser, wenn's dem Alten so schlecht geht. Wenn du also mit jemand Verbindung aufnehmen willst, brauchst du nicht mehr nach Buryan zu fahren.« Sie fasste prüfend die Kissen an. »Sind gar nicht so schlecht. Warum machst du dir nicht hier unten ein Bett? Schlaf erst mal aus. Wenn Perkins kommt, schicke ich ihn runter, damit er ein paar Nieten mehr ins Dach setzt. Er kann dir auch Kohle herbringen.« Sie warf einen Blick aus dem Fenster. »Wäre nicht verkehrt, ein paar Stämme zu zersägen.«

Hope erinnerte sich, dass sie eine Säge hatte. Sie hatte sie gestern Abend unter die Treppe geschoben. Sie könnte selbst etwas Holz zersägen. Sie winkte Bella zum Abschied zu und kehrte in die Küche zurück. In den folgenden zwei Stunden brachte sie ihr Haus fast völlig in Ordnung. Und dann schlief sie.

Es war noch hell, als sie durch neuerliches Klopfen geweckt wurde. Einen schrecklichen Augenblick lang dachte sie, dass der furchtbare Sturm wieder aufgekommen sei, aber dann gab es ein Getrampel über der Küche und sie merkte, dass jemand auf dem Dach arbeitete. Sie warf einen Blick aus der Spülküche und da war tatsächlich eine Leiter zwischen Haus und Klippe gezwängt. Das Tageslicht verschwand wieder und sie eilte, plötzlich von frischer Energie erfüllt, nach draußen.

»Mr. Perkins?« Er war ein typischer kornischer Mann, krumm durch die Jahre, die er in den Zinnminen gearbeitet hatte, klein, elastisch, stark. »Vielen Dank. Ich hatte geschlafen. Ist der Schaden sehr groß?«

»Nee.« Er stockte, um Nägel, die er zwischen die Zähne gesteckt hatte, herauszuziehen. »Wellblech ist entweder drauf oder runter. Und deins ist drauf!« Er holte weit mit seinem Hammer aus. »Und jetzt ist es noch mehr drauf als vorher!«

Sie lachte. »Soll ich Tee machen?«

»Hätte nichts dagegen«, sagte er. »Ich will noch was von dem Mastix innen anbringen. Kann ich über den Boden dahin?«

Er kletterte die Leiter hinunter, schulterte sie und manövrierte sie geschickt durch die Eingangstür, die Küche und dann die schmale Treppe hinauf. Hope machte den Petroleumofen an und setzte einen Kessel Teewasser auf. Dann fand sie die Bügelsäge unter der Treppe und ging hinaus, um etwas Holz zu sägen. Kohle war nirgendwo zu sehen, weshalb sie einige Zweige als Anmachholz abbrach und dann genügend Holz zersägte, abriss und zerbrach, um am Abend ein Feuer zu haben. Irgendwann brachte Mr. Perkins zwei Becher Tee heraus und nahm ihr die Bügelsäge ab, um sie abzulösen. Sie stand im Schein des Lichtes, das aus der offenen Tür fiel, nippte an ihrem Tee, schaute zu, wie ihr Atem sich mit dem Dampf vermengte und spürte das Hochgefühl, das die körperliche Anstrengung bewirkte. Und dann schleppten sie beide das Brennholz neben das Haus, wo der alte, baufällige Teil des Cottage sich grimmig neben Jems renoviertem Stück duckte.

»War mal der Schafstall«, keuchte Mr. Perkins. »Dieser

ganze Schutt könnte nützlich sein. Schieb das alte Fenster hier herüber, mein Mädchen. Hält den Regen ein bisschen vom Holz ab. Lagere das Anmachholz darin.«

Er ging um sechs Uhr und versprach, am nächsten Tag mit einer Ladung Brennholz zu kommen. »Oben auf dem Hof sind sie ganz aus dem Häuschen. Peter kann den Traktor nicht fahren und Bella hat das nie gelernt. Sie hatte alle Hände voll zu tun mit den Tieren und den Sturmschäden. Ich werde soviel Brennholz wie möglich aufladen und es am Vormittag hierher fahren. Und wirst du jetzt zurechtkommen? Ich hab' das Abflussrohr frei gemacht und ich denk', es müsste jetzt funktionieren. Hast du Brot und Milch?«

»Alles, was ich brauche. Ich weiß, dass Sie mich für verrückt halten, Mr. Perkins, und es tut mir Leid, dass ich Ihnen so viele Umstände gemacht habe, aber dies ist jetzt mein Zuhause. Ich muss hier bleiben.«

»Ich halte dich nicht für verrückt, mein Mädchen. Ich finde, du bist sehr vernünftig. Wärst du nicht vernünftig, wärst du jetzt oben bei Bella und würdest heulen und schreien. Viel Glück, sag' ich.«

»Und auch Ihnen viel Glück, Mr. Perkins.« Hope schaute zu, wie er seitwärts gegen den zunehmenden Wind lief und dann den Lichtkreis des Cottage verließ. Und dann begann sie einen Teil ihres Brennholzvorrates ins Haus zu schaffen.

In dieser Nacht, als der Wind wieder zunahm, machte sie ihr Bett auf dem Küchenboden vor dem Herd und schlief wie eine Tote. Der Sturm tobte zwar nur halb so stark wie in der Nacht zuvor, aber dennoch gab es reichliches Rütteln und Schlagen. Nichts störte sie, bis das Feuer ausging und die Kälte eindrang. Darauf kroch sie aus dem Nest von Federbetten, schlurfte in den Thronsaal, holt weitere Decken und Kissen, zog noch einen Pullover über und rollte sich wieder zusammen. Als sie aufwachte, dämmerte es und ihre Uhr zeigte halb acht. Sie hatte zehn Stunden geschlafen. Sie ging in die Spülküche, machte den Petroleumofen an und machte Tee, und während er zog, zündete sie das Feuer im Herd an. Die Freude, an Kissen gelehnt zu sitzen und im Feuerschein Tee zu trinken, war fast animalisch. Sie hatte noch immer Angst vor der Zukunft, aber dieser unaufhörliche Kampf in der Nacht zuvor hatte ihr deutlich gezeigt, dass es keinen Sinn hatte, sich wegen der Zukunft Sorgen zu machen. Einen Tag und eine Nacht zu überstehen, war einfach genug. Tatsächlich war es sogar ein Triumph. Sie trank ihren Tee, beugte sich dann zu dem kleinen Transistorradio und schaltete es ein. Der Wetterbericht sagte Stürme im Südwesten voraus und sprach von der Verwüstung der Frühjahrsernte. Die Penhailes' betrieben gemischte Landwirtschaft und eine Missernte würde sie sicher schwer treffen. Und dann begann sie darüber nachzudenken, ob sie in dem geschützten Teil ihres kleinen Tales einen Garten anlegen sollte. Gerade nur soviel, um Wintergemüse zu ziehen und vielleicht Kidneybohnen und Kartoffeln.

Der Tag verflog und die folgenden drei ebenfalls. Sie stapelte die Holzklötze, die mit dem Traktor kamen, und schaffte die Äste und Blätter weg, die um das Haus herumlagen. Der Sturm kam wieder, sodass das Gefühl des ständigen Kampfes mit den Elementen blieb und jedwede Gedanken an Jack und die Mädchen verdrängte. Am dritten Tag, der, wie sie feststellte, Sonntag, der 24. Januar war, besuchte sie Peter Penhailes. Er war in eine Decke gehüllt und saß in dem winzigen Salon neben dem Feuer. Sein Aussehen erschreckte sie so, dass sie alles vergaß, was sie selbst beschäftigte.

Er grinste sie an. »Bevor du etwas sagen kannst, mein Mädchen, es geht mir besser als es war, aber nicht so gut, wie ich möchte!«

Sie lächelte gehorsam und nahm auf dem Stuhl ihm gegenüber Platz. »Bella war besorgt, Peter. Du hast nach einer der Kühe geschaut. Der Kuhstall ist für dich im Augenblick wirklich nicht der richtige Aufenthaltsort.«

»Sie sagte, Buttercup fehle etwas. Das musste ich mir selbst ansehen. Morgen kommt der Tierarzt und dann schaut er bei mir rein und sagt, was ist.« Er grinste wieder. »Und was ist mit dir? Bei diesem Wetter hier am Ende der Welt? Ich habe von Perkins alles gehört. Hast Bäume zersägt, warst gestern unten in der Bucht und hast Treibholz gesammelt.« Er hörte auf zu grinsen. »Kommst du denn zurecht, mein Mädchen? So ganz allein? Für wie lange soll das sein?«

Sie schüttelte den Kopf. »Ich weiß es nicht, Peter. Ich kümmere mich nicht um die Zukunft, nur um Morgen. Ich musste allein sein. Meine Mutter ist am vierzehnten Dezember gestorben, weißt du. Und beide Mädchen sind fort ...«

»Diese Freundin von dir – Tante Andy hat Chatty sie doch genannt.«

»Ist auch weg.«

»Sie war ein schöner Apfel mit einem faulen Kerngehäuse. Hat Jem ziemlich umgeworfen, das kann ich dir sagen. Seitdem das passiert ist, haben wir ihn nicht mehr gesehen.«

»Was meinst du?«

»Charity hat's uns erzählt. Sie dachte, es sei komisch. Aber Jem ist jemand mit Tiefgang. Hatte nicht erwartet, dass er's für komisch halten würde. Er dachte, sie hätte es uns erzählt, und seitdem haben wir ihn nicht mehr zu Gesicht bekommen.«

»Oh ...« Sie wusste nicht, was sie sagen sollte. Dass Jem Trewint Tiefgang hatte, wusste sie, aber dass er durch Mandy so aus der Fassung geraten war, erschien ihr irgendwie unwahrscheinlich.

Eine Pause entstand. Dann sagte er heftig: »Ich habe deine

Ma gemocht. Sie war sanft und sie war stark. Und sie wird vermisst werden, fehlen. Aber er ist ein guter Mann, der Jack Langley. Und du bist die Welt für ihn, mein Mädchen.«

Sie schüttelte wieder den Kopf. »Ich weiß nicht, Peter. Vielleicht ist das so, vielleicht auch nicht.« Sie schaute in sein schmales Gesicht und erinnerte sich daran, dass Peter mehrere Male mit Jack gefischt hatte. Sie hatten ganze Tage miteinander verbracht. Sie sagte: »Ich mag ihn nicht, Peter. Tatsächlich ... es tut mir Leid ... aber ich kann es nicht einmal ertragen, an ihn zu denken.«

»Kannst du mir sagen, was er getan hat?«

»Nein.«

»Nun gut. Er hat dich verletzt. Dich vielleicht sehr tief verletzt. Und du bist nach Widdershins gekommen, um geheilt zu werden.«

»Nicht wirklich. Ich bin nach Widdershins gekommen, um wieder leben zu lernen. Richtig. Allein. Wenn ich verletzt bin, dann erwarte ich wirklich nicht, dass ich geheilt werde. Ich möchte aber, dass die Wunde ausgebrannt wird. Dann kann ich vergessen.« Sie hörte die Bitterkeit in ihrer Stimme und schämte sich für einen Moment.

Er schwieg dieses Mal länger. Es war fast dunkel in dem kleinen Raum. Schließlich sagte er: »Das klingt nicht sehr nach Vergebung. Kommt nicht Vergebung vor Vergessen?«

Die Tür öffnete sich und Bella kam herein und schaltete das Licht ein. Hope blinzelte. Sie war bereits nicht mehr an das grelle elektrische Licht gewöhnt. »Ich glaube nicht, dass Vergebung eine Rolle spielt, Peter.«

Bella sagte: »Eine Tasse Tee, mein Liebes? Und dazu ein schönes Stück Kuchen. Ich habe eins, das du mit rüber nehmen kannst, und ein halbes Dutzend Eier und das Mehl, das du haben wolltest, und etwas Hefe. Du sagtest, Salz und Zucker hast du?«

»Und auch sehr viele Konserven, Bella. Ich denke, dass ich wirklich nicht verhungern werde.«

Sie saßen um das Feuer, und Bella erzählte eine Geschichte von Perkins' Schwester, die in die Oberschicht eingeheiratet hatte und dann ein Baby zur Welt brachte, das eigenartigerweise dunkelhäutig war.

»Sie schwört, dass es an einem der unehelich geborenen Godolphins liegt, der von einem Schwarzen gezeugt wurde! Aber im Dorf gibt es eine asiatische Familie, die ein indisches Restaurant mit Straßenverkauf betreibt, und Fennie Perkins hat ihre Balti Currys immer schon geliebt!«

Sie alle lachten, und Bella sagte, dass Hope dem Alten sehr viel Gutes mit ihrem Besuch getan habe und sie so oft kommen müsse, wie sie könne, weil er von ihr mehr Notiz genommen hätte als von seiner eigenen Frau. Scheltend führte sie Hope in die Küche und belud sie mit Lebensmitteln und sagte dann etwas nüchterner, dass der Arzt ihn in das neue Krankenhaus in Truro einweisen wolle, damit er dort gründlich untersucht werden könnte. »Es ist schwer zu sagen, ob er sich mehr Sorgen machen würde, weil er vom Hof weg ist oder weil er drauf ist!« Sie versuchte zu lachen.

Hope sagte: »Schau mal, ich möchte euch nicht lästig fallen. Wenn du Hilfe brauchst, lass es mich wissen, aber andernfalls ...«

»Du bist nicht lästig, Mädchen!« Einen Augenblick sah es so aus, als würde Bella Hope umarmen, aber dann überlegte sie es sich anders. »Es ist für mich wirklich ein Vergnügen, eine andere Frau greifbar zu haben. Und der Alte – tja, der sieht dich sehr gerne. Sagte immer, du erinnertest ihn an einen Filmstar, denn er mal auf einer Rennbahn gesehen hat.«

»*National Velvet*«, sagte Hope automatisch. Dann, als sie Bellas Verblüffung sah, fügte sie schnell hinzu: »Und ich werde herkommen, wenn ich Milch brauche, Bella. Oder wenn ich keinen anständigen Laib Brot machen kann!«

Sie lachten beide und Bella schloss das Tor hinter ihr zu. Hope beleuchtete mit ihrer Taschenlampe den Weg und machte sich auf den langsamen, mühseligen Marsch zurück nach Widdershins. Für einen Augenblick überkam sie wieder die Angst des ersten Tages und ihre Kehle war wie zugeschnürt. Dann zwang sie sich, stehen zu bleiben und zu den Wolken hochzuschauen, die am Mond vorbeirasten, und auf die See, die sich unerbittlich in die Bucht zu ihrer Linken ergoss, während oben auf der Landzunge zu ihrer Rechten sich der vom Wind flach gedrückte Stechginster erhob. Sie dachte: Dies ist jetzt meine Welt, das Wetter, der Himmel und die See und das Land. Freunde ... und Feinde.

☆

Die Stärke des Sturms veränderte sich ständig, aber er legte sich nicht, und im Radio kamen Berichte von verwüsteten Kohlfeldern, schwarz gewordenem und vom Wind zerfetztem Kraut der Frühkartoffeln. Die erste Ernte würde sehr gering ausfallen. Eine weitere kornische Mine schloss. Helfer für die Kohlernte wurden in diesem Jahr nicht benötigt. Weitere Arbeitslose. Manchmal fühlte Hope sich wegen ihrer allmählich gewonnenen Seelenruhe schuldig. Ihre Isolation war noch immer typisch – zuweilen hatte sie das Gefühl, der einzige Mensch im Lande zu sein. Aber dies machte das Leben zu etwas Besonderem und Wichtigem, statt zu etwas, vor dem man Angst haben musste.

Sie stand mit dem ersten Lichtschimmer auf und ging drei Stunden nach Einbruch der Dunkelheit zu Bett. Wenn es regnete, arbeitete sie, um im Cottage Ordnung zu schaffen und es aufzuräumen. Sie versuchte, Brot zu backen – und sie versuchte es wieder. Sie nähte neue Vorhänge, weil die Reißzwecken die alten zerrissen hatten. Wenn es zu regnen aufhörte, ging sie nach draußen und sammelte Holz und stapelte es sorgfältig am Ende des Cottages, wo einst der Schafstall gewesen war. Sie entdeckte eine alte Tür, die dort lehnte, und sie stellte sie jeden Abend draußen vor das Küchenfenster und klemmte sie mit Steinen fest. Sie schützte das Glas und machte den Raum wärmer. Sie hängte eine Decke vor die Tür und begann die Reste der neuen Vorhänge darauf in Mond- und Sternenform zu applizieren. Sie hatte das Gefühl belagert zu werden. Sie stapelte ihre Konserven in den Regalen der Spülküche, Tee und Kaffee auf dem Kaminsims über dem Herd, um sie trocken zu halten. Wenn sie abends ihr Bettzeug ausrollte und sich hineinschmiegte, machte sie sich gedanklich Listen von Dingen, die sie brauchte. Bücher – viele Bücher. Batterien für das Radio und ihre Taschenlampe. Einen größeren Petroleumofen und eine Wärmflasche. Zwei Wärmflaschen ... und Aspirin. Sie durfte nicht krank werden. Das würde alles zerstören.

Zwei Wochen, nachdem sie angekommen war, besuchte sie Peter wieder. Der Wetterbericht hatte einen sonnigen Vormittag vorhergesagt, aber für den Nachmittag von Westen hereinziehenden Regen. Es ging ihm nicht besser und er weigerte sich noch immer, ins Krankenhaus zu gehen. Sie beschränkte ihre Besuchszeit bei ihm auf eine halbe Stunde, weil seine Atmung sich verschlechterte, wenn er sprach. Dann kaufte sie bei Bella einen großen Laib Brot und stapfte heimwärts, während die angekündigten Sturmwolken von den Scillies heranzuziehen begannen. Sie beschloss das noch trockene Wetter zu nutzen, um mehr Holz zu sägen und war gerade dabei, einen Ast zum Sägebock zu schleppen, als am Übergang zur Landspitze zwei Gestalten auftauchten. Sie war bereits so an Einsamkeit gewöhnt, dass jeder, den sie sah, eine Überraschung war. Zwei Menschen könnten durchaus eine Bedrohung sein. Sie dachte erregt, dass sie sich unbedingt einen Hund anschaffen müsse. Und dann winkte die kleine Gestalt wie verrückt, und sie wusste, dass es Fay war.

Sie rannten aufeinander zu und trafen sich auf der Kuppe oberhalb des Cottages und umarmten sich und weinten beide unkontrolliert. Martin stand daneben, tätschelte sie abwechselnd, lächelte und sagte: »Ist ja gut. Nun freut euch.« Fay heulte am Hals ihrer Mutter. »Ich wollte das nicht. Weinen und umarmen und alles das. Ich war so *wütend* auf dich. Und jetzt ... jetzt freue ich mich so ... dich zu sehen.«

Hope heulte zurück, »Ich wusste, dass mein Brief war wie ich: hoffnungslos. Aber ich wollte dein Studium nicht unterbrechen.«

So wäre es wohl noch einige Zeit weiter gegangen, während Martin mal auf dem einen Bein, dann auf dem anderen stand, doch der unvermeidliche Regen begann, und Hope führte sie lachend und verlegen ins Haus, legte ihr Bettzeug zusammen und brachte es ins Wohnzimmer und hielt ein Streichholz ans Feuer.

»Mein Gott, lässt du das Feuer denn nicht an?« Fay ging mit dem Kessel in die Spülküche und pumpte Wasser hinein. »Mummy, es ist Januar! Du holst dir eine Unterkühlung!«

»Ich war den ganzen Vormittag draußen. Auf dem Hof. Und heute Nachmittag habe ich Holz gemacht. Ich fürchte, dass mir das Brennmaterial ausgehen könnte, wenn das Wetter so bleibt.« Sie legte Äste auf den Feuerkorb, nahm Fay den Kessel ab und setzte ihn auf den Dreifuß. »Man entwickelt eine Besessenheit fürs Feuer. Man hütet es, schützt es. Es ist mehr als nur Hitze. Es – es ist ein Symbol für etwas!« Sie lachte. »Jedenfalls habe ich die restlichen Decken als Isolierung auf den Dachboden gelegt und gegen den Zug hier unten getan, was ich kann. Es wird sehr schnell warm.« Sie fuhr sich mit dem Handrücken über die Augen und lächelte. »Ich hab's hier wirklich sehr gemütlich. Du brauchst dir keine Sorgen zu machen.

»Das tue ich aber.« Fay setzte sich schwer an den Tisch und ergriff Martins Hand. Er hielt sie und zog einen Stuhl für sich heran. Fay biss sich auf die Lippen, um nicht wieder zu weinen, und sah sich um. »Als ich das letzte Mal hier war, war Großmutter dabei. Die Phantastischen Vier. Weißt du noch?«

»Natürlich.« Hope holte Becher und die Teekanne. »Es ist einer der Gründe, warum ich hier bin. Ich wollte die Uhr zurückdrehen, denke ich.« Sie lächelte Martin an. »Das alles tut mir Leid, Martin. Du hast Fay hierher gefahren?«

»Wir beide sind gefahren«, korrigierte er vorsichtig.

»Ja. Gut. Habt ihr ... war es ... zu Hause bei deinen Eltern schön? Neujahr und alles?«

»Traditionell. Ich glaube, Fay hat es soweit wie möglich genossen. Den Umständen entsprechend.« Er klang ein klein wenig ... missbilligend?

Fay sagte: »Wir sind wegen des Semesterbeginns zurück nach Sheffield gefahren. Ich hatte zu Hause angerufen. Du warst mit Chatty in Paris. Klang wundervoll. Aber ich dachte, es sei ... schwierig gewesen. Ich meine, ich wusste, dass du und Dad es vorgezogen hättet, wenn sie auf der Schule geblieben wäre und eine Kunstschule besucht hätte oder so. Deshalb nahm ich an, Henrik und Mandy steckten dahinter.«

Hope blickte überrascht vom Tee Einschenken auf. »Warum?«

»Nun ja, sie sind immer so etwas wie unsere ... Mentoren ... gewesen, oder nicht?«

»Oh, ich verstehe. In dieser Hinsicht. Ja.«

»Dann rief ich wieder an. Nur eine Woche später. Und du warst weg und sie waren weg und hier gab's kein Telefon und offensichtlich gab's in Südafrika auch kein Telefon, und Dad klang überhaupt nicht wie Dad. Und dann bekam ich deinen Brief, und dann rief Chatty mich an und wollte ihren Job hinschmeißen und rüberkommen, und ich sagte ihr, sie solle das nicht tun, weil ich das tun könnte. Deshalb wollte ich einen Zug nach Gloucester nehmen, aber Martin sagte, er würde einen Wagen mieten und mich fahren.«

Hope schob langsam Becher über den Tisch und setzte sich dann vor ihren. Außer dem Knistern des Feuers war kein Geräusch zu hören. Sie warteten auf eine Erklärung.

Sie sagte: »Ich bin so froh, dass Chatty nicht alles hingeworfen hat.«

»Dad auch.«

Hope seufzte. »Wie war Dad? Seid ihr in Horsley geblieben?«

»Ja, natürlich. Dad ist in einem schrecklichen Zustand. Er telefoniert fast die ganze Zeit. Henrik hat die Geschäfte so fest miteinander verknüpft und an sich gebunden, dass er Dad nichts gelassen zu haben scheint.«

»Oh, Gott.« Doch sie spürte Fays Kritik. Sie realisierte, dass ihr Weggang in den Augen aller anderen wie eine Desertion sein musste.

»Ja. Ich liebte ihn, Mum. Ich liebte Henrik und ich vertraute ihm – ich hätte ihm mein Leben anvertraut.«

Hope nickte. »Ich denke, das hättest du tun können. Er liebte dich auch. Er liebte uns alle. Darum sind sie so lange geblieben, riskierten so viel.«

»Aber was sie tun ist ... Diebstahl! Sie vernichten uns!« Sie beugte sich vor. »Sie verkaufen alle Vermögenswerte, Mum. Es läuft alles – irgendwie – auf ihren Namen. Sie ... nehmen es einfach! Alles. Und du lässt das geschehen!«

»Ich kann nichts tun, Fay.« Hope war ehrlich überrascht. »Ich bin keine Geschäftsfrau – das weißt du.«

»Es ist ein Riesenschwindel gewesen! Und du verlässt Dad,

sodass er alleine zusehen muss, wie er zurecht kommt und ...« Fay begann wieder zu schluchzen und Martin legte schützend einen Arm um sie.

Hope starrte auf die beiden, die jetzt so offensichtlich ein Paar waren. Sie sagte leise: »Was hat Dad dir erzählt? Über uns.«

»Nichts, was Sinn machte. Nur, dass du so bekümmert warst wegen Großmutter und wegen Mandy ...«

»Dann hat er also von Mandy *erzählt*?«

»Ja, natürlich. Dass sie Chatty nicht einmal persönlich auf Wiedersehen sagen wollte! Dass sie ihr nur telefonisch ein paar Binsenwahrheiten gesagt hat. Dass du das nicht ertragen konntest!«

Hope schloss für einen Moment ihre Augen, öffnete sie dann weit und sagte: »Und was meint ihr dazu? Warum, dachtet ihr, sei ich hierher gefahren?« Sie hob eine Hand, als Fay antworten wollte. »Martin. Sag mir die Wahrheit.«

Er schwenkte hilflos seine freie Hand. »Wir dachten ... vielleicht ... eine Art Nervenzusammenbruch. Ihre Mutter, Fay, Chatty und dann Ihre besten Freunde ...« Er hörte auf, die Hand zu schwenken und streckte sie zu ihr über den Tisch aus. »Nichts, wofür man sich schämen muss! Sie fühlen sich völlig isoliert. Leid bewirkt seltsame Dinge – und manchmal wenden wir uns gegen diejenigen, die wir am meisten lieben ...«

Sie konnte fast hören, wie sie über sie gesprochen hatten. Fays Ungläubigkeit, Martins Bemühungen, eine Rechtfertigung zu finden. Sie stand abrupt auf und ging, um Holz aufs Feuer nachzulegen. Sie schaute zu, wie die Flammen an dem neuen Scheit leckten und blau wurden.

»Es gibt Frost heute Nacht«, sagte sie im Plauderton. »Das ist das, was Bella sagt. Wenn das Feuer blau brennt, kommt Frost.«

»Mummy, *bitte!* Ich bin kein Kind mehr. Was ist mit dir passiert?«

Hope schaute zu ihnen und sah ihre Missbilligung. Ganz plötzlich gab es keinen Grund mehr, zu versuchen, sie zu beschützen. »Also gut. Ich werd's euch erzählen. Dad hatte eine ... wie nennt man das? ... eine Affäre mit Mandy. Henrik hat das vermutlich arrangiert, weil er impotent ist und es seine Art ist, sicherzustellen, dass Mandy sexuelle Freuden hat. Und vielleicht erregt ihn das auch. Sie sind ... waren ... schließlich ... die perfekten Voyeure, nicht wahr?« Sie schmeckte die übliche Galle in ihrem Mund und ging abrupt in die Spülküche. Als sie zurückkam, sahen Fay und Martin gleichermaßen schockiert aus. Sie sagte: »Es tut mir Leid. Vielleicht hätte ich euch das nicht erzählen sollen. Dad will wahrscheinlich nicht, dass ihr das wisst. Aber ihr habt zu akzeptieren, dass ich nicht zurückkommen werde. Und ich wüsste überhaupt nicht, warum wir weiter etwas vorgeben müssten. Vielleicht geht es darum, euch zu beschützen – dass dein Vater darum nichts gesagt hat – aber hier leben ... mit der Wirklichkeit konfrontiert sein ... bewirkt, dass alles winzig wirkt. Fast unwichtig. Nur dass – dass es das noch nicht sein kann, oder? Denn andernfalls würde mir nicht jedes Mal schlecht, wenn ich daran denke, wie ich sie gesehen habe.«

Fay schluckte sichtlich. »Du hast sie gesehen?«, flüsterte sie.

»Das ist unwichtig. Bitte, frag mich nicht danach – bitte, sprich nicht darüber. Vielleicht hätte ich bleiben und versuchen sollen, die Dinge irgendwie hinzubekommen – aber ich konnte es nicht. Er sagte, es sei vorbei, aber nichts hindert ihn daran, nach Südafrika zu gehen. Jetzt. Und wenn er nicht geht ... ich kann nicht zurückgehen. Das ist alles.« Sie kam zurück an den Tisch, setzte sich und nahm einen Schluck Tee. »So habe ich reagiert. Das müsst ihr akzeptieren. Es ist wahrscheinlich keine sehr mutige Verhaltensweise, aber ich bin nun mal kein mutiger Mensch.«

Es herrschte ein langes, langes Schweigen. Hope fragte sich, ob es ewig währen würde und sie aufstehen und schließlich gehen würden, ohne noch ein Wort zu sagen. Doch dann räusperte sich Martin.

»Sie sind mutig«, sagte er. »Wir haben gesehen, welche Schäden der Sturm angerichtet hat. Und als wir auf dem Hof der Penhailes' aus dem Wagen stiegen, hat Mrs. Penhailes uns erzählt, wie Sie die erste Nacht durchstanden haben. Dazu gehört Mut.«

Sie zuckte kurz die Schultern. »Irgendwie. Natürlich. Das andere ... mit einem Mann zu leben, den ich nicht mehr mag oder nicht mehr respektiere ... ist völlig anders.«

Fay sagte leise: »Armer Dad.«

Hope schaute sie einen Augenblick lang an, und Fay erwiderte den Blick. Ihre Augen war tiefblau, und mit ihrem blonden Haar sah sie nordisch aus.

Hope sagte mit der gleichen leisen Stimme: »Armer Henrik. Dad hat das ganz allein versaut. Henrik musste daneben stehen und zuschauen, wie es geschah. Er liebt dich, Fay.«

Fay zuckte mit der Grausamkeit der Jugend nur die Achseln.

Martin räusperte sich. »Ich habe das Gefühl, kein Recht zu haben, hier zu sein.« Er tätschelte Fays Hand, als die zu protestieren begann. »Und es ist jetzt wahrscheinlich nicht der richtige Zeitpunkt, es zu sagen, aber ich möchte, dass deine Mutter es weiß, Fay.« Er sah Hope an. »Wir leben zusammen, Mrs. Langley. Und eines Tages werden wir heiraten. Ist Ihnen das recht?«

Fay war plötzlich errötet, hatte ihr Kinn entschlossen vorgeschoben.

Hope lachte. »Mehr als recht«, sagte sie. »Ich hatte schon

befürchtet, mein Chaos würde dich verscheuchen!« Sie stand auf. »Es gibt nichts Stärkeres als Tee im Hause. Aber ich habe heute Morgen bei Bella einen Laib Brot gekauft – ich habe schon selbst Brot gebacken, aber das ist so schwer! Also essen wir Brot und Käse und trinken dazu noch Tee. Und ich glaube, ich habe eine Dose Kekse mitgebracht – die könnten wir aufmachen.« Sie beugte sich vor und legte eine Hand auf Fays Wange, die andere auf Martins. »Hört zu. Es ist nicht das Ende der Welt. Denkt darüber nach. Wenn Mandy und Henrik gegangen sind, ohne uns einen Penny zu lassen ... gut, so haben wir angefangen. Vielleicht ist es so am besten. Ein klarer Schnitt. Ein wirklich neuer Anfang!«

Fay lächelte mit zitterndem Mund. Ihre Augen waren voller Tränen. Martin hatte einen Arm um ihre Schultern gelegt und hielt sie fest. Plötzlich streckte er seinen freien Arm aus und Hope ließ sich ohne Verlegenheit umarmen.

10

Es war alles so seltsam, die Art, wie das ganze Thema Jack und Mandy und Henrik unter den Teppich gekehrt wurde. Hope hatte genau das die ganze Zeit getan, seit es passiert war, aber sie hatte nicht erwartet, dass Fay im Stande sein würde, es ebenfalls zu tun.

Sie reisten am nächsten Morgen ab. Fay erklärte, dass sie etwa zehn Stunden brauchen würden, um nach Sheffield zu kommen. »Der Motor wird zuweilen zu heiß und dann müssen wir anhalten und ihn abkühlen lassen.«

Dem entnahm Hope, dass sie nicht die Absicht hatten, auf

der Rückreise in Horsley Halt zu machen. Sie respektierten Hopes Wunsch, nicht darüber reden zu wollen, und sie wollten auch nicht, dass Jack darüber sprach.

Als an diesem Sonntagnachmittag das Tageslicht schwand, hatte Hope eine Mahlzeit aus Päckchen und Dosen zubereitet und zusätzliches Bettzeug aus dem Wohnzimmer geholt, während Fay Martin einmal schnell durch das kleine Tal geführt und ihm das dezimierte Wäldchen, den angeschwollenen Bach und die Aussicht auf die kleine Bucht gezeigt hatte. Er war beeindruckt gewesen, nicht nur von der wilden Schönheit des Fleckens, sondern auch von seiner offensichtlichen Anfälligkeit.

»Ja, aber normalerweise ist es geschützt.« Fay versuchte Martin, aber auch sich selbst zu beruhigen. Widdershins war nicht mehr die idyllische Sommerfrische, an die sie sich erinnerte. »Die Penhailes' haben das Cottage lange vor dem Krieg für einen ihrer Knechte gebaut, und als Dad es kaufte, ließ er es reparieren.« Sie warf Hope einen raschen Blick von der Seite zu. »Jem Trewint hat das gemacht, nicht wahr, Mummy?«

Hope nickte kurz und verzichtete darauf, Fay zu erzählen, dass sie die Reparaturen mit ihren Näharbeiten bezahlt hatte. Sie empfand keine Erleichterung dadurch, dass sie Fay die Wahrheit gesagt hatte. In gewisser Hinsicht bedauerte sie es. Sie hätte es Jack überlassen sollen.

Als sie das Geschirr vom Abendessen weggeräumt hatten, schoben sie die Möbel beiseite und machten die Betten so gut sie konnten. Dann deckte Hope das Feuer mit feuchter Asche ab, und während der Regen unaufhörlich auf das Blechdach trommelte, rollten sie sich in die Federbetten und versuchten, zur Ruhe zu kommen. Sie hatte überlegt, ob sie ihnen das Schlafzimmer anbieten sollte, das jetzt wasserdicht war, aber sie hatte ihnen die Entscheidung überlassen und sie hatten angenommen, dass sie unten schlafen würden. Sie bezweifelte, dass einer von ihnen überhaupt würde schlafen können, doch binnen einer Stunde verriet ihr ruhiger Atem, dass sie trotz aller Sorgen durch die anstrengende Fahrt erschöpft waren und schliefen. Sie lächelte in sich hinein. Sie und Fay waren sich sehr ähnlich. Sie verdrängten unerfreuliche Dinge, ignorierten sie und suchten etwas anderes, mit dem sie sich beschäftigen konnten. War das nicht der Grund, warum sie nach Widdershins gekommen war, wo die tägliche Mühe ums bloße Überleben ihr ganzes Denken in Anspruch nahm?

Trotz des Lärmes schliefen die beiden jungen Leute bis in die Morgendämmerung. Fay lag so, wie sie immer gelegen hatte, die Arme ausgestreckt, den Kopf leicht zur Seite gedreht, das Haar über dem Gesicht. Martin hatte sich wie eine Katze zusammengerollt, doch im schwachen Schimmer des Herdfeuers sah Hope irgendwann im Laufe der Nacht, dass sein Arm unter dem Federbett hervorgekommen war und beschützend über Fay lag.

Sie begleitete sie zum Auto und winkte ihnen mit gemischten Gefühlen nach. Sie wusste, dass Fay noch immer völlig durcheinander und zerrissen war. Fay sorgte sich um ihre Mutter, brannte aber darauf, von dem ganzen Problem wegzukommen. »Nein, kein Frühstück, Mummy. Wir werden irgendwo halten. Nur eine Tasse Tee – ehrlich!« Und doch hasste sie es zugleich, ihre Mutter verlassen zu müssen. »Bitte, komm mit uns. Wir helfen dir, klarzukommen. Du könntest in Sheffield wohnen – einen Job bekommen ...«

Hope hatte gelacht. »Ich *habe* einen Job! Ich habe noch nie in meinem Leben so viel zu tun gehabt!«

Und dann waren sie fort und sie spielte ihr übliches Spiel, indem sie ihnen in Gedanken folgte über den Weg vom Hof und weiter zu dem Weg, der schließlich nach Buryan und in die Zivilisation führte. Sie überlegte, ob sie wohl über sie sprechen würden und ob Martin so etwas sagen würde wie, aber wir haben nicht die Meinung deines Vaters dazu gehört ... es gibt immer zwei Seiten ... Aber Fay kannte Mandy. Sicher würde Fay begreifen, dass Mandy für das verantwortlich war, was geschehen war.

Hope ging ins Cottage zurück, stand einen Augenblick da und starrte auf die Kanne mit dem kalten Tee und die drei Becher. Es war das erste Mal, dass sie nicht Jack die ganze Schuld gegeben hatte. Für einen Sekundenbruchteil war die Erinnerung an Jack und Mandy da, und dieses Mal hörte sie auf, Jack anzusehen, sondern sah Mandy ... sah dieses triumphierende Lächeln auf ihrem Gesicht, die greifenden Hände ... Hope lief schnell in den Thronsaal und hockte sich wie ein Tier hin.

Und dann stand sie auf und holte tief Luft und plante ihren Tag.

☆

Mitte Februar schien es, als ob der Frühling gekommen sei. Am Valentinstag – in diesem Jahr war dies ein Sonntag – spazierte Hope den Klippenpfad hinunter zur Bucht. Es war Ebbe und die alte *Mirabelle* lag wie ein erschöpfter Wal auf der Seite. Die See glitzerte wie verrückt und kleine Wellen füllten die Lachen und spülten schmeichelnd um die Felsen. Hope zog ihre Schuhe und Socken aus und rollte die Jeans hoch, um zu planschen. Es war kalt, aber absolut köstlich, und sie lachte laut, als ihre Zehen im Sand versanken. Einem plötzlichen Impuls folgend, rannte sie am Strand entlang und streifte ihre Oberkleidung ab und rannte – lächerlich sittsam mit BH und Slip bekleidet – ins Meer hinein, ohne weiter darüber nachzudenken. Sie fiel ins Wasser, als es knietief war und paddelte ins tiefere Wasser hinaus und schrie von gottloser Freude erfüllt. Es war allenfalls ein zehnminütiges Eintauchen. Aber dann wusste sie, dass sie gefährlich abkühlte, und sie wankte zum Strand zurück und zog Jeans und Pullover über ihren nassen Leib, nahm ihre anderen Dinge auf und rannte den Pfad hinauf, so weit sie konnte, bevor sie sich an einen Felsen klammerte und nach Atem rang. Aber ihr war warm. Der langsame, keuchende Aufstieg zurück nach oben, das warme Abwaschen in der Spülküche, die saubere Kleidung, das Frühstück, bestehend aus Tee und Toast, waren Belohnungen, und sie genoss diese mehr als sonst. Mit einem ungeheuren Gefühl von Wohlbefinden hängte sie Wäsche auf und machte sich dann an ihre neueste Arbeit: das Säubern ihres Gemüsebeetes.

Die Böschung zwischen dem Cottage und dem Heideland war bereits voller Schneeglöckchen. Sie hob sie vorsichtig heraus, um sie umzusetzen, und grub dann den federnden Boden um und begann mit der langwierigen Arbeit, Steine zu entfernen. Wegen der Bepflanzung hatte sie sich bei Peter Rat geholt. Viele Bauern hier pflanzten Früh- und Blumenkohl, und Hope wollte nach Buryan gehen und dann einen Bus nach Penzance nehmen, um dort ebenso Pflanzen wie Karotten- und Pastinakensamen zu kaufen. Peter hatte ihr etwas Salatsamen überlassen, die sie im Wohnzimmer anzog, und sie hatte Schalen mit Kresse, mit denen sie regelmäßig Sandwiches belegte. Sie nahm sich vor, die Nähmaschine in die Küche zu stellen und anzufangen, etwas zu nähen, was sie verkaufen könnte, sobald sie sich dazu im Stande fühlte, wieder oben zu schlafen. Doch der Reiz, aus Widdershins ein Zuhause zu machen, nahm sie ganz in Anspruch. Es wäre wohl anders gewesen, wären ihr Seife oder Konserven ausgegangen.

Sie arbeitete, bis sie wieder hungrig war. Es war zwei Uhr und die Sonne war noch immer kräftig, doch bevor sie ihren üblichen Lunch, bestehend aus Tee und Sandwiches, zubereiten konnte, übertönte das Geräusch eines Traktors alles. Mr.

Perkins hatte gesagt, dass er vielleicht einen Wagen Kohle beschaffen könne, was etwa sechs Zentnern entspräche. Sie rannte zu dem schmalen Raum zwischen Klippe und Haus. Sie hatte hier Holzklötze hineingezwängt, um eine Art Bunker zu bauen, und darüber Plastikfolie gedeckt. Es war tatsächlich Mr. Perkins, aber hinter dem Traktor war kein Anhänger.

»Bin gekommen, um dich zum Haus zu holen!«, rief er. »Peter geht's nicht allzu gut. Hat nach dir gefragt.«

Sie vergeudete keine Zeit mit Fragen, sondern schloss und verschloss die Tür und stieg hinten auf den Traktor. Sie hielt sich an Mr. Perkins' Metallsitz fest und wurde bei jedem Maulwurfshügel und Kaninchenloch durchgeschüttelt. Er hatte das Tor zum Hof offen gelassen und fuhr direkt zur Rückseite des Bauernhauses.

»Er liegt im Bett. Geh hoch, mein Mädchen. Ich warte hier auf den Krankenwagen.«

Sie lief durch die Küche und die Hintertreppe hoch. Peter lag in dem großen Schlafzimmer im vorderen Teil des Hauses, von Kissen gestützt, und hatte einen alten Pullover um die Schultern gelegt. Bella hielt ihn, während er hilflos über einer Schüssel hustete.

»Hat Blut gespuckt«, sagte sie kurz. »Zumindest weiß er jetzt, dass er reingehen muss, ob er nun will oder nicht.«

Hope stand hilflos daneben, wollte, dass er zwischen jedem Hustenanfall wieder atmete. Als er schließlich den Kopf hob, seine Augen vor Erschöpfung geschlossen, konnte sie Schweißperlen auf seiner Stirn sehen.

Bella sagte: »Er wollte dich sehen. Wo du jetzt hier bist, halte doch kurz seine Schultern, während ich ein paar Sachen zusammenpacke.« Sie war vor Angst kurz angebunden. Sie rückte beiseite, um Platz für Hope zu machen, nahm ihren Arm aber erst weg, als Hope da war. Hopes einziger körperlicher Kontakt mit den Penhailes' war ein kurzes Händeschütteln gewesen, und für einen Augenblick fühlte sie sich verlegen, aber mehr für Peter als für sich. Aber dann, als sie bemerkte, wie schmal seine Schultern waren und wie schwer sein Kopf, der gegen ihren Hals sank, erfüllte sie eine Welle von Zärtlichkeit und sie hielt ihn beschützend, drückte mit ihrem Ellenbogen die Kissen in seinen Rücken und gab leise murmelnde, beruhigende Geräusche von sich.

Er blieb in ihrem Arm sehr still, während Bella im Schlafzimmer umhereilte, Schubladen aufzog und zuschob und vor sich hin murmelte. Und dann, als von draußen das Geräusch des ankommenden Krankenwagens hereindrang und sie nach unten ging, um den Sanitätern zu öffnen, versteifte er sich ein wenig.

»Es ist gut, Peter«, sagte Hope beruhigend. »Kein Grund, sich Sorgen zu machen. Bella wird dich begleiten. Sie werden dir Sauerstoff geben und dann wirst du dich gleich besser fühlen.«

Er flüsterte etwas, und sie neigte ihren Kopf, um verstehen zu können.

»Wollte dich sehen, Mädchen. Kümmere dich um Bella. Machst du das?«

Unter anderen Umständen wäre der Gedanke, dass jemand sich um Bella kümmern sollte, komisch gewesen. Hope schluckte. »Ich ... ich werde mein Bestes tun.«

Er machte drei flache Atemzüge und flüsterte dann: »Danke, Hope. Du bist stark. Und sie braucht jemand, an den sie sich anlehnen kann.«

Die Sanitäter mit ihren orangefarbenen Jacken kamen schnell in das Zimmer. Hope wurde freundlich, aber entschieden beiseite geschoben, und Peter bekam eine Maske aufs Gesicht gesetzt. Er schloss seine Augen wieder, diesmal vor Erleichterung. Hope glaubte, dass er hinter der Maske lächelte. Sie hüllten ihn in eine Decke und schnallten ihn auf einen

Stuhl. Von irgendwo tauchte ein Tropf auf. Hope folgte der Entourage nach unten und wartete an der Hintertür.

Bella hatte ihren Mantel an. Ihr Haar war zerzaust. Sie griff in eine Tasche und setzte eine Strickmütze auf. »Lass dir von Perkins die Schlüssel geben, ja? Schließ du für mich ab. Weiß nicht, wann ich zurück sein werde.«

»Hör zu. Soll ich dir hinterher fahren? Ich kann dich später nach Hause bringen, wenn du Peter untergebracht hast.«

Daraufhin zerfiel Bellas Gesicht fast. Sie sagte: »Es wäre sehr schön, dich zu sehen. Truro. Weißt du, wie man dorthin kommt?«

»Ja.« Hope war nie in Truro gewesen, hatte Peters alten Wolseley nie gefahren.

Während der Krankenwagen wegfuhr, über die Furchen des Weges holperte wie die *Mirabelle* die Wellen unter ihrem Bug nahm, kehrte sie in die Scheune zurück, wo Mr. Perkins Bellas Overall angezogen hatte und bereits die vier Kühe molk. Sie warf einen Blick auf ihre Armbanduhr. Es war bereits nach vier. Sie überlegte, wie lange er bleiben mochte, aber er hatte Fragen erwartet.

»Ich werde hierbleiben, bis du zurückkommst«, erklärte er. »Du brauchst nicht abzuschließen. Die Schlüssel hängen hinter der Küchentür an einem Haken – da sind auch die Autoschlüssel. Bella fährt nicht, der Wagen hat deshalb gestanden, seit Peter krank wurde.«

Sie brauchte lange, um den Wagen zu starten. Die Benzinuhr zeigte, dass der Tank voll war, weshalb sie den Choke zog und der Motor absoff, und dann fummelte sie ungeduldig annähernd fünf Minuten herum, bis sie es schließlich wieder versuchte. Dieses Mal sprang der Motor an, ging aber wieder aus. Sie fand heraus, wie sie die Motorhaube öffnen konnte. Sie prüfte den Ölstand, versuchte wieder, den Wagen zu starten, und der Motor sprang wieder an, als ob er dankbar für so viel Aufmerksamkeit sei, und lief endlich gleichmäßig tuckernd. Laut sagte sie, »Peter würde stolz auf dich sein. Jetzt liegt's an mir, denke ich.« Aber es war überraschend leicht, den großen alten Wagen rückwärts in den Hof zu setzen und dann hinaus auf den Weg. Der Motor tuckerte freundlich weiter, während sie zurückging und das Tor schloss, dann wurde sein Ton höher, und der Wagen schaukelte gutmütig hin und her, während er den Weg hinunterrollte. Er war solche Bedingungen gewöhnt. Erst als sie durch Buryan fuhr, schenkte sie ihren Händen, die das Steuer führten, Beachtung. Sie waren mit Lehm verschmiert, und unter ihren Nägeln war Schmutz. Und Peter hatte ihr Bella anvertraut!

Sie fuhr vorsichtig an den Bassins vorbei und durch Penzance, und dann war sie auf der A 30 und folgte der Beschilderung nach Truro und weiter zu dem neuen großen Krankenhaus in Treslike. Sie fuhr auf den größten freien Parkplatz, den sie finden konnte, und verbrachte kostbare Zeit damit, herauszufinden, wo die Schalter für die Scheinwerfer und den Scheibenwischer waren, damit sie die ohne Mühe auf der Rückfahrt fand. Dann schloss sie Peters kostbares Auto ab, bevor sie sich auf den Weg zum Empfang machte.

Es war ein schreckliches Gefühl von déjà-vu, während sie darauf wartete, dass das Mädchen am Empfang herauszufinden versuchte, was mit Peter geschah. Dies alles war schon einmal passiert, im vergangenen November. Und plötzlich wurde Hope bewusst, dass seit dem Tod ihrer Mutter genau zwei Monate vergangen waren und dass in diesen zwei Monaten so viel geschehen war – und noch geschah. Sie erschauerte und wünschte sich, in Widdershins zu sein. Seit dem Toast nach dem Schwimmen hatte sie nichts gegessen, und vermutlich würde sie nicht in der Lage sein, sich um irgendetwas oder irgendwen zu kümmern ... Nur dass sie Peter versprochen hatte, sich um Bella zu kümmern. Dann wandte sich das

Mädchen ihr wieder zu, lächelte und sagte: »Er ist jetzt auf der Intensivstation, aber Mrs. Penhailes ist auf dem Weg hinunter zum Wartezimmer.« Sie wies Hope den Weg. »Natürlich wird sie vielleicht nicht sofort nach Hause fahren wollen. Man hat sie vermutlich gebeten, so lange hinauszugehen, während man ihn versorgt.«

Hope nickte. Es war tröstlich zu wissen, dass Peter versorgt wurde.

Bella fand das überhaupt nicht tröstlich. »Ich hoffe nur, dass sie wissen, was sie tun«, sagte sie, als sie sich fünf Minuten später zu Hope gesellte. »All diese Röhren und Schläuche. Und er liegt eigentlich gar nicht richtig! Sie haben ihn auf ein Bügelbrett oder einen ähnlich komischen Apparat gesetzt! Bequem ist das wirklich nicht!«

Hope wagte es, ihre Hand zu ergreifen. Es sagte eine Menge über Bellas Besorgnis aus, dass sie sie nicht abwies. Und so warteten sie, während die Mediziner ihr Bestes taten, und dann ging Bella zurück und sah, dass es Peter tatsächlich erheblich besser ging, als es ihm seit langer Zeit gegangen war, und dass er schläfrig wurde.

»Er hat seine eigene Krankenschwester. Hat sich mir vorgestellt. ›Ich werde mich die ganze Nacht um Ihren Mann kümmern‹, sagt sie. Nettes Lächeln. Sie heißt Angela. Sie kommt aus Malpas.« Bella gab ein grunzendes Geräusch von sich, das Hope als Billigung auffasste. »Peter hat eine Tante, die in der Gegend wohnt. Vielleicht haben sie ein paar gemeinsame Bekannte. Falls er was zum Reden braucht.«

Hope drückte die fügsame Hand und fragte, was als nächstes geschähe.

»Tja, er ist für die Nacht fertig gemacht. Und der Doktor hat nach ihm geschaut. Und er will gleich kommen und mit mir ein Wort reden.« Sie klang plötzlich furchtsam. »Du wirst doch bei mir bleiben, Mädchen, oder?«

»Das werde ich wirklich, Bella. Und dann fahren wir zurück und werden etwas essen, und morgen kann ich dich wieder herbringen, damit du ihn besuchen kannst.«

»Was wird mit dem Melken? Perkins hat die Scheune repariert. Ob er das macht?«

»Er hatte angefangen, bevor ich losfuhr.«

»Diese Schwester von ihm, Fennie. Perkins und seine Frau kümmern sich um sie, weil ihr Mann sie rausgeworfen hat. Das Baby *wurde* in diesem indischen Restaurant gezeugt. Das ist später rausgekommen. Perkins will sicher zurück nach Hause ...«

»Er sagte, er würde warten, bis wir zurück sind. Versuch mal, dir keine Sorgen zu machen.«

»Ich weiß nicht, was ich ohne dich tun würde ...«

Glücklicherweise kam gerade in diesem Moment der Arzt und ersparte Hope die schwierige Aufgabe, die Ruhe zu vermitteln, die sie selbst so nötig brauchte. Doch während er von Untersuchungen und Röntgen sprach, wusste Hope genau, wie Bella sich fühlte. Vor drei kurzen Monaten hatte sie ähnlichen Worten des Facharztes gelauscht, der ihre Mutter im Gloucester Royal Krankenhaus untersucht hatte. Mit sinkendem Mut erkannte sie die Sätze wieder. Peter war jünger als Milly gewesen war, viel jünger. Er hatte eine Chance. Sie konnten operieren. Doch bevor die Untersuchungen überhaupt gemacht worden waren, wussten die drei, dass er Krebs hatte.

Hope verbrachte diese Nacht auf dem Hof, und am nächsten Morgen ging sie, bevor es hell war, mit Bella in den Stall und bekam ihre erste Lektion im Melken von Kühen. Sie hatte kaum auf der klumpigen Rosshaarmatratze in dem Schlafzimmer geschlafen, das Bellas Mutter früher benutzt hatte. Nach der Behaglichkeit ihres Nestes aus Federbetten auf dem Boden in der Küche, war es in dem eisernen Bettgestell kalt und ungemütlich. Sie schaute verschlafen zu, wie Bella die Stirn an Buttercups Flanke lehnte, vorsichtig das Euter wusch und dann rhythmisch zu melken begann.

»Jetzt hat sie sich an mich gewöhnt. Als ich von dem Alten übernahm, das war noch vor Weihnachten, hat sie regelmäßig den Eimer umgetreten. Ich hab' ihr erzählt, was war. Der Alte hätte die Grippe und wenn sie wollte, dass er's wieder macht, dann müsste sie eine Weile mit mir vorlieb nehmen.«

Hope lauschte Bellas monotoner Stimme und hätte sich an die andere Flanke lehnen und eindösen können. Sie sehnte sich nach Widdershins und ihrem Leben in Einsamkeit. Es schien jedoch wenig Aussicht zu bestehen, es wieder aufzunehmen.

An diesem Morgen kam der Arzt wieder zu ihnen und sagte, dass er zu einer Operation raten würde, sobald Peter kräftig genug sei. Das Röntgen hatte eine Wucherung im linken Lungenflügel gezeigt. Es war vielleicht möglich, diesen Flügel komplett zu entfernen, um zu verhindern, dass die Krebszellen auf die rechte Seite übergriffen.

Bella brach nicht zusammen. Sie ging mit einem Lächeln auf dem Gesicht zu Peter hinein, und erst als sie nach Hause fuhren, sagte sie grimmig: »Ein Bauernhof ist kein Platz für einen Mann mit einem Lungenflügel. Aber wir werden nirgendwo anders hingehen.«

Hope schluckte. »Könnt ihr nicht jemand holen, Bella? Vielleicht einen Verwalter?«

»Wir haben ein paar Kühe und ein paar Schafe ... Frühkartoffeln, Grünkohl ... wir brauchen keinen Verwalter, Mädchen. Wir brauchen einen Arbeiter.«

»Es gibt doch Vermittlungen, oder? Für Saisonarbeiter?«

»Ja.« Bella schwieg lange. Dann sagte sie schwer: »Nützt aber nichts. Ich muss rumtelefonieren. Der Sturm hat nicht den ganzen Kohl vernichtet. Zunächst mal brauchen wir Kohlschneider.«

Aber Bella war zu spät dran. So nahmen die beiden am nächsten Tag, bevor sie nach Treslike fuhren, die scharfen geschwungenen Messer, zogen Handschuhe an und gingen in das Feld, das teilweise von den kornischen Steinwällen geschützt war. Gemeinsam füllten sie bis Mittag sechs Kisten und stellten sie in den Kofferraum und auf den Rücksitz des Wolseley.

»Die Großhändler sind unten am Hafen«, erzählte Bella Hope. »Aber normalerweise können wir ihnen ganze Wagenladungen anbieten. Ich weiß nicht, was ich dir raten soll, Mädchen. Könnte sein, dass du sie überhaupt nicht los wirst.«

Hope sagte: »Schön, aber wir haben's versucht, Bella. Mehr können wir nicht tun. Grüße Peter von mir und sag ihm, dass alles in Ordnung ist. Das wird ihm mehr helfen als alles, was die Ärzte ihm geben!«

Bella lächelte ihr grimmiges Lächeln und ging langsam, mit gebeugtem Rücken, zum Haupteingang. Hope schaute ihr nach und fuhr wieder weg. Ihr eigener Rücken schmerzte enorm. Sie hatte bereits beschlossen, nicht nach Penzance zu fahren. Schließlich gab es in Truro auch Geschäfte. Sie hatte keine Ahnung, wie man frische Landerzeugnisse verkaufte. Deshalb parkte sie den Wagen so nahe bei den Geschäften wie möglich und ging in den größten Supermarkt, den sie sah. Sie hatte gehört, dass das Personal in solchen Geschäften eine besondere Ausbildung hatte und hoffte, dass die Leute nicht so abweisend sein würden, wie sie es von kornischen Ladenbesitzern erwartete. Unmittelbar hinter der automatischen Eingangstür war eine große Gemüseabteilung, und sie ging zu dem ersten Verkäufer, den sie dort sah, und fragte, wer für den Gemüseeinkauf zuständig sei. Der junge Mann glaubte offensichtlich, sie habe eine Beschwerde. »Ich bin der Geschäftsleiter«, sagte er. »Wie kann ich Ihnen helfen?«

Sie sagte: »Ich habe meinen Wagen etwa fünf Minuten von hier entfernt geparkt. Da drin sind sechs Kisten mit Kohlköpfen, die den Sturm des letzten Monats überstanden haben. Möchten Sie die kaufen?«

Er schaute verdutzt drein. »Wir haben Großhändler, Madam. Ich glaube nicht, dass die Firma es gutheißen würde, wenn ich die üblichen Kanäle umginge.«

»Sie sind erst heute Morgen geerntet worden. Und wenn Schulschluss ist und die nächsten Kunden hereinkommen, wäre frischer Kohl doch sicher interessant, oder?« Sie fragte sich, was sie da eigentlich erzählte. Aber er nickte.

»Da bin ich ganz sicher. Und ich bin auch sicher, dass er sich verkaufen ließe. Aber Sie müssen verstehen, dass unsere Großhändler ziemlich verärgert wären – gelinde ausgedrückt –, wenn wir unsere Ware woanders kauften.«

»Wären Ihre Großhändler denn vielleicht interessiert?«, fragte sie und hörte voller Erstaunen ihre eigene Stimme. Sie konnten dies nur für Bella und Peter tun.

»Möglicherweise. Aber die sitzen in London. Das Gemüse wird jeden Morgen hierher gebracht.«

»So eine Zeitvergeudung, wo es doch vor der eigenen Haustür wächst!«

»Tut mir Leid. Aber so ist es.« Er schaute echt bedauernd drein.

Sie versuchte es nochmals. »Wissen Sie vielleicht, ob es hier ein Geschäft gibt, das unser Gemüse nehmen würde?« Sie biss sich auf die Lippe. »Ich bin noch nie zuvor in Truro gewesen.«

Er war wieder überrascht, und dann merkte sie, dass sie erklärte, was mit Peter passiert war. »Ich wohne in der Nähe, wir haben den Kohl geschnitten und ich dachte, ich könnte ihn verkaufen, während seine Frau ihn besucht, aber ich kann wirklich nicht den ganzen Weg bis nach Penzance fahren ...«

Sie stockte und lächelte entschuldigend. »Entschuldigen Sie. Sie merken, dass dies alles neu für mich ist.«

Er sagte: »Mein Onkel hat unten am Fluss ein Lebensmittelgeschäft. Hinter der Kathedrale. Er würde vielleicht zwei Kisten nehmen. Aber nicht mehr.«

Sie war erfreut. »Das wäre wundervoll. Sagen Sie mir seinen Namen und wohin ich ...«

»Warten Sie, ich rufe ihn an. Er glaubt, Firmen wie diese hier würden ihn aus dem Geschäft drängen. Dies könnte eine Geste von Versöhnung sein!« Er grinste, froh darüber, helfen zu können. Sie ging mit ihm zu einem Büro neben den Kassen und tat so, als höre sie nicht zu, während der junge Geschäftsleiter versuchte, seinen Onkel zu überzeugen, dass dies das Richtige sei.

»Aber versteh doch, Matthew! Das ist etwas, was du tun kannst, wir aber nicht können! Stell ein paar Kisten vor den Laden – die Leute werden kaufen, weil frisches Gemüse im Augenblick so knapp ist –, und dann kommen sie rein und kaufen noch was anderes ... Ja, mir scheint, dass man heutzutage nach Marktlücken schauen muss ... Ja, Tatsache ist, dass man uns genau *das* auf dem Lehrgang beigebracht hat. Ich finde das einleuchtend. Und wenn du nicht ein so sturer, alter ...« Du willst? Soll sie zu dir runter fahren? Ja ... eine Dame. Hmm ... ziemlich jung!« Er wandte seinen Kopf ab. »Ich denke, das könnte man sagen. Ein bisschen wie Elizabeth Taylor.« Darauf folgten noch ein paar Wortwechsel. Dann legte er den Hörer auf. »Geradeaus die Lemon Street runter, Mrs. ...?«

»Langley«, ergänzte Hope. »Hope Langley.«

»Folgen Sie dem Fluss und dann sehen Sie das Geschäft an einer Ecke. Matthew Hampton ist sein Name ... das steht über dem Laden. Er nennt ihn Hampton Court. Macht gerne Witze. Ich bin John Hampton.«

Hope lächelte. »Ich weiß gar nicht, wie ich Ihnen danken soll, Mr. Hampton ...«

»Er kann nur zwei Kisten nehmen.«

»Ich weiß, aber es ist ein so guter Anfang. Ich hatte schon befürchtet, ich müsste sie zurück zum Hof nehmen.«

Sie trennten sich fast wie alte Freunde, und Hope fand, dass Truro ihr gefiel. Sie fuhr sofort zum Hampton Court und wurde von einem riesigen, jovialen Typ gegrüßt, der einen Fischerkittel trug und sie wohlwollend angrinste, die Kohlköpfe stapelte, ihr einen Fünfer für jede Kiste gab und ihr den Weg zu einem anderen Geschäft unmittelbar außerhalb der kleinen Stadt wies. Dort kaufte man ihr eine Kiste ab, konnte ihr aber keine weiteren Geschäfte nennen. Sie fuhr in die Stadtmitte zurück in der Absicht, eine Tasse Tee zu trinken, bevor sie zu Bella zurückkehrte. Und dort war Jem Trewint, der aus einem verbeulten Lastwagen ausstieg.

Sie blieb stehen, war schrecklich versucht, so zu tun, als habe sie ihn nicht bemerkt. Sie hatte ihn zuletzt gesehen, als er mit Mandy zusammen gewesen war, und irgendwie brachte er das Wesentliche von Mandy mit sich. Aber es war zu spät. Sein Gesicht erhellte sich vor Freude, und er kam mit ausgestreckter Hand zu ihr, schüttelte ihre heftig und fragte – natürlich – nach ihrer Mutter und den Mädchen.

Sie erzählte ihm kurz von Milly. »Ja. Es war schrecklich. Aber natürlich war sie über achtzig und es ging ihr so gut bis ... nun ja, die beiden Mädchen sind fort. Fay ist auf der Universität und studiert Englisch, und Charity ist in Paris und hofft, Modedesignerin zu werden.« Er wartete und nach einer langen Pause sagte sie: »Unsere Freunde, die Petersens ... Mandy war ja letzten Sommer mit uns hier ... haben uns auch verlassen. Ein Job in Südafrika, glaube ich.«

»Glaubst du? Habt ihr keine Verbindung?«

»Nein.«

»Ich verstehe. Entschuldige. Ich dachte, ihr stündet euch ... nun ja, nahe.« Er machte eine Handbewegung, wobei er sich halb zur Seite drehte. »Sollen wir irgendwo einen Tee trinken? Aber natürlich nur, wenn du's nicht eilig hast.«

»Ich muss vor Einbruch der Dunkelheit Bella im Krankenhaus in Treslike abholen. Ich wollte sowieso eine Tasse Tee trinken.« Sie begannen wie selbstverständlich zu laufen. »Ich war noch nie zuvor in Truro. Es gefällt mir sehr.«

»Aber was fehlt Bella denn?«

Sie erzählte ihm von Peter. Was bedeutete, zu erklären, dass sie in Widdershins lebte. Er stellte keine Fragen danach, aber als sie an einem Plastiktisch Platz genommen hatten, sagte er abrupt: »Weißt du, dass ich mich mit deiner Freundin zum Narren gemacht habe? Ich glaube, Chatty hat uns gesehen. Deswegen habe ich mich nicht mehr sehen lassen. Entschuldige.«

Ihre Augen wurden groß und sie blickte auf den Tisch. »Das ist schon in Ordnung. Das hättest du mir nicht erzählen müssen.«

»Ich habe mich bei den Penhailes' auch nicht mehr blicken lassen. Darum wusste ich nichts von Peter.«

»Ich verstehe. Daran hatte ich nicht gedacht.«

»Sie sind gut zu mir gewesen. Beide. Ich hatte keine Gelegenheit, das wieder gutzumachen.«

Sie blickte auf. Seine schwarzen Augen schauten traurig. Sie sagte, »Ich hatte vergessen, wie direkt du bist.«

»Hat doch keinen Sinn, etwas anderes zu sein, oder? Ich bin ein einfacher Mensch. Ich will der Erde nahe sein und der See und dem Himmel, und wenn ich Zeit habe, versuche ich, Dinge in Bilder zu bringen. Als ich dich und Jack neunzehnhundertsiebenundsechzig sah, war das wundervoll. Für mich wart ihr zwei Adam und Eva. Ich hab's genossen, das Cottage zu reparieren. Hatte das Gefühl, euch beiden zu helfen, eine Idylle zu leben. Dann pfuschte Mandy Petersen in alles rein. Ich wusste, dass es ... falsch war. Dumm. Hat's mir verdorben. Ich dachte, das würde es euch verderben.« Er schüttelte seinen Kopf und sein langes Haar verfing sich am Kragen seines Arbeitsanzuges. »Also hielt ich mich der Landzunge fern. Ich hätte das nicht tun sollen.«

Hope spürte, dass ihr Gesicht sich rötete. Nicht nur vor Verlegenheit, sondern aus purem Abscheu.

Mit erstickter Stimme sagte sie: »Ich würde lieber nicht darüber reden.«

»In Ordnung. Entschuldige. Ich mache mich besser auf den Weg. Freitags ist hier Markt. Ich helfe da aus und manchmal verkaufe ich ein Bild.« Er trank seinen Tee aus. »Grüß Bella herzlich von mir. Vielleicht schaue ich mal vorbei und besuche Peter.«

Sie holte tief Luft. »Eigentlich könntest du ihm jetzt helfen. Auf dem Hof. Ihm steht eine Operation bevor, bei der ihm ein Lungenflügel entfernt wird. Wenn du Zeit hättest ...«

Er war im Begriff, aufzustehen, ließ sich dann aber wieder auf den Stuhl fallen. »Aber Jack ... du hast doch sicher Jack auf dem Hof zurückgelassen?«

Sie starrte auf den Gewürzständer. »Jack ist nicht mitgekommen. Arbeit ... Und so weiter. Bella und ich sind ziemlich beschäftigt gewesen. Wir haben heute Morgen Kohl geschnitten – ich habe drei Kisten verkauft, aber hinten im Wagen ist noch mehr. Es gibt schrecklich viel zu tun, und ich war seit Sonntag nicht mehr in Widdershins. Die Milch wird sauer sein ... Ich hatte nur überlegt, ob du jetzt mit uns kommen könntest. Vielleicht.« Sie schüttelte den Kopf und zwang sich zu einem Lächeln, als sie aufblickte. »Es ist sehr viel verlangt – das weiß ich. Sagtest du nicht, dass du hier in Penzance ein Zimmer hast? Ein Studio? Und du kommst her und verkaufst Bilder ...?«

Er sagte: »Ich werde den Burschen aufsuchen. Wegen dem Marktstand. Und wir treffen uns dann auf dem Parkplatz.«

Er wartete keine Antwort ab, und sie schaute zu, wie er um die kleinen Tische herumging und die Straße hinunterlief und fragte sich, ob dies wirklich ein Geschenk von oben war oder ob es zusätzliche Komplikationen bedeutete. Liebte er Mandy noch immer? War dies eine Verbindung, die sie einfach nicht wollte? Sie dachte sehnsüchtig an ihr abgeschiedenes Leben in Widdershins. Obwohl sie ihre Welt verlassen hatte, schien irgendwie eine andere Welt zu ihr zu kommen.

Sie verließ das kleine Café und überquerte den Platz, der zur Kathedrale führte, und ging hinein. Das lange Mittelschiff streckte sich vor ihr und die plötzliche Ruhe nach dem Lärm der kleinen Stadt war seltsam anrührend. Sie saß eine Weile in einer Bank ganz hinten und starrte auf die Treppe, die zur Kanzel führte, und auf den dahinter liegenden Altar. Gab es hier für sie eine Botschaft? War es das, was sie zu tun versuchte – eine Zone der Ruhe in der Mitte des Lebens zu schaffen? Wäre es nicht wundervoll – und leicht –, wenn ihre Mutter plötzlich auftauchte und sich neben sie setzte und ihr sagte, was zu tun sei ... und ihr Vater auf der anderen Seite säße? Sie wartete und hielt fast den Atem an. Dann kam ein älteres Paar den Gang herunter, und er ließ seinen Gehstock fallen und konnte sich nicht bücken, um ihn aufzuheben. Hope beugte sich und hob ihn für ihn auf und der Augenblick war vorbei. Sie stand auf und ging langsam in den wundervollen Februar-Sonnenschein hinaus, und das Erste, was sie draußen sah, war das Plakat bei dem Zeitschriftenhändler auf der anderen Straßenseite. Da stand: »Amerikaner im Libanon entführt.«

Sie machte kehrt und ging zum Parkplatz. Sie überlegte, ob sie heute Abend wohl heim ins Cottage gehen und sich in ihrem Transistorradio die Nachrichten anhören und in ihrem kleinen Nest vor dem Feuer schlafen könnte. Und dann hatte sie Schuldgefühle. »Schon allein wegen Peter, Hope Langley!«, flüsterte sie wütend, während sie in den Wolseley einstieg. »Kannst du nicht einmal zehn Minuten lang aufhören, an dich zu denken?«

Sie zwang sich dazu, an Bella und an Peter zu denken, und als Jem Trewint auftauchte, schnäuzte sie sich und trocknete ihre Augen und war noch wütender auf sich.

11

Das gute Wetter blieb für den Rest des Februars. Zu dritt ernteten sie, was an Gemüse geblieben war, und Jack stapelte den Kohl auf seinem Lastwagen und brachte ihn zum Markt. Das Geld war die Arbeit nicht wert, aber die psychologische Wirkung war lohnend. Vom Wind durchgepustet und erschöpft zählten sie das Geld auf dem Küchentisch und legten es dann in ein leeres Marmeladenglas auf dem Kaminsims, als ob es eine Trophäe sei.

»Wenn der Alte zurückkommt, werden wir ein Fest feiern«, versprach Bella.

»Wir könnten uns etwas Indisches holen – vielleicht bekommen wir Vorzugspreise.« Jem grinste. Er kannte die ganze Geschichte von Fennie Perkins.

Er zog in das Schlafzimmer mit der Rosshaarmatratze ein, und Hope konnte jeden Abend nach Widdershins zurückkehren. Sie brachte ihr Bettzeug nach oben und nahm sich vor, ihr einsames Leben fortzuführen, sobald Peter erst wieder zu Hause war. Im Augenblick fuhr sie Bella täglich nach Truro und zurück und half abends beim Melken, aber da Jem nun im Haus war und nach Peters Rückkehr wäre da kaum etwas, wobei sie helfen könnte.

Peter sah dafür, dass er erst vor wenigen Tagen operiert worden war, wundervoll aus. Er hing an einem Epiduraltropf und wurde zwei Tage später auf die normale Station verlegt. Obwohl sein Zustand sich etwas verschlechterte, als der Tropf weggenommen wurde, sprach der Arzt am letzten Tag des Monats davon, ihn nach Hause zu schicken.

»Alles scheint an Sonntagen zu passieren«, sagte Hope, als sie an diesem Nachmittag zurückkamen. »Fay und Martin kamen an einem Sonntag, und Peter ist vor zwei Wochen ins Krankenhaus gebracht worden. Und jetzt sagen sie, er könne wieder nach Hause.« Sie grinste. »Fast hätte ich's vergessen: An diesem Morgen – vor zwei Wochen – bin ich schwimmen gegangen!«

Jem grinste zurück. »Das glaubst du wohl selbst nicht.«

Bella stellte die Teekanne auf den Tisch. »Verrückt genug ist sie.«

»Daran ist gar nichts verrückt. Seht euch doch nur die Sonne an!«

»Okay, dann lass uns das wieder tun.« Jem schenkte Tee ein und stand auf, um seinen zu trinken. »Sie hat Recht, Bella. Seit vierzehn Tagen ist es jetzt wie Frühling, aber das wird nicht so bleiben. Lasst uns gehen und schwimmen, bevor die Sonne untergeht.«

Bella lächelte grimmig und meinte, sie könne mit ihrer Zeit Besseres anfangen, aber als die beiden anderen sie mit auf die Landzunge schleppten und dann hinunter zur Bucht, war ihr einziger Protest, dass sie keine Handtücher mitgenommen hätten. Sie schaute zu, war zuerst bestürzt und kicherte dann, als sie voll bekleidet ins Meer rannten. Und dann, während sie herumplantschten und in die Wellen traten, sahen sie sie langsam in die Höhle gehen und schützend eine Hand auf eine Seite der *Mirabelle* legen.

Hope, die brusttief im Wasser stand, richtete sich auf. »Oh, Gott. Ich hatte für einen Augenblick alles vergessen. Lass uns heimgehen.«

»Er wird nicht sterben.« Jem wischte sich Wasser aus dem Gesicht und streifte sein langes, zotteliges Haar zurück. »Er wird *nicht* sterben! Er ist stark. Er wird das überleben.«

Sie wateten hinaus und kletterten triefend den Klippenpfad hoch. Bella folgte als Letzte und knurrte beruhigend. Und dann trennten sie sich. Hope folgte dem Bach hinauf zum Marble Arch und nach Widdershins, und Jem und Bella nahmen den Klippenpfad, der weiter zum Hof führte. »Zünde das Feuer an, sobald du im Haus bist«, erinnerte Bella sie. »Wenn wir den Rauch sehen, wissen wir, dass mit dir alles in Ordnung ist.«

Das tat Hope und erinnerte sich daran, dass Peter grauhaarig gewesen war, als sie ihn damals, 1967, kennen gelernt hatte. Obwohl er derselbe geblieben zu sein schien, musste er jetzt sicher über siebzig sein. Sie begann zu verstehen, was er meinte, als er sie gebeten hatte, sich um seine Frau zu kümmern. Die Art, wie Bella Peters altes Boot berührt hatte, hatte mehr als genug verraten. Hope erschauerte, während sie ihre nasse Kleidung auszog. Was würde Bella ohne ihren Alten machen?

Es war ein Schaltjahr, und so war es der neunundzwanzigste Februar, als Peter nach Hause kam. Jem und Hope hatten das wenig benutzte Wohnzimmer an der Vorderseite in ein Schlafzimmer verwandelt und das große Doppelbett nach unten geschleppt. Es sah einladend aus, da ein Feuer im Kamin brannte und die meisten Möbel in die Milchküche gestellt worden waren, und es bot einen Ausblick auf den Hof, sodass Peter seine geliebte Buttercup sehen konnte, wenn sie zum

Melken kam. Jem holte ihn ab, und Hope überließ sie bis zum Nachmittag sich selbst. An diesem Morgen hatte sie einen langen Brief von Chatty bekommen, und etwas darin hatte sie ermutigt, die Nähmaschine ihrer Mutter in die Küche zu ziehen und in einem der Säcke mit Stoff herumzuwühlen. Sie steppte die Vorhangreste zusammen und machte zwei Kissenbezüge. Und dann, in der Mitte des Nachmittags, lief sie über die Landzunge zum Hof, um zu sehen, wie es dort ging.

Obwohl Peter in den vergangenen drei Tagen sein Krankenhausbett verlassen und in einem Sessel gesessen hatte, bestand Bella darauf, dass er im Bett blieb. »Zumindest zwei bis drei Tage«, sagte sie, und ihre Stimme war dabei erst herrisch und dann bittend. »Wenn du erst einmal aus dem Bett bist, ist es unmöglich, ein Auge auf dem zu haben, was du tust!«

Peter lächelte und fügte sich ihr. »Dir zuliebe, Bella«, sagte er. »Wenn's nötig wäre, könnte ich mich jetzt auch um die Kühe kümmern.«

»Tja, das wird aber nicht nötig sein«, sagte sie und lächelte erleichtert. »Jem melkt morgens und das Mädchen und ich melken abwechselnd am Nachmittag. Sie macht das einfach wunderbar, dieses Mädchen. Weißt du, diese Buttercup hat kein einziges Mal den Eimer umgetreten, als sie anfing! Sie saß einfach nur eine Weile da, bis Buttercup sich zu ihr umdrehte, um zu sehen, was geschah, und dann sagte sie ganz ruhig: »Jetzt bin ich dran, meine Schöne, ich weiß, dass du dies verstehst.« Bella versuchte nicht zu lächeln, aber ihre Mundwinkel bewegten sich nach oben. »Und diese gesegnete Kuh verstand jedes Wort, das sie sagte. Überhaupt kein Problem!«

Peter nickte. »Sie ist ein gutes Mädchen«, pflichtete er bei. »Aber die Kuh ist auch nicht schlecht!«

Hope protestierte. »Ich habe nur das getan, was Bella mir gesagt hatte! Und es funktioniert nicht immer, weil ich noch immer kein anständiges Brot backen kann!«

Er lachte. Er sah so glücklich aus, weil er wieder daheim war, aber so zerbrechlich. Hope riskierte es, ihm einen schnellen Kuss auf den Kopf zu geben, bevor sie hinaus zum Stall ging.

Sie fühlte sich tatsächlich von den vier Kühen angezogen, und das Melken war etwas seltsam Friedliches. Nachdem sie die Euter gereinigt und die Tiere mit Heu versorgt hatte, trug sie die Milcheimer in die Milchküche, wo Bella die Milch weiter verarbeitete, zog ihren Overall aus und wusch sich mit einem Gefühl ungeheurer Befriedigung. Bella hatte Recht. Es war gut zu sehen, dass Peter im Warmen war und im Bett lag, so als ob sie ihn damit irgendwie in Sicherheit gebracht hätten.

Drei Tage später regnete es, zum ersten Mal seit über vierzehn Tagen. Jem fuhr den Traktor den schlüpfrigen Abhang zur Klippe oberhalb der Spülküche hinunter und lud eine Ladung Kohlen ab. Nach der ständigen Aufmerksamkeit, die notwendig war, um den Herd mit Holz nachzufüllen, war es ein Luxus, neben den glühenden Kohlen zu sitzen und zu schauen, wie der Regen an den Scheiben herunterlief. Jem sagte ihr, sie solle im Haus bleiben, bis der Regen sich gelegt habe. Auf den Feldern gab es nichts mehr zu tun, und er und Bella konnten das Melken alleine bewerkstelligen. Mr. Perkins war gekommen, um Peter zu besuchen, und hatte Fennie und das kleine Baby mitgebracht. Peter versuchte, Bella dazu zu bewegen, Fennie für eine Arbeit einzuspannen.

Jem sagte: »Offensichtlich ist sie in der Milchküche sehr geschickt. Tatsächlich kann sie alles machen.« Er grinste. »Sie sieht aus wie eine Indianerin. Trägt das Baby in einem Tuch auf dem Rücken. Lässt es keine Minute allein.«

Hope überlegte, ob Peter es sich leisten könnte, Jem und Fennie Perkins zu bezahlen, und Jem sagte, als könne er ihre Gedanken lesen: »Es müsste eine geschäftliche Vereinbarung sein. Keine freundschaftliche Vereinbarung wie bei dir und mir. Ich bin mir nicht sicher, ob Peter sich das leisten kann.«

Hope schwieg eine Weile und sagte dann schüchtern: »Jem, ich finde, du solltest – da du keine Zeit zum Malen oder für etwas anderes hast – eine geschäftliche Vereinbarung daraus machen. Wenn du noch sehr viel länger bleibst.«

Er wirkte überrascht. »Ich habe freie Kost und Unterkunft. Kann das Auto und den Traktor benutzen. Mehr als das kann ich doch wohl nicht verlangen, oder?«

Sie schüttelte den Kopf. »Fennie wird das auch haben wollen. Und für das Baby.«

»Ja. Aber du weißt, was ich meine. Sie ist keine Freundin. Du ... ich ... wir sind schon so lange Zeit hier gewesen.«

Dieser Einwand war zwar nicht logisch, aber Hope wusste, dass er Recht hatte. Sie sagte: »Ich muss zugeben, dass der Wagen nützlich ist. Ich muss nach Penzance fahren, sobald der Regen vorbei ist. Ich hätte schon vor einer Ewigkeit dorthin gemusst. Ich muss einen Laden finden, der einen Teil meiner Sachen übernimmt. Und ich muss wirklich wissen, wie's mit meinem Sparbuch aussieht. Ich hatte zwar etwas Bargeld mitgebracht, um Milch und Brot und andere Sachen von Bella kaufen und Mr. Perkins für das Flicken des Daches bezahlen zu können, aber ich habe nicht genug, um die Kohle zu bezahlen.« Sie lächelte selig. »Sieh dir das an! Ist das nicht wunderschön? Wie es diese Höhlen macht und so. Das erinnert mich daran, als ich ein kleines Mädchen war ...« Sie lachte. »Ich machte Toast zum Tee, aber das Feuer war zu heiß in meinem Gesicht, weshalb ich das Brot auf das Ende eines Regenschirms steckte und ihn aufspannte, um mich vor der Hitze zu schützen, und das Nächste, woran ich mich erinnere war, dass das Ganze in Flammen stand.«

Er lachte ebenfalls. »Was passierte dann?«

»Panik. Mummy stopfte das ganze Ding ins Feuer und der

Geruch von verbranntem Stoff zog durchs Haus!« Sie wurde wieder ernst. »Ich hatte das vergessen. Das ist eines der wunderbaren Dinge, wenn man hier ist. Ich entdecke Dinge wieder, die ich vergessen habe.«

Er nickte. »Ja. Cornwall ist voller Erinnerungen. Die, die du nicht haben willst ... ich werde sie für dich aufbewahren.«

Sie warf ihm einen kurzen Blick zu. Damals, 1967, war er ein Hippie gewesen. Jetzt war er nur ein sehr heruntergekommener Mann mittleren Alters.

Sie sagte, »Du hast hier sehr viel abgeladen, Jem. Nicht wahr?«

»O ja. Mein Gewissen ist irgendwo auf der Halbinsel Lizard.«

»Nicht alles. Andernfalls würdest du nicht gerade jetzt Peter und Bella helfen.«

»Ich musste mir ein neues wachsen lassen. Jeder hat mir erzählt, ich hätte kein Gewissen. Nun ja, ich dachte, ich hätte schon eins, aber ich denke, es hätte ohnehin sterben müssen. Also habe ich's begraben.«

Sie war wütend. »Wer hat dir das erzählt?«

»Meine Familie. Die Familie meiner Frau.«

»Deiner Frau? Mir war nicht klar ...«

»Sie ist tot. Und das Baby.« Er schaute sie kurz an und lächelte leicht. »Ist wirklich eine völlig verrückte Geschichte. Wir dachten, wir könnten hier von der frischen Luft leben. Und dann war sie schwanger. Und sie bekam die Wehen, als ich ... daneben war. Und starb.«

»Oh, mein Gott! Oh, Jem! Oh, wie schrecklich!«

»Ja. Das ist es, was?« Er klang gesprächig, und sie wusste nicht, was sie sagen sollte. Hatte es eine gerichtliche Untersuchung gegeben? War er ins Gefängnis gesteckt worden?

Er sagte: »Ich gehe wohl besser. Sie brauchen mich vielleicht. Wenn du magst, komme ich mit dir nach Penzance.«

Ohne nachzudenken sagte sie: »Nein, danke. Ich mache das lieber allein.« Sie meinte damit, dass sie lieber allein sein wollte, wenn sie mit ihren Mustern durch die Geschäfte ging. Aber sie errötete.

»Ich bin jetzt in Ordnung. Ich nehme keine Drogen mehr.«

»Nein – natürlich nicht – ich wollte nicht ...«

Er schüttelte den Kopf. »Mach dir keine Gedanken. Ich erzählte dir ja – ich habe alles begraben. Da, wo es passierte.« Er öffnete die Tür und der Regen peitschte herein. »Du hast deinen Mann verlassen, nicht wahr? Ich empfehle diesen Teil des Landes als Friedhof.«

Er schloss die Tür hinter sich und sie schaute ihm nach, wie er allein das kleine Tal hinunterging und dann dorthin, wo er den Traktor stehen gelassen hatte. Sie erschauerte.

☆

Am ersten schönen Tag lieh sie sich Peters Wolseley aus und fuhr, mit den Kissenbezügen bewaffnet, nach Penzance. Sie parkte am Ortseingang und ging dann etwas ängstlich die Market Jew Street hoch. Sie fragte sich, wie sie zurecht kommen sollte, wenn es keine Abnehmer für ihre Näharbeiten gab und auf ihrem Konto nicht viel Geld war. Sie zögerte vor einer Geschenkeboutique, hatte dann aber Angst hineinzugehen, und lief weiter hügelaufwärts zu der Bank, die sich unmittelbar hinter der Statue von Sir Humphry Davy befand. Sie hängte ihre Tasche über die Schulter, zückte ihre Kontokarte und bat um einen aktuellen Kontostand. Das Mädchen nahm sie, ging fort und kehrte nach einer Weile mit einem Stück Papier wieder, das sie ihr zuschob. Der Saldo betrug siebzehnhundert Pfund.

»Da muss ein Fehler vorliegen.« Sie schaute hinter sich. Niemand wartete. »Tut mir Leid, wenn ich Ihnen Umstände mache, aber ich weiß, dass ich weniger als tausend Pfund auf diesem Konto hatte.«

Das Mädchen sah sie überrascht an. »Ich habe das nachgeprüft. Offensichtlich ist erst letzten Monat etwas eingezahlt worden.«

Sie wusste genau, was passiert war. Jack hatte indirekt vorgeschlagen, etwas auf dieses Konto einzuzahlen, als sie ihn verlassen hatte. Und irgendwie hatte er das getan. Woher hatte er das Geld? Sie hatte keine Ahnung, aber wenn sie nachforschte und das Konto eingefroren war, hatte sie keinerlei Möglichkeit, irgendwie an Geld zu kommen. Sie lächelte, verdrehte die Augen und stellte einen Barscheck aus. Das Mädchen sah sie scharf an und prüfte ihre Unterschrift mit großer Sorgfalt, bevor sie fragte, wie sie das Geld haben wolle.

»In Zehnern, bitte.«

Sie fühlte sich wie eine Diebin, als sie die Bank verließ, und musste sich zusammennehmen, um nicht die Straße hinunterzurennen. Sie blieb absichtlich vor dem Schuhgeschäft gegenüber der Bank stehen, schaute auf die Frühlingskollektion von Sandalen und bog dann nach links auf die Causeway und ging in das erste geeignete Geschäft. Wie üblich, war es nicht möglich, mit der Besitzerin zu sprechen, die zugleich die Geschäftsführerin war. »Sie kauft einheimische Handarbeiten. Aber gerade im Augenblick ... Ich glaube nicht. Solche Sachen führen wir zu Weihnachten – das sind wunderschöne Geschenke. Auch geeignet fürs Feriengeschäft. Aber ... jetzt, in der Zeit ... Können Sie in einem oder zwei Monaten noch einmal wiederkommen? Kurz nach Ostern wäre ideal. Und Flickenteppiche ... machen Sie Flickenteppiche?«

Hope nickte. »Große oder kleine?«, fragte sie.

»Beides. Kann allerdings nichts versprechen. Doch letztes Jahr wollten alle Flickenteppiche in der Art, wie sie in den alten kornischen Cottages waren.«

Hope hatte das Gefühl, das Recht zu haben, zum Wagen zurückzukehren. Sie hatte getan, was sie konnte, und obwohl sie noch nie in ihrem Leben einen Teppich angefertigt hatte, war sie sicher, dass sie das könnte. Alles andere lieber als Kittel. Der Gedanke, mit Mrs. Martin Verbindung aufnehmen zu müssen, war fast so schlimm, wie mit Mandy oder Henrik Kontakt aufzunehmen. Sie kaufte ein paar Lebensmittel und sehr viele Konserven und schleppte alles mit einiger Mühe zum Parkplatz. Sie fühlte sich noch immer wie eine zweifach angeklagte Kriminelle. Sie startete den Motor und sprach die unbekannte Besitzerin des Causeway Craft Shop an. »Nun ja, eigentlich habe ich Ihre Mitarbeiterin wegen der Teppiche nicht direkt belogen ...« – und dann, als sie am Bahnhof vorbei fuhr, dachte sie an Jack und fügte mit grimmigerer Stimme hinzu: »Wenn du meinst, du könntest mich irgendwie kaufen, Jack, dann irrst du dich gewaltig! Ich werde diese tausend nicht anrühren!«

Sie brauchte eine halbe Stunde, um zum Hof zurückzufahren, aber es war wie eine andere Welt, und sie stieß einen Seufzer der Erleichterung aus, als sie Buryan verließ und in den Feldweg einbog. Bella kam ihr auf dem Hof entgegen und sagte: »Für dich ist Post gekommen. Ich habe gesagt, er soll sie hier lassen. Spart den Weg runter auf die Landzunge, wenn's so lehmig ist.«

Sie reichte ihr zwei Umschläge. Einer war in Fays kursiver Schrift adressiert. Der andere war von Jack. Es war, als ob sie ihn nicht loswerden könnte.

»Komm rein und setz dich, Mädchen«, sagte Bella. »Du siehst ziemlich geschafft aus.«

Hope stand einen Augenblick hilflos da, die Wagenschlüssel noch in einer Hand, die beiden Briefe in der anderen. Dann sagte sie: »Ich muss gehen, Bella. Hier sind das Medikament und Peters Schlüssel. Ist mit ihm alles in Ordnung?«

»Die Krankenschwester kam und hat ihn gewogen. Er hat zwei Pfund zugenommen und musste in eine Maschine atmen und das war gut.« Bella lächelte sie grimmig an. »Schätze, ist alles in Ordnung.«

»Grüß ihn von mir. Ich werde am Samstag kommen. Wenn du magst, kann ich melken, und dann können wir Domino spielen.«

»Das wäre schön.« Bella ging mit ihr bis zum Tor. Dann sagte sie, »Du wirst ihn doch lesen, mein Schätzchen, oder? Du wirst ihn doch nicht einfach wegwerfen?«

Hope schaute in die scharfen schwarzen Augen, die auf einer Höhe mit ihren waren. Sie überlegte, wieviel Bella ahnen mochte.

»Tatsache ist, dass ich das lesen muss.« Sie wandte sich ab und blickte auf die See. »Er hat Geld auf mein Konto eingezahlt, Bella. Das bringt mich in eine falsche Position. Ich habe ihn verlassen. Ich will sein Geld nicht.«

»Vielleicht ... fühlt er sich für dich noch verantwortlich.«

»Das glaube ich nicht.«

Bella seufzte tief. »Arme verlorene Seele«, sagte sie und wandte sich wieder dem Haus zu.

☆

Jack hatte seinen Brief mit der Hand geschrieben. Er war für bankrott erklärt worden und der Computer war einer der vielen Wertgegenstände gewesen, die verkauft worden waren, um seine Gläubiger zu befriedigen. Es war ihm nicht gelungen, das Haus zu retten. Alles, was sie gemeinsam besessen hatten, war weg. Aber ein sehr kleiner Bargeldbetrag war auf ihr Konto eingezahlt worden.

☆

Das Windenergie-Projekt ist überwiegend von Henrik finanziert worden, und er nahm alles mit, als er nach Kapstadt ging. Es ist offensichtlich, dass Henrik selbst in einer finanziellen Notlage war und geplant hatte, zu gehen, sobald er verkauft hatte, was er verkaufen konnte. Es ist sinnlos zu versuchen, dir zu sagen, wie Leid es mir tut. Ich wollte dir – ich wollte dir immer – so viel geben. Und jetzt ist da nichts. Ich bin dankbar dafür, dass du gegangen bist. Ich glaube nicht, dass ich es ertragen könnte, dich zu sehen und zu wissen, was ich getan habe. Das Gute, was aus unserer Ehe gekommen ist, sind die Mädchen. Denke an sie, Hope, und versuche den Rest auszutilgen. Du solltest etwas aus Widdershins rausholen können, wenn du es im Sommer verkaufst. Ich weiß, dass du Arbeit finden wirst. Du bist talentiert. Ich will dich nicht um Verzeihung bitten. Vielleicht einfach nur um Vergessen.
Mit besten Wünschen, Jack.

☆

Sie blickte von dem Brief auf. Das Tageslicht schwand. Die Uhren würden sehr bald vorgestellt werden, und dann würde der Sommer beginnen und sie würde ihre Bohnen pflanzen und Frühkartoffeln ausgraben. Sie ging nach draußen und spazierte in das kleine Tal hinunter zum Erlenhain. Der Bach plätscherte sorglos über die Kiesel auf die Klippe und die See zu. Sie sagte laut und ungläubig, »Mit besten Wünschen ... mit besten *Wünschen*!«

☆

Chatty wollte zu Ostern kommen. Hope schrieb und lud Fiona auch ein, doch als sie in Penzance am Zug war, stieg Chatty alleine aus. Sie freute sich, ihre Mutter zu sehen.

»Ich dachte, ich müsste ein Taxi nehmen, obwohl ich knapp bei Kasse bin! Wessen Wagen ist das?«

»Peters. Du hast meine Briefe nicht gründlich gelesen. Ich habe dir geschrieben, dass ich Bella nach Truro gefahren habe. Sie hat keinen Führerschein, und deshalb benutzen Jem und ich den Wagen mehr oder weniger, wenn wir ihn brauchen.«

»Jem und du?« Chatty schlüpfte aus den Trägern ihres Rucksacks und stellte ihn auf den Rücksitz. »Hat das irgendwas zu bedeuten?«

»Natürlich nicht! Rede nicht so, Chatty, um Himmels willen. Das gefällt mir nicht. Ich ertrage das nicht.«

»Erinnert dich an Andy-Mandy«, sagte Chatty leichthin. »Ja, ich weiß, dass ich mich in etwas einmische, was mich nichts angeht. Aber ich kann dieses kostbare Wochenende nicht damit verbringen, dass ich hier leisetrete. Fay wird anrufen und mich schonungslos ins Verhör nehmen. Ich muss genau wissen, wie's dir geht, was du isst, wie du in diesem Cottage ohne allzu viel Geld oder Transportmittel zurecht kommst, ob da etwas mit Jem ist ... schön, zwei Fragen sind bereits geklärt. Du hast ein Transportmittel und zwischen dir und Jem ist nichts.«

Hope seufzte, fuhr in großem Bogen um Penzance und bog dann nach rechts ab, um auf die A 30 nach Buryan zu kommen. Sie sagte: »Ich glaube, ich hatte vorübergehend deine direkten Attacken vergessen. Sicher ist, dass du ja nicht umsonst Chatty heißt!«

»Du sprichst schon so wie Bella! Oh, nun sieh dir den Berg an! Mein Gott, ich hatte ganz vergessen, wie schön der ist! Wie lange bleibst du noch hier? Ich muss irgendwann mal Fiona mit herbringen. Sie ist noch nie in Cornwall gewesen ... Wie geht's Peter? Oh, *natürlich,* du würdest den armen Jem nicht wieder ansehen, nicht wahr? Durch diese Geschichte mit Mandy hat er sich wie Dad für immer unmöglich gemacht!«

»Chatty!« Hope war wirklich ärgerlich. »Rede bitte nicht so mit mir. Du redest absolut ... *grob!* Du hast überhaupt keine Ahnung, was alles passiert ist.«

»Oh, doch. Fay hat mich ins Bild gesetzt.«

»Ja. Mir ist klar, dass sie das getan haben wird. Aber ... Ereignisse sind eine Sache. Was nach den Ereignissen geschieht, ist etwas völlig anderes.«

»Ursachen und Wirkungen?«

»Ja. Schön, Ursachen und Wirkungen. Und ...« Sie nahm eine Hand vom Lenkrad, als Chatty ihren Mund öffnete. »Ich habe nicht die Absicht, darüber zu reden. Ganz gewiss nicht mit dir!«

»Okay.« Chatty klang noch immer unbeschwert. War es ein sorgfältig vorbereitetes Manöver? Sie legte die Hand ihrer Mutter zurück auf das Lenkrad. »Konzentriere dich aufs Fahren. Ich möchte mich umsehen. Vergiss nicht, dass Großmutter noch lebte und Mandy noch meine Tante war, als ich das letzte Mal in diesem Teil des Landes war. Sie war auf meiner Seite. Ich muss mich jetzt ein bisschen anders umsehen. Kannst du das verstehen?«

»Oh, Gott.« Hope atmete tief ein. »Natürlich. Ich vergesse, dass du dich noch angleichen musst. Ich hatte fast drei Monate Zeit, um mich an Dinge zu gewöhnen.«

»Und ich habe die wohl anstrengendsten, aber auch besten drei Monate meines Lebens gehabt. Deshalb glaube nicht, dass ich in meiner Dachstube gesessen habe und fast verhungert wäre. Es ist übrigens eine wundervolle Dachstube – danke nochmals, dass du uns die besorgt hast.« Chatty drehte und verrenkte sich, nahm alles in sich auf, redete aber noch immer unbekümmert und im Plauderton. »Es ist absolut wundervoll gewesen, Mum. Ich kann dir und Dad gar nicht genug danken. Es ist Dad gelungen, für mich etwas Geld zu retten – und ich habe noch das Erbteil von Großmutter, dank ihrem Sparstrumpf. Und du hast Fi und mir diese tolle Wohnung besorgt – und ich beginne langsam zu verstehen, was die Leute zu mir sagen, und dann und wann schaffe ich's sogar, zu antworten!« Sie lachte und warf ihren Kopf so zurück, dass ihr langer, weißer Hals zu sehen war. Fay galt eigentlich als die Schöne, aber Hope erkannte plötzlich, dass Chatty einen Reiz besaß, der Fay fehlte. Es war eine Art von Lebendigkeit.

»Oh, Gott. Da ist ja die Kirche von Buryan. Die sieht doch aus wie der mahnende Finger Gottes oder so!« Sie wandte sich aufgeregt an ihre Mutter. »Hör zu, wenn morgen immer noch gescheites Wetter ist, lass uns doch in der Bucht schwimmen.«

»Gern. Ich hab's bisher zweimal gemacht. Beide Male bei Ebbe. War nicht anstrengend. Ende Februar hatten wir wunderbares Wetter.«

»Oh, Mum – gut gemacht!« Sie schaute überrascht und erfreut drein und fuhr dann temperamentvoll fort: »Oh, Mum, du hättest die Bäume in den Tuilerien sehen sollen! Oh, es ist so wundervoll. Hier auch.« Für einen langen Augenblick sagte sie nichts weiter, aber dann plötzlich platzte sie heraus: »Mum, denk einmal darüber nach. Ihr beide, du und Dad wurdet ... beraubt. Euch wurde alles genommen. Aber du schwimmst in Cornwall und er ist in einem Zimmer in Gloucester, krank und allein.«

»Genug, Chatty! Ich meine es im Ernst – sag nichts mehr!«

»Er sagte mir, dass du darüber nicht würdest reden wollen. Er hatte Recht.« Sie warf einen Blick auf das angespannte Gesicht ihrer Mutter. »Entschuldige. Wirklich. Entschuldige, entschuldige, entschuldige. Ich liebe dich und ich möchte, dass wir drei wundervolle Tage miteinander verbringen.« Sie schaute auf die kleinen, düsteren Reihen der Cottages der Bergarbeiter, die gegenüber der Kirche standen. »Mir fällt gerade ein, dass ich Großmutter auch vermisse. Aber ich vermisse auch Dad, und ich vermisse sogar Mandy! So. Das war's. Nun nichts mehr.«

Sie verbrachte die zwanzig Minuten zwischen Buryan und dem Hof der Penhailes' damit, dass sie unaufhörlich über ihr Leben in Paris redete. Aber diese letzten Worte hatten auf Hope wie ein elektrischer Schlag gewirkt. Und doch war es so naheliegend. Sie hatte erwartet, dass die beiden Mädchen ihren Vater ebenso sehr vermissen würden, wie sie sie und Milly vermissen mussten. Aber Mandy ... war es Chatty wirklich Ernst damit, dass sie Mandy vermisste?

»Da ist die See! Oh, Mum! Da ist unser ganz eigenes Meer! Ich steige aus und öffne das Tor. Soll ich anklopfen und Bella und Peter jetzt guten Tag sagen?«

Hope schüttelte den Kopf. »Peter schläft nachmittags. Warte bis morgen früh. Ich fahre den Wagen weg und dann gehen wir einfach zum Haus.«

Sie fuhr in die Scheune, in der bis vor ein paar Jahren das Pferd samt Geschirr untergebracht gewesen waren, und wartete, während Chatty ihren Rucksack herausholte. Sie wollte Chatty fragen, wie sie Mandy überhaupt vermissen könnte. Aber sie tat es nicht. In dieser Nacht, als sie den ungewöhnlichen Geräuschen eines anderen in ihrem kleinen Reich lauschte, kam sie zu dem Schluss, dass Chatty gemeint habe, sie sei nur zu froh darüber, dass Mandy in ihrem Leben keine Rolle mehr spielte.

Am Ostersonntagmorgen schwammen sie in der eiskalten See und liehen sich dann, ihre Haut kribbelte noch, aber sie waren entspannt, Peters Auto und fuhren nach St. Buryan, um in die Kirche zu gehen. Bella kochte Hühnchen mit Bratkartoffeln und frischem Blumenkohl. Hope und Chatty übernahmen das Auftischen, und sie aßen an einem kleinen Tisch in Peters Zimmer und dann, während Peter ruhte, schlossen die drei Frauen sich Jem an und ernteten Blumenkohl für den Markt in der nächsten Woche. Bella und Hope begannen an einem Ende des Feldes, Jem und Chatty am anderen. Einmal richtete die schweigsame Bella sich auf, grinste Hope an und sagte, »Hört dieses Mädchen von dir eigentlich nie auf zu reden?« Und Hope erwiderte das Lächeln, während Chattys klare Stimme über das Feld trieb und Jems einsilbige Antworten wie eine Unterstreichung wirkten.

»Das Komische ist«, sagte sie, »dass das Mädchen, mit dem sie zusammen arbeitet – und wohnt – genauso ist. Ich kann mir gar nicht vorstellen, wie die das schaffen.«

»Wahrscheinlich stellen sie die Küchenuhr auf jeweils zehn Minuten ein. Mich würde das nicht überraschen«, erwiderte Bella.

Aber an diesem Abend, als Hope und Chatty am Kamin saßen, Tee tranken und an einem Keks aus einer der neuen Dosen knabberten, sagte Chatty unerwartet: »Jem war in Mandy wirklich verknallt. Ich denke, sie hat sein Herz ebenso gebrochen wie Dads.«

Hope keuchte fast. Und dann wurde ihr bewusst, dass Chatty sie provozierte.

»Du bist *schrecklich,* Chatty. Wir haben dir zugehört, Bella und ich. Du hast Jem gar keine Zeit gegeben, überhaupt ein Wort zu sagen!« Sie schüttelte den Kopf und fügte dann hinzu, »Und du weißt, dass ich über Dad nicht reden will.«

»In Ordnung. Nicht über Dad. Aber du irrst dich, was Jem anbelangt. Er hat mehrere Worte gesagt.«

»Er hat gegrunzt. Nur, um dich zufriedenzustellen.«

»Es war die Art, wie er grunzte. Und die Stellen, wo er grunzte. Und seine Körpersprache.« Sie kramte in den Keksen und fand den letzten mit Schokolade. »Es nützt nichts, dass du so dreinschaust, Mum! Jem hat noch immer Empfindungen für Andy-Mandy!«

Hope schaute in die Höhlen der Kohlen im Herd und erinnerte sich an ihre letzte Unterhaltung mit Jem. Sie sagte düster, »Über Jem weißt du überhaupt nichts, meine Liebe. Sei vorsichtig mit dem, was du zu ihm sagst.«

»Über den Tod seiner Frau?«

Chatty reagierte zufrieden auf die Reaktion ihrer Mutter. Sie wartete, bis ihre Ausrufe vorbei waren, und sagte dann: »Nein, natürlich hat er es mir nicht erzählt. Aber ... erinnerst du dich noch an diese Party, die die ganze Nacht dauerte, auf die Mandy und ich gegangen waren? In Saint Ives? Tatsächlich war die totlangweilig, aber ich hörte, dass jemand den Namen Trewint erwähnte, und da habe ich die Ohren gespitzt.« Sie verzog das Gesicht. »Und Andy auch. Und sie dachte wohl, sie könnte Trost spenden.« Sie zuckte die Schultern. »Offensichtlich hat sie das auch. Nur dass es für sehr kurze Zeit war!«

»Oh, Chatty. Du klingst so ... zynisch. Ich weiß, dass das alles schrecklich ist, aber ehrlich, die richtigen Menschen sind so wie die Penhailes'. Sie leben von Tag zu Tag mit dem Wetter und der See. Sie sind ... *anständig*!«

Chatty schaute sie einen Augenblick lang an und zwang sich dann zu einem Schulmädchenkichern. »Wenn ich zynisch klinge, dann kann ich dir nur sagen, dass du sehr, sehr wie eine alte Schachtel klingst!«

Hope lächelte ebenfalls, sagte aber: »Nun gut, alte Schachtel oder nicht, aber darauf will ich hinaus.«

Chatty hörte auf zu kichern. »Du und Dad, ihr wart immer anständig. Wie Großmutter und Großvater.«

»So haben wir angefangen, ja. Dann haben wir uns davon entfernt. Ich versuche, mich wieder dahin zurückzubewegen.«

»Ohne Dad und Mandy zu verzeihen?«

»Ohne an sie zu denken. Und bevor du sagst, ich würde

mich mit nichts abfinden, sei versichert, dass ich deiner Meinung bin!« Hope beugte sich vor, um eine Kohle zurechtzuschieben. Licht flackerte in der Höhle auf, die so zu einer kleinen Kathedrale wurde. »Ich bin weiter als das gegangen. Ich habe ihnen einfach den Rücken gekehrt.«

Chatty schwieg und starrte wie ihre Mutter ins Feuer. Als sie schließlich sprach, ließ sie eine ihrer üblichen Bomben platzen.

»Andy ist das natürlich egal. Aber Dad ... ich bin in Paris und habe eine tolle Zeit, Fay ist völlig damit beschäftigt, dass sie in Martin verknallt und auf den Orkneys ist und sich um ihre verdammten Islandsagas kümmern kann, du bist hier ... Für ihn sieht das so aus, als hätten wir alle ihm den Rücken zugewandt.« Sie blickte auf. »Ich finde, es würde helfen, wenn du und Jem etwas miteinander hättet.«

Hope gab ein Geräusch von sich, das verblüffende Ähnlichkeit mit einem Kreischen hatte, dann richtete sie pantomimenhaft einen Schlag in Chattys Richtung.

Chatty protestierte lachend. »Ich meine das im Ernst, Mum! Man muss sich Dingen stellen, um sie verzeihen zu können. Und du musst Dad und Andy verzeihen, weil du andernfalls – so wie ich dich kenne – dieses anständige Leben, von dem du sprichst, nicht in den Griff bekommen wirst!« Sie wurde sachlich und beugte sich vor. »Ich bin überrascht, dass du heute Morgen das Abendmahl genommen hast. Du bist doch nicht in einem Stand der Gnade!«

Hope lehnte sich ehrlich schockiert zurück. »Chatty, das geht zuweit!«

»Nein, geht es nicht. Sprich mit Großmutter darüber, wenn du zu Bett gehst – ich denke doch, dass du dich Großmutter stellen kannst, oder?«

»Oh, Chatty ... ich dachte, du glaubst nicht an ein Leben nach dem Tod?«

Chatty ignorierte das und fuhr fort: »Und bei Jem ist es genauso. Siehst du das nicht? Er kann sich selbst nicht verzeihen – und mehr als das, er kann dem Leben nicht verzeihen, dass es ihm so schrecklich böse mitgespielt hat. Es könnte also euch beiden helfen. Hast du darüber schon einmal nachgedacht?«

Hope war plötzlich verärgert. »Nein, das habe ich nicht. Und falls du noch weitere solche Kummertantenlösungen hast, behalte sie freundlicherweise für dich. Und warte überdies, bis du ein wenig älter bist. Es ist ja schön und gut, wenn du über mich – als Fall – mit Fiona Tabb in der kosmopolitischen Atmosphäre einer Pariser Wohnung diskutierst, aber ich bin kein Fall, sondern ich bin deine Mutter. Und vergiss das bitte nicht!«

Chatty zog ihre Lippen zu einer Rosenknospe zusammen und heuchelte Bedauern. »Entschuldige, Mum. Aber ich bin immer diejenige gewesen, die dir Kopfschmerzen bereitet. Das hast du doch sicher nicht vergessen?«

»Überhaupt nicht.« Hope konnte nicht lange Missbilligung zeigen, aber sie hatte für einen Abend genug gehabt. Sie sammelte sich, stand auf, beugte sich dann plötzlich vor und küsste Chatty auf den Lockenkopf. »Du hast völlig Recht, Charity Langley. Es ging uns einmal wunderbar und jetzt ist das nicht mehr so, und du hast kein einziges Mal darüber gemeckert. Du bist kein schlechter Mensch. Insgesamt gesehen.«

Chatty errötete wahrhaftig vor Freude. Dann sagte sie: »Ich wollte bemerken, dass du dich auch nicht darüber beschwert hast. Aber diese Dinge, das Geld verdienen – das hat dich nicht beschäftigt, nicht wahr? Das war für Dad wichtig, nicht für dich.«

Hope sagte: »Nein, es stand auf meiner Prioritätenliste nicht obenan. Aber andererseits, Chatty, darfst du nicht vergessen, dass ich nie mit wenig auskommen musste.« Sie strahlte. »Du musst verstehen, dass dies – das Leben hier in Widdershins – darum so aufregend und lebenswert ist.«

Chatty schaute zu, während sie das Feuer für die Nacht mit feuchter Asche bedeckte. Dann sagte sie: »Doch. Ja, wirklich, Mum. Das verstehe ich.« Sie stand auf und ging ins Wohnzimmer, in das Hope die Luftmatratze gelegt hatte. Dann meinte sie nachdenklich: »Armer, alter Dad. Er hat absolut keine Chance, nicht wahr? Nicht gegen dieses Haus.«

12

In diesem Sommer wurde Hope bewusst, dass sie lernte, wie man zufrieden ist. Die überschäumende Freude, die sie als Mädchen gekannt hatte, das tiefe Glück, das sie mit Jack und den Mädchen empfunden hatte, der Spaß mit Mandy, sogar die Nostalgie, die sie mit ihrer Mutter geteilt hatte ... sie waren verschwunden. Dieses neue Glück war etwas, das sie in der schweren körperlichen Arbeit des Brennholzsammelns und -stapelns fand, in der Versorgung ihres Gartens am Hang des kleinen Tales, in den Spaziergängen über die Landzunge, wenn sie Peter besuchte und bei den Arbeiten auf dem Hof half, beim Zersägen der alten Türen, die sie im Holzlagerraum gefunden hatte, um daraus Läden gegen die nächsten Winterstürme zu machen.

Das Geschäft auf dem Causeway von Penzance konnte so viele Flickenteppiche verkaufen, wie sie herstellen konnte, aber es dauerte lange, bis sie fertig waren und sie wurden für viel weniger Geld als die Kittel verkauft. Doch die Teppiche und die Kissen brachten ihr genug Geld ein, um ihren Konservenvorrat aufzufüllen und zwei kostbare Wärmflaschen zu kaufen. Bella weigerte sich, Geld dafür zu nehmen, dass sie sie mit Brot und Milch und Butter versorgte. Jem sagte ihr, sie könne Antrag auf Arbeitslosengeld stellen, aber das könnte ebenso bedeuten, dass ›man‹ für sie eine Stelle suchen würde. Sie hielt sich von aller Bürokratie fern. Sie hatte die üblichen festen Kosten immer per Dauerauftrag beglichen und vermutlich würde das so weitergehen. Sie hatte überlegt, wie es mit dem Wassergeld sein mochte. Das Wasser für die Spüle und die Toilette kam aus einem Brunnen, der an der Rückseite der Klippe lag.

Das Einzige, was diesen Sommer störte, war Peters langsamer Verfall. Er sagte, er habe überhaupt keine Schmerzen. Er spazierte langsam über den Hof und zu dem kleinen Hügel, von dem aus er tief unten die Bucht sehen konnte, in der die *Mirabelle* an die Wand der Höhle gelehnt lag. Manchmal, wenn er kräftig genug war, spielte er abends mit Jem oder mit Hope Domino. Einmal, als sie alle zusammen waren und Bella hinter seinem Sessel stand und seinen Rücken mit einem Spezialmittel aus dem Krankenhaus einrieb, sagte er: »Ich fühle mich wie ein König.«

»Wie einer von den römischen, die von Sklaven bedient werden, könnte ich mir denken«, sagte Bella scharf, während sie sich vorbeugte, um ihre Daumen zwischen sein Hemd und das Rückgrat zu schieben.

»Ja.« Peter kicherte zustimmend. »Aber die scheinen nie gemerkt zu haben, wie glücklich sie eigentlich waren! Und davon abgesehen denke ich, dass ich sie übertrumpfen kann. Glaube nicht, dass es viele gegeben hat, die ein so gutes Leben wie ich geführt haben.«

Ausnahmsweise erinnerte Bella ihn nicht daran, dass noch viel vor ihm lag. Stillschweigend begann sie zu akzeptieren, dass Peters Zeit zu Ende ging. Stattdessen hielt sie einen Augenblick inne, schaute durch das Schlafzimmer zum Fenster und hinaus auf den Hof. »Wir haben's wirklich nicht schlecht gemacht, Alter, was? Das Schlimmste war, dich aus Dünkirchen zurückzubekommen. Seitdem war's leicht.«

Hope, die zuhörte, während sie auf die Dominosteine schaute, hätte nur allzu gern nach dieser Zeit gefragt und danach, warum sie keine Kinder hatten. Aber Peter beugte sich vor und legte seinen Stein mit einem Kichern hin.

»Ich weiß, dass du nichts mehr anlegen kannst, meine Schöne. Also habe ich mal wieder ein Spiel gewonnen.« Er wandte seinen Kopf leicht zu Bella. »Du hast wie immer Recht, Bella. Wir haben's gar nicht so schlecht gemacht. Wir zwei.« Er seufzte. »Ich gehe besser zu Bett, so lange ich das noch kann. Gute Nacht, ihr zwei.« Er grinste Jem an, der die Dominosteine einpackte. »Morgen bist du dran, mein Junge. Bisher hat mich noch keiner von euch beiden geschlagen!«

☆

Sie machte ihre Pausen zu kleinen Ritualen. Das Frühstück nach dem morgendlichen Schwimmen nahm sie bei geöffneter Tür ein, und es bestand immer aus Brot und Honig, die sie mit mindestens zwei Bechern Tee hinunterspülte. Wann immer es möglich war, arbeitete sie draußen und versorgte den sprießenden Garten, jätete Unkraut und nahm die Farne noch ein paar Zentimeter weg, um Platz für Mangold und Karotten und Rüben zu bekommen. Ihre drei Gestelle mit Stangenbohnen trugen üppig Blüten und versprachen für den Spätsommer eine gute Ernte. Sie sammelte auch Wildfrüchte und machte sie sorgfältig ein, so wie sie es ihre Mutter in den Tagen vor der Zeit der Tiefkühltruhen hatte tun sehen. Bella grub in ihrem Keller ein kleines Butterfass aus, und sie lernte, wie man die Rührstangen langsam und rhythmisch bewegte, bis neben der Milch die gelben Blasen sichtbar wurden. Wenn die Butter dann hart wurde, hatte sie Freude daran, sie in Form zu bringen und auf der anderen Seite des Holzbrettes mit der Eichel zu versehen. Sie hatte sich ihre Zufriedenheit wohlverdient. Nie zuvor hatte sie so sehr gearbeitet, dass sie allabendlich erschöpft ins Bett fiel und tief schlief, bis das Wellblechdach über ihr sich zu dehnen und zu ächzen begann, wenn die Sonne darauf schien.

Nach Ostern bekam sie zwei weitere Briefe von Jack. Er wohnte jetzt in einem möblierten Zimmer in Gloucester, und in der Diele gab es einen öffentlichen Fernsprecher. Er hatte die Nummer gut lesbar für den Fall aufgeschrieben, dass sie mit ihm in Verbindung treten müsse. Bella sagte, er habe Anfang Juni angerufen, um zu fragen, wie es ihr gehe. Chatty musste ihm die Nummer der Penhailes' gegeben haben, und für einen Augenblick war Hope verärgert über sie. Doch dann wurde ihr bewusst, wie lächerlich das war. Sie spürte nicht das geringste Bedürfnis, ihm zu schreiben oder ihn anzurufen. An manchen Tagen hatte sie nicht einmal die Zeit, an ihn zu denken oder erst dann, wenn sie sich ins Bett legte. Sie hatte ihm wirklich den Rücken zugewandt.

Im August kamen beide Mädchen, nur die zwei allein.

Obwohl sie Martin bereits mochte und auch darauf vorbereitet war, Fiona Tabb zu mögen, war es wundervoll, sie für sich allein zu haben. Sie schienen sich sofort in den Geist von Widdershins zu fügen, rollten jeden Morgen aus dem Bett, entweder um in der Bucht zu schwimmen oder sich im Bach zu waschen, abhängig davon, wie die Gezeiten waren, und machten dann bei den Arbeiten mit, die sie zu erledigen hatte. Fay zeigte eine große Begabung für die Anfertigung von Teppichen, zerriss Lumpen und legte sie allabendlich in farbigen Bündeln so bereit, dass sie geflochten und geknotet werden konnten. Chatty versuchte sich beim Buttern, musste aber, ungeduldig wie sie war, aufgeben, bevor die Butter Form anzunehmen begann.

»Warum schöpfst du nicht einfach den Rahm ab?«, fragte sie. Wahrscheinlich könntest du ihn verkaufen – oder wir könnten ihn verwenden.«

»Wir machen bereits genug für uns drei. Und wie, zum Himmel, könnte ich Rahm verkaufen?« Hope übernahm die Rührstange. »Schau her. Versuch, dabei zu singen.« Sie begann zu summen und mit dem Fuß den Takt zu schlagen, aber es nützte nichts: Tatsächlich wollte Chatty einen Wintermantel zeichnen, den sie sich zwei Abende zuvor hatte einfallen lassen. Und wenn es regnete, benutzte sie die Nähmaschine und machte aus dem Stoff aus dem Abfallsack Overalls für Kinder. Als sie einen ihrer Ausflüge nach Penzance machten, nahm sie die Overalls mit und verkaufte sie mit dem neuesten Flickenteppich und den Kissen. Sie war hocherfreut, als die Verkäuferin nach mehr fragte. »An dieses Leben könnte ich mich gewöhnen«, krähte sie.

Die Mädchen blieben zehn Tage. Dann war Chattys Urlaub vorbei, und Fay wollte noch Zeit mit Martin verbringen. Hope wusste, dass sie sich beraubt fühlen würde. Es hatte keine unnützen Diskussionen gegeben. Keine Fragen. Sie hatten nicht versucht, sie an die Vergangenheit zu erinnern oder mit ihr über die Zukunft zu sprechen. Fay schlug vor, sie solle die Hälfte von ›Großmutters Geld‹ als finanzielle Reserve nehmen. Dieses Gespräch kam dem, was geschehen war, am nächsten. Hope erwiderte kurz: »Alle finanziellen Reserven sind für euch. So hätte es Großmutter auch gewollt.«

Sie brachte sie nach Penzance zum Zug und schaute mit sinkendem Mut zu, wie er aus dem Bahnhof fuhr, und einige Tage danach hatte sie ein sehr flaues Gefühl im Bauch, das sich auch nicht änderte, als das Wetter nass und windig wurde. Sonntags trotzte sie der Brandung und schwamm kurz vor dem Frühstück, und dann pflückte sie die Bohnen von den drei Gestellen und verbrachte den Vormittag damit, sie zu schneiden, in Tontöpfe zu füllen und einzusalzen. Die Spülküche war mit Dosen und Tontöpfen voller Lebensmittel vollgestellt, und es bereitete ihr ungemeine Befriedigung, die Bohnen zu ihrem Vorrat zu stellen. Sie etikettierte die Töpfe, setzte sie auf ihre Liste und sah sich selbstgefällig um, als sie Jem vor dem Haus nach sich rufen hörte.

»Komm herein, um Himmels willen. Es regnet ja wieder. Nun bleib doch nicht draußen stehen!« Sie öffnete die Tür und holte ihn herein. »Ich wollte nach dem Tee eigentlich zum Hof gekommen sein. Schauen, ob ich beim Melken helfen könnte.«

»Hatte ich mir gedacht.« Jem setzte sich nicht. »Bella sagte, es sei am Besten, nicht zu warten. Für dich ist ein Anruf gekommen. Es war Chatty.« Er sah ihr Gesicht und sagte schnell: »Ist alles in Ordnung. Aber sie will mit dir reden und bleibt im Studio an ihrem Arbeitsplatz, weil das Telefon in ihrem Appartement nicht in Ordnung ist.«

»Heute ist Sonntag.«

»Das hat Bella auch gesagt. Und diese Räume sind ein bisschen unheimlich, wenn sie leer sind.«

»Dann muss es was Ernstes sein, Jem. Bist du sicher, dass sie keine Andeutung gemacht hat?«

»Bella hat den Anruf angenommen. Sie sagte, es sei nichts, worüber man sich Sorgen machen müsse. Mehr weiß ich nicht.«

Hope streifte einen Pullover über ihre Bluse, nahm einen Sack Bohnen, den sie für die Penhailes' geschnitten hatte, und folgte Jem nach draußen. Es war früher Nachmittag und von der Mounts Bay wehte ein Nebel heran, der sich feucht auf ihr Gesicht legte.

»Es wird heftig regnen«, sagte sie wissend.

Jem lächelte. »Du bekommst ein Gefühl für die Dinge, nicht wahr?«

Sie sagte: »Wenn Chatty mich braucht, muss ich fahren. Aber ich kann mir nicht vorstellen, irgendwo anders zu sein. Jetzt nicht.«

Er nickte. »Das ist das Problem mit Cornwall.«

Sie begrüßte Bella und erkundigte sich nach Peter, der sein Nachmittagsschläfchen machte. Bella nickte kurz. »Hat sein Mittagessen nicht gegessen. Wird seinen Arzneimist zum Abendessen nehmen müssen, ob er will oder nicht!« Sie bügelte heftig und geschickt und blickte gerade lang genug auf, um zu sagen: »Diese Telefonnummer – von deinem Mädchen. Steht auf dem Stück Papier neben dem Telefon.«

Hope konnte durchwählen und war erstaunt, als Chatty sich sofort meldete.

»Natürlich ist mit mir alles in Ordnung. Ich war doch noch vor vier Tagen bei dir!«

»Was ist dann so dringend?«

»Nichts. Es geht um Dad. Fay wollte dich nicht aufregen, aber sie ist in Gloucester ausgestiegen, um ihn zu besuchen. Sie rief mich dann sofort an und wir dachten, wir sollten eigentlich nichts sagen, aber dann fanden wir, dass wir das doch müssten. Sie ist bis heute bei ihm geblieben, aber jetzt sitzt sie im Zug nach Sheffield, und deshalb rufe ich an.«

»Oh, Chat! Es ist doch wohl klar, dass ich mich nicht darüber aufrege, wenn eine von euch Dad besucht, oder? Wieso sollte ich das?«

»Mum, hör zu. Es geht ihm nicht gut. Er hat Depressionen. Er ist im Krankenhaus zur Behandlung gewesen. Und die Ärztin – also, die Psychiaterin, denke ich – hat ihn dazu gebracht, über Mandy zu reden. Wir wissen nicht, ob er es deshalb getan hat. Irgendwas muss der letzte Strohhalm gewesen sein. Jedenfalls ... er hat letzten Dienstag eine Überdosis genommen. Hätte Fay nicht beschlossen ... Sie hat ihn auf dem Bett gefunden. Eine Nachricht lag da. Es klingt schrecklich, Mum. Die arme Fay ...«

Hope starrte die Granitmauer an. Mit erstickter Stimme sagte sie: »Willst du damit sagen, er ist tot?«

»Nein – nein, entschuldige. Natürlich nicht. Das hätten wir dir sofort sagen müssen. Nein, es geht ihm gut und er ist wieder im Krankenhaus, aber er hat Fay angebettelt – wirklich angebettelt –, zu Martin zu fahren und dir nichts zu erzählen. Sie ist also zu Martin gefahren und hat's mir dann erzählt.«

»Dann war das also ein Hilfeschrei?«

»Mum. Er wusste nicht, dass Fay ihn besuchen würde. Und wenn sie das nicht getan hätte ... Es hat einfach so sein sollen. Hat wahrscheinlich etwas mit Großmutter zu tun. Sie standen sich doch nahe, oder?«

»Ich weiß es nicht.« Hope atmete tief und zitternd ein. »Warum erzählst du mir das jetzt? Das ist am Dienstag passiert und ich denke, man hat ihm den Magen ausgepumpt und es geht ihm wieder gut. Warum erzählst du mir das jetzt?«

»Mum, um Gottes willen! Wir reden über Dad! Sie haben ihm den Magen ausgepumpt. Ja. Aber es geht ihm nicht gut. Und wenn sie ihn entlassen – was sie tun werden, weil Betten so knapp sind –, was wird dann passieren?«

»Ich weiß es nicht. Und du weißt es auch nicht. Er wird wahrscheinlich unter Beaufsichtigung gestellt werden, denke ich. Jedenfalls wird man ihn nicht wegschicken, bevor er nicht ... wieder in Ordnung ist.«

»Wirst du nicht nach Hause fahren?«

»Du meinst nach Gloucester? Das ist kein Zuhause, Chatty.«

»Nein, du wirst das nicht, nicht wahr?« Der Tonfall wurde plötzlich konventionell. »Entschuldige. Ich wollte nicht so reden. Warum solltest du auch? Ist schon in Ordnung. Ich hätte nicht anrufen sollen – du hast völlig Recht. Also, hör zu, ich will dich nicht weiter beunruhigen. Ich werde Fay anrufen und sie fragen, ob sie nicht zu ihm fahren kann, und wenn nicht, dann werde ich fahren. Aber sie wird das schon machen. Martin wird sie fahren – die beiden, das ist ja naheliegend ...«

»Die naheliegende Wahl ist doch sicher Mandy?« Hope presste ihre Knöchel gegen den Granit. »Hat jemand Mandy angerufen?«

»Mum, würdest du freundlicherweise aufhören, so zu reden?« Chattys Stimme veränderte sich wieder. Sie hüstelte und sagte heiser: »Ich glaube nicht, dass ich das ertragen kann.«

Eine kurze Pause entstand. Hope glaubte, das ferne Geräusch eines hupenden Pariser Taxis zu hören. Es war unglaublich, sich vorzustellen, dass Chatty in diesem riesigen Raum voller Tische und Maschinen und Stoffe war, der nach Orangen roch ... und sie hier auf dieser Landzunge in Cornwall. Fay war in Sheffield. Und Jack ... Jack war auf einer Krankenhausstation.

Sie sagte: »Ich bin schon unterwegs, Chat. Entschuldige. Ich werde in fünf Stunden dort sein. Entschuldige.«

Chatty schluckte. »Oh, Mum. Bist du sicher? Ich meine ... du musst das, nicht wahr? Aber nicht heute Abend. Du musst doch erst morgen fahren. Jem wird dich nach Penzance bringen.«

»Wenn ich jetzt nicht fahre, ändere ich vielleicht meine Meinung. Um fünf Uhr und noch was fährt ein Zug. Ich werde direkt zu Dads Wohnung fahren. Du kannst mich dort anrufen. Tu das so spät wie möglich. Ich weiß nicht, wann der Zug ankommt, aber ich werde ein Taxi nehmen müssen. Mitternacht. Ist das in Ordnung?«

»Ja. Natürlich. Pass auf dich auf. Oh, Mum ...«

»Hör auf, dir Sorgen zu machen. Du hast das Richtige getan. Danke, Chatty. Du bist eine wundervolle Tochter.«

Chatty, plötzlich erleichtert und temperamentvoll, sagte, »Ich weiß.«

Hope erzählte Bella kurz, was geschehen war.

»Du musst den Wagen nehmen, mein Mädchen. Peter würde das so wollen. Nein, von Zügen will ich nichts mehr hören. Du wirst einen Wagen brauchen, wenn du dort bist – Gloucester ist ein bisschen größer als Penzance, denke ich. Keine weiteren Diskussionen mehr. Geh zurück nach Widdershins und pack deine Sachen und komm so schnell wie möglich wieder her. Jem ist in der Scheune – sag ihm, was los ist. Er kann den Wagen dann für dich raussetzen.«

Bella wurde schlagartig aktiv, faltete ihre Bügeldecke zusammen und stellte den Wäscheständer ans Fenster, wo er Sonne bekommen würde.

»Ich pack dir für die Reise was zu essen ein.« Sie schubste Hope fast zur Tür. »Keine Diskussion mehr«, sagte sie. »Und nun beweg dich. Du wirst vor Einbruch der Dunkelheit hinter Bodmin sein. Das steht fest!«

Hope ging in die Scheune. Es roch süß darin. Jem molk früh. Er hatte seinen Kopf in Buttercups Flanke gepresst. Seine Bewegungen waren automatisch. Er hörte zu, während sie ihm erzählte, was Chatty gesagt hatte, und dann, was Bella gesagt hatte.

»Bella zeigte sich einfach ... einfach der Lage gewachsen.« Sie versuchte zu lachen. »Sie ist wirklich unglaublich.«

»Ja. Ich nehme an, dass sie so reagiert hat, als sie neunzehnhundertvierzig mit der *Mirabelle* nach Dünkirchen fuhr.« Sie registrierte diese zweite Anspielung auf Dünkirchen kaum. Er fügte hinzu: »Deine Hand blutet, Hope. Kleb da Pflaster drauf, wenn du im Cottage bist. Wie lange wirst du brauchen?«

»Ich weiß nicht. Eine Stunde. Länger nicht.«

»Dann geh. Dieser Nebel könnte heute Abend schlimmer werden, und du solltest vorher hinter Bodmin sein.«

Sie schüttelte den Kopf. »Es wird regnen«, sagte sie.

Und es regnete wirklich. Die Scheibenwischer wurden kaum damit fertig. Es fing unmittelbar hinter St. Germans an, und als sie Jamaica Inn erreicht hatte, betrug die Sicht nur wenige Meter. Sie brauchte drei Stunden, um nach Okehampton zu gelangen, und weitere drei, um nach Gloucester zu kommen. Sie verließ die Autobahn mit einem Seufzer der Erleichterung und fuhr Quedgeley und dann die Bristol Road hinunter und über die Cross und bog dann rechts in die Eastgate Street und links in die Clarence Street und wieder rechts auf den Russell Square, der Absender der letzten beiden Briefe von Jack gewesen war. An dem heruntergekommenen alten Platz wurden sehr viele Häuser abgerissen, und die Nummer fünf sah so aus, als würde sie das nächste Opfer sein. Es war ein hohes, altes Haus. Die Seite war aufgerissen, und man sah einen Kamin mitten in der Luft hängen. Tapetenstreifen schmückten Girlanden gleich die Bäume und Dornensträucher, die beschützend ringsum gewachsen waren. Im Regen und im Licht der Straßenlaternen, die bedenklich schwankten, sah es gelinde ausgedrückt wenig einladend aus. Zum ersten Mal seit Januar empfand Hope eine Spur von Mitleid für Jack. Dies war ein schlimmer Ort. Aber sie war dankbar dafür, dass sie angekommen war, und setzte Peters alten Südwester auf, bevor sie in den Regen hinausging. Dies könnte unangenehm werden. Es war nach elf Uhr. Sie überlegte, was sie tun sollte, wenn niemand die Tür öffnete.

Sie musste zweimal klopfen und eine ganze Weile warten, aber schließlich war ein Licht in der Fensterblende zu sehen und das Geräusch von Riegeln zu hören, die zurückgezogen wurden. Eine Frau mittleren Alters stand in der Haustür und sah der Karikatur einer Vermieterin so ähnlich, dass Hope unwillkürlich lächeln musste. Ihre ersten Worte überraschten Hope völlig.

»Wir hatten Sie schon aufgegeben! Dachten, Sie hätten Ihre Reise auf morgen verschoben! Kommen Sie herein. Mrs. Langley, nicht wahr? Ihre Tochter sagte, Sie würden einen alten Südwester tragen.«

Hope schulterte ihre Tasche und presste sich an der Frau vorbei in den schmalen Korridor, an dessen Ende eine Treppenflucht begann. Es gab da einen Geruch von Zwiebeln, der nicht unangenehm war. Sie sagte: »Meine Tochter hat Sie angerufen?«

»Ja.«

»Das hätte ich auch tun können. Ich habe nicht daran gedacht.«

»Sie waren besorgt.« Die Frau hatte die Riegel inzwischen wieder vorgeschoben und wandte sich jetzt an sie. Sie trug einen Kimono, der mit Sonnenblumen bedruckt war. In ihrem Haar waren Lockenwickler. »Das verstehe ich. Ich bin von meinem Männe vor zehn Jahren geschieden worden. Zu Weihnachten habe ich ihn noch immer zum Essen hier.« Sie streckte eine schinkenähnliche Hand aus. »Ich bin May Jennings. Ich habe sein Bett für Sie gemacht und die Heizdecke eingeschaltet. Ich weiß, dass es nicht kalt ist, aber der Regen ... Mr. Langley hat oben eine kleine elektrische Kochplatte, sodass Sie sich etwas zu trinken machen können, wenn Sie wollen. Da ist Trockenmilch, aber ich kann Ihnen auch richtige ausleihen.«

»Nein. Die trockene reicht mir völlig. Es ist wirklich sehr freundlich von Ihnen.« Hope war verblüfft. Sechs Stunden Fahrt unter so schlechten Bedingungen machten diese plötzliche Atempause einfach überwältigend.

»Na, schön. Wir werden morgen früh plaudern. Ihre Tochter

sagte, sie wollte gegen zwölf anrufen. Nur um zu hören, dass Sie wohlbehalten eingetroffen sind. Ich lasse Sie dann mit dem Telefon allein.« Sie stapfte vor Hope die Treppe hoch. »Es ist ganz oben im Haus, bedauerlicherweise. Kein Zimmer, das ich normalerweise vermiete, aber meine Freundin, Miss Marchant, sagte, Ihr Mann würde sehr ruhig und anständig sein, und ich sollte um Ihretwillen eine Ausnahme machen. Sein Glück habe ihn verlassen, sagte sie.«

»Miss Marchant?«, erkundigte Hope sich ungläubig.

»Die Sekretärinnenschule, die Sie vor so vielen Jahren besucht haben.« Sie gab keuchend ein kurzes Lachen von sich. »Ich weiß. Es ist komisch, wie Kreise sich manchmal schließen, nicht wahr? Wie heißt dieses Sprichwort noch gleich, wonach es nichts Neues unter der Sonne gäbe oder so?«

Hope schüttelte den Kopf. Es war alles zu viel.

Jacks Zimmer war klein, hatte eine schräge Decke, war aber ordentlich. »Ihre andere Tochter hatte alles aufgeräumt, nachdem der Krankenwagen gekommen war.« Mrs. Jennings klang schrecklich taktvoll. »Und ich habe das Bett natürlich abgezogen und eine neue Matratze und neue Kissen darauf gelegt. Sie brauchen sich also nicht komisch zu fühlen.«

Doch seltsamerweise fühlte Hope sich in dem Zimmer ›komisch‹. Sie packte ihre Sachen aus und bereitete sich einen Drink zu, während sie auf Chattys Anruf wartete, und die Ereignisse des Tages schienen sich in der winzigen zehn Quadratmeter großen Dachkammer um sie zu setzen wie – sie suchte nach einem Wort, um zu beschreiben, was sie empfand – wie die Asche aus dem Herd. Ersterbend. Und tot. Sie hatte widerwillig auf Chattys Neuigkeiten reagiert, und indem sie das tat, hatte sie versucht, neues Leben in alte Glut zu bringen. Sie hatte wirkliche, persönliche Sorge um Jack fühlen wollen, in den sie vor all diesen Jahren verliebt gewesen war. Aber was aus der Glut kam war – diese Asche.

Nachdem Chatty angerufen hatte und sie im Bett lag, versuchte sie sich intensiv vorzustellen, wie Jack sich gefühlt haben mochte, als er hier lag und sein Leben nur noch ein Scherbenhaufen war. Hatte es für ihn Glut gegeben, die wieder zum Leben entfacht werden konnte? Und wenn er wirklich mit Mandy Schluss gemacht hatte, warum hatte ihr Name den Selbstmordversuch ausgelöst?

Sie fröstelte trotz der Heizdecke. Aus tiefster Seele sehnte sie sich nach Widdershins, nach dem Geräusch der See. Sie wandte ihre Gedanken mit etwas Mühe von Jack ab und versuchte sich vorzustellen, wie Bella vor fast fünfzig Jahren die *Mirabelle* zu Wasser gebracht und sich auf den Weg nach Frankreich und zu ihrem Peter gemacht hatte. Und schließlich kamen die Tränen und sie presste ihren Kopf in das neue Kissen und weinte. Zuvor war ihr schlecht gewesen. Sie hatte sich zuvor krank gefühlt. Aber dies waren die ersten Tränen, die sie vergoss, seit sie Mandy und Jack zusammen im Sandhurst-Haus gesehen hatte.

☆

Das Krankenhaus war in edwardianischer Zeit als Nervenheilanstalt errichtet worden. Die Einwohner von Gloucester bezeichneten es noch immer als Klappsmühle, und was das anbelangte, so passte die Bezeichnung ›einen Hau haben‹, sobald dort jemand Patient war, wie kurz auch immer das sein mochte, in jedem Fall. Auf dem Besucherparkplatz gab es reichlich Platz, aber keine sichtbaren Sicherheitsvorrichtungen. Die Tage der gepolsterten Zellen und des Geschreis waren seit Einführung subkutaner Injektion vorbei. Ein Pfleger führte Hope in ein Wartezimmer, in dem mit Chintz bezogene Sessel und Tische standen, auf denen Zeitschriften lagen.

»Jack ist noch nicht angezogen. Ich werde ihm sagen, dass er Besuch hat.«

Sie war plötzlich von Panik erfüllt. Außer ihr waren noch andere Leute da. Sie wusste nicht, was sie mit sich anfangen sollte. Sie hatte nicht geplant, was sie sagen oder tun sollte. Warum, zum Kuckuck, war sie eigentlich hier? Sie sagte: »Er will mich vielleicht nicht sehen. Vielleicht ist es für ihn nicht gut, wenn er mich sieht.« Sie hatte erwartet, dass sie zuerst ein Gespräch mit einem Arzt haben würde, eine Chance bekäme, sich aus der ganzen Sache wieder herauszuziehen.

»Oh, er wird erfreut sein«, sagte der Pfleger ungezwungen und verschwand.

Hope schaute sich nervös um. In dem Raum saßen ein halbes Dutzend Leute. Zwei von ihnen spielten Dame. Einer las Zeitung. Die anderen sprachen mit einer Frau, die einen weißen Kittel trug. Sie schienen eine Auseinandersetzung zu haben, und sie ging zu dem Fenster, das Ausblick auf einen Rasen bot, der von Blumenbeeten gesäumt war. Es war wegen eines drohenden Sturmes geschlossen, aber sie fühlte sich hier dennoch sicherer. Sie hatte nicht geglaubt, dass sie Angst haben würde. Depression war schließlich nur ein anderes Wort für Verrücktheit. War Jack verrückt?

Die Frau im weißen Kittel sagte plötzlich laut: »Also, schön. Die Fußpflegerin wartet und jemand muss nun mal der Erste, jemand muss der Letzte und jemand muss in der Mitte sein! Und wenn ihr euch nicht einigen könnt, dann werde ich sagen, Billy, du bist zuerst dran. Jim als nächster. Andy als Letzter. Und jetzt haut ab, Himmel noch mal. Ich habe Besseres zu tun, als dem Theater von euch dreien zuzuhören. Es tut nicht weh! Okay?« Sie schlurften wie Schuljungen vor ihr her. Dann stürmte einer von ihnen, vermutlich Billy, aus dem Zimmer, und die beiden anderen wandten sich den Zeitungen zu.

Die Frau kam zu Hope herüber. »Sie sind Mrs. Langley und

gekommen, um Jack zu besuchen?« Sie streckte eine Hand aus. »Ich bin Dr. Davis. Aber alle nennen mich Glenys. Sollen wir uns setzen? Es wird eine Weile dauern, bis er kommt. Er hat Angst davor, Sie zu sehen.«

»Haben Sie ihm erzählt, dass ich komme?«

»Eines der Mädchen rief an. Sie rufen ständig an.« Sie zögerte und sagte dann: »Sie stehen sich als Familie sehr nahe, Mrs. Langley.«

Es war keine Frage, aber Hope errötete und nickte und fügte dann hinzu: »Na ja, zumindest dachte ich, dass es so sei.«

»Ja. Und jetzt sagen Ihre Töchter – beide auf verschiedene Weise – dass Sie sich losgelöst hätten.«

Hope spürte Kritik. Sie sagte abwehrend: »Ich konnte nicht mit einer Lüge leben. Deshalb bin ich gegangen. Ja, in diesem Sinne habe ich mich losgelöst. Aber nicht von den Mädchen. Sie hatten das Zuhause ohnehin verlassen.«

»So ziemlich.« Die Ärztin lächelte. »Obwohl ich denke, dass Sie mir Recht geben werden, wenn ich sage, dass Kinder, wenn Sie das Zuhause zum ersten Mal verlassen, mehr denn je wissen müssen, dass hinter ihnen die Geborgenheit der Familie ist.«

»Ich glaube, das wissen sie. Sie haben mich beide besucht.«

Die Ärztin lächelte. »Die ältere, Fay, sagte, sie hätten eine wundervolle Zeit verlebt.«

»Ja.« Hope fragte sich, warum sie sich schuldig fühlte.

»Sie sagte, Sie haben sehr glückliche Zeiten in diesem kleinen kornischen Cottage erlebt.«

»Ja.«

»Sie und Ihre Mutter und die beiden Mädchen.«

»Mein Mann kam natürlich dazu, wenn er konnte.«

»Und letztes Jahr, als Ihre ältere Tochter nach Island fuhr, kam statt ihrer Ihre Freundin dorthin?«

Hope schluckte. »Das ist richtig.«

»Interessant, dass es sich stets so ergeben hat, dass vier Frauen dort waren ... Ihre Tochter sagte, sie hätten sich als die Phantastischen Vier bezeichnet. Das muss sehr lustig gewesen sein.«

»Ja.«

»Aber Ihr Mann kam selten. Hatte er vielleicht das Gefühl, ein Eindringling in dieser reinen Frauengruppe zu sein?«

»Nein. Überhaupt nicht. Er hatte viel zu tun und er war nicht sehr scharf auf ... das einfache Leben.«

»Und doch hat er das Cottage für Sie gekauft?«

»Ja. Er wusste, dass ich es liebe.«

»Ich verstehe.« Die Ärztin lächelte wieder. »Tja, belassen wir's dabei. Ich denke, Jack wird schon bald entlassen werden, und es wäre überaus hilfreich, wenn Sie bei ihm sein könnten, wenn er mit dem Berufsberater spricht. Es wird Rehabilitierungsmaßnahmen geben, und Sie kennen seine Stärken und Schwächen wahrscheinlich besser als jeder andere.«

Hope sagte schnell: »Ich kann nicht für ihn verantwortlich sein. Das müssen Sie verstehen.«

Die Ärztin lächelte. »Ich meinte einfach, dass Sie wissen, ob er einen Kessel Wasser zum Kochen, sich ein Omelett machen kann. Derartige Dinge. Dies für den Fall, dass er sich für Haushaltshilfe qualifiziert.«

Hope entspannte sich. Es nahm also niemand an, dass sie zurückkommen würde, um sich um Jack zu kümmern.

Die Ärztin – Glenys – stand langsam auf. »Es gibt natürlich andere Stärken und Schwächen. Die kennen Sie wahrscheinlich auch. Sie könnten ihm vielleicht dabei helfen, vielleicht auch nicht. Er sagte mir, dass Sie nicht wirklich geschieden sind.«

»Noch nicht.« Hope ballte ihre Hände. »Ich denke, ich muss ehrlich zu Ihnen sein: Eine Versöhnung steht nicht zur Diskussion.«

»Ja. Das ist uns klar. Und Jack auch. Es gibt absolut keinen Druck auf Sie.« Glenys lächelte. »Er hatte einen Bruder erwähnt. Giles. In Australien. Offensichtlich hatte Jack in der Vergangenheit selbst mit dem Gedanken gespielt, dorthin auszuwandern. Er hat ... angedeutet ... dass er in der Zukunft vielleicht zu ihm fahren wird.«

Hope fühlte sich ungemein erleichtert. »Das wäre natürlich am besten. Ein neuer Anfang.«

»Ja.«

Die Ärztin schaute an ihr vorbei, als Jack in der Tür auftauchte. Ihr Lächeln wurde breiter und sie stand auf und ging zu ihm.

»Hallo, Jack. Wie geht es Ihnen heute Morgen?«

Obwohl sie locker und vertraut sprach, starrte Jack sie ausdruckslos an. Schließlich sagte er: »Gut.«

»Ihre Frau ist gekommen, genau so, wie Fay es versprochen hatte. Kommen Sie und setzen Sie sich und reden Sie miteinander. Ich besorge Kaffee.«

Sie führte Jack, als ob der ein Invalide sei, und Hope konnte tatsächlich sehen, wie gebrechlich er war. Er trug ein T-Shirt und eine alte Flanellhose, die er vor Jahren schon gehabt hatte, wie sie sich erinnerte. Seine Füße steckten in Slippern. Socken hatte er nicht an. Aber es war sein Gesicht, das sie schockierte. Sein volles, weiches Haar war fast weiß und seine Wangen waren so eingefallen, dass er hohlwangig aussah. Seine Augen starrten sie für einen langen Moment an und wichen dann aus. Sie stand förmlich auf.

»Hallo, Jack.«

Sein Blick wanderte wieder zu ihr und er sagte: »Hallo.«

Glenys half ihm in einen Sessel und verließ sie. Er verharrte genau so, wie sie ihn platziert hatte. Seine knochigen Knie waren fast unter seinem Kinn. Seine Arme baumelten herab.

Hope zwang sich zu einem Lächeln. »Jack, du scheinst mich nicht zu erkennen.«

»Entschuldige.« Seine Augen fokussierten sie für einen Moment. »Entschuldige. Entschuldige.«

»Ist ja in Ordnung.« Sie merkte, dass sie sich zu ihm vorbeugte. »Ist ja in Ordnung, Jack. Du warst verzweifelt und du dachtest, es sei die einzige Möglichkeit, die dir bliebe. Aber das ist nicht so. Wirklich nicht so.« Sie schaute ihm fest in die Augen und sah ein schwaches Schimmern von Erkennen in ihren Tiefen. Sie beugte sich weiter vor und ergriff seine schlaffe Hand. »Ich bin's, Jack. Hope.«

Er schaute sie an und runzelte leicht die Stirn. Dann schüttelte er den Kopf. »Keine Hoffnung«, murmelte er und bewegte sich endlich, lehnte sich so in den Sessel zurück, dass seine Hand aus ihrer fiel. Er wandte sich ab, um aus dem Fenster zu schauen.

Sie saß da und wusste nicht, was sie tun sollte. Ein Teil von ihr war wütend und wollte ihn schütteln und ihm sagen, dass er sich nicht so aus der Affäre ziehen könnte, dass er zurückkommen müsse und sich dem zu stellen habe, was geschah. Die andere Hälfte war entsetzt.

Einer der anderen Männer – vermutlich Billy – schlurfte in den Raum zurück und ein anderer stand auf und wollte hinausgehen und blieb dann stehen und schaute auf Jack hinab. »Er ist bis oben hin mit Medikamenten vollgeknallt«, bemerkte er. »Reden Sie weiter mit ihm. Ist die einzige Möglichkeit.«

Der Ärger verschwand. Das Entsetzen blieb. Sie nickte dem Mann zu und holte tief Luft. »Jack. Ich bin's, Hope. Deine Frau. Wir haben zwei Töchter, Faith und Charity, und wir rufen sie Fay und Chatty. Fay ist blond und schön und irgendwie gelassen. Wie meine Mutter, Milly. Du erinnerst dich doch an Milly. Und Chatty ist dunkel wie ich und redet pausenlos.«

Die Worte kamen stoßweise heraus, mit langen Pausen dazwischen. Die ganze Geschichte war surreal und unrealistisch, wie eine Szene in einem altmodischen Film über Kriegsneurose im Ersten Weltkrieg. Ihr Entsetzen war mit etwas anderem vermengt: mit Verlegenheit. Wie konnte sie sich in einem solchen Moment verlegen fühlen? Und doch war es so und sie merkte, dass sie sich heimlich umschaute, um zu sehen, ob die Damespieler oder die Zeitungsleser zuhörten.

Es gab keine Antwort von Jack. Sie folgte seinem Blick und schaute in den Garten draußen vor dem Fenster. Ein Sonnenstrahl beleuchtete einige Sonnenblumen und sie sagte spontan: »Oh, schau dir die an! Sind sie nicht wunderschön? Am Ende des Tales waren welche, die sich selbst ausgesät hatten, und ich sammle die Kerne. Die Vögel lieben sie.«

Sie schaute ihn an, und er lächelte zu ihrer Überraschung. Eifrig sagte sie: »Das hast du gehört, nicht wahr?« Sie wandte sich wieder dem Garten zu. »Du willst nicht über Menschen sprechen, nicht wahr? Menschen verletzen und richten Schaden an. So habe ich gefühlt, als ich nach Widdershins ging. Ich wollte mich völlig darein versenken, Dinge – Dinge anzubauen und auf die See und die Blumen schauen. Und ... mein Gott, du weißt, was ich meine!«

Und so war es. Sie war überzeugt, dass er wusste, was sie meinte, obwohl sie es selbst kaum wusste. Sein Gesicht veränderte sich nicht und seine Augen schauten geradeaus, aber sie blickten jetzt statt zu starren.

Sie sagte: »Die wie Gänseblümchen aussehen sind die Schönsten, findest du nicht? Ich liebe die Hängenden, aber die anderen sehen aus, als würden sie ihre Gesichter der Sonne zuwenden. Und ist das nicht Phlox? Eine so altmodische Blume. Und Stockrosen sind da auch.«

»Hoffnung«, sagte er plötzlich. »Hope.«

Sie war so sicher, dass er das Abstrakte meinte, dass sie leise sagte: »Es gibt immer Hoffnung. Immer.«

Als Glenys Davis zurückkam, fand sie die beiden Seite an Seite sitzend, schweigend, aber offensichtlich ungezwungen.

»Wie geht es?«, fragte sie in ihrem lockeren und absichtlich unprofessionellen Tonfall.

Hope lächelte. »Ich hatte überlegt, ob wir einen Spaziergang im Garten machen könnten. Vielleicht heute Nachmittag? Jack ist jetzt müde.«

»Das wäre ausgezeichnet.« Sie beugte sich zu Jack und sagte: »Zum Mittagessen gibt's Fisch und Chips, Jack. Das Lieblingsessen aller.«

Hope wertete das als Entlassung. Sie stand auf, verabschiedete sich und ging hinaus auf den Parkplatz. Sie weinte wieder. Es war lächerlich. Und doch nach all dem vielleicht gar nicht so lächerlich. Wenn Jacks Gehirn durch den Selbstmordversuch in Mitleidenschaft gezogen war, dann war er wirklich fort. Und sie hatten sich so sehr geliebt. Vor langer Zeit einmal.

13

An diesem Nachmittag kehrte Hope ins Krankenhaus zurück, aber Jack schlief, und als er erwachte, waren seine Augen wieder trüb und er reagierte nicht, als sie vorschlug, einen Spaziergang im Garten zu machen. Sie saß an seinem Bett und versuchte verzweifelt, bei ihm Interesse für etwas zu wecken. Das Zimmer war klein, aber für seine Bedürfnisse ausreichend. Sie warf einen Blick in seinen Spind und fand eine Gideon-Bibel und einen Zahnputzbecher.

»Jack, wir müssen eine Liste machen – eine Einkaufsliste.«

Sie lächelte breit. »Eine Flasche Limonensaft wäre gut. Dein Lieblingsgetränk. Erinnerst du dich?« Er runzelte ein wenig die Stirn. Sie gewöhnte sich allmählich an dieses kurze, verdutzte Stirnrunzeln. »Ich habe dir Trauben mitgebracht.« Sie versuchte, intensiver zu lächeln. »Das bringt man Menschen mit, die in Krankenhäusern liegen!« Er runzelte weiter die Stirn, sah sie aber dabei nicht an. Sie löste eine Weintraube und ergriff seine Hand. »Komm, Jack. Iss eine Traube.« Er hob gehorsam seine Hand und steckte die Traube zwischen seine Lippen.

Hope war entsetzt. Sie hatte angenommen, dass sie an diesem Nachmittag da weitermachen würden, wo sie heute Morgen aufgehört hatten. Stattdessen schien es, als habe er einen Schritt vorwärts gemacht und zwei zurück.

Um vier Uhr wurde ein Teewagen hereingeschoben, und sie sah mit noch größerem Entsetzen, dass Jack eine Schnabeltasse bekam.

»Kein Kuchen?« Sie schloss die Krankenschwester in ihre Frage ein. »Normalerweise mag er Kuchen über alles!« Sie hasste ihre eigene Stimme. Die Gönnerhaftigkeit, die Nachgiebigkeit, so, als ob Jack fünf Jahre alt sei und nicht fast fünfzig.

Die Krankenschwester schüttelte den Kopf. »Nachmittags sind alle zu schläfrig«, erwiderte sie in genau dem gleichen Tonfall. »Aber zum Abendessen sind sie wieder voll da. Keine Sorge!«

Hope fasste abrupt einen Entschluss. »In dem Fall werde ich jetzt gehen und Einkäufe machen, und dann bin ich gegen halb sieben wieder hier und mache dann mit ihm unseren Spaziergang im Garten.«

Sie stand entschlossen auf, beugte sich vor und küsste ihn auf seinen grauen Kopf. Die Wirkung war erschreckend. Jack zuckte zurück, als habe sie ihn geschlagen. Die Schnabeltasse kippte auf dem Bett um und Tee ergoss sich über die Decke. Die Krankenschwester machte einen Satz, um die Tasse aufzunehmen und wischte über den sich ausbreitenden Fleck.

»Du bist ein ungezogener Junge!«, sagte sie. Es gelang ihr nur mit Mühe, den nachsichtigen Tonfall beizubehalten,

Hope hörte sich sagen: »Entschuldigung. Das war meine Schuld. Entschuldige, Jack. Ich habe dich erschreckt. Ist ja nichts passiert.«

»Der Bezug muss gewechselt werden«, sagte die Krankenschwester kurz angebunden.

»Ich meinte, dass dem Patienten nichts passiert ist«, erwiderte Hope ebenso kurz angebunden. Sie ergriff die Tasse und ging zu dem Wagen, um sie nachzufüllen. »Hier, Jack. Ist überhaupt nicht heiß, fürchte ich. Trink ihn, so bald du kannst.«

»Der Tee soll auch nicht heiß sein. Einige von ihnen würden sich verbrühen.«

»Ja. Ich verstehe.« Jack würde der Gnade dieser Frau ausgeliefert sein, wenn sie weg war. Deshalb lächelte sie. »Das leuchtet ein.«

Die Krankenschwester rollte den Servierwagen zur Tür und schob ihn hinaus. »Wir tun unser Bestes«, war ihr Spruch beim Gehen.

»Oh, lieber Jack.« Hope hob die Schnabeltasse, weil sie wollte, dass er den Tee trank, solange er noch warm war. »Ich habe wohl ein Machtwort gesprochen, was?«

Nur für einen Augenblick glaubte sie, er würde sie wegen dieses Geredes anlächeln. Aber dann wurde sein Blick wieder unkonzentriert, und er trank wie ein Kind, schluckte laut.

☆

Sie kaufte Kekse und Käse in einer Verpackung mit einem Plastikmesser, Äpfel, Limonensaft, spezielle Papiertaschentücher und ein Exemplar der *Schatzinsel,* das, wie er ihr einmal erzählt hatte, immer sein Lieblingsbuch gewesen war. Und dann setzte sie sich eine Stunde lang in das Mittelschiff der Kathedrale. Sie versuchte gar nicht erst zu beten, weil sie einfach nicht mehr wusste, worum sie beten sollte, aber sie versuchte, ihren Geist für den Fall zu öffnen, dass ihre Mutter im Stande wäre, ihr einen Gedanken zu schicken. Nichts geschah. Unerwünschterweise nahmen andere Gedanken den Raum in Anspruch, den sie zur Verfügung gestellt hatte. Sie war zum letzten Mal in Truro in einer Kathedrale gewesen, und dort war ein Mann gewesen, der seinen Gehstock hatte fallen lassen. Daraufhin war nichts weiter geschehen. Wenngleich zuvor wieder Jem in ihr Leben getreten war und bei den Penhailes' für Peter ein Leben möglich gemacht hatte. Sie fragte sich, ob er ›geschickt‹ worden sein mochte, und lächelte dann, weil es ihr schwer fiel, sich einen noch unwahrscheinlicheren Sendboten der Götter vorzustellen.

Sie schaute sich um, fragte sich, ob heute jemand anders auftauchen würde, aber das Mittelschiff erstreckte sich hallend bis zum Chor und weiter zur Marienkapelle mit ihren fadenscheinigen Bannern. Sie lehnte sich zurück und starrte unentwegt auf das Ostfenster, bis ihr ganzer Kopf mit den Edelsteinfarben des Bleiglasfensters gefüllt war. Farben. Lebendige, das Leben intensivierende Farben. Sie stand auf und ging über den winzigen Hof zur Westgate Street und kaufte eine Krawatte, regenbogenfarben und schreiend und wahrscheinlich scheußlich. Und dann entdeckte sie eine Telefonzelle und sie rief Bella an.

»Oh, meine Schöne, ich bin ja so froh, von dir zu hören!« Bella klang überhaupt nicht wie sonst. »Deine Mädchen haben uns keine Ruhe gegeben, seit du fort bist! Und diese arme Mrs. Jennings muss die Nase von ihnen wirklich voll haben. Du bist den ganzen Tag über nicht wieder in dem Zimmer gewesen – was war denn los?«

Hope erzählte Bella genau, was passiert war. »Gib das aber nicht an die Mädchen weiter, Bella. Ich bin mir nicht sicher, wie schlimm es mit ihm war, als Fay bei ihm war, aber jetzt geht es ihm wirklich schlecht. Ich denke, es liegt an den Beruhigungsmitteln. Die Ärztin sprach davon, dass sie ihn entlassen wollte, als ich heute Morgen mit ihr redete, aber soweit ich das beurteilen kann, besteht keine Chance, dass er in absehbarer Zeit alleine zurecht kommen kann. Und ich will wirklich nicht, dass Chatty mit dem Gedanken spielt, nach Hause zu kommen – und Fay auch nicht.«

»Wie wär's, wenn du hierher kommst, mein Mädchen?« Bella klang besorgt. »Ich kann mir nicht vorstellen, wie du ihn alleine in einem Zimmer lassen willst.«

»Ich werde meine Karten auf den Tisch legen, wenn ich wieder mit seiner Ärztin spreche. Er wird im Krankenhaus bleiben müssen. Wir könnten uns nicht um ihn kümmern, Bella. Keiner von uns. Es – es ist schrecklich.« Unerwarteterweise schluchzte sie. »Einfach schrecklich.«

»Aber, aber. Nun komm. So kenne ich dich ja gar nicht, mein Mädchen!«

»Ich weiß. Ich weine dauernd. Es zerrt an meinen Nerven!« Sie lachte schniefend, und nach einem Augenblick fiel Bella ein. Dann sagte die ältere Frau, in dem Bemühen, so viel Trost wie möglich zu spenden, dass Jem unten in Widdershins gewesen sei und Bohnen gepflückt und das Salatbeet gegossen habe, und dass alles sehr gut aussähe.

»Lass dir Zeit mit der Rückkehr, Mädchen. Diese Fennie Perkins ist heute Morgen mit einer Ladung Lebensmittel gekommen. Hat meine Fenster geputzt. Und die Milchküche gescheuert.« Eine kleine Pause entstand. Dann fügte sie hinzu, »Peter hat das Baby auf seinen Schoß genommen.«

Hope hielt ebenfalls inne, spürte etwas Wichtiges. Als Bella nichts weiter sagte, sagte sie zögernd: »Wenn du dir ganz sicher bist? Ich denke, ich muss wohl länger als geplant bleiben. Vielleicht eine ganze Woche.« Bei diesem Gedanken hätte sie am liebsten wieder geweint. Sie sehnte sich verzweifelt danach, die See zu hören und den Himmel zu beobachten, um zu sehen, wie das Wetter werden würde.

»Das ist in Ordnung. Und deine beiden Mädchen werden dich heute Abend wieder anrufen. Also versuche, pünktlich wieder in dieser Pension zu sein.«

»Ja. Grüße Peter herzlich von mir.« Die Verbindung war beendet und die Münzen fielen klirrend in den Behälter. Für einen Augenblick hatte sie das Gefühl, als sei ein Rettungsseil durchgeschnitten worden. Dann schulterte sie wieder ihre Tasche und ging hinaus Richtung Parkplatz.

Es schien bereits so, als würde sie seit einer Ewigkeit zum Krankenhaus fahren, und sie musste sich daran erinnern, dass sie gestern noch in Widdershins gewesen war. Diesmal saß Jack in dem großen Raum und wartete auf sie. Er stand auf, als sie den Raum betrat, und drehte sich wie ein Automat zu dem geöffneten Fenster. Sie folgte ihm hinaus in den architektonischen Garten, und es gelang ihr durch einen kleinen Hüpfer, neben ihm zu spazieren. Es war, als sei er für eine Art Vorstellung gedrillt worden. Er ging vielleicht drei Schritte, blieb dann stehen und betrachtete den nächsten Busch. Sie sagte absichtlich nichts. Nach etwa fünf Sekunden völligen Schweigens, machte er weitere drei Schritte und blieb wieder stehen. Da Hope das alles so unnatürlich fand, wartete sie nicht auf ihn, sondern spazierte weiter, bis sie an eine Bank in einer Lavendelhecke gelangte. Sie setzte sich darauf. Der Duft war alles umhüllend. Sie schloss die Augen und atmete tief ein.

Es hatte aufgehört zu regnen und es war ein stiller, feuchter Abend. Irgendwo läuteten kurz Glocken und auf dem Dach gurrte eine Taube. Sie öffnete die Augen und sah, dass Jack unbehaglich vor ihr stand.

»Setz dich, Jack.« Sie klopfte auf die Bank. »Setz dich und atme den Lavendelduft ein.«

Er setzte sich gehorsam, und für eine lange Zeit waren sie absolut still, als genössen sie gemeinsam den Duft und die sanften Klänge. Hope wusste nicht, wie Jack fühlte, aber sie wusste, dass sie allmählich so angespannt wie eine Feder war. Sie hatte ihre Tasche zwanglos auf einen der Sessel in dem Raum geworfen, sodass sie ihm weder einen Keks noch eine Süßigkeit anbieten konnte, und sie konnte sich beim besten Willen nicht dazu durchringen, eine banale Bemerkung über das Wetter oder den Garten zu machen.

Und dann, gerade als sie das Gefühl hatte, aufspringen und gehen zu müssen, sprach er.

»Wann gehst du?«, fragte er.

Seine Worte waren so normal, so taktlos, dass sie ohne nachzudenken lachte und erwiderte: »Vielen Dank, Jack! Ich bin gerade erst angekommen!«

Sie wandte ihren Kopf, um ihn anzusehen, und er blinzelte angestrengt und schüttelte seinen Kopf. »Ich meine, wann gehst du zum Cottage zurück?«

Sie starrte ihn erstaunt an. Es war, als sei er weg gewesen, und als habe sich plötzlich eine Tür geöffnet und er war wieder da. »Noch nicht. Dr. Davis glaubt, ich kann dir helfen, dich zu Hause wieder einzugewöhnen.«

»Nein.«

»Das muss nur mit dem Sozialdienst überprüft werden.« Sie glaubte, er wolle nicht, dass sie seine Schwäche sah. Das war typisch für Jack. Er musste das Kommando haben. Der Beschützer und Ernährer. Dies war der alte Jack. Erst war er ein Zombie gewesen und jetzt war er plötzlich logisch. Sie lächelte. »Nichts sehr Durchgreifendes, Jack.«

»Nicht Dr. Davis«, sagte er.

»Sie ist diejenige, die vorgeschlagen hat ...«

»Nein.«

Sie spürte, dass ihre Nerven sich wieder verkrampften. »Doch, Jack. Es war Dr. Davis, die mit mir gesprochen hat, als ich heute Morgen ankam.«

»Nein ... *Glenys*«, sagte er. »Glenys. Nicht Dr. Davis.«

Sie war versucht zu nicken und ihm das nachzusehen und dann konnte sie es nicht.

»Sie sind ein und dieselbe Person, Jack«, sagte sie ruhig.

»Nein«, wiederholte er.

Sie platzte heraus: »Das ist ja ein Albtraum! Du bist da und dann bist du nicht da!«

Unglaublicherweise sagte er hölzern, »Ja.«

»Oh, Jack! Oh, es tut mir so Leid! Kannst du nicht aufwachen?«

»Nein.«

»Hör doch nur.« Sie beugte sich vor, war verzweifelt bemüht, ihm zu helfen. »Glocken. Kannst du sie hören?« Wieder trat Stille ein und sie glaubte, sie hätte ihn wieder verloren. Dann nickte er einmal. »Gut. Da wird das Glockenläuten geübt. In einer Kirche irgendwo. Findest du nicht auch?« Eine weitere Pause und gerade, als sie aufgeben wollte, nickte er wieder.

»Richtig. Das ist kein Albtraum, Jack. Das ist real. Und die Tauben? Kannst du die hören? Und der Lavendel – du glaubst doch sicher nicht, dass der Lavendel ein Albtraum ist?«

Es gab keine weiteren Reaktionen mehr, aber sie fuhr unablässig fort, erinnerte ihn an seine Wahrnehmungen, brachte ihn dazu, zu sehen und zu hören und zu riechen und zu berühren. Allmählich schwand ihre eigene Anspannung, und als ihr die Worte ausgingen, war sie im Stande zu sitzen, schweigend entspannt zu sein, seine Anwesenheit zu akzeptieren, anzunehmen, dass er ihre akzeptierte, und deshalb war es ein Schock, als er plötzlich sagte: »Ich muss gehen.«

Sie stand sofort auf. »Natürlich. Ich habe ein paar Dinge mitgebracht. Du weißt doch, dass wir heute Nachmittag eine Liste gemacht hatten. Ich werde sie auf dein Zimmer bringen und in deinen Spind packen.«

Er sagte sofort: »Nein!«

Sie spürte, dass sie errötete. »Oh. Nein, natürlich nicht. Wenn du nicht willst ...«

»Nein«, wiederholte er. Er begann über den Weg zurück zu den Fenstern des Aufenthaltsraumes zu laufen, und sie folgte ihm. Er wäre wohl weiter durch den Raum gelaufen und durch die Tür, aber sie hielt ihn an und reichte ihm die Tasche, die sie mitgebracht hatte. Er nahm sie und hielt sie auf Armeslänge Abstand.

»Kekse und ein paar Dinge. Leg das alles in deinen Spind, Jack.«

Er schaute auf die Tasche, dann sie an und sagte: »Danke.«

Sie sagte: »Noch eines.« Sie griff in ihre Handtasche und holte die Krawatte heraus, und bevor er sich bewegen konnte, legte sie sie um seinen Hals und steckte sie in sein Hemd. »Ist sehr Noël Coward, findest du nicht?«

Er senkte sein Kinn so, dass er die Krawatte sehen konnte. Er sah fast beleidigt aus.

Sie sagte schnell: »Es war die Farbe. Mir gefiel der Regenbogeneffekt. Erinnerte mich an das Ostfenster in der Kathedrale. Ich ging dorthin, um da zu sitzen und ...«

Ihre Stimme verlor sich, als er wieder aufblickte und ihr direkt in die Augen schaute. Ihre Augen wurden groß. Er sah sie. Endlich sah er sie.

Er sagte ruhig: »Fahr zurück zum Cottage, Ho. Warte nicht

mehr auf mich. Fahr zurück.« Und er drehte sich um und ging durch die Tür. Hope schaute ihm nach, wie er einen langen Korridor hinunterging, nach links abbog und aus dem Blickfeld verschwand. Zehn Minuten zuvor hätte sie sicher beschlossen, seinen Aufenthalt hier zu verlängern und ihn sich selbst zu überlassen. Jetzt wusste sie, dass sie es nicht tun konnte.

☆

Im Lauf der folgenden Woche versuchte Hope, eine Routine zu schaffen. Sie fuhr dreimal täglich ins Krankenhaus, blieb aber jedes Mal nicht länger als eine Stunde. Vormittags überbrachte sie Nachrichten von den Mädchen, von Bella und Peter. Dann las sie die Schlagzeilen aus der Zeitung des jeweiligen Tages vor. Nachmittags las sie ein Kapitel aus der *Schatzinsel,* saß dabei neben seinem Bett und bestand darauf, dass er mindestens zwei Kekse zu seinem Becher Tee aß. Abends saßen sie im Garten und sie ging mit ihm durch, was er hören und sehen konnte, bestrich ein paar der Kracker mit Käse und nahm einen kleinen Imbiss mit ihm.

Am Montag kam sie am Nachmittag mit einer Porzellantasse mit Untertasse, und kaum hatte die Krankenschwester den Wagen weggerollt, goss sie den Tee aus der Schnabeltasse in die neue Tasse um.

»Setz dich in meinen Sessel, Jack. Diese Schnabeltassen sind nur dazu da, wenn man im Bett liegt. Das ist richtig. Schmeckt besser, nicht wahr?«

Die übliche lange Pause vor dem einmaligen Nicken. Er saß da wie eine Herzogin, hielt die Untertasse mit einer Hand, die Tasse mit der anderen. »Du kannst deinen kleinen Finger abspreizen, wenn du magst«, neckte sie ihn. Aber sie bekam keine Reaktion, und als er den Tee getrunken hatte, las sie wieder vor, wobei sie die Worte ›schwarzer Punkt‹ dramatisch betonte. Sie warf ihm einen kurzen Blick zu und meinte, die Spur eines Lächelns in seinem Gesicht zu sehen. Aber an diesem Abend wartete er nicht im Aufenthaltsraum auf sie, und als sie den Krankenpfleger nach ihm fragte, wurde ihr gesagt, dass er sie nicht sehen wollte.

Sie wusste nicht, was sie tun sollte. Sie war noch seine Ehefrau und konnte wahrscheinlich darum bitten, wieder auf sein Zimmer gehen zu dürfen. Aber sie war eigentlich nicht mehr wirklich seine Frau, und wenn er sie nicht sehen wollte, bedeutete dies, dass er jetzt alleine zurecht kam? War dies eine Art von gütigem Lebewohl seinerseits?

Der Krankenpfleger lächelte. »Er ist schon in Ordnung, wissen Sie. Wir haben ihn nicht eingesperrt oder so. So was geschieht manchmal bei Menschen, die einen Selbstmordversuch hinter sich haben. Sie wollen dann ihre Familien einfach nicht sehen. Es ist eine Art von Verlegenheit.«

Es reduzierte die schreckliche Enormität von allem auf eine banale Prognose, die zu akzeptieren sehr verlockend war. Aber Hope wusste, dass mehr als Verlegenheit dahinter steckte.

Dr. Davis – oder Glenys – war übers Wochenende weg, weshalb sie einen Termin mit ihr für Mittwoch vereinbarte. Der Dienstag war schrecklich. Jack weigerte sich total, sie zu sehen. Sie wusste den ganzen Tag nichts mit sich anzufangen, lief bis Mittag in der Stadt herum und ging dann wieder zum Krankenhaus zurück, doch nur um zu hören, dass Jack sich noch immer weigerte, Besucher zu empfangen, und dann fuhr sie am Nachmittag einer Eingebung folgend nach Sandhurst. Es war sehr warmes, aber windiges – juckendes Wetter, wie Mandy es zu bezeichnen pflegte. Mandy hatte einige sehr direkte und vielsagende Formulierungen gehabt. »Ich habe das Gefühl, als sei mein BH voller Flöhe!«, hatte sie an einem schwülen Tag vor einem Gewitter gesagt. Und als Hope schwanger war, hatte sie sie aufgefordert, mit ihr einkaufen zu gehen und gesagt, »Nun geh und kotz dich aus und dann zieh einen sauberen Kittel an und deine Känguruhose und setz ein neues Gesicht auf!« Sie war immer im Stande gewesen, aus etwas, das absolut nicht lustig war, etwas Lustiges zu machen. Hope überlegte einen kurzen Augenblick lang, wie sie mit der schrecklichen Krankheit von Jack fertig werden würde. Was war komisch an dieser seltsamen doppelten Persönlichkeit, die versuchte, sich vor jedem und allem zu verschließen?

Hope fuhr sehr langsam an der Häuserreihe vorbei. Die Gärten wirkten am Ende des Sommers müde. Der Fluss führte nur wenig Wasser und eine Linie glitzernden Schlammes säumte beide Ufer. Sie fuhr auf den Parkplatz des Pubs und ging hinein, um eine Tasse Tee und Sandwiches zu bestellen. Sie musste Pläne machen. Sie wollte sich nach draußen setzen und überlegen, was sie morgen Glenys Davis sagen sollte. Könnte sie überhaupt völlig offen sein und fragen, ob sie Ende der Woche nach Cornwall zurückkehren könnte? Es war so offensichtlich, dass absolut keine Möglichkeit bestand, dass Jack in das Zimmer am Russell Square zurückkehrte. Mrs. Jennings war sehr freundlich, aber die Einrichtung war mehr als spärlich und er würde in diesem Zimmer unterm Dach des Hauses verrückt werden.

Sie ging mit dem Tee und den Sandwiches in den kleinen Garten hinaus, setzte sich an einen der Holztische und versuchte zu überlegen, was für Jack das Beste wäre. Gab es ein Genesungsheim für Fälle wie seinen? Und falls ja, würde das die Krankenkasse zahlen oder fiel das in die Zuständigkeit des Sozialamtes? Und dachte sie wirklich allein an Jacks Wohlergehen oder lag ihr nur daran, schnellstmöglich zurück nach Cornwall zu kommen?

Am Ende einer Stunde war sie mit ihren Gedanken und Plänen kein Stück weiter gekommen. Sie ging zum Wagen zurück und fuhr die Straße hinunter, hatte die Absicht, in die Auffahrt des ehemaligen Petersen-Hauses einzubiegen und zu wenden. Es war jetzt unangenehm heiß, und ein beißender Geruch trieb vom Fluss durch die offenen Fenster von Peters Wagen. Sie hoffte, es würde in der Nacht regnen und damit der Stadtstaub von dem makellosen Lack gewaschen werden. Wenn sie zurück war, würde sie ihn putzen, den Chrom und das Glas polieren und wieder zum Glänzen bringen. Sie wünschte sich, es gäbe etwas, das sie für Peter und Bella besorgen könnte. Wenn sie morgen in den winzigen Laden in der St. John's Lane ging, würde sie vielleicht ein anständiges gebrauchtes Teleskop finden. Jem könnte es für Peter im Schlafzimmer auf einem Stativ oder so aufstellen. Bella würde auch ihre Freude daran haben.

Sie lenkte den Wagen durch das Tor in die Auffahrt und legte den Rückwärtsgang ein, um auf die Straße zurückzusetzen. Und dann hielt sie verlegen an. Jemand hängte an der Rückseite des Cottages Kleidungsstücke auf die Leine. Wie dumm von ihr. Das Haus musste ja naheliegenderweise verkauft oder vermietet oder sonst etwas worden sein. Sie bog eilig um die Hecke zurück und wollte schon wegfahren, als etwas ihre Aufmerksamkeit weckte. Das Kleid, das schlaff an den Wäscheklammern in der Hitze des Nachmittags hing, war vertraut. Es war schräg zugeschnitten. Seide, korallenfarben. Mandys Lieblingsfarbe. Mandys Lieblingskleid. ›Mein Schnell-Verführ-Kleid‹ hatte sie es genannt.

Hope setzte den Wagen einen Meter vor. Wer immer da Wäsche aufhängte, war jetzt unsichtbar. Die Leine hob sich plötzlich, als sie hochgehoben wurde, und dann bog eine Frau um die Ecke des Hauses, zog die Tür auf und ging hinein. Es war Mandy.

☆

Der Krankenpfleger begrüßte sie, als sie aus dem Auto stieg.

»Mrs. Langley. Es tut mir Leid. Ich habe mit Jack gesprochen, aber er besteht darauf, dass er niemanden sehen kann. Wie ich sehe, haben Sie morgen eine Verabredung mit Glenys. Vielleicht kann sie seine Entscheidung aufheben. Sie verstehen, dass ich das nicht tun kann.«

»Natürlich nicht. Ich würde nicht im Traum ... ich meine, wenn er mich nicht sehen will, dann respektiere ich das naheliegenderweise.« Hope versuchte, beruhigend zu lächeln. »Vielleicht sehe ich Sie dann morgen.«

»Ich habe bis Donnerstag dieser Woche keinen Dienst. Ich denke, dass ich Sie dann sehen werde.«

»Ja. Grüßen Sie Jack herzlich von mir. Sagen Sie nur ... oh ... ich hoffe, dass er morgen mit mir einen Spaziergang im Garten macht.« Sie war schon im Begriff wieder in den Wagen zu steigen, blieb dann aber stehen. »Ach, was ich wissen wollte: Wissen Sie, ob Jack heute Nachmittag einen Besucher gehabt hat – außer mir, meine ich?«

Er drehte sich um. »Nein. Niemand. Ich hatte gedacht, dass vielleicht einer seiner ehemaligen Kollegen vorbeischauen würde. Eigenartig. Die Menschen haben noch immer Angst vor Geisteskrankheit.«

Hope fuhr langsam davon, musterte eingehend jedes Auto, das sie auf dem Weg über die Ringstraße passierte. Wenn die ganze Situation schon zuvor an einen Albtraum gegrenzt hatte, dann war sie jetzt in der Tat zu einer ausgewachsenen Version eines sehr bösen Traumes geworden. Sie hatte den Eindruck gewonnen, dass Henrik und Mandy das Land für immer verlassen hätten; möglicherweise, weil sie Geld besaßen. Einer der Gründe für ihren Wohlstand war gewesen, dass Henrik es sorgsam vermieden hatte, Steuern in England zu zahlen. Doch sie hatten das Haus weder verkauft noch vermietet, und jetzt waren sie zurück. Oder jedenfalls war Mandy zurück.

Hope hatte an wenig anderes gedacht, seit sie an jenem Nachmittag Sandhurst verlassen hatte. Wie ein Terrier, der seine Beute schüttelt, hatte sie mit einer gewissen Art von Furcht an dem Problem von Mandys plötzlichem Wiederauftauchen gekaut und darüber nachgedacht. Sie – sie – war aus irgendeinem Grunde zurückgekommen. Was war es? Sehr spät am Nachmittag war Hope der Gedanke gekommen, dass, wenn Mandy alleine war, nur wegen Jack hier sein konnte. Wenn dies der Fall war, hatte Jack sie gebeten, zu kommen? Nein. Sicher nicht. Und doch ...

Es war nur eine vorübergehende Erleichterung zu wissen, dass Mandy nicht im Krankenhaus gewesen war. Später würde sie schwerlich dorthin gehen. Es war bereits halb acht. Und morgen ... vielleicht würde sie morgen Nachmittag gehen. Nicht morgens. Die Besuchszeiten pflegten immer nachmittags zu sein, und daran würde sie sich erinnern. Es blieb also morgen früh die Verabredung mit Dr. Davis. Sie könnte sie vor Mandy warnen. Erklären, dass er beschlossen hatte, seinem Leben ein Ende zu setzen, nachdem er zuvor über Mandy gesprochen hatte.

Mrs. Jennings wartete unmittelbar bei der Haustür auf sie.

»Ich dachte, dass Sie es seien. Ihre alte Lehrerin ist hier, Miss Marchant. Wir haben eine Tasse Tee getrunken und sind im Park spazieren gegangen. Aber der Park ist nicht mehr das, was er einmal war, und dieser ekelhafte Wind hat uns völlig durchgepustet, und wir sind zurück gegangen, weil Dorothea dachte, es wäre nett, Sie wiederzusehen.«

Es war das Letzte, was Hope wollte, aber sie gab sich selbst gegenüber zu, dass es vielleicht das Beste sei. Wäre sie allein in dem Dachzimmer gewesen, hätte sie vielleicht gelesen oder wäre früh schlafen gegangen. Sie hätte keinesfalls aufhören können, an diesem neuen Problem herumzukauen. Jetzt indes lächelte sie und schüttelte Hände, nahm dankend einen kleinen süßen Sherry und saß in einem der dick gepolsterten Sessel, die um das Fenster mit den Musselinvorhängen standen, und lauschte, während Miss Marchant über all die Jahre sprach, die seit ihrer letzten Begegnung vergangen waren.

»Es war kurz nachdem Ihr erstes Baby geboren worden war«, erinnerte sie sich. »Faith. Ein so wunderschöner altmodischer Name. Und Sie haben das nächste Baby Charity getauft? Faith, Hope und Charity. Glaube, Hoffnung und Nächstenliebe. Und die Nächstenliebe ist die größte. Klingt das wahr, meine Liebe?«

Hope lächelte. »Charity ist die biblische Bezeichnung für Liebe, nicht wahr? Das würde mich nicht überraschen. Obwohl es Fay ist, die im Augenblick verliebt ist.« Sie breitete ihre Hände aus. »Mrs. Jennings wird Ihnen vom Scheitern meiner Ehe erzählt haben. Die beiden Mädchen werden sehr gut damit fertig. Ich bin sehr stolz auf sie.«

Miss Marchant sagte dazu nichts. Hope gewann den Eindruck, dass sie das Scheitern von Ehen nicht billigte. Sie schien sich in den letzten zwanzig Jahren nicht verändert zu haben. Ihre Haut mochte zwar faltig geworden sein, aber unter dem sorgfältig aufgetragenen Puder war das nicht zu bemerken und ihre lange Patriziernase ließ sie noch immer allgemein missbilligend wirken. Doch sie war freundlich zu Mrs. Jennings, die schließlich geschieden war.

Mrs. Jennings kam wieder mit der Sherryflasche. »Und wie ging es Ihrem armen Mann heute, Mrs. Langley?«

Hope lehnte einen weiteren Sherry mit einem Kopfschütteln ab, schüttelte den Kopf aber langsam weiter. »Leider wollte er mich überhaupt nicht sehen. Es war sehr enttäuschend. Er schien sich lange Zeit völlig verschlossen zu haben. Selbst wenn wir im Garten spazieren gehen, gibt es Zeiten, wo er einfach ... nicht da ist.«

»Ist das nur bei Ihnen so? Wie ist er denn gegenüber dem

Personal?« Miss Marchant akzeptierte noch einen Sherry und beugte sich vor. »Er muss doch zu ihnen ... entgegenkommend sein. Andernfalls würde man doch nicht erwägen, ihn zu entlassen.«

»Ich habe morgen früh eine Verabredung mit der Ärztin. Ich muss sehr viele Dinge herausfinden. Es ist schwer zu entscheiden, was zu tun ist. Ich hatte über Genesungsheime nachgedacht. Ich möchte hier lieber nicht zu lange bleiben. Ich muss mich auf Nachbarn verlassen, die sich in Cornwall um alles kümmern ...«

Miss Marchant sagte plötzlich sehr entschieden, »In guten wie in schlechten Tagen.«

Hope schaute Mrs. Jennings an, die hilflos ihre Schultern hob.

Miss Marchant sagte: »Ich kann deutlich hören, wie Sie beide dies gesagt haben, Hope. In guten wie in schlechten Tagen. Ein sehr ernstes Versprechen.«

Hope setzte ihr Glas vorsichtig ab und legte ihre Hände in den Schoß. Sie trug einen Baumwollrock, an dessen Vorderseite große aufgesetzte Taschen waren. Nach einer Weile steckte sie ihre Hände in die Taschen.

»Ich liebe ihn nicht mehr, Miss Marchant.«

»Das hat nichts damit zu tun.« Miss Marchant begann allmählich wie ein zorniger Prophet zu klingen. Sie wiederholte, »In guten wie in schlechten Tagen. Nichts von nicht mehr lieben.«

»Aber ... wäre das denn nicht scheinheilig? Ich mag ihn wirklich nicht mehr!«

»Sie mögen nicht, was er getan hat. Ich glaube nicht, dass Sie den Mann ablehnen, der im Krankenhaus ist, Hope. Wie können Sie ihn denn sonst besuchen und versuchen, ihm zu helfen, was Sie ja tun?« Sie hob eine Hand, als Hope antworten wollte. »Aber ich behaupte noch immer, dass unter den

Umständen Ihre Gefühle für Ihren Mann nichts damit zu tun haben.«

»Oh ... ich weiß nicht.« Hope fühlte sich erbärmlich.

Mrs. Jennings sagte: »Es ist nur wie bei mir mit Alf. Er hat mich verlassen und seitdem ist es mit ihm bergab gegangen. Aber ich kann's nicht ertragen, dass er Weihnachten allein ist. Armer alter Teufel.« Sie nippte an ihrem Glas. »Sie müssen ihn nicht mögen, mein Lamm. Einfach nur in seiner Nähe sein und ein Auge auf ihn haben ... es ist nicht mehr, als Sie für eine Ihrer kranken Kühe tun würden!«

Hope lachte. Und dann konnte sie nicht mehr aufhören. Mrs. Jennings fiel ein, und nach einer verblüfften Pause tat dies Miss Marchant ebenfalls. Doch als Hope sie verließ und nach oben ging, war das neue Problem noch immer da. War Mandy nach Hause gekommen, um sich um Jack zu kümmern ... oder Anspruch auf ihn zu erheben ... oder um ihn zu quälen? Es war lächerlich, ihn vor einer anderen Frau beschützen zu wollen. Aber das tat sie.

Sie konnte nicht schlafen, und da sie wusste, dass sie wahrscheinlich in der Morgendämmerung einnicken würde, stellte sie Jacks kleinen Wecker. Sie wollte nicht riskieren, dass Mandy im Krankenhaus auftauchte, bevor sie mit Dr. Glenys sprechen konnte.

☆

Sie erwachte durch das hartnäckige Klingeln des Weckers mitten in einem Traum. Er hatte etwas mit Mandy zu tun, aber sie konnte sich nicht recht daran erinnern, was es war. Irgendwo in ihrer Brust spürte sie einen schwachen Schmerz, und sie versuchte wieder zu schlafen, nur für ein paar Minuten, um Mandys Lächeln studieren zu können.

Doch stattdessen schleppte sie sich aus dem Bett und ging

eine Etage tiefer ins Badezimmer. Dort kam ihr der Gedanke, ob sie vielleicht wie Jack vor Mandy davonrannte, dass da ein Teil von ihr war, der das spöttische Lächeln sehen wollte, das goldene Haar, die völlige Verrücktheit von Mandy Petersen.

Sie spritzte kaltes Wasser in ihr Gesicht und erschauerte trotz der Schwüle.

14

»Nennen Sie mich bitte Glenys. Das hilft, die Kluft zwischen Patient und Arzt zu überbrücken.«

Hope saß in einem anderen Zimmer, das mit einem Schreibtisch und einem Computer eingerichtet war, aber beide Sessel standen auf einer Seite des Schreibtischs. Sie zwang sich zu einem Lächeln.

»Das Problem ist, dass ich glaube, zumindest einer Ihrer Patienten hält Sie für zwei Personen. Dr. Davis und Glenys.«

»Wirklich. Das ist hochinteressant. Ich nehme an, Sie reden von Jack?«

»Von wem sonst?«

Hope merkte, dass sie sparrte, und das bedeutete, dass sie in der Defensive war. Glenys merkte das ebenfalls, reagierte aber nicht sofort. Stattdessen schob sie die Computertastatur näher zu dem Modem und setzte einen Ellenbogen in den freien Raum.

»Ist etwas passiert?«, fragte sie.

»Nicht viel. Wir gehen im Garten spazieren. Ich rede. Manchmal antwortet er passend und manchmal nickt er nur oder schüttelt seinen Kopf und manchmal tut er gar nichts.«

»Und sie glauben, wir würden ihn in die kalte, grausame Welt hinausstoßen, wo er für sich selbst sorgen muss, wo er doch offensichtlich unfähig ist, das zu tun?«

»Etwas in dieser Art.« Hope beugte sich vor. »Doktor. Glenys. Leidet mein Mann an einem Hirnschaden?«

»Das könnte sein. Er leidet ganz sicher unter Verzweiflung.«

»Offensichtlich. Unter tiefer Verzweiflung.«

»Das war so. Ist es vielleicht noch. Obwohl ich das nicht glaube.«

»Da bin ich anderer Meinung. Wenn er jetzt nach Hause geschickt wird, dann wird er, denke ich, wieder versuchen, seinem Leben ein Ende zu setzen. Und dieses Mal wird er wahrscheinlich Erfolg haben.«

Wieder Stille. Hope spürte, dass sie studiert wurde. Die Ärztin fragte: »Was hatten Sie vor? Wollten Sie länger hier bleiben? Das ist keine gute Idee.«

»Nein. Das verstehe ich.« Hope erkannte, dass ihre Worte als verletzend ausgelegt werden könnten, aber aus irgendeinem Grunde war sie verärgert. »Gibt es so etwas wie Genesungsheime? Rehabilitationszentren? Irgendwelche Zwischenstufen?«

»Ja. Aber die Wartelisten sind Kilometer lang. Es gibt private. Sehr teuer.«

»Das ist schlecht.«

Glenys seufzte und stand auf. »Ich kann verstehen, wie schwer das für Sie ist. Natürlich sind Sie wegen Jack besorgt. Sie waren verheiratet und müssen einmal sehr glücklich gewesen sein. Alles, was Sie jetzt wollen, ist die Ehe vergessen und zu ihrem neuen Leben zurückkehren. Und er hängt Ihnen wie ein Albatros am Hals.«

Hope war über diese Beschreibung schockiert. Sah sie Jack so? Sie sagte: »Ich kann ihn ganz sicher nicht verlassen, so lange ich nicht das Gefühl habe, dass er ... sicher ist.« Sie hätte dieses Wort nicht gebraucht, wenn sie Mandy nicht in Sandhurst gesehen hätte. Mandy war eine Gefahr. Sie fuhr schnell fort, »Die Sache ist die, dass ich, obwohl er während der vergangenen Woche mehrere Male reagiert hat, den Eindruck gewonnen habe, dass er meine Anwesenheit nicht begrüßt. Tatsächlich bewirke ich, dass es ihm schlechter geht. Gestern wollte er mich überhaupt nicht sehen, und ich wäre überrascht, wenn er mich heute sehen wollte.«

»Er hat gesagt, dass er das nicht will.«

»Sehen Sie? Wenn ich ihm also nicht helfen kann, wer sollte es dann können?«

»Sie meinen, eine Ihrer Töchter? Nein, das glaube ich nicht. Ehrlich gesagt, möchte ich das nicht hoffen. Die Tatsache, dass er verzweifelt versucht, Sie abzuweisen, ist ein sichtliches Zeichen für Erholung.« Sie lächelte, als sie Hopes Verblüffung sah. »Verstehen Sie nicht? Er denkt an einen anderen. Er will nicht noch mehr Leben zerstören.«

»Oh, Gott.« Hope stand erregt auf und trat an das Fenster. Es hatte noch immer nicht zu regnen begonnen, und jemand goss die Rosen. »Ich kann damit nicht fertig werden.«

Sie hörte die Ärztin hinter sich seufzen. »Ich weiß, was Sie von mir hören wollen. Sie wollen, dass ich Ihnen die Adresse eines kleinen Heimes gebe, wo er beobachtet und versorgt wird und doch seine Freiheit hat.« Da war das Geräusch von Dingen, die auf dem Schreibtisch verschoben wurden. »Ich kann so etwas für ihn suchen. Ja. Aber Sie wissen, wie viele Löcher das System hat. Ich kann Ihnen keine Garantien geben. Es scheint aber, dass er durch Sie seit Ihrer Ankunft Fortschritte gemacht hat. Ich kann Sie indes nicht bitten zu bleiben. Naheliegenderweise.«

Hope sagte ausdruckslos, »Nein, ich kann nicht bleiben. Und außerdem, was nützte es, wenn ich das täte, wo er mich nicht an sich heranlässt?«

»Oh, ich denke, Sie sind in der Lage, diese Barriere zu durchbrechen. Meinen Sie nicht?«

Hope spürte einen sarkastischen Unterton, der sie wütend machte. Sie drehte sich um. »Sie glauben, ich würde manipulieren, nicht wahr? Es war Jack, der unsere Ehe ruiniert hat. Und ich meine wirklich, *ruiniert*.« Glenys sagte nichts, lächelte aber leicht, und Hope explodierte. »Er hat mit meiner besten Freundin geschlafen! Und das wahrscheinlich jahrelang!«

Glenys sagte ruhig: »Und Sie können ihm nicht vergeben.«

»Vergebung hat überhaupt nichts damit zu tun! Ich will einfach nichts mehr mit ihm zu tun haben!«

»Und jetzt sind Sie hier und werden gezwungen, für ihn Entscheidungen zu treffen. Wahrscheinlich hat er alle Entscheidungen getroffen, oder? Und jetzt liegt alles bei Ihnen.«

»Aber das *will* ich nicht!« Hope hatte Mühe, ruhiger zu atmen. »Hören Sie. Es gibt einen anderen Weg.« Sie ging wieder zum Schreibtisch und setzte sich. »Ich denke, Sie wissen, wen ich meine, wenn ich sage ... Mandy.«

Glenys war erstmals wirklich überrascht. »Was, zum Kuckuck, schlagen Sie da vor? Wollen Sie Ihren Mann der anderen Frau zuschieben? Mit besten Wünschen? Sie hätten doch bestimmt das Land gemeinsam verlassen, wenn noch etwas zwischen ihnen gewesen wäre?«

»Nein. Mandy wusste, was von Vorteil für sie ist. Sie hatte – hat – einen sehr nachsichtigen Ehemann.«

»Dann ist es unwahrscheinlich, dass sie sich bereit erklärt, sich um einen kranken Mann zu kümmern.«

Hope machte eine Pause und holte wieder Luft. »Sie ist zurückgekommen. Ist in diesem Land. Hier. Ich habe sie gestern gesehen.«

Glenys nahm ihren Ellenbogen vom Schreibtisch und richtet sich auf. »Was hat sie gesagt? Will sie Jack besuchen?«

»Ich habe nicht mit ihr gesprochen. Aber ich kann mir keinen anderen Grund für ihre Rückkehr vorstellen. Sie schulden vielen Leuten eine Menge Geld. Und dem Finanzamt auch.«

Das Telefon auf dem Schreibtisch klingelte plötzlich und sie zuckten beide zusammen. Glenys nahm den Hörer auf und hörte zu und sagte dann: »Ich werde gleich da sein.« Sie wandte sich an Hope. »Mrs. Langley. Vor dem Selbstmordversuch war ihr Mann in Therapie. Wir glauben, dass sein Leid unerträglich wurde, als er von Mandy Petersen sprach. Ich möchte nicht, dass er sie sieht.«

»Sie können sie doch sicher daran hindern?«

»Dies ist kein Gefängnis. Ich kann versuchen, sie abzublocken, aber wenn sie so entschlossen ist, wie Ihr Mann sagt ...«

»Sie ist entschlossen.«

»Es wird schwer werden.«

Hope lehnte sich zurück. »Dann gibt es nur eine Lösung.« Sie seufzte und war plötzlich – und zum ersten Mal während der ganzen Woche – entspannt. »Ich werde nach Hause fahren. Heute. Jetzt. Und ich werde Jack mitnehmen.«

Nachdem sie das gesagt hatte, wusste sie, dass es die ganze Zeit die einzige Lösung gewesen war. Widdershins hatte ihre Zurechnungsfähigkeit gerettet. Sie würde auch die von Jack retten. Dessen war sie sicher. So sicher, dass sie die Ärztin breit anlächelte. »Es wird doch keine Probleme mit seiner Entlassung geben, oder?«

»Er ist freiwillig hier. Aber ob er einverstanden sein wird, mit Ihnen zu gehen ... offen gestanden bin ich mir nicht sicher, ob das überhaupt eine gute Idee ist.«

»Doktor – Glenys – Sie haben soeben fast eine Stunde versucht, mich dazu zu bringen, bei ihm zu bleiben! Und jetzt, wo ich vorschlage, die ganze Zeit bei ihm zu bleiben, haben Sie Zweifel.«

»Mrs. Langley, er wird medizinisch versorgt. Er bekommt gewisse Beruhigungsmittel ...«

»Ich weiß. Ich habe ihn unter deren Einfluss gesehen. Ein Zombie.«

»Sie haben gefragt, ob er einen Hirnschaden haben könnte. Das können wir nicht ausschließen. Es verging viel Zeit zwischen seinem Herzversagen und der Einlieferung ins Krankenhaus. Die Sanitäter hatten ihn natürlich wiederbelebt, aber es könnte sein ...«

»Aber Sie glauben nicht wirklich an einen bleibenden Hirnschaden bei ihm.«

»Ich denke, er ist stark traumatisiert. Was in gewisser Hinsicht viel schlimmer sein kann. Aus der Warte des Pflegers.« Sie spielte mit einem Bleistift auf dem Schreibtisch. »Ihre Tochter hat mir erzählt, dass die Bedingungen in Cornwall sehr primitiv sind ...«

»Darum ist es für ihn die bestmögliche Umgebung. Es ist so viel zu tun, nur um zu überleben.« Sie sah Glenys' Gesichtsausdruck und fuhr desungeachtet fort: »Es ist auch ein Ort, der heilt. Die See und die Sonnenuntergänge und die Landzunge selbst ...«

»Ihre Tochter hat mir auch erzählt, dass es ihrem Vater dort eigentlich nie richtig gefallen hat.«

Hope stockte. Dies war wahr. Das war der wirkliche Grund dafür, warum Jack niemals mit ihnen Urlaub gemacht hatte.

Sie sagte: »Das war der alte Jack. Er kämpfte immer um etwas ... etwas, das er nicht hatte, denke ich. Um materielle Dinge. Erfolg.«

»Das wollte er für Sie.«

»Ich wollte es nicht.« Sie riss die Augen weit auf. »Aber ... Mandy. Hat er sich deshalb Mandy zugewandt?«

Glenys spielte wieder mit dem Bleistift. »Mandy repräsentierte viele Dinge. Das wissen wir. Was wir nicht wissen ist, wie wichtig sie wurde. Für Jack.«

Hope schwieg, starrte noch immer Glenys an. Glenys hob

den Bleistift auf und steckte ihn in eine Halterung und sagte: »Wenn Sie Erfolg mit der Rehabilitierung Ihres Mannes haben, könnte es durchaus sein, dass er zu dieser Frau zurückgeht. Sie müssen wissen, für Jack muss eine völlige Genesung bedeuten, dass sie ihm die Freiheit lassen, seine eigenen Entscheidungen zu treffen.«

Hope schluckte. »Das verstehe ich. Aber wir sind uns doch – im Augenblick – einig, dass Mandy eine Gefahr für ihn ist?«

»Ja. Aber ich muss dies ausdrücklich unterstreichen: Wenn er sich von diesem schrecklichen Schuldgefühl befreien kann – kann es sein, dass er mit ihr zusammen sein will.«

»Ich weiß. Das akzeptiere ich.« Hope merkte, dass sie sich wieder verkrampfte, und versuchte sich zu entspannen. »Ich bin nicht besitzergreifend, was Jack anbelangt. Ich bin ganz sicher nicht auf Mandy eifersüchtig. In gewisser Hinsicht wäre es sehr leicht für mich, ihn ihr zu überlassen. Aber wenn sie Macht über ihn hat – und die hat sie offensichtlich –, dann möchte ich lieber versuchen, ihn eine Weile zu beschützen.«

Sie legte ihre Hände an den Kopf und versuchte zu durchdenken, was sie tun wollte. Glenys saß sehr still da und wartete. Schließlich sagte Hope: »Hören Sie. Geben Sie mir einen Vorrat von allem mit, was er einnimmt, und eine detaillierte Liste mit Anweisungen. Ich habe für mich noch keinen Hausarzt gesucht. Das kann ich dann für uns beide tun und den Betreffenden, wer immer das sein mag, bitten, mit Ihnen Verbindung aufzunehmen. Und es sind sehr gute Nachbarn in der Nähe. Das Cottage ist nicht so abgeschieden, wie es scheint.« Sie lächelte. »Wir haben sogar eine Toilette mit richtiger Wasserspülung.«

Glenys lachte und wurde dann sachlich. »In Ordnung. Es ist eine höchst ungewöhnliche Rekonvaleszenz, aber es könnte klappen. Ich möchte, dass Sie mir versprechen, dass Sie um professionelle Hilfe bitten werden, falls es zu viel für Sie wird.«

»Natürlich.«

»Dann ... werden Sie eine Weile auf mich warten müssen. Ich habe eine Menge Papierkram zu erledigen, und ich muss mit Jack sprechen und ihn davon überzeugen, dass dies das Richtige ist.« Sie stand auf. »Wie werden Sie sich fühlen, wenn er sich absolut weigert, mit Ihnen zu kommen?«

Hope hatte daran bereits gedacht. »Er wird Nein sagen. Zu Ihnen. Ich werde zu seinem möblierten Zimmer fahren und alles ins Auto packen.« Sie stand ebenfalls auf und sah die Ärztin an. »Er wird mit mir kommen.«

☆

Sie fühlte sich fast gejagt, als sie zum Russell Square zurückfuhr und Mrs. Jennings erzählte, was los war.

Das rundliche Gesicht wurde vor Sorge lang. »Normalerweise vermiete ich dieses Zimmer nicht – das erzählte ich Ihnen ja. Es wird zur Verfügung stehen, falls er es braucht. Oder falls Sie es brauchen, um genau zu sein.« Sie war sichtlich aus ihrer üblichen kolossalen Ruhe gebracht. »Ich wusste, dass Sie sich Dorotheas Worte zu Herzen nehmen würden. Ich hätte sie wirklich umbringen können. Schön, ich kümmere mich um meinen Mann, aber das ist kein Grund für Sie, sich schuldig zu fühlen. Ihr Mann ist in guten Händen. Ist ja nicht so, als ob Sie ihn verlassen würden – tja, klingt für mich, als hätte er das in gewisser Hinsicht mit Ihnen gemacht.«

Hope war gerührt. »Es war nicht nur das, was Miss Marchant sagte. Es ist einfach so, dass er es in dem Cottage in Cornwall ruhig und friedlich hat. Er kann wirklich darüber nachdenken, was er tun will, wo er leben will. Auf gewisse Art ist das für ihn wie eine Wiedergeburt.« Hope lief die Treppe hoch und nahm dabei zwei Stufen gleichzeitig. Sie hatte noch immer ein Gefühl von Dringlichkeit. Es war lächerlich, aber sie rechnete fast damit, dass Mandy jeden Augenblick an die Tür klopfen würde.

»Das ist ein schöner Gedanke«, keuchte Mrs. Jennings, die ihr so schnell sie konnte folgte.

Hope sagte über die Schulter: »Ich werde meine Sachen runter in den Wagen bringen. Und Sie können mir vielleicht sagen, was von Ihnen ist und was von Jack.«

»Nun, wie ich bereits sagte, außer wenn da etwas ist, was er unbedingt braucht, können Sie's hier lassen ...«, aber sie lief trotzdem weiter hinauf und stand Hope im Weg, indem sie verschiedene Dinge hochnahm und wieder hinlegte. »Keine Bücher, sehen Sie. Keine Zeitungen. Oh, da ist eins – *Die Schatzinsel.* Klingt, als sei's ein Kinderbuch.«

»Ich lese ihm daraus vor. Was ist mit dem Wecker?«

»Der gehört hierher. In dem Schrank da steht ein Paar Schuhe von ihm, und Socken sind da. Nur das eine Paar. Ich nehme an, dass Ihre Tochter die anderen für ihn mit ins Krankenhaus genommen hat.«

Hope nahm die Socken. Sie waren sorgfältig gestopft. Sie presste sie einen Augenblick lang an sich, bevor sie sie in ihre Tasche steckte. »Die sind zwanzig Jahre alt. Nur ein albernes Andenken. Mein erster Versuch, zu stopfen.«

Sie verabschiedeten sich fast liebevoll voneinander. »Seelenschwestern«, sagte Mrs. Jennings, während sie Hope eine der Taschen reichte. Hope grinste plötzlich. Es war eine Bemerkung, die Fay gut finden würde, da sie die Vermieterin ihres Vaters kennen gelernt hatte. Sie musste sich das merken.

Es war ein Uhr, als sie im Krankenhaus eintraf, und der Wagen wurde über den Korridor gerollt, war mit den Resten des Mittagessens beladen. Sie wusste, dass sie sich beim Empfang melden oder direkt in Glenys' Büro gehen sollte, aber sie folgte dem Wagen und bog links zu Jacks Zimmer ab, klopfte an die Tür und ging hinein.

Er lag auf dem Bett, aber halb aufgerichtet, war nicht in dem schläfrigen Zustand, in dem er sich sonst nach dem Essen befand. Als er sich umdrehte und sie sah, richtete er sich auf und schwang seine Beine auf den Boden. Sie schaute zu seinem Schränkchen und sah dort zwei Tabletten.

»Du hast sie nicht genommen«, sagte sie im Plauderton.

Sein Kehlkopf bewegte sich, als er schluckte, aber er sagte nichts. Sie lächelte, ging zu dem Schränkchen und nahm sie in die Hand. »Gut. Vielleicht kommen wir so weiter. Bist du zum Gehen bereit? Ich habe den Wagen direkt vor den Eingang gefahren.«

Er schaute sie an und dann beiseite. »Nein«, sagte er.

Sie sagte: »Es ist die einzige Möglichkeit, Jack. Widdershins ist ein Hafen. Eine Zuflucht. Ich habe es bewiesen. Hab keine Angst davor.«

»Nein«, sagte er.

Sie lächelte. »Nein? Natürlich hast du Angst. Und wenn du keine Angst vor Widdershins hast, wovor dann? Hast du Angst vor mir?«

Eine längere Pause entstand, und als er schließlich Nein sagte, sagte sie sich, dass er zumindest darüber nachgedacht hatte.

Sie sagte: »Hast du Angst davor, dass ich versuchen will, dich zurückzuwerfen? Repräsentiere ich alles, was falsch gelaufen ist?«

Er sagte heftig: »Nein!« Und dann sah er sie wieder an, »Ich!«

Sie schüttelte den Kopf. »Das ist Teil deiner Krankheit. Das wird vorbeigehen. Und dieses Tarzangerede wird auch aufhören, hoffe ich. Es ist gelinde ausgedrückt ermüdend.« Sie ging zu seinem Spind und begann alles herauszunehmen und in eine Plastiktüte zu packen. »Ich hatte geglaubt, man hätte das schon gemacht. Ich wollte so schnell wie möglich fahren, Jack. Wir schaffen das ganz ruhig. Wir machen in Okehampton Halt für eine Tasse Tee. Und in Penzance, um ein paar Einkäufe zu machen.«

Sie hörte ihn atmen. Er keuchte fast.

»Ich kann nicht mit dir kommen«, sagte er.

Sie drehte sich um und lächelte. »Glückwunsch. Ein ganzer Satz.« Sie richtete sich auf. »Jack. Ich wollte dies nicht sagen. Du musst mit mir kommen. Ich bin deine einzige Hoffnung ...« Sie versuchte, ihr Lächeln zu einem Grinsen zu verbreitern. »Hast du das gehört – ich bin deine einzige Hope!« Sie sah die völlige Verständnislosigkeit in seinen Augen und sagte sehr eindringlich: »Mandy ist wieder da. Ich habe sie gesehen. Sie muss wissen, dass du hier bist. Du kannst also nicht bleiben.« Sie stoppte und sah, wie sein Gesichtsausdruck sich änderte. Ja, es war Mandy. Er fürchtete sich vor ihr. Oder vor sich selbst? Vor seiner eigenen Verwundbarkeit?

Sie sagte sanft: »Komm, Jack. Wir bedeuten einander nichts mehr. Wir sind nur zwei Menschen, die Schutz brauchen. Den wird uns Widdershins geben.« Sie sah, dass er wieder verzweifelt schluckte, aber er sagte nichts. Sie konnte fast fühlen, dass er eine Lösung suchte, aber keine fand. Sie kniete sich neben das Bett und schob Sandalen auf seine Füße. Irgendwie bewirkte die vertraute Form seiner Zehen, der verwachsene Nagel, auf den Chatty einen Ziegelstein hatte fallen lassen, die lang hervorstehende Vene über seinem linken Spann, die raue Haut an seinen Fersen das Gefühl eines seltsamen, unpersönlichen Bedauerns für ihn.

Sie schloss die Schnallen und blickte zu ihm auf. »Es ist alles in Ordnung. Wirklich. Ich weiß, dass ich das absolut objektiv tun kann. Keine emotionalen Fesseln, das verspreche ich.« Sie lächelte wieder. »Pass auf. Ich brauche jemand zum

Sägen und Holz hacken. Das ist eine Arbeit ohne Ende. Wenn erst einmal Feuer gemacht ist, verbraucht es Brennstoff. Ich habe auch selber Fensterläden gemacht. Sie müssen an den Fenstern angebracht werden. Und wenn du noch mehr Stechginster wegnehmen und die Wurzeln ausgraben könntest, könnte ich Winterkohl pflanzen.« Sie wartete, während sie vor ihm hockte. Er sagte nichts und schluckte weiter. Sie sagte: »Jack, hat Fay dir von Peter erzählt?« Er sah sie an. »Er hat Lungenkrebs. Sie haben getan, was sie konnten, aber er nimmt ständig ab. Du könntest bei ihm sitzen. Vielleicht mit ihm Domino spielen. Er spielt gerne Domino. Du könntest für Peter so vieles ändern.«

Sehr langsam, schmerzhaft langsam, erhob er sich vom Bett und stand auf. Sie gab ihm die Plastiktüte, die seine Habe enthielt, und legte seinen Anorak über ihren Arm. Sie ging vor ihm den Korridor hinunter, schaute bewusst geradeaus und nahm an, dass er ihr folgen würde. Als sie das Zimmer erreichte, in dem sie zuvor mit Dr. Davis gesprochen hatte, klopfte sie und ging hinein. Glenys blickte vom Computer auf. Hope ging an den Schreibtisch und wusste, dass Jack hinter ihr war, weil Glenys' Gesicht sich erhellte.

»Oh ... Jack. Ich bin froh. Das könnte wirklich ... toll werden. Ja.« Sie lächelte. »Ja, toll! Haben Sie alles? Toilettentasche – Rasierer – Kleidung?« Sie wandte sich an Hope. »Entschuldigen Sie, dass wir nicht gepackt haben. Er war vorher so dagegen. Aber ich habe in jedem Fall alles zusammen gestellt, wie Sie's erbeten hatten.« Sie stand auf und griff nach einem großen Umschlag, auf dem Jacks Name stand. »Ein Vorrat an Beruhigungsmitteln. Sonst nichts. Aber ich habe eine Liste der Medikamente beigefügt, die er genommen hat, und das können Sie, falls nötig, alles Ihrem Arzt geben. Haben Sie vielleicht eine Telefonnummer, unter der Sie erreichbar sind?«

Hope nahm den Stift, den sie ihr reichte, und schrieb die

Nummer der Penhailes' auf. Sie schaute aus dem Fenster. Hinter dem Garten bog der Weg zum Parkplatz ab. Als sie angekommen war, hatte dort ein Dutzend Autos gestanden, und jetzt stand auch ein Dutzend da.

Sie sagte: »Ich denke, wir sollten uns jetzt auf den Weg machen. Danke für Ihre Hilfe.« Sie schüttelten sich die Hände. »Hat irgend jemand angerufen?«

»Nein.« Glenys kam um den Schreibtisch herum und ging mit ihnen hinaus auf den Korridor und schüttelte Jack die Hand. »Ich wünsche Ihnen das Beste, Jack.«

Hope ging voraus und schloss den Kofferraum auf, um Jacks Habseligkeiten hineinzulegen. Dann öffnete sie für ihn die Beifahrertür und ging auf die Fahrerseite. Er stand noch im Eingang. Glenys sprach. Er schüttelte den Kopf. Sie sagte etwas anderes und er nickte. Hopes Ungeduld blieb irgendwie. Sie sagte sich, dass dies lächerlich sei. Mandy würde keinesfalls hierher kommen, ohne vorher anzurufen. Und wenn sie es täte – wenn sie in diesem Augenblick einträfe – was könnte sie tun? Aber Jack war verängstigt und Hope hatte das Gefühl, dass er vor seinen eigenen Reaktionen Angst hatte. Würde er mit Mandy gehen, wenn sie ihn darum bat? Hope biss sich auf die Lippe. Mandy könnte ihm so viel geben. Für ein paar Tage den Luxus ihres Hauses und dann – vielleicht – den Sonnenschein von Kapstadt.

Er stieg unbeholfen in das Auto, und sie beugte sich zu ihm, um ihm den Sicherheitsgurt umzulegen und zu schließen. Er roch nicht wie Jack. Er roch nach Krankenhaus.

Sie sagte: »Jack. Habe ich dich jetzt überrumpelt und dazu gedrängt? Wäre es besser für dich, auf Mandy zu warten?«

Er antwortete nicht. Sie hatte es auch nicht erwartet. Sie sah ihn an und sah wieder die Furcht. Sie sagte: »Pass auf. Wenn du Widdershins wirklich hasst, werde ich dich zurückbringen. Jederzeit.«

Seine grauen Augen blickten zugleich verblüfft wie verängstigt. Sie spürte wieder diesen Stich von Mitleid. Sie tätschelte seine Hand, drehte den Zündschlüssel um, fuhr langsam durch das Tor und dann sehr schnell auf die A 38 und auf die Autobahn. Kein fremder Wagen folgte ihnen. Hope fühlte sich irgendwie albern. Was hätte denn, Himmel auch, ihrer Meinung nach passieren sollen?

☆

Bei Bristol begann es zu regnen. Wie auf der Hinfahrt letzte Woche machte es das Fahren sehr schwer und verlangsamte die Fahrt beträchtlich. Sie parkte in Okehampton hinter den Geschäften und fand auf dem Rücksitz einen Regenschirm.

»Komm, Jack. Ich brauche eine Pause. Wir suchen uns eine Snackbar oder so was und trinken eine Tasse Tee.«

Er wollte die Sicherheit des Wagens nicht verlassen. Das überraschte sie nicht. Nach dem Krankenhaus war dies sein einziger Bezugspunkt. Sie spannte den Regenschirm auf und riskierte es, die Straße hinunterzueilen, um ein Café zu suchen, in dem man Tee in Plastikbechern bekam. Es war nervenaufreibend, und ihre Erleichterung war gewaltig, als sie zum Wagen zurückkehrte und sah, dass Jack noch darin saß. Sie gab ihm seinen Becher und musste ihn ihm wieder abnehmen, um den Deckel zu entfernen und Zucker hinein zu schütten. Und dann hielt er ihn mit beiden Händen und senkte seinen Kopf zu ihm. Sie blinzelte und öffnete ihren eigenen Becher. Zum ersten Mal überlegte sie, ob sie damit – körperlich – fertig werden könnte.

Nach einer Weile fuhren sie an der Burg vorbei und wieder hinaus auf die A 30. Sie hatte die Fahrt immer in Streckenabschnitte mit Zwischenzielen aufgeteilt. Zuerst Bristol, dann Exeter, dann Okehampton und dann Jamaica Inn. An diesem

Nachmittag schien das Stück von Okehampton nach Jamaica Inn endlos zu sein. Sie beugte sich weit auf dem Fahrersitz vor, sodass ihre Nase fast die Windschutzscheibe berührte, in dem Bemühen, im Regen etwas zu sehen. Jack sprach kein Wort und sie glaubte, er sei eingeschlafen, bis sie den langen Hügel erreichten, der zu dem Gasthof führte. Aus Bodmin Moor kam ein Wagen entgegen, der offensichtlich entschlossen war, sie zu rammen. In dem Moment, als sie bremste, hörte sie Jack keuchen. Das andere Auto verfehlte sie nur knapp und sie sagte dazu nichts, aber sie merkte, dass Jack wusste, was geschah.

Sie hielt nicht in Penzance. Es war nach sechs und die meisten Geschäfte würden geschlossen sein. »Wir werden bald hierher fahren«, erzählte sie Jack. »Ich möchte mich in den Trödelgeschäften umschauen. Ich wollte für Peter ein Teleskop kaufen. Falls wir doch noch richtigen Sommer bekommen, kann er es oben auf dem Hügel benutzen. Oberhalb des Tales.«

Jack sagte nichts. Sie dachte voller Furcht an den Gang durch den Schlamm vom Hof der Penhailes' die Landzunge hinunter. Sie sah Widdershins mit seinen Augen. Die unfertigen Fleckchen Garten, die Holzstöße. Wahrscheinlich sah es wie ein Zigeunerlager aus.

Sie sagte: »Ich hätte dir Schuhe anziehen sollen, Jack. Diese Sandalen nützen nichts.« Ihr wurde plötzlich bewusst, dass sie beide unpassend gekleidet waren. »Bis wir im Haus sind, werden wir völlig durchnässt sein!«

Die Reise ging fast zu schnell zu Ende. In der einen Minute ragte der Finger der Kirche von Buryan noch drohend im Regen auf, in der nächsten waren sie durch das offene Tor des Hofes gefahren und holperten über den Hof auf den Wagenschuppen zu. Und Jem, der gerade nach ihnen Ausschau gehalten haben musste, weil er dort stand und die Türen weit geöffnet hatte, winkte sie herein und grinste wie eine Cheshire-Katze.

»Habt ihr auf der ganzen Fahrt dieses Wetter gehabt?« Er öffnete die Beifahrertür weit, damit Jack aussteigen konnte. »Bella und Peter hatten sich Sorgen gemacht. Dr. Davis hatte kurz vor eins angerufen, und jetzt ist es fast sieben.«

Hope stieg müde aus. »Es schien in beiden Richtungen eine lange Fahrt zu sein«, gab sie zu. »Aber es ist gut, zu Hause zu sein.« Sie schaute zu Jem, der hilflos neben Jacks Tür stand. Sie steckte ihren Kopf in den Wagen. »Komm, Jack. Steig aus. Wir sind jetzt da.« Nichts geschah und sie sprach zu Jem. »Lass ihn eine Minute in Ruhe, Jem. Wir haben ein paar Taschen, die wir mitnehmen müssen. Alles andere kann hier bleiben, bis der Regen vorbei ist.«

Er sagte: »Ich werde euch begleiten. Lass uns die anderen begrüßen.«

Hope hörte Jack wimmern und sagte laut: »Wir sind müde, Jem. Könntest du hineingehen und uns entschuldigen? Wir sehen Bella und Peter morgen.«

Er zögerte. Er hatte das Wimmern ebenfalls gehört. Dann sagte er: »Ja. Natürlich.« Er kam um die Kühlerhaube herum und trat zu ihr. »Lass die Türen auf – lass alles, wie es ist. Ich kümmere mich später darum.« Er starrte sie in der Dunkelheit der Garage an. »Schaffst du es?«

»Ja.«

»Ich habe Lebensmittel nach unten gebracht. Brot und Milch und etwas Butter und Käse. Da ist reichlich Salat, der geerntet werden kann. Und die Tomaten sehen auch gut aus.«

»Toll!« Sie sprach mit falscher Herzlichkeit. Sie konnte sehen, dass Jack sehr still dasaß. Sein Kinn berührte seine Brust. »Wir könnten etwas zu essen brauchen.« Sie nickte Jem bedeutungsvoll zu, und er ging aus der Garage. Dann ging sie auf die Beifahrerseite. »Er ist weg, Jack. Du brauchst niemand zu sehen. Komm. Kannst du das tragen? Und ich nehme die Mäntel und versuche sie unter diesen Plastiktüten trocken zu halten. Der Regenschirm nützt nichts. Der würde umgeschlagen sein, bevor wir den Hof überquert haben.«

Es war in der Tat ein trüber Abend, und nachdem sie ihn überredet hatte, aus dem Auto zu steigen, musste sie wieder all ihre Überredungskünste aufbieten, um ihn dazu zu bringen, zu dem anderen Tor zu gehen und dann weiter hinaus auf die Landzunge. Als sie erst einmal dort waren und der Regen mit voller Wucht auf sie prasselte, schien er ein wenig entschlossener zu sein und steckte seinen Kopf in den Wind. Sie ging voran, stapfte durch den Matsch und gab es auf zu versuchen, auf den trockenen Seiten des Pfades zu bleiben. Sie gelangten zu der kleinen Böschung, unterhalb der sich das Cottage duckte. Sie schnüffelte. »Oh, Jack! Dieser Geruch! See und Erde und ... das Beste von allem: Jem hat den Herd angemacht! Ich kann den Rauch riechen! Das nenne ich ein einladendes Zuhause!« Sie rannte fast über die Klippe und in das Tal hinunter und dann hoch zur Tür. Im Licht des Feuers konnte sie sehen, dass der Tisch genauso gedeckt war wie damals im Jahre 1967. Seit ihrer Ankunft im Januar hatte sie sich nicht die Mühe gemacht, ein Tischtuch aufzulegen, und das gestärkte weiße Leinen glitzerte wie Reif. Sie hätte weinen können. Es würde schwere Arbeit werden, sich um Jack zu kümmern. Aber zumindest war sie daheim.

☆

Die nächsten paar Tage waren unbeschreiblich schwierig. Sie sagte sich, der Fehler läge bei ihr, weil Jack ganz sicher keine Probleme machte. Sie hatte ihm das Schlafzimmer überlassen und schlief neben dem Herd, so wie sie es im letzten Winter getan hatte. Sie tat das vor allem deshalb, weil sie Angst hatte, dass er in der Nacht fortlaufen oder das Haus in Brand setzen könnte, aber auch, weil sie ihn in Ruhe lassen wollte. Seine Anwesenheit hätte unauffällig sein sollen. Er sprach kaum, er tat, was sie ihm sagte, er begleitete sie, wenn sie zum Hof ging, und stand wie eine Statue da, als Bella feststellte, wie dünn er sei und dass sie dafür sorgen würden, dass er bald wieder etwas Fett auf den Knochen hätte. Er ließ sich von Peter die Hand schütteln. Er setzte sich sogar und schaute zu, wie Hope und Peter eine Partie Domino spielten. Aber seine Anwesenheit war tatsächlich sehr auffällig. Sie konnte ihn keinen Augenblick vergessen. Sie war für ihn so verantwortlich wie sie es für ein Kind hätte sein müssen. In dieser ersten Nacht konnte sie nicht schlafen, obwohl sie hundemüde war. Der Gedanke daran, dass er sich oben im Haus befand, war eine Störung ihrer Privatsphäre und Einsamkeit. Als Tag um Tag verging und sich nichts änderte, fragte sie sich, wie lange sie das würde ertragen können.

Sein erster Sonntag in Widdershins begann wie jeder Tag. Sie brachte ihm um halb sieben eine Tasse Tee und ging dann zum Bach hinunter, um sich in dem eisigen Wasser zu waschen. Die Sonne schien bereits warm auf ihr Gesicht, als sie durch die Talmulde zurückging. Es würde ein goldener Michaelstag werden. Und sie musste ihn damit verbringen, Jack an eine Routine zu gewöhnen. Sie seufzte.

Als sie zurückkam, stand er neben dem Tisch, war schlecht und recht angezogen, aber unfähig, eine Entscheidung zu treffen, was als Nächstes zu geschehen hatte. Gewöhnlich sagte sie ihm, er solle sich setzen, während sie das Frühstück machte, aber an diesem Morgen sagte sie kein Wort. Sie schnitt Brot und Butter und strich ihre selbst gemachte Stachelbeermarmelade darauf, machte nochmals Tee und setzte sich. Nach einigem Zögern nahm er ihr gegenüber Platz.

Sie sagte beiläufig: »Schenkst du bitte Tee ein, Jack?« Er

tat das. Seine Hand zitterte und etwas Tee tropfte auf das Tischtuch, aber sie sagte nichts und schaute nur zu, während er es mit seinem Taschentuch abtupfte. Er schien den Teller mit dem Brot und der Butter und der Marmelade nicht zu sehen, aber er trank den Tee und saß dann sehr still da und schaute aus dem Fenster. Sie schaltete das kleine Radio ein. In Bangladesch hatte es Überschwemmungen gegeben. Ein neuer Bericht über Mandelas Krankheit. Ein humorvoller Beitrag darüber, wie England und Wales mit der ganztägigen Öffnung von Pubs fertig wurden. Sie bemerkte: »Ich wette, dass nicht viele kornische Pubs den ganzen Tag geöffnet haben werden.«

Zu ihrem Erstaunen sagte Jack mit ruhiger Überzeugung: »Am Ende werden sie's tun.«

Sie starrte ihn an, glaubte kaum, ihren Ohren zu trauen. Er sah sich nicht um. Seine grauen Augen sahen das kleine Tal mit seinen bebauten Hängen nicht. Aber er musste den Radiomeldungen gelauscht haben und er hatte auf ihre Bemerkung reagiert!

Sie atmete vorsichtig ein. »Man hält hier auch nicht viel von Sonntagsarbeit. Also lass uns einen freien Tag machen. Ich mache ein paar Sandwiches und dann gehen wir hinunter in die Bucht und nehmen ein Sonnenbad. Einen solchen Tag können wir uns nicht entgehen lassen.«

Sie erwartete, dass er eine seiner einsilbigen Weigerungen von sich geben würde, aber er sagte nichts, und sie nahm Käse und schnitt mehr Brot und packte es mit Tomaten und Salat in ein Geschirrtuch. Es machte sie wütend, weil er weiter ausdruckslos am Tisch saß, während sie abräumte und Wasser für den Abwasch heiß machte. Er war immer so hilfreich gewesen und hatte die Mädchen angetrieben, ihr ebenfalls zu helfen.

Sie folgten dem Bach hinunter zum Klippenweg und liefen über den Streifen Sand, den die Flut gelassen hatte. Sie breitete sofort ein Handtuch aus und legte sich hin und nach einem dieser qualvoll unentschlossenen Augenblicke, hockte er sich auf seine Fersen und blickte auf die See.

Sie versuchte ihn zu ignorieren. Sie sagte sich, dass dieser sanfte Sonnenschein gut für ihn sei, dass sie keine Angst um ihn zu haben brauche, dass der Weg lang sein würde, bis er wieder völlig gesund war, und dass sie Geduld haben müsse. Aber sie waren jetzt fast eine ganze Woche hier, und er hatte nur gegessen, wenn sie ihm gesagt hatte, er solle essen, und dann hatte er wie ein Vogel gegessen. Sie hatte Angst, ihn die Säge oder die Axt benutzen zu lassen, und nachdem er zwei oder drei Stunden mit dem Spaten gearbeitet hatte, sah sie, dass er vor Erschöpfung ganz blass war. Sie fand es unerträglich, dass er mitten im Garten stand und ihr beim Unkrautjäten zuschaute, weshalb sie ihm sagte, er solle Holz stapeln. Aber das war ebenso schrecklich, weil er immer nur einen Klotz nahm und dann neben dem Holzstoß stand und offensichtlich unfähig war zu entscheiden, wo er ihn hinlegen sollte. Sie dehnte ihre Besuche auf dem Hof der Penhailes' aus, weil sie nicht wusste, was sie sonst mit ihm tun sollte. Und das bedeutete, dass sie die Arbeit selbst auch nicht verrichtete. Es war eine Spirale ohne Ende und sie wusste nicht, wie sie dies umkehren könnte.

Sie schloss die Augen, weil sie nicht zuschauen wollte, wie er da hilflos kauerte, und deshalb wusste sie nicht, wann die Dinge sich zu ändern begannen. Vielleicht hatte sie sogar ein paar Minuten geschlafen. Als sie ihre Augen wieder öffnete, war er noch da, aber ganz anders. Er war wirklich da. Er bewohnte seinen Körper wieder und registrierte ... etwas.

Sie blieb sehr still liegen. Etwas verspätet kam ihr der Gedanke, dass die See für ihn ein Ausweg sein könnte. War es das, was er wahrnahm – eine Fluchtmöglichkeit? Sie versuchte ihren Blick wandern zu lassen, ohne ihren Kopf zu bewegen. Wo war das Wasser jetzt? Kam die Flut, um sie zu überspülen, oder zog sich das Wasser zurück?

Und dann stand er auf und entfernte sich, und augenblicklich war auch sie auf den Beinen. Aber er spazierte nicht zum Meer. Er hatte die *Mirabelle* entdeckt, die an der Höhlenwand lehnte. Sie setzte sich wieder in den Sand und beobachtete ihn neugierig. Er erreichte das Boot und begann es, wie ihr schien, sorgfältig zu inspizieren. Er fuhr mit den Händen über den Kiel, nahm dann einen Stein auf und kratzte damit prüfend an der Farbe. Sie löste sich. Er ließ sich auf Hände und Knie nieder und kroch unter das Heck und sie konnte ihn an der anderen Seite klopfen hören. Als er wieder hervorkam, hing hellgrüner Seetang an ihm und er stand auf und streifte ihn ab. Sein Tun wirkte so normal, dass sie am liebsten geweint hätte. Danach wanderte er zu ihr zurück. Sie sah, dass er wieder erschöpft war.

»Du musst essen, Jack. Diese ganze Inspektion ... komm. Käse, Tomaten. Du musst zu Kräften kommen.«

Er aß gehorsam, so wie er alles gehorsam tat. Aber als er fertig war, sagte er: »Peter wird Teer haben. Ich werde den Kiel teeren.«

»Heute nicht. Heute ist Sonntag. Morgen. Wenn du dein Abendbrot isst.« Sie grinste, während sie sprach. Es war wie ein Geschenk des Himmels, als seine Mundwinkel sich ebenfalls hoben.

15

An diesem Abend spazierten sie zum Hof und standen mit Peter auf dem Hügel und beobachteten einen großartigen Sonnenuntergang. Hope sagte absichtlich nichts über die *Mirabelle,* und Jack sagte auch nichts. Sie war enttäuscht, aber nicht überrascht. Jedes Mal, wenn er den Nebel durchbrochen zu haben schien, erfolgte sein Rückzug schnell und total. Peter fragte, ob sie einen schönen Tag gehabt hätten, und nachdem Hope darauf gewartet hatte, dass Jack antworten würde, sagte sie: »Es war ein wirklich wundervoller Tag. Wir haben ein Picknick in der Bucht gemacht.«

»Seid ihr geschwommen?«, fragte Peter.

»Nein.« Sie hatte das überlegt, aber das Risiko war bei Jacks derzeitigem Zustand zu groß.

»Ich gebe euch etwas von meiner Meerseife. Du erinnerst dich, dass ich dir schon einmal welche gegeben habe? Als ihr das erste Mal hierher kamt? Ist am Besten, sich einen netten tiefen Tümpel zu suchen, wenn Ebbe ist, und ihn wie eine Badewanne zu benutzen.«

Hope lächelte. »Willst du uns damit sagen, wir würden schlecht riechen, Peter?«

Peter grinste zurück. »Ich sage damit, wie ihr euch eine Menge Ärger ersparen könnt!« Er warf Jack einen Blick zu. »Ich denke, du könntest eine Rasur vertragen, mein Junge. Komm mit. Ich leihe dir gerne mein Zeug aus.« Er hatte auf einem Felsen gesessen und stand nun mit einiger Mühe auf. »Gib mir deinen Arm, mein Junge.« Er hängte sich an Jack, der wie eine Statue dastand. »Ist nicht nötig, dass du jetzt schon runterkommst, mein Mädchen. Gönn dir für fünf Minuten ein bisschen Ruhe und Frieden.« Er grinste, als sie zweifelnd dreinschaute. »Keine Sorge, ich werde ihm nicht mein Rasiermesser geben!«

Sie lächelte unsicher. Manchmal glaubte sie, Peter verstünde alles. Sie hockte sich auf seinen Felsen und blickte dorthin, wo das Licht von Longships soeben zu blinken begann. Jeder Augenblick, den sie für sich allein hatte, war kostbar, und da sie entschlossen war, das Beste daraus zu machen, verdrängte sie jeden Gedanken so, wie sie es vor nicht allzu langer Zeit in der Kathedrale getan hatte. Wieder geschah nichts, außer dass allmählich eine Art Frieden sie zu erfüllen schien. Sie schloss die Augen und lächelte, ließ die letzten Sonnenstrahlen auf ihre Lider scheinen. Wie konnte sie denken, dass nichts geschähe, wo sie doch so viel Ruhe bekam? Nach einer Weile öffnete sie die Augen wieder und sah, dass die See dunkel wurde und die Streifen des von der Sonne geröteten Himmels verschwunden waren. Und auch der Augenblick. Wie auf ein Stichwort kam Bellas Stimme von unten, die nach ihr rief. Sie sprang auf, hatte sofort Angst um Jack.

Bella tauchte keuchend auf und hielt sich die Seite.

»Jemand ist am Telefon. Wollte seinen Namen nicht nennen. Sagte, du würdest zurückrufen. Dachte, du wolltest das vielleicht tun, solange der Alte Jack beim Rasieren hilft.«

Es war eigenartig. Hope wusste, wer angerufen hatte. Sie hatte Mandys Präsenz irgendwie ständig gespürt, seit sie sie im Garten von Sandhurst gesehen hatte.

Sie nickte langsam. »Ja. Danke, Bella. Es war eine Frauenstimme, nicht wahr?«

»Ja. Aber es war nicht die eines der Mädchen, die einen Scherz gemacht haben. Und wäre es die Ärztin gewesen, hätte sie ihren Namen gesagt.«

Sie liefen gemeinsam los. Jem brachte die Kühe zum Melken in den Stall. Das Küchenlicht fiel auf den Hof. »Da sind der Alte und Jack«, sagte Bella. »Ist heutzutage für den Alten zu anstrengend, nach oben zu gehen.« Sie öffnete die Tür und trat beiseite. »Ich bin im Schlafzimmer. Ich werde den kleinen Elektroofen einschalten. Ist ein bisschen kalt heute Nacht.«

»Gut. Ich werde nicht lange brauchen.« Hope ging durch den Korridor dorthin, wo das Telefon neben der Garderobe stand. Das Atmen fiel ihr schwer und sie schluckte. Bella nahm ein Stück Papier auf und reichte es ihr und sie sah, dass es die Nummer des Sandhurst-Hauses war.

Bella, die einen so klaren Blick wie Peter hatte, sagte eindringlich: »Ich kann sehen, dass es ihm besser geht, mein Mädchen. Lass das durch nichts verderben!«

Hope wählte die Nummer langsam und sicher. Sie hatte keine Ahnung, was sie sagen sollte. Als sie dann Mandys Stimme hörte, war es, als würden die vergangenen neun Monate einfach schmelzen. Wie sehr sehnte sie sich danach, sagen zu können: »Ich mache jetzt Flickenteppiche. Meinst du, man könnte die als Entspannungsmatten an schwangere Frauen verkaufen?« Wenn sie mit Mandy zusammen gewesen war, hatte es immer ein Gefühl von Raum gegeben. Von Freiheit. Von grenzenlosen Horizonten. Eine ihrer Lieblingsantworten auf eine Frage war gewesen: »Warum nicht?«

Sie musste ein wenig zu lange gewartet haben, weil Mandys Tonfall sich veränderte. Er klang weniger sicher. Sie sagte langsam: »Bist du es, Hope? Kannst du nicht mit mir sprechen?«

Hope sprach ebenso langsam. »Warum konntest du uns nicht in Ruhe lassen? Wie hast du das erfahren?«

»Ich habe Chatty besucht.«

»Davon hat sie mir nichts erzählt.«

»Ich habe ihr versprochen, dass ich keinen Kontakt mit dir aufnehmen würde. Ich denke, sie wollte dich nicht beunruhigen. Sie ist so ... wundervoll, Hope.«

»Ich weiß. Und du hast dein Versprechen ihr gegenüber gebrochen.«

Nur für einen Augenblick war die alte Mandy wieder da. »Ich hatte meine Finger sowieso gekreuzt!« Dann wurde sie sachlich. »Ja. Ich habe mein Versprechen gebrochen. Ich hatte auch nicht die Absicht, es zu halten. Du siehst, ich habe mich nicht geändert.«

»Nein. Und deshalb musst du dich von uns fernhalten.«

Mandy sagte: »Ich bin nicht skrupellos, Hope!«

»Oh, ich denke schon, dass du das bist.«

»Verwechsle fehlendes Mitgefühl nicht mit Realismus!« Mandy versuchte zu lachen und hörte dann auf und fügte ernst hinzu: »Du bist nicht realistisch, Hope. Du kannst Jack nicht heilen, indem du ihn dort isolierst. Er hat sich dort nie wohl gefühlt. Was bringt dich auf die Idee, dass er das jetzt anders empfindet?«

»Er braucht eine Zuflucht.«

»Er kann nicht ewig in einer Zuflucht bleiben.«

»Natürlich nicht. Wenn er sie nicht länger braucht, kann er selbst entscheiden, was er aus seinem Leben machen will. Im Augenblick kann er das nicht.«

Eine Pause entstand. Bella kam aus dem Schlafzimmer. Sie hatte eine Decke über einem Arm, schob sich an Hope vorbei und ging in die Küche.

Mandy sagte: »Hör zu, Hope. Ich glaube, ich liebe Jack.«

»Du *glaubst?* Du glaubst, dass du ihn liebst! Du hast ihn verlassen – weißt du das noch? Du hast ihn mittellos und allein gelassen und verlassen. Und du *glaubst,* du liebst ihn?«

»Ich bin zurückgekommen. Ich habe Henrik verlassen und ich bin zurückgekommen. Wegen Jack.«

Hope rang nach Atem. Hinter ihr, in der Küche, lachte Bella auf, und dann, ganz plötzlich, aus heiterem Himmel, lachte jemand anders. Sie hörte auf zu atmen und lauschte aufmerksam. Das Lachen hörte auf, aber es war Jacks Gelächter gewesen.

Sie zwang sich, gleichmäßig zu atmen, und sagte: »Hattest du gesagt, du seist nicht skrupellos?«

»Er liebt mich auch, Hope. Du musst das irgendwann akzeptieren.«

»Lass uns wieder realistisch sein, ja? Jack weiß genau, was du bist, er wusste es vor mir. Diese sexuellen Gefälligkeiten ... er weiß, dass er nur einer in einer langen Schlange war.«

Mandy sagte ruhig: »Du Miststück. Ich wusste nicht, dass du so sein kannst, Hope.«

»Ich habe in neun Monaten viel gelernt, Mandy. So etwas nennt man Überleben. Und ich habe überlebt. Und ich habe die Absicht, dafür zu sorgen, dass Jack auch überlebt.«

»Zu deinen Bedingungen. Welche Möglichkeiten kannst du ihm denn bieten, Hope?«

»Irgendwann wird ihm die ganze Welt offen stehen.«

»Schließt das mich ein? Sei ehrlich, Hope. Könntest du es ertragen, wenn er sich entscheiden würde, zu mir zu kommen?«

»Ja. Wenn es eine freie Entscheidung ist.«

»Du behältst ihn nicht für dich? Damit du ihn für den Rest seines Lebens bestrafen kannst?«

Hope keuchte wieder und lehnte dann ihren Kopf an die Granitwand.

Mandys Stimme drang ruhig in ihr Ohr. »Wäre ich ein paar Stunden früher im Krankenhaus gewesen, wäre er jetzt hier bei mir. Das weißt du, nicht wahr? Deshalb bist du davongerannt.«

Hope versuchte sich aufzurichten, konnte es aber nicht.

Mandys Stimme drang tückisch in ihr Ohr. »Du weißt, dass wir etwas hatten, dass ihr nie hattet. Du hast es gesehen. An diesem Nachmittag. Hier im Schlafzimmer. Du hast es gesehen und du weißt es. Gib es zu, Hope.«

Hope schmeckte wieder Galle in ihrem Mund wie vor all diesen Monaten. Der Garderobenständer stand links von ihr, und sie hielt sich an einem der Haken fest, aus Angst, sie könne ohnmächtig werden.

Und dann öffnete sich die Küchentür und Bella sagte laut: »Der neue Mann, mein Mädchen. Frisch rasiert und ganz bestimmt zehn Jahre jünger!« Sie sah, dass Hope noch telefonierte und schlug eine Hand vor den Mund. Doch erst, als Jack in der Tür aufgetaucht war, geschniegelt und ... sie unglaublicherweise zärtlich anlächelnd. Bella sagte: »Entschuldige, entschuldige. Komm, mein Schöner. Gib ihr noch fünf Minuten mehr!« Und die Tür schloss sich vor ihnen.

Hope drehte sich wieder um und sagte nachdrücklich: »Jack hatte die Wahl, Mandy. Im Krankenhaus hatte er die Wahl, mit mir zu kommen oder auf dich zu warten. Er wusste genau, was er tat. Er entschied sich, hierher zu kommen. Vielleicht beantwortet das deine Fragen. Alle. Und ich werde dir ein Versprechen geben, das ich halten werde: Im kommenden Frühjahr werde ich diese Nummer wieder wählen und du kannst mit ihm reden. Aber so viel Zeit musst du ihm geben.«

Mandy sagte: »Ich mache keine Versprechungen. Du würdest sie ohnehin nicht glauben, nicht wahr? Aber wenn Jack Zeit braucht, um Dinge zu überdenken, dann tust du das auch. Und denk einmal nach, Hope. Ich habe euch beide geliebt. Ich liebte euch alle. Fay und Chatty. Dich und Jack. Mit Jack zu schlafen, war nur ein weiterer Schritt, um einer von euch zu sein. Aber im Lauf der Zeit habe ich mich in Jack verliebt. Unabhängig davon. Ich liebe Henrik noch immer, aber ich war in Jack verliebt. Ich versuchte, es nicht zu sein, aber jedes Mal, wenn wir zusammen waren, wurde das offensichtlicher. Wir haben nicht viel gesprochen. Aber ich bin sicher, dass er genauso empfindet wie ich. Er liebt dich. Aber in mich ist er verliebt.«

Hope starrte auf den Granit.

Mandy sagte: »Bist du noch da? Hast du das verstanden? Ich möchte, dass du darüber nachdenkst, Hope. Wirklich darüber nachdenkst.«

Hope flüsterte: »Wie lange ... wie lange bist du mit Jack ... zusammengewesen?«

Wieder eine Pause. Dann sagte Mandy: »Du hast es nicht gewusst. Du dachtest, es sei nur dieses eine Mal.« Es klang fast bedauernd. Ärgerlich sagte sie: »Habt ihr nicht darüber gesprochen?«

»Das konnte ich nicht. Es hat mich körperlich krank gemacht.«

»Du *Närrin!* Du weißt überhaupt nichts, nicht wahr? Du bist genau das, was du immer von dir sagtest – hoffnungslos!« Durch die Leitung drang etwas, das wie ein Schluchzen klang. Dann verhärtete sich ihre Stimme. »Seit Chattys Einschulung. Du musst das doch gemerkt haben. Gott, du und Jack, ihr wart doch danach praktisch kein Paar mehr!«

Hope stand sehr still da. Sie sah die Granitwand nicht mehr. Die vertraute Übelkeit umfing sie.

Mandy sagte: »Jedenfalls, Hope, warst du meinem Mann gegenüber auch nicht gerade ohne, wenn ich mich recht erinnere!«

Die Wand schien sich nach innen zu biegen. Hope flüsterte: »Was meinst du damit? Henrik hat niemals, absolut niemals ...«

»Ach, hör doch auf! Er hat dich geküsst – ganz am Anfang unter dem Mistelzweig. Erzähl mir nicht, das sei das einzige Mal gewesen! Er hat dir Diamantohrringe gekauft. Hat dich immer betätschelt, alles für dich getan! Du wusstest, dass er impotent war. Du wusstest, dass es seine Art war, dich zu lieben! Leugne das nicht, Ho. Er konnte dich zu allem überreden!«

Hope spürte, dass ihre Knie weich wurden. Sie sagte nichts.

Mandy sagte eindringlich: »Hör zu, Ho. Ich liebe dich. Ich liebe dich noch immer. Ich wollte nicht, dass du das weißt – das war nicht nötig. Wegen Jack. Ich habe dich mehr geliebt. Verstehst du das nicht? Kannst du nicht versuchen – nur ein einziges Mal – all diese Regeln zu vergessen, mit denen du irgendwie indoktriniert worden bist? Sehen, wie es womöglich für jemand anders sein kann? Für jemand wie mich, der nichts hat – keine Familie, keinen Mann, keine Kinder? Und auch für Jack – er war doch allein, bis er dich kennen lernte, nicht wahr? Warum ist es für uns nicht möglich, zusammenzusein, ohne all diesen albernen Schmerz und diese Beleidigungen und Angst und ...«

Hope legte den Hörer auf und wandte sich der Treppe zu und dem Badezimmer.

Bella fand sie eine Stunde später dort, auf einem Hocker sitzend, völlig erschöpft, nachdem sie sich immer wieder übergeben hatte. Sie drehte sich erschreckt um, als Bella ungezwungen eintrat.

»Dieser Riegel rastet nicht ein«, erklärte Bella kurz. Sie öffnete den Schrank und nahm Mulltupfer heraus. »Wir haben zum Glück reichlich Verbandsmaterial. Die Krankenschwester versorgt uns ständig.« Sie befeuchtete einen Tupfer und beugte sich über Hope und begann mit überraschender Sanftheit ihr Gesicht zu reinigen. »Ich nehme an, du hast etwas gegessen, was du besser hättest nicht essen sollen. Brombeeren?«

Hope schloss kurz die Augen. »Wahrscheinlich«, sagte sie.

Bella beendete ihre Arbeit, tupfte Hopes Gesicht mit einem trockenen Lappen ab und ergriff dann ihren Arm. »Komm und leg dich für eine Minute aufs Bett. Ich mache dir eine Tasse Tee. Jack geht es gut. Er ist beim Alten und sie spielen Domino.« Sie wartete, und als Hope darauf nichts bemerkte, sagte sie: »Ich sagte, sie spielen Domino. Das erste Mal, dass dein Jack das getan hat.«

Hope sagte völlig uninteressiert: »Ja.«

Sie ließ sich von Bella in das Schlafzimmer führen, in dem Peter so krank gelegen hatte. Jetzt stand dort ein Einzelbett, und Bella setzte sie darauf und ergriff ihre Füße und legte sie hoch und unter das Federbett. Dann ging sie, und Hope blieb sehr still liegen, starrte an die dunkle Decke und versuchte verzweifelt, nicht zu denken. Als Bella den Tee brachte, stützte sie sich auf die Ellenbogen und lehnte sich an das Kopfende des Messingbettes und nahm ihn. Sie stellte fest, dass sie ihn wollte – ihn brauchte – und schluckte das heiße, süße Gebräu und bemerkte kaum, dass ihr Gaumen protestierend brannte.

»Nimm es gelassen, mein Mädchen.« Bella trat an das Fenster. »Da ist Jem, der Buttercup hineinbringt. Buttercup ist immer die Letzte.« Sie zog den Vorhang zu und fuhr im Plauderton fort, »Ich denke, dass wir hier was Ebenbürtiges haben.« Sie lachte rau auf. »Ich meine nicht für Buttercup! Ich meine für Jem. Er hat sehr großes Interesse an dieser Fenella Perkins. Schön, ich sollte sie Fenella Phillips nennen, nur dass der alte Sid Phillips sie rausgeschmissen hat, sodass sie für sich und das Baby selbst sorgen muss.«

Hope ließ den Dampf aus dem Becher in ihre Nase und in ihren Kopf steigen. Ihr Gesicht fühlte sich wund an.

Bella kam an das Bett und versuchte es wieder. »Ich denke, dass du damit aus der Sache raus bist, Mädchen, oder?« Sie grinste vielsagend. Hope blickte sie durch den Dampf an. »Du weißt schon. Was deine Chatty letzte Ostern sagte, als sie unten war. Versuchte, etwas zwischen dir und Jem hinzubekommen?«

Hope blinzelte. »Hat sie dir das erzählt? Ich dachte, es sei ein Scherz gewesen.«

»Natürlich war es das. Aber du kannst doch jetzt einen Scherz vertragen, nicht wahr?«

»Kann ich das?« Hope schaute weiter verständnislos über den Tee hinweg.

Bella seufzte. »Macht nichts, Mädchen. Aber wenn du dich genügend anstrengst, kann man alles als eine Art Scherz betrachten.« Sie wurde sachlich. »Allerdings nicht, wenn ich den Alten Fennies Baby halten sehe. Gute Güte. Das zerreißt meine Brust in Stücke.« Sie stand auf und schaltete das Licht ein. Es war eine Sechzig-Watt-Birne in einem stark gefransten, gehäkelten Lampenschirm. Kein Licht, bei dem man im Bett lesen konnte.

Sie öffnete die Tür. »Wenn du deinen Tee getrunken hast, komm runter in das Zimmer des Alten. Ich werde ein paar Sandwiches machen. Und denk einfach daran, dass es nur ein Ding gibt, das endgültig ist, und das ist der Tod.« Sie grinste wieder. »Solange es Leben gibt, gibt es Hoffnung! Vielleicht hast du deshalb deinen Namen bekommen, mein Mädchen.«

Hope starrte auf die Tür, während sie noch immer den Becher mit dem Tee umklammerte. Bella hatte keine Kinder bekommen können – riss es deshalb ihre Brust in Stücke, Peter mit einem Baby zu sehen? Hope ließ voller Mitleid ihre Gedanken um das ältliche kinderlose Paar kreisen. Sie ließ sogar Tränen in ihre trockenen Augen steigen. Bellas Tragödie und Wiedergutmachung hatten etwas Heldenhaftes an sich. Da war nichts schmutzig, nichts brutal. Da war Loyalität und Treue und Stärke ... Plötzlich weinte sie richtig. Chatty war vor über zwölf Jahren eingeschult worden. Jack und Mandy waren die ganze Zeit ›zusammen‹-gewesen. Es war unvorstellbar. Sie erinnerte sich an Zeiten mit Jack – an *ihre* Zeiten mit Jack –, wo er geradewegs von Mandy gekommen sein musste.

Und dann dachte sie an Henrik.

Sie fühlte, dass ihr Magen sich wieder verkrampfte und verschloss ihre Gedanken schnell, während sie den restlichen Tee schluckte. Sie dachte wie wild daran, dass sie mit Jem schlafen würde, sofern er es nicht auf Fennie abgesehen hatte – und das noch heute Abend, jetzt. Und dann sperrte sie ihre Gedanken auch dagegen.

Und dann schwang sie ihre Beine aus dem Bett und ging nach unten.

☆

Die nächsten Tage waren die schwersten ihres Lebens. Wäre Jack wie zuvor anwesend gewesen, sie hätte es nicht ertragen können. Aber irgendwie, durch Vorschläge und Fragen von Peter und einsilbige Antworten von Jack, hatten die beiden Männer ein System zum Kalfatern der *Mirabelle* ausgearbeitet, und mit Jems Hilfe gingen sie bei jeder Flut hinunter in die Bucht und warteten, bis das Wasser so weit abgelaufen war, dass sie mit der Arbeit beginnen konnten. Nach ein paar Stunden übernahm Jem Peters Arbeit, aber er versuchte nicht, Jacks Aufgabe zu übernehmen. Beide waren da, um absolut sicherzustellen, dass Jack keine Absicht hatte, in die See zu laufen. Nach ein paar Tagen war offensichtlich, dass dies nicht geschehen würde. Wenn das Wasser wieder stieg, nahm Jack die Meerseife und wusch sich in einem Tümpel, dann schulterte er die Tasche mit dem Werkzeug und stieg wieder den Klippenweg empor, gleich, ob jemand bei ihm war oder nicht.

Hope ging nicht zur Bucht hinunter, wenn er dort war. Niemand schien dies sonderbar zu finden. Ein anderes Muster entwickelte sich. Zuvor hatte Jack sie nur aus den Augen gelassen, wenn er im Bett war. Jetzt bemerkte er sie kaum. Es war, als konzentriere er all seine Energie auf das Kalfatern der

Mirabelle und darauf, sich selbst wiederzufinden. Sie sah, wie er neben dem Bach stand und wie zuvor nach unten schaute, aber jetzt sah er seine Füße wirklich. So, als habe er sie nie zuvor gesehen. Irgendwann während sie frühstückten, hob er seine Hand und starrte sie fast staunend an. Mit Gegenständen war es ebenso. Er mochte die Einmachgläser in der Spülküche besonders. Eines Tages kam sie heim, nachdem sie für Jem die Kühe gemolken hatte, und fand ihn mit einem Glas Brombeergelee, das sie tags zuvor eingekocht hatte. Er hielt es gegen das Licht.

Er stellte es auf den Tisch. »Rubinrot«, sagte er.

Sie dachte, wie ironisch es war, dass sie das vor einer Woche noch gefreut hätte. Jetzt sagte sie kurz: »Bella hat mir ein paar Äpfel gegeben. Deshalb habe ich die Brombeeren gepflückt.«

Er schaute sie stirnrunzelnd an, bemerkte die Interesselosigkeit in ihrer Stimme. Dann schien er seinen ganzen Körper zusammenzureißen und platzte heraus: »Was hat Mandy gesagt?«

Sie starrte ihn an. In jedem anderen Zusammenhang wäre dies ein erstaunlicher Durchbruch gewesen. Sie schluckte krampfartig. »Nichts.«

Es entstand wieder eine seiner endlosen Pausen. Dann sagte er ebenso gepresst: »Alles ist anders.«

»Ja.« Sie trat an das Fenster und blickte auf die Talmulde. Der Garten sah im Augenblick gut gepflegt aus. Das Holz war aufgestapelt und der ganze Bereich war ordentlich. Sie sagte: »Sie erzählte mir, was ich bereits wusste. Und doch ... ich denke, ich könnte es nicht ertragen.« Sie schaute auf und beobachtete eine Möwe, die vom Wind getragen wurde. »Ich wusste, dass du und Mandy ... vor dieser Zeit ... zusammengewesen wart. Als ich euch sah.« Wie Jack konnte sie kaum sprechen. »Ich glaube, mir war nicht bewusst, dass es eine so lang andauernde ... Sache war.«

Er sagte nichts, aber sie hörte, dass er sehr schnell atmete. Und dann wurde ihr klar, dass er weinte.

Sie sagte: »Wir müssen einfach von Tag zu Tag leben. Ich habe mich geirrt – nichts ist anders. Eigentlich nicht.« Sie konnte es nicht ertragen, ihn anzusehen.

Nach einer Weile sagte er heiser: »Ich werde gehen.«

»Nein. Du kannst nicht gehen. Nicht jetzt. Es geht dir noch nicht gut genug. Warte ein paar Wochen. Zumindest bis nach Weihnachten.« Sie wartete. Er sagte nichts mehr. Sie griff nach dem Fensterrahmen und hielt sich daran fest. »Liebst du sie, Jack?«

»Nein.«

Und plötzlich konnte sie es nicht mehr ertragen und schrie heftig auf. »Aber warum dann? Als Chatty eingeschult wurde – sie sagte, da hätte es angefangen! Hast du damals gedacht sie sei – sie sei – besser als ich?«

Sie spürte, dass er auf sie zukam und sie stieß einen weiteren lauten Schrei aus. »Nein! Fass mich nicht an! Mir wird schlecht!«

Er blieb wie erstarrt stehen, ging dann um den Tisch herum, öffnete die Tür und lief hinaus. Sie fragte ihn nicht, wohin er ging. Es war ihr egal. Es war dunkel, als er nach Hause zurückkehrte, und sie hatte bereits ihr Bett gemacht und war am Bach gewesen, um sich zu waschen. Er legte sein Taschentuch auf den Tisch. Es war weinrot befleckt, aber es war voller Brombeeren. Er wartete auf ein Zeichen von Zustimmung, und als keines kam, nahm er das Taschentuch wieder und ging damit in die Spülküche. Sie hörte, dass er nach dem Sieb griff, und dann begann er Wasser in das Becken zu pumpen. Sie rief: »Lass es. Ich werde mich morgen früh darum kümmern. Geh jetzt zu Bett.«

Es herrschte einen Augenblick Stille. Dann ging er langsam nach oben. Erst als sie seinen schlurfenden Schritten lauschte, wurde ihr bewusst, dass er seit einer Woche normal die Treppe hochgegangen war.

Sie erwachte, als er sehr früh das Haus verließ, um mit der Arbeit am Boot zu beginnen, und sank dann in einen leichten, unruhigen Schlaf, einen Traum lang. Sie träumte, er sei allein in der Bucht und ein leichter Wind wehte von Land's End heran und er fror. Der Wind brachte einen Sturm und die See begann gegen das Ufer anzustürmen. Sie konnte sehen, dass seine Schultern vor Kälte zitterten und dass sein graues Haar durch die Gischt, die von den Felsen sprühte, dunkel wurde. Plötzlich war die See überall, um seine Beine und über dem Boot. Eine Welle hob ihn an die Decke der Höhle und er schaute direkt auf sie, während sie warm und sicher in ihrem Nest von Decken lag. Er bat nicht darum, gerettet zu werden. Er schaute nur. Und dann schaute er weg. Als die Welle zurückwich, war er nicht mehr da. Sie war frei.

Sie drehte sich um und schlief tief, bis die Sonne durch die Vorhänge schien und sie weckte. Und dann machte sie, zum ersten Mal, seit sie mit Mandy gesprochen hatte, für ihn Honigbrote und eine Thermosflasche mit Tee und ging hinunter zur Bucht. Auf halbem Wege den Klippenpfad abwärts blieb sie stehen und blickte auf das Meer hinaus. Es war ein perfekter Tag: der letzte Tag des September. Die Flut war bis zu dem Felsen abgelaufen, an dem sie damals, 1967, ihren Badeanzug angezogen hatte. Es wehte kein Wind. Es gab keine Wellen. Sie schluckte. Da war auch kein Jack. Langsam ging sie weiter, den Blick auf das Boot gerichtet. Es schimmerte schwärzlich, sein Rumpf war dem Sonnenschein ausgesetzt. Jack musste auf der anderen Seite auf dem Rücken liegen. Aber sie wusste, dass dies nicht der Fall war. Sie wusste, dass ihr Traum ein Wunsch gewesen war und dass ihr Wunsch in Erfüllung gegangen war. Sie war frei.

Und dann sah sie ihn. Er war in dem Tümpel hinter dem

Felsen. Seifenwasser floss von seinem Körper. Er wusch sich. Sie schloss die Augen, wusste nicht, ob das Gefühl, das sie mit Heftigkeit überkam, Erleichterung oder Enttäuschung war. Sie legte die Sandwiches und die Thermosflasche auf den Sand neben dem Boot und ging den Weg wieder hoch. Sie wusste nicht, ob er sie sah oder nicht. Sie dachte mit einer gewissen Verzweiflung: Was werden wir tun, wenn der Winter kommt und wir gemeinsam im Cottage eingeschlossen sind?

☆

Der Oktober brachte Regen und Briefe von Fay und Chatty. Sie las sie und lächelte leicht, weil sie schrieben, wie sie sprachen. Fay mit einer gewissen Zurückhaltung, Chatty fast unleserlich, während sie versuchte, Wortbilder von der Herbstkollektion und Fionas Freund zu machen, der Kunststudent war. Sie wusste, dass sie sie laut lesen sollte, damit Jack daran teilhaben könnte, aber irgendwie konnte sie das nicht. Zwei Tage lang ließ sie beide auf dem Tisch liegen, faltete sie dann zusammen und stellte sie auf den Kaminsims. Sie wusste nicht, ob er sie las oder nicht.

Und dann, drei Tage später, kam ein Brief für Jack. Der Umschlag war maschinegeschrieben, aber er war offensichtlich von Mandy. Vor kurzem noch hätte Hope ihn vielleicht geöffnet oder ihm gar vorenthalten. Sie reichte ihm den Brief einfach ohne Kommentar und ging nach oben, um seine Bettwäsche zu wechseln. Der Regen trommelte auf das Wellblechdach. Draußen vor dem Fenster auf dem Hang, der Widdershins vor der See schützte, hockte eine Möwe, den Kopf gesenkt, und von ihrem feinen grauen Gefieder perlten Regentropfen. Sie stand da, die Arme voller Laken und Kissenbezüge, schaute auf das trostlose Bild und wünschte sich, Jack würde die Worte finden, ihr zu sagen, dass er nach Sandhurst und zu Mandy zurückkehren wolle. Es würde schwer sein, den wundervollen Frieden wiederzufinden, den sie gehabt hatte, als sie nach Widdershins kam, aber sie würde das schließlich doch schaffen, wenn sie alleine war. Mit Jack war das jetzt unmöglich.

Sie schüttelte sich und ging wieder nach unten. Jack stand dort, wie immer gebeugt, und hielt sich an der Tischkante fest. Der Brief lag vor ihm, doch als sie hineinkam, schob er ihn ihr zu. Sie blieb stehen, hielt das Bettzeug wie einen Puffer an ihre Brust gepresst. »Nein, danke«, sagte sie kurz und zog sich in die Spülküche zurück. Sie war damit beschäftigt, die Laken in die altmodische Waschwanne zu drücken, als er hereinkam und ihr den Brief hinhielt.

Sie sagte hitzig: »Ich will ihn nicht sehen. Es ist dein Brief. Er ist für dich. Nicht für mich. Und wenn du ihn nicht wegnimmst, wird mir schlecht.« Sie schaute ihn wütend an und sagte verzweifelt: »Geh *weg!* Hast du nicht gehört, Jack? Geh weg und nimm dieses ekelhafte Ding mit dir!«

Er zuckte zusammen und kehrte eilig in die Küche zurück, und sie stopfte die Laken in die Wanne und schüttete Waschpulver darauf und nahm den Kessel vom Petroleumofen, um Wasser darüber zu schütten und wusste kaum, was sie tat. Das Cottage war so klein und er und der Brief waren noch immer nur drei oder vier Schritte entfernt. Sie pumpte mehr Wasser in den Kessel und setzte ihn auf den Herd, beugte sich über den gelben Ausguss, sehnte sich danach, ihren Abscheu laut hinauszuschreien. Aber zwei Minuten später, als sie ihn in den Regen hinausgehen hörte und ungestört hätte weinen können, wollte sie das nicht mehr. Sie merkte plötzlich, dass sie ihm nachlief, um zu sagen, er solle seinen Anorak anziehen. Er war fort. Sie ging um die Ecke zu dem zerfallenen Teil des Cottage, wo sie das ganze Brennmaterial lagerte und wo sie eine Wäscheleine gespannt hatte, weil es dort Schutz gab, aber er war nicht da. Sie konnte durch den Regen den Erlenhain sehen, aber niemand suchte unter den Bäumen Schutz. Sie war starr vor Sorge und ballte ihre Hände zu Fäusten und stemmte sie in die Seite. »Verdammt, Jack Langley! Verdammt!«, sagte sie in den Regen und ging hinein, um die Tür heftig zuzuschlagen. Der Brief lag auf dem Tisch, als sie in die Spülküche ging. Sie konnte sehen, dass er tatsächlich an sie beide gerichtet war. »Liebste Hope, liebster Jack ...« begann er.

Sie wusch, spülte die Wäsche aus und hängte sie auf. Kam wieder ins Haus und bezog Jacks Bett. Legte Brennholz in den Herd. Schnitt Brot und schälte Kartoffeln. Es war Donnerstag. Donnerstags aßen sie Omelette, weshalb weiter nichts zu tun war. Sie hatte Peters Wolseley ausleihen und mit den letzten Flickenteppichen nach Penzance fahren wollen, aber dazu war es jetzt zu spät. Irgendwie war dies auch Jacks Schuld. Sie ging in das kleine Wohnzimmer, setzte sich an die Nähmaschine und machte aus Baumwolle ein paar Arbeitshosen nach dem Muster, das Chatty dagelassen hatte. Um drei Uhr war Jack noch immer nicht zurückgekehrt. Sie war hungrig und kalt und sie war vor Anspannung noch immer starr. Sie hörte mit dem Nähen auf und entzündete das Feuer und setzte sich so nah daran wie sie konnte, als Jem auftauchte.

Er stand in der Tür, tropfte wie ein Hund. »Wir haben den Rauch gesehen. Dachten, dass etwas nicht in Ordnung sei«, sagte er.

»Mir war kalt«, sagte sie kurz.

»Entschuldige.« Er legte seine Öljacke ab und setzte sich ihr gegenüber hin. »Was ist los? Wo ist Jack?«

»Ich weiß es nicht. Nichts ist.«

Er schaute sie scharf an. »Du musst doch wissen, wo er ist. Es regnet Bindfäden. Er wird klatschnass werden.«

»Das ist seine Sache. Er kann frei entscheiden, ob er nass

werden oder trocken bleiben will. Ich bin nicht sein Kindermädchen.«

»Ihr hattet Streit«, sagte Jem ausdruckslos.

»Kannst du dir vorstellen, mit Jack Streit zu haben?«

»Tja, irgendwie schon. Wäre jedenfalls ein großer Schritt vorwärts gewesen.« Er lachte kurz auf, aber sie fiel nicht ein. Er sagte: »Komm schon. Was ist passiert?«

Sie zuckte die Schultern. »Er hat einen Brief von einer Freundin bekommen. Eigentlich ja auch meiner Freundin. Von Mandy. Er wollte, dass ich ihn lese. Ich sagte ihm, dass mir schlecht werden würde, wenn ich das täte. Er hielt ihn mir weiter hin. Da habe ich ihm gesagt, er solle weggehen. Und dann ging er.«

»Wann war das?«

»Nachdem die Post gekommen war. Gegen neun. Gegen zehn.«

»Es ist fast vier Uhr, Hope.«

»Ja.«

»Ist dies der Brief?«

Ja.«

Er nahm ihn auf und las laut. *»Liebste Hope, liebster Jack. Ich weiß nicht, was ich sagen soll. Ich liebe euch beide. Das wisst ihr bereits. Bitte, lest dies. Ich werde wieder schreiben. Ich möchte, dass ihr wisst, dass ihr immer in meinen Gedanken seid. Mandy.«* Er legte ihn wieder zurück. »Gar nicht schlecht, wirklich. Sehr weit geht sie nicht. Frauen gehen gewöhnlich sehr weit.«

Sie sagte hölzern: »Ja.«

»Das war eines der Dinge, die mir an ihr gefielen. Sie hatte immer für alles eine witzige Bemerkung. Aber dann schwieg sie und machte weiter.« Hope schlug eine Hand vor den Mund. Er lächelte und sagte: »Du kannst das nicht verstehen, Hope, nicht wahr? Tatsache ist, dass Mandy Sex gleichgültig war. Wirklich gleichgültig. Nicht mehr als ein leidenschaftlicher Kuss unter dem Mistelzweig.«

Sie erinnerte sich an den Mistelzweig vor so vielen Jahren. An den Kuss, den Mandy Jack gegeben hatte und der weiter und weiter gegangen war. Mandy hatte diesen Kuss gekauft. Mit gutem Geld dafür bezahlt. Sie presste ihre Hand fester auf den Mund und gab ein ersticktes Geräusch von sich.

Jem sagte ruhig: »Wir sollten gehen und Jack suchen.« Sie schüttelte heftig den Kopf. Er stand mit ebensolcher Heftigkeit auf, kam zu ihr hinüber, riss ihre Hand weg, legte eine Hand unter ihr Kinn, die andere an ihren Hinterkopf und neigte ihn seinem Kopf zu. Er küsste sie, wütend zuerst, und dann mit einer Art ungewollter Zärtlichkeit. Sie reagierte auf genau die gleiche Weise. Drückte gegen ihn, versuchte, sich zu wehren, schlug gegen seine Schultern und auf seine Brust. Und dann gab sie nach. Sie spürte, dass ihr Mund unter seinem weich wurde. Die schreckliche Anspannung des Tages begann zu verschwinden. Sie gab wieder ein Geräusch von sich, noch immer verzweifelt, aber jetzt in ganz anderem Zusammenhang.

Als er schließlich seinen Kopf wieder hob, merkte sie, dass sie die Augen geschlossen hatte. Sie öffnete sie. Er schaute sie eindringlich an, und sie merkte, dass sie heiß errötete wie ein Schulmädchen. Er sagte ruhig: »Schämst du dich?«

»Nein! Ja!« Sie versuchte zu lächeln. »Warum sollte ich?«

»Genau.« Er zog sie hoch. »Zieh deinen Regenmantel an. Lass uns Jack suchen.«

Es war eine so jähe Enttäuschung. Sie starrte ihn an. Ihr Mund zitterte noch immer.

Er sagte mit derselben ruhigen Stimme: »Ich bin Jem. Der von Mandy verführt worden ist und der ernsthaft erwägt, aus Fennie Perkins eine anständige Frau zu machen, und ich habe mich noch nie gegenüber jemand verpflichtet, seit ich meine

Frau und mein Baby umgebracht habe. Ich hatte mich in dich verliebt, als du einundzwanzig warst und genau wie Elizabeth Taylor aussahst. Du siehst noch immer wie sie aus und ich liebe dich noch immer. Aber ich würde dich im Stich lassen, und das könntest du nicht verkraften. Fennie kann das verkraften. Dennoch wird sie sich auf ein großes und gefährliches Spiel einlassen.« Er küsste sie wieder. »Siehst du, worauf ich hinaus will?«

»Es ist mir egal. Ich ...«

Seine Stimme war weniger sanft. »Nein. Nein. Hope. Ich werde kein Bauer bei deiner persönlichen Rache sein.« Er drehte sich um und begann seine Öljacke überzustreifen. »Komm. Es wird bald dunkel werden.«

Sie sagte: »Ich komme nicht mit. Warum sollte ich hinter Jack herlaufen? Er ist ein erwachsener Mann, und wenn er die ganze Nacht draußen bleiben will ...«

Er packte sie grob und hielt sie fest. »Hör zu, Hope. Du warst gerade bereit, mit mir ins Bett zu gehen. Es hätte nicht viel bedeutet, aber du weißt alles über mich und du warst bereit, es zu tun. Jack hat das Gleiche mit Mandy getan. Und jetzt ist er krank und braucht dich. Du kommst mit mir, um ihn zu suchen!«

»Du hast kein Recht ...«

»Ich sagte dir, dass ich dich liebe. Das ist wahr. Ich tue dies nicht für Jack. Ich tue dies um deinetwillen. Wenn er hinüber ins Moor gelaufen ist und du nicht nach ihm suchst, wirst du dich nicht mögen, Ho. Okay?«

Sie schluckte, damit ihr nicht wieder schlecht wurde. Und dann nickte sie.

16

Es wehte kein Wind, aber der Regen schlug mit ungeheurer Wucht auf den Boden, erstickte ihre Rufe und beugte sie mit seiner Kraft. Sie gingen an dem Bach vorbei bis an die äußerste Spitze der Landzunge, und als sie schließlich dorthin gelangten, war die Dunkelheit undurchdringlich und es war zu gefährlich, zwischen den Felsen herumzuklettern. Hope zupfte Jem am Ärmel und rief in sein Ohr: »Ich denke, er wird versucht haben, nach Buryan zu laufen – um dort mit dem Bus nach Penzance zu nehmen und dann einen Zug.«

Jem schaltete seine Taschenlampe ein und schaute sie unter seinem Südwester hinweg an. »Du klingst sehr sicher.«

Sie zuckte die Schultern. Es war eine Angewohnheit, die sie nicht mehr gehabt hatte, seit sie nach Widdershins gekommen war. Jetzt war sie zurückgekehrt. »Mandys Haus in Sandhurst ist etwas Besseres als das.« Sie versuchte zu lächeln. »Verstehst du nicht, Jem? Das ist das, was meinen Stolz verletzt. Ich wusste, dass er, als er das Haus verließ, auf die eine oder andere Weise – ohne Geld und anständige Kleidung – den Weg zu ihr zurückfinden würde.« Ihr Lächeln verflog. »Entschuldige. Darum bin ich dir in die Arme gefallen. Es war eigentlich keine Rache – zumindest glaube ich das nicht. Es war das Bedürfnis nach Trost.«

Jem sagte: »Oh, Gott! Erst Fennie und jetzt du!«

»Wie meinst du das?«

»Nichts. Komm, lass uns zurückgehen. Wenn du willst, bleibe ich bei dir.«

Sie wusste nicht, ob sie das noch wollte. Sie liefen zur anderen Seite des Baches zurück, und dort blieb sie stehen und hielt ihre Seite und rang nach Atem. Unten, tief unten, lief die Flut hoch auf. Es wehte kaum Wind, sodass die Wellen auf ein drohendes Anschwellen reduziert waren. In einer Stunde würden sie die *Mirabelle* an die Decke der Höhle heben. Sie hoffte, dass Jack dafür gesorgt hatte, dass die beiden Anker gesetzt waren. Wenn das Boot frei trieb, würde es am Morgen sicher ein Wrack sein, gegen die Felsen geschlagen oder gekentert.

Sie sagte: »Bist du heute unten beim Boot gewesen?«

»Nein. Zu nass.«

»Aber wir hatten ja trotzdem Ebbe. Ich frage mich ...«

»Als ich vom Hof hierherkam, war er nicht dort. Es war noch hell genug, um ihn sehen zu können. Er war definitiv nicht da.«

»Er hat nicht gearbeitet. Nicht bei diesem Wetter. Aber er könnte im Boot gewesen sein.«

Sie rannten zum Klippenweg und schlitterten ihn hinunter. Mit jedem Anschwellen füllten zehn weitere Zentimeter Wasser die Bucht. Sie liefen platschend hindurch und erreichten den freiliegenden Rumpf der *Mirabelle.* Die Strickleiter war an ihrem Platz. Jem sprang zu der unteren Sprosse und zog sich hoch, griff dann nach der Taschenlampe. Hope stand in der Höhle, geschützt vor dem unaufhörlichen, betäubenden Regen. Beide Anker waren hochgezogen. Das Boot würde von dem ersten Schwall, der auflief, mitgerissen werden.

Jem rief nach unten: »Er ist hier! Im Ruderhaus! Scheint zu schlafen! Ich muss an Bord gehen.«

Sie rief ihm zu, dass die Anker hochgewunden seien. »Lass sie herunter, sobald du kannst! Wir müssen Peters Boot sichern!«

Über ihr gab es ein heftiges Getöse und Geschrei. Das Wasser stieg um ihre Beine höher. Sie sprang nach der Strickleiter und mühte sich verzweifelt, Halt an der Seite des Bootes zu finden, damit ihr Kopf auf einer Höhe mit dem Deck war. Sie konnte im schwankenden Schein der Taschenlampe sehen, dass Jack in einer Ecke des Ruderhauses zusammengesackt war. Jem versuchte, ihn an seinen Armen hochzuziehen. Die Tür öffnete sich mit einem Krachen und sie konnte ihn schreien hören: »Komm hoch, du undankbares Schwein! Sie hat nach dir gesucht – steh auf und komm rüber auf die Seite!«

Sie rief: »Jack! Schnell! Das Wasser steigt und Peters Boot wird beschädigt werden!« Sie schwang sich wieder hinunter. Das Wasser schwappte über ihre Gummistiefel und füllte sie. Jack fiel fast neben sie und lehnte sich an den Rumpf. Sie schnappte: »Jetzt ist keine Zeit dafür, dich in deine Privatwelt zurückzuziehen! Komm und hilf mir die Anker zu sichern!« Sie platschte genau in dem Augenblick zum Heck der *Mirabelle,* als Jem die Ankerketten löste und sie in die See rasselten. Aber es war Jack, der sich aufrappelte und Steine um die Ankerspitzen packte und Jem aufforderte, der Kette lose zu geben, damit das alte Boot mit der See steigen konnte. Der Rumpf richtete sich bereits auf dem Schwall auf und fiel dann wieder mit zurückfließendem Wasser gegen die Fenderreifen zurück.

Jem landete platschend neben ihnen und stieß sie beide durch die Bucht vorwärts. »Bewegt euch weiter, um Himmels willen! Wir werden jeden Augenblick abgeschnitten – bewegt euch! Hope, geh voran. Ich kümmere mich um Jack. Zieh deine Stiefel aus – lass sie hier.«

Sie erreichte den Klippenpfad und beugte sich zurück, um Jack neben sich hochzuziehen. Seine Hand war kalt wie Eis. Er streckte seine andere Hand aus und fasste Jem, und dann standen sie einen Augenblick lang unmittelbar über der Wasserlinie und atmeten schwer.

Schließlich sagte Jem: »Ich glaube, ich habe von euch für eine Weile genug. Jack, ich will nicht hören, warum du versucht hast, dich zu ertränken und Peters Boot zu versenken. Hope, ich will nicht wissen, wie du über Jack fühlst. Ihr könnt beide in eurem eigenen Saft schmoren.« Er schaltete seine Taschenlampe ein, ging an den beiden vorbei und stapfte den Pfad hoch. Oben wartete er, bis sie ihn eingeholt hatten und gab ihnen zum Abschied etwas mit auf den Weg. »Ich will euch was sagen: Durch euch habe ich ein viel besseres Gefühl wegen dem Durcheinander, zu dem ich mein Leben gemacht habe. Ich habe mich wenigstens nicht in Selbstmitleid gewälzt.«

Sie schauten zu, wie das Licht der Taschenlampe in Richtung Hof verschwand, bevor sie sich dem Cottage zuwandten. Hope war plötzlich so matt, dass sie sich fragte, wie sie den steilen Weg hinunter ins Tal schaffen sollte, aber irgendwie gelang es ihr. Sie war wütend, sie war beschämt, vor allem aber war sie erschöpft. Die Erkenntnis, dass Jack tot und die *Mirabelle* ein Wrack wäre, wenn sie und Jem vor einer Stunde miteinander geschlafen hätten, war zu gewaltig, um darüber weiter nachzudenken. Sie würde am Morgen darüber nachdenken. Sie würde über alles am Morgen nachdenken.

In völligem Schweigen drängten sie sich in der Küche und sie entzündete die beiden Lampen und stellte eine in die Spülküche. Das Feuer im Herd war ausgegangen, doch als sie Anmachholz und Kohlen hereinbrachte, erweckte Jack es wieder zum Leben. Sie beobachtete ihn. Es war das erste Mal, dass er das getan hatte, und sie erinnerte sich, wie wichtig das Feuer für sie gewesen war, als sie zum ersten Mal hierher gekommen war. Er sah schrecklich aus. Weiß, fast blau. Seine Hände, von der Gartenarbeit sonnenverbrannt und rau, waren offensichtlich steif vor Kälte, und als er Äste über seinem Knie brach, zuckte er plötzlich zusammen. Das Wasser in dem großen Kessel war noch heiß und sie schüttete etwas davon in eine Schüssel, schob ihn zu einem Stuhl, zog ihm seine Sandalen aus und setzte seine Füße in das warme Wasser. Er gab Protestgeräusche von sich, die sie ignorierte, aber als er vere, seine Füße herauszunehmen, sagte sie ärgerlich: »Hör … Wenn du dich umbringen willst, dann lass das nicht meine …chuld sein! Verstehst du? Ich möchte damit nichts zu tun haben!« Sie richtete sich auf und schob den Kessel über das Feuer, um das Wasser für den Tee zu kochen, und nachdem sie ihn zubereitet hatte, legte sie seine Hände um den Becher, und dann füllte sie eine Wärmflasche. Später, nachdem sie die Omelettes und Kartoffeln mit Sourcreme gegessen hatten, begann er ein wenig besser auszusehen. Das brachte eine gewisse grimmige Genugtuung mit sich. Sie dachte: Krankenschwester und Patient. Das hatte ich vergessen. Krankenschwester und Patient.

Es war unglaublich, dass sie nach diesem Abend so weitermachen konnten wie bisher. Am nächsten Morgen dachte Hope noch immer nicht darüber nach. Sie wagte es nicht. Der ganze dumme und grauenhafte Tag war einfach unvorstellbar. Es hatte keinen großen Unterschied zwischen Jacks Verhalten und ihrem eigenen gegeben. Ihr Ärger verflog, und was ihr blieb, war Scham. Schließlich, etwa in der Mitte des Tages, fing sie abrupt an zu sprechen. Halb zu sich und halb zu Jack.

»Es gibt nichts, was wir daran ändern könnten – wir müssen es vergessen und weitermachen.«

Er starrte sie an, und sie wiederholte ihre Worte mit einer gewissen Ungeduld. Er nickte dazu nicht wie sonst ergeben. Er sah noch immer blass aus und bewegte sich steif. Sie dachte mit sinkendem Mut, dass er dieses Mal mehr als nur zwei Schritte zurückgegangen sei.

Doch sie machten unglaublicherweise weiter wie zuvor, wobei Jack allmählich diese zwei Schritte wieder aufholte, zwischen tiefem Schweigen und plötzlichen Antworten wechselte, als ob nichts geschehen sei. Hope gab sich der Phantasie hin, dass sie irgendein Muster oder System entwickeln würde, das alles ein bisschen logischer, ein bisschen akzeptabler machen würde. Dann würde sie in der Lage sein, eine Entscheidung zu treffen und alles wäre plötzlich klar.

In der Zwischenzeit mussten sie essen und trinken und sich waschen, den Kohl ernten und die letzten Bohnen, mit anderen Gemüsesorten experimentieren, die Kühe melken, wenn sie an der Reihe waren, mit Peter Domino spielen und so tun, als sei dies ein normales Leben.

Es wäre so viel leichter gewesen, an das zu glauben, was sie vortäuschten, wären da nicht die Briefe gewesen. Sie trafen in regelmäßigen Abständen ein und waren immer an Jack adressiert, begannen aber stets mit »Liebster Jack, liebste Hope«. In den ersten drei Wochen des Oktober kamen nicht weniger als acht auf den Hof. In jedem wurde dieselbe Nachricht wiederholt. »Denke noch immer an Euch und liebe Euch beide.« Sie waren wie Wassertropfen, die einen Stein höhlten. Hope spürte, dass ihre Nerven völlig angespannt waren, trotz all ihrer guten Vorsätze, absolut uninteressiert zu bleiben. Sie hatte keine Ahnung, wie Jack darüber dachte. Er las einfach das Blatt und ließ es auf dem Tisch liegen.

Gegen Ende des Monats lieh Hope sich Peters Wagen und fuhr mit den letzten Teppichen der Saison und den Overalls nach Penzance. Die Inhaberin des Causeway Geschäfts erzählte ihr bedauernd, dass es bis zum nächsten Frühjahr keine Nachfrage nach Urlaubsartikeln geben würde. Sie stellte einen Scheck aus und tätigte ein paar Einkäufe und fuhr mit einem Gefühl der Verzweiflung nach Widdershins zurück. Auf ihrem Konto waren noch achthundert Pfund, aber sie konnte es sich nicht länger leisten, Jacks Beihilfe zu ignorieren. Und wenn die verbraucht war, hatte sie keine Chance mehr, weiter auf der Landzunge zu leben.

An diesem Abend setzte sie sich hin und schrieb an Mrs. Martin von ›Erwartungen‹ in Gloucester, und dann begann sie einen Kittel zu skizzieren. Als sie am nächsten Tag zum Hof nahm sie ihre Entwürfe mit. Jem mied sie noch immer, Fennie war in der Milchküche und schrubbte die Stein-atten mit Macht.

»Würdest du so etwas tragen, Fennie?« Hope schlug das Skizzenbuch auf und hielt es ihr hin. »Ich dachte an einen groben Stoff. An etwas, das Form bewahren wird. Baumwolle. Schweres Leinen.«

Fennie drehte ihren kleinen Kopf nach einer Seite. Sie war Jahre jünger als Jem, aber ihm mit ihrem langen Haar und den dunklen Augen nicht unähnlich.

»Das ist schon gut. Aber all dieses schwere Zeug um die Arme ... das ist zu viel, finde ich. Warum es nicht ärmellos machen? Und dazu ein richtig tiefer Spatenausschnitt. Dann kann man ihn im Sommer allein tragen und im Winter darunter einen Pullover anziehen.« Sie grinste. »Hast du die neueste Umstandsmode gesehen? Diese Latzhosen? Sehen aus wie Clownskleidung. Einige der Mädchen in der Klinik tragen sie – sie sind so stolz darauf, schwanger zu sein, dass sie das nicht mehr verstecken wollen.«

»Ich weiß, was du meinst.« Hope nickte nachdenklich. »Warum sollten sie es auch verstecken? Danke, Fennie. Ich werde beide Ideen verarbeiten.«

»Wusste nicht, dass du Modedesignerin bist. Dachte, deine Tochter sei das.«

»Ja. Ist sie auch. Ich bin es nicht. Aber ich muss irgendwie Geld verdienen. Das habe ich auf die Art gemacht.«

☆

Eine ganze Woche lang kamen keine Briefe von Mandy. Stattdessen kamen lange Schreiben von den Mädchen, ein Foto von Fiona Tabb, die an etwas arbeitete, das wie ein Petticoat aussah. Das Wetter wurde plötzlich besser und Jack sagte Peter, dass er gerne die Arbeit an der *Mirabelle* zu Ende bringen würde.

»Ich glaub' nicht, dass ich mit dir weiter da runtergehen kann, mein Junge«, sagte Peter voller Bedauern. »Und Jem ist die meiste Zeit in Truro auf dem Markt.«

»Ich brauche niemand.« Es war das erste Mal, dass Jack sich um eine Art von Unabhängigkeit bemüht hatte. »Es wird nicht lange dauern. Ist schönes Wetter.«

Alle schauten auf Hope, und beinahe hätte sie mit den Schultern gezuckt.

»Ich werde dir morgen unten mit den Werkzeugen und dem Zeug, das du brauchst, helfen«, schlug sie vor.

Es war Jack, der die Schultern zuckte.

Das Wetter war prächtig, aber es lag eine deutliche Kühle in der Luft. Die Flut lief am frühen Morgen auf, weshalb Hope im Garten arbeitete. Um zehn tauchte Fennie mit einem Brief auf, der an Hope adressiert war. Sie riss ihn sofort auf. Er war von Mrs. Martin, die schrieb, dass sie so viele Kittel nehme, wie Hope anfertigen könne.

»Ein gutes Omen, Fennie.« Hope war überglücklich und von Herzen dankbar. Sie brauchte nicht viel Geld, aber sie konnten nicht ihre ganzen Nahrungsmittel selbst anbauen und sie musste Jack für den Winter warme Kleidung kaufen.

Sie gingen ins Haus. Jack war am Küchentisch mit einem Stück Tapete beschäftigt. Er hatte etwas gemacht, wozu er in den letzten beiden Tagen ihr Zentimetermaß und ihre Schere benötigt hatte. Er hatte die Tapete auf dem Dachboden gefunden, als er nach oben gestiegen war, um zu sehen, wie gut Mr. Perkins Reparaturen waren, hatte aber von sich aus keine Erklärungen abgegeben, weshalb Hope auch keine Fragen gestellt hatte.

»Ich habe deinen Rat befolgt, Jack«, sagte sie, während sie den Kessel aufs Feuer setzte. »Ich habe an Mrs. Martin geschrieben. Offensichtlich kann sie die Kittel noch immer verkaufen. Damit werden wir uns über Wasser halten können!«

Er blickte auf und errötete ein wenig. Das übliche Schweigen setzte ein, und dann sprach Fennie ihn so freundlich an, als würde sie zu einem Kind sprechen. »Und was machen Sie da, schöner Mann? Sie machen doch etwas, oder?«

Er sagte: »Einen Drachen.«

»Oh. Das ist schön.« Fennie setzte sich. Offensichtlich hatte sie ihr Pulver verschossen.

Hope holte Becher und machte Kaffee. »Jack hat sich lange Zeit für Windkraft interessiert«, sagte sie, wobei sie genau wie eine Lehrerin klang, aber noch immer von diesem Augenblick geteilter Freude überwältigt.

»Oh. Tatsächlich?«

»Ja.« Sie lächelte. »Ich denke, ich werde unser Mittagessen einpacken, Jack. Das Wetter ist so schön, dass wir ein Picknick machen können, und du hast so mehr Zeit, um am Boot zu arbeiten.« Sie reichte Fennie einen Becher. »Lass deine Arbeit auf dem Tisch liegen. Du kannst damit weitermachen, wenn wir zurück sind. Es wird sehr früh dunkel werden.«

Er nahm seinen Becher mit Kaffee und umfasste ihn mit beiden Händen, wie er es jetzt immer tat. Dankbar sagte er: »Danke.« Ein weiterer kurzer Augenblick des Verstehens war da zwischen ihnen, und sie wusste, dass er ihr wirklich dankte, nicht nur für den Kaffee, sondern auch dafür, dass sie ihm eine gewisse Position gab.

Es war ein friedlicher Tag an der Bucht. Durch die Landzunge geschützt, nahm Hope nach dem Mittagessen eine ganze Stunde lang ein Sonnenbad und zog sich dann, als sie sah, dass Jack völlig mit der Reparatur des Ruderhauses beschäftigt war, teilweise aus und ging ins Meer. Sie schwamm an der Landzunge vorbei und drehte sich auf den Rücken und blickte zu der Steilklippe hinauf, die Widdershins vor den heftigen Stürmen schützte, und fühlte sich seltsam optimistisch. Und dann drehte sie sich wieder um, und da war Jack und wartete am Ufer auf sie. Ihr Albatros.

Sie schwamm langsam in das seichte Wasser, stand auf und watete ans Ufer. Sie fühlte sich mit ihrem glatt nach hinten fallenden Haar und ihrer durchnässten Unterwäsche irgendwie lächerlich.

»Bist du fertig?«, fragte sie kurz.

»Ja.« Er war mit Werkzeugen und Pinseln beladen. Er sagte unsicher: »Handtuch?«

»Ich habe keins mitgenommen. Ich werde mich hier nicht umziehen. Ich laufe vor. Ist das in Ordnung?«

Er nickte, und sie ging zu dem Felsen, wo sie ihre Kleidung gelassen hatte, eilte dann den Weg hoch, erschauerte einmal kurz und war dann wieder im direkten Sonnenschein. Sie wusste, dass sie ihre nassen Sachen hätte ausziehen und trockene anziehen sollen, aber Jack war jetzt ein Fremder, und sie konnte es nicht ertragen, sich vor ihm umzukleiden. Und er musste das ebenso empfunden haben, weil sie ihn, lange nachdem sie sich abgetrocknet und umgezogen hatte, durch den Garten hinunter zu den Erlen beim Bach spazieren gehen sah, den Blick auf seine Füße gerichtet. Er trug noch immer sein Werkzeug, und als sie die Tür öffnete und ihm zurief, dass der Kessel aufgesetzt sei, sah sie auch, dass er ein Paar Gummistiefel bei sich trug. Er hielt es ihr hin.

»Das sind ja meine! Ich habe sie ausgezogen ... an diesem Abend ...« Sie war erstaunt. »Wo hast du sie gefunden?«

»Am Strand. Sie sind in die Höhle gespült worden.«

Sie starrten einander mit einer Art staunenden Erkennens an. Dann drehte er die Stiefel um, stellte sie im Haus hinter die Tür, richtete sich auf und murmelte etwas.

»Was hast du gesagt?«

»Entschuldige. Es tut mir Leid.«

Sie spürte, dass ihre Halsmuskeln sich krampfartig bewegten.

»Es tut mir auch Leid, Jack. Wirklich Leid.«

☆

Am 5. November tauchte Jem mit einem weiteren Brief von Mandy auf. Hope hatte vergessen, wie wunderbar es war, diesen vertrauten Poststempel nicht zu sehen. Jack war auf die Anhöhe gegangen, um seinen Drachen auszuprobieren, weshalb sie den Brief zwischen Daumen und Zeigefinger nahm und ihn auf den Tisch legte.

»Du bist in letzter Zeit fast menschlich gewesen«, sagte Jem. »Ich hatte gehofft, dass davon keine mehr kommen würden.«

Hope zuckte ihre Schultern. »Ich nehme sie ohnehin nicht mehr zur Kenntnis«, sagte sie.

»Oh, doch. Das tust du. Du bist immer unausstehlich, wenn sie kommen.« Er grinste, aber sie erwiderte das Grinsen nicht, und er sprach schnell weiter. »Hör zu. Heute Abend wird in Buryan ein Freudenfeuer angezündet. Wie wär's, mit Peter dorthin zu fahren?«

»Du? Ich? Bella?«

»Wir alle. Jack und Fennie und Nathan auch.«

»Ich dachte, du wolltest nichts mehr mit uns zu tun haben.«

»Wollte ich an diesem Abend auch nicht mehr. Aber ihr habt gute Arbeit geleistet. Du und Jack. Ihr scheint ... ruhiger geworden zu sein. Vielleicht hat das die Luft gereinigt.« Er schaute sie an. »Ich mag es nicht, benutzt zu werden, Hope.«

»Entschuldige. Ich will dich nicht ... benutzen.« Sie schaute auf den Brief, der auf dem Tisch lag. »Schade, dass der gekommen ist. Sie regen ihn auf.«

»Dich nicht?«

»Na schön. Sie regen mich auch auf.« Sie holte schnell Luft. »Jedenfalls ... heute Abend. Wenn Peter wirklich gehen will ... schafft er das denn?«

»Er kann im Wagen bleiben. Bella und Fennie würde das gefallen.«

»Das Baby auch?«

»Nun sag endlich Nathan zu ihm, um Himmels willen! Das ist sein Name!«

Sie schaute überrascht drein. »Entschuldige. Sagtest du, ich sei unerträglich?«

»Nathan wird mein Sohn sein, wenn Fennie einverstanden ist. Er ist das Licht in Peters Leben. Und du nennst nie seinen Namen.«

Sie war entsetzt. »Oh, Jem. Das war mir ehrlich nicht bewusst. Ich mag Fennie sehr – und das ... und Nathan. Und es ist wundervoll, dass du Teil von ihnen sein wirst. Sie ist so süß und lieb. Bist du deshalb gekommen und hast den Brief gebracht? Um uns das von dir und Fennie zu erzählen?«

»Ich wollte dich sehen. Den Krach beilegen. Und euch bitten, heute abend mit nach Buryan zu kommen.«

»Ich glaube nicht, dass Jack sich mit uns allen in den Wagen wird zwängen wollen. Und ich kann ihn hier nicht allein lassen.«

»Sei nicht albern. Wenn du Peter und die Frauen fährst, werden Jack und ich laufen. Damit wird er einverstanden sein.«

»Es sind über sechs Kilometer, Jem.«

»Es wird uns gut tun.«

»Tja, wenn Jack einverstanden ist ... Ja, es wäre wirklich schön.«

Jack erklärte sich einverstanden, so wie er sich mit allem einverstanden erklärte, was sie vorschlug. Als es dunkel wurde, verließen sie Widdershins und spazierten zum Hof hoch, und Jack und Jem brachen sofort zu Fuß auf, während Bella und Hope Peter in den Wagen brachten und ihn gut in Decken einhüllten. Er war so aufgeregt wie ein Schuljunge, und als sie an den beiden Männern vorbeikamen, die am Wegesrand liefen, beugte er sich vor und drückte auf die Hupe und lachte, als sie sofort reagierten.

»Du bist ja schlimmer als der kleine Nathan!«, schalt Bella ihn. Sie beugte sich zu Hope vor. »Hat das ganze Haus zusammengeschrien, weil Fennie wollte, dass er etwas aß, das aus einer Konservendose kommt!«

»In der Klinik sagten sie, er müsse entwöhnt werden«, protestierte Fennie.

»Ist unwichtig, was *die* sagen«, erwiderte Bella. »Was zählt ist, was *er* sagt!«

Peter lachte wieder, und aus irgendeinem Grunde fielen alle ein. Hope dachte plötzlich: Das ist fast so etwas wie Glücklichsein. Einfaches unbeschwertes Glücklichsein.

Sie waren früh da, und es gelang ihnen, vor der Kirche zu parken, sodass sie eine perfekte Aussicht auf den Kerl hatten, der oben auf dem Bau aus getrocknetem Farn und alten Betten und Stühlen thronte. Als das Feuerwerk entzündet wurde, vergaß Hope zuzuschauen, weil es eine Freude war, Peters Reaktion zu sehen. Sein eingefallenes Gesicht leuchtete plötzlich und er sah so gut aus wie der junge Mann, der er einmal gewesen sein musste. Sie verstand, warum Bella sich in ihn verliebt hatte.

Und dann trafen Jem und Jack ein und gingen los, um heiße Würstchen zu kaufen, und erstaunlicherweise aß Peter, dessen Appetit immer ungewisser wurde, seine mit Genuss. Fennie ging mit Jem fort, und Jack setzte sich auf den Rücksitz und hielt Nathan und lächelte sanft. Irgendwann fragte Bella ihn, ob mit ihm alles in Ordnung sei, und Hope hörte ihn sehr deutlich sagen: »Mehr als in Ordnung.« Und dann, so, als höre er seine eigenen Worte und wundere sich über sie: »Mehr als in Ordnung.«

☆

Sie fuhren bald schweigsam zurück, weil Peters Anflug von Energie nicht lange anhielt. Er saß in seinem Stuhl und hielt Nathan, während Fennie ihm mit einem Teelöffel passierten Spinat gab, und er schob ihn mit der Zunge wieder heraus, bis sein Latz hellgrün war, und dann endlich stillte sie ihn selbst, und er war zufrieden. Hope folgte Bella in die Küche, um ihr von Mrs. Martin und den Kitteln zu erzählen.

»Fennie hat erzählt, wie glücklich du darüber warst.« Bella grinste sie beglückwünschend an. »Dann kannst du also ein paar Weihnachtsgeschenke kaufen? Möchtest du, dass deine Mädchen kommen?«

»O ja. Daran hatte ich gar nicht gedacht. Wie schön.« Sie seufzte. »Es war ein so schöner Abend, Bella. Ich danke dir.«

»Mir musst du nicht danken, mein Mädchen. Du bist diejenige, die etwas daraus gemacht hat. Für Peter bist du ... eine Tochter – so war das, seit er dich zum ersten Mal gesehen hat.«

»Oh, Bella ...« Hope hätte weinen können. »Du bist so ... uneifersüchtig!« Sie lachte. »Gibt es so ein Wort überhaupt? Ich finde, du bist sehr großherzig. Dich stören Dinge nicht, nicht wahr? Ich meine, dass Peter mich als seine Tochter ansieht und sich immer um Nathan kümmert – das macht dir doch nichts, oder?«

Bella schaute sie überrascht an. »Natürlich macht mir das nichts aus. Oh, doch, ich denke, dass das schon mal der Fall war. Als ich erfuhr, dass er keine Kinder haben konnte. Ich war wütend – wirklich sehr wütend. Weißt du, er hat mir das erst erzählt, als wir eine Weile verheiratet waren. Ich denke, ich fühlte mich da irgendwie betrogen. Und ich wurde ein bisschen wütend.« Sie grinste und zeigte ihre Zähne. »Du kannst dir wohl nicht vorstellen, dass ich wütend werde, mein Mädchen, was? Aber das wurde ich. Und dann ... na ja, ich merkte plötzlich, dass er es war, der zählte. Ich fuhr los und holte ihn aus Frankreich zurück, weißt du. In der alten *Mirabelle.* Er war ganz schön überrascht.« Sie lachte. »Seitdem geht's mit uns prächtig.«

Hope sagte, »Ich dachte ... ich dachte ...«

»Du dachtest, ich könnte keine Kinder bekommen? Gut. Ich hoffe von Herzen, dass das jeder glaubt. Macht die Sache für ihn besser, oder?« Sie blickte auf. »Darum kümmere ich mich nie um das Baby. Und ich zeige auch niemand, wie sehr ich dich mag, mein Mädchen. Könnte Peter aufregen.« Sie stand auf und ging zur Tür. »So viel dazu. Da kommen die müden Wanderer zurück!«

Jem und Jack kamen herein. Sie sahen sehr mitgenommen aus und rochen stark nach Cidre. Hope stand sofort auf.

»Ich denke, wir gehen nach Hause, bevor Jack einschläft.«

Sie war über das, was Bella ihr erzählt hatte, so verblüfft, dass sie vergaß, Peter gute Nacht zu sagen. Sie trieb Jack fast über den Hof und den Klippenpfad, und als er stehen blieb und eine Hand auf ihren Arm legte und auf den klaren, frostigen Nachthimmel zeigte, nickte sie nur und ging weiter. Als er schließlich durch die Tür kam, hatte sie das Feuer wieder entfacht und die Lampen angezündet.

Er stand da und schaute sich um, war verwundert, hatte wahrscheinlich aber auch mit den ungewohnten Drinks zu kämpfen.

Schließlich sagte er: »Was ist denn?«

Sie machte Kaffee und schaute ihn überrascht an. »Was los ist? Nichts. Eigentlich nicht.« Sie seufzte heftig und fuhr fort,

»Ich dachte, ich könnte vor allem ... weglaufen. Aber das Leben hat so eine Art an sich, immer wieder an die Tür zu klopfen. Egal, wie weit man läuft.« Sie setzte den Kessel wieder auf den Dreifuß zurück. »Bella hat mir heute Abend erzählt, dass Peter keine Kinder haben kann und er hat ihr das erst erzählt, nachdem sie verheiratet waren. Und doch ist sie nach Dünkirchen gefahren, um ihn zu retten. Kannst du dir das vorstellen?«

Er nickte, und dann sagte er: »Ja.«

Sie seufzte. »Ja. Ich denke, das kann ich auch. Bella ist toll, nicht wahr? Sie hat nichts vergessen, aber sie scheint es nicht nötig zu haben, irgendwas zu verzeihen. Sie akzeptiert es einfach.«

Darauf nickte er und dann nahm er den Brief auf, den sie für eine gesegnete Zeit vergessen hatte. Er war noch immer ungeöffnet, und er hielt ihn wie sie an einer Ecke zwischen Zeigefinger und Daumen.

Sie nickte ebenfalls. »Mandy. Ich sagte ihr, dass sie bis zum Frühling nicht kommen sollte, um dich zu besuchen. Dieses Versprechen hat sie jedenfalls gehalten.«

Er trat an den Herd und entzündete sehr vorsätzlich eine Ecke des Umschlags, und als er brannte, warf er ihn in das Feuer. Und dann kam er an den Tisch zurück und nahm seinen Kaffeebecher.

Sie schaute zu, wie der Umschlag sich schwärzte und kräuselte und dann wie der Brief eines Kindes an den Weihnachtsmann im Kamin nach oben flog.

Sie sagte: »Dieses Mal hätte vielleicht etwas Wichtiges drinstehen können.«

Er nahm seinen Becher fester in die Hand. »Ja«, sagte er wie immer. Aber er lächelte.

17

Der Unterschied, den es ausmachte, keine weiteren Briefe von Mandy mehr zu sehen, war erstaunlich – fast lächerlich. Sie trafen weiter ein und Jack verbrannte sie weiterhin. Es war eine symbolische Handlung, die Hope darin bestätigte, dass ihre eigenmächtige Entscheidung, Jack ins Cottage zu bringen, gerechtfertigt war. Weiter wagte sie nicht zu gehen. Sie akzeptierte jetzt, dass sie beide Zeit zur Rehabilitierung brauchten. Sie hatte sich eingebildet, dass ihre eigene Genesung in der Zeit, die sie allein in Widdershins verbracht hatte, erfolgt sei. Doch obwohl ihr dies die Kraft gegeben hatte, damit fertig zu werden, dass Jack hier war, war ihr nach den Ereignissen des vergangenen Monats bewusst, dass sie ebenso verwundbar war wie er. Mandys Schatten hatte ihr Leben verdunkelt. Er war noch immer da, doch jedes Mal, wenn Jack einen ihrer Briefe verbrannte, schien er sich ein wenig zu heben.

Sie war wieder im Stande, von einem Tag auf den anderen zu leben, über die Zukunft nachzudenken, was Lebensmittel und Brennstoff anbelangte. Das ganze Umfeld von Widdershins half ihr dabei. Sie glaubte, dass es Jack ebenfalls half. Es war ein enormer Schritt vorwärts, dass sie, da die Tage kürzer wurden, in der Lage waren, das winzige Cottage ohne Unbehagen miteinander zu teilen. Abends räumten sie ihr Geschirr ab, und dann übernahm Jack den Küchentisch. Er war noch immer völlig mit der Planung und der Herstellung von Papierprototypen von Drachen beschäftigt. Manchmal sah sie, wie er unten auf der Landzunge ein Modell ausprobierte. Anfang Dezember fragte er, ob er einen Blick auf ihren Stoffvorrat werfen könne. Er nahm ein paar Reststücke von Nylontüll, und wenn das Wetter nicht zuließ, dass sie im Garten arbeiteten, saß er mit Nadel und Faden da und arbeitete geschäftig. Und wenn Hope aus dem kleinen Wohnzimmer kam, in dem sie ebenfalls nähte, lächelte sie angesichts dieses Bildes von Häuslichkeit. Er hatte den zerbrechlichen Rahmen des Drachens zwischen seine Knie geklemmt, sodass er eher wie ein altmodischer Stickrahmen aussah. Er blickte auf und sah ihr Lächeln und erwiderte es. Es war eine andere Art ihres wortlosen Gedankenaustauschs. Sie ging in die Spülküche, um Tee zu machen, und sagte sich, dass es diese Augenblicke von Kommunikation allenfalls drei- oder viermal gegeben hatte. Aber dennoch spürte sie, dass ihre Stimmung sich hob.

Sie gingen abwechselnd zum Hof, sodass sie dem anderen nie im Wege standen. Jack half Jem beim Pflanzen und fuhr sogar mit ihm einen Teil der Ernte auf den Markt nach Truro. Hope übernahm noch immer das Melken am Nachmittag und verbrachte eine Stunde mit Peter. Sehr häufig las sie ihm vor, und gelegentlich hatte er Energie zum Reden. Der Arzt schaute vor Weihnachten vorbei und meinte, dass eine weitere Operation möglich sei. Peter sagte Bella, dass er sich dagegen entschieden habe. Hope war da, sie stand neben dem Bett und wusste, dass er diesen Augenblick gewählt hatte, um es für Bella erträglicher zu machen.

»Es geht mir gut so, wie es ist. Es ist ein gutes Leben gewesen, aber ich möchte nicht viel länger daran kleben.« Er grinste. »Du kennst doch diese Leute, die immer dann noch einen Drink bestellen wollen, wenn der Wirt ruft, dass Feierabend ist? Ich möchte nicht wie die sein.«

Bella sagte nachdrücklich: »Ich habe niemand rufen hören, dass Feierabend ist.«

»Du hast nicht die Zeit, danach zu lauschen, mein Mädchen!« Peter lachte. »Du und das Baby ... ihr seid nun mal so.«

Bella sah verzweifelt aus, und er fügte schnell hinzu: »Versuche nicht, es vor mir zu verstecken, Bell.« Er grinste. »Erinnerst du dich an Nanny Trenwith?«

Bella nickte. »Ja. Sie lebte irgendwo bei Bodmin. Die Leute reisten meilenweit, um sich von ihr behandeln zu lasse.«

»Sie sagten, sie sei eine weise Hexe. Die Kinder liebten sie. Deshalb vertrauten die Leute ihr.«

»Sie hatte einen Mann, als sie noch eine junge Frau war. Ist im Burenkrieg umgekommen. Sie hat nie einen anderen gehabt.«

Er nickte. »In dieser Hinsicht war sie wie du. Wärst du nicht vor fast fünfzig Jahren nach Frankreich gekommen, mein Mädchen, wärst du wie Nanny Trenwith gewesen. Du hättest keinen anderen Mann angesehen ...« Sie versuchte, ihn zu unterbrechen, aber er hob eine Hand. »Und die Kinder wären zu dir gekommen. Aber du hast sie immer weggeschubst, nicht wahr? Um meinetwillen – glaube nicht, ich wüsste das nicht!« Er kicherte. »Ist nicht mehr nötig, Bell. Du bleibst bei dem kleinen Nathan. Für den kleinen Nathan wirst du Nanny Penhailes sein.«

Bella sah aus, als würde sie sich wie üblich in ihre Rüstung zurückziehen, aber dann sagte sie ganz plötzlich: »Ich habe nie einen anderen gewollt. Du warst genug für mich, Peter Penhailes. Ich hoffe, du weißt das.«

Sein Lächeln wurde breiter. Er tätschelte Hopes Hand, aber er sprach zu Bella.

»Vielleicht habe ich das nicht immer gewusst, mein Mädchen. Aber als du meinetwegen kamst ... als ich die alte *Mirabelle* direkt auf diesen Strand von Dünkirchen zulaufen sah ... trotz der ganzen Stukas und Messerschmitts ... da wusste ich es.«

Bella nickte. »Ich auch.« Sie grinste. »Unsere Ehe ist nicht im Himmel geschlossen worden, nein. Aber wir haben daran gearbeitet, was, Alter?«

»Das haben wir.« Sie sprachen miteinander über Hopes Kopf hinweg, aber es war, als sprächen sie zu ihr. Peter sagte sanft: »Wir waren freundlich zueinander. Das ist wichtig. Freundlich zueinander sein.«

Bella sagte: »Miteinander auskommen – so würde ich das nennen!«

Er schaute zu ihr auf und sie schüttelte den Kopf. »Du warst immer sentimental, Alter. Du hast dich nicht geändert.« Sie drehte sich um. »Ich werde dir etwas Heißes zu trinken machen, und wenn du freundlich zu mir sein willst, dann wirst du das trinken!«

Sie ging und Peter legte sich für einen Augenblick auf seine Kissen zurück und sammelte sich.

»Kümmere dich um sie, mein Mädchen. Sie ist nur meinetwegen stark. Wenn ich nicht da bin ...«

»Sie wird Jem haben. Und Fennie und das Baby.«

»Sie werden nicht bleiben wollen. Er ist Künstler, kein Farmarbeiter. Da ist die Wohnung in Penzance. Fennie wird für das Baby eine Schule haben wollen und für sich auch ein bisschen Leben. Und wenn Jem versucht, sie glücklich zu machen, dann werden sie dahin ziehen.«

Sie schwiegen, während Hope darüber nachdachte. Es war wahr. Sie würde auf der Landzunge bleiben. Ob mit oder ohne Jack, es war jetzt ihr Zuhause. Auch Bella würde bleiben. Aber wenn Jem und Fennie sich zu einer Familie zusammenschlossen, dann deshalb, weil sie beide ohne Wurzeln waren. Und wahrscheinlich war nicht viel anderes als dies da, um zusammenzuleben. Um freundlich zueinander zu sein.

Sie blickte auf Peter nieder. Er war so zerbrechlich, hatte seine Augen geschlossen, atmete kaum und war doch besorgt um sie.

Mit leiser Stimme sagte sie: »Ich weiß, was du mir zu sagen versuchst, Peter. An einer Beziehung arbeiten – sie fast heranziehen. Jem und Fennie ... du und Bella. Aber Jack und ich sind anders. Uns gehörte die Welt. Unsere Ehe *wurde* im Himmel geschlossen. Aber er ... er hat alles weggeworfen.«

Peter öffnete seine Augen und schaute sie direkt an. »Ich weiß nicht alles. Nicht wirklich. Ich bin nicht der weise Mann, für den du mich hältst, mein Mädchen. Ich glaube nicht, dass Jack die Absicht hatte, etwas wegzuwerfen. Vielleicht macht ihn das zu einem Narren. Ich weiß es nicht. Vielleicht glaubte er, er sei dir egal. Ich weiß es einfach nicht. Aber ich kann sehen, dass ihr jetzt lernt, miteinander zu leben. Anständig. Ihr seid ... fast Freunde. Das kann ich sehen – was immer du auch sagst.«

»Ich glaube nicht, dass wir Freunde sind, Peter. Jack ist krank. Und ich kümmere mich um ihn. Wir müssen zusammen leben ... für eine Weile. Bis er so gesund ist, dass er selbst entscheiden kann, welchen Weg er nehmen will.«

Es gab ein langes Schweigen. Hope glaubte, er sei eingeschlafen und begann, ihre Finger von seinen zu lösen. Dann sagte er: »Was, wenn er beschließt, zu seinem Bruder nach Australien zu gehen?«

Sie lächelte und drückte seine Hand. »Dann ... sei es so.«

»Und wenn er beschließt, sich mit ... dieser Frau zusammen zu tun? Mit Mandy?«

»Das Gleiche. Peter, ich bin nur eine Krankenschwester und er ist ein Patient.«

»Du würdest ihn gehen lassen?«

»Ich hätte keine andere Wahl.«

Peter holte Luft und atmete wieder aus. »Dies ist die wichtige Frage. Antworte mir wahrheitsgemäß, mein Mädchen. Wenn er bei dir bleiben will – was dann?«

Sie starrte ihn mit großen Augen an und konnte nicht antworten.

Er sagte: »Richtig. Du weißt es nicht. Noch nicht. Aber

stelle dir diese Frage immer wieder. Weil du, wenn die Antwort Ja ist, für die beiden anderen Fragen andere Antworten brauchen wirst.«

Sie schluckte. »Peter ... ich weiß nicht, was du meinst.«

Er schloss seine Augen vor Müdigkeit. »Ich meine, wenn die Zeit kommt und du damit einverstanden wärst, dass er bei dir bleibt, dann ... wenn er sich dann entscheidet, etwas anderes zu tun, musst du deine eigene *Mirabelle* zu Wasser bringen und losfahren, um ihn zu retten. Es wird nicht seine Entscheidung sein. Es wird deine sein.«

In diesem Moment kam Bella herein und Hope erhob sich, um zu gehen. Bella sagte: »Jack ist da, mein Mädchen. Er hat sich Sorgen um dich gemacht.« Hope schaute zu Peter und sah, dass er wieder lächelte.

☆

Am 23. trafen die Mädchen ein. Jem holte sie in Truro ab und brachte sie mit seinem Transporter nach Widdershins. Es war dunkel und die Nacht voller Sterne. Jack und Hope begrüßten sie auf dem Hof und halfen ihnen, ihre vielen Taschen und Tüten unter den Kohl- und Blumenkohlblättern hervorzuholen. Einige davon waren für Bella und Peter bestimmt. Ein Päckchen mit sonderbarer Form für Nathan, das klingelte, als es herausgenommen wurde. Französisches Parfüm für Fennie und eine Hutschachtel für Jem.

»Es ist eine traumhaft bestickte Mütze«, verriet Chatty, kaum, dass sie außer Hörweite waren. »Wenn er sie auf dem Markt trägt, wird alle Welt zu seinem Stand kommen!«

Fay fasste Jack beim Arm. »Wie geht es dir, Dad?« Sie atmete tief ein. »Ich weiß einfach, dass dir diese Luft gut tut! Wenn ich an dein Zimmer in Gloucester und an das Krankenhaus denke ... seitdem sind fast drei Monate vergangen.« Jack sagte nichts, und sie wandte sich an Hope. »Wie geht es ihm, Mum? Ich kann Muskeln fühlen, die er zuvor nicht hatte!«

»Ja, ich glaube wohl.« Hope spürte Jacks Unbehagen und sagte zu Chatty: »Ich hatte gedacht, dass die Züge durch das Eisenbahnunglück in London Verspätung haben würden. Wie war die Reise?«

»Schön.« Chatty wandte sich daraufhin in der Dunkelheit an Fay. »Mit anderen Worten, lass Jack in Ruhe, okay?«

Darüber musste sogar Jack lachen. Chatty fuhr fort: »Ich habe beschlossen, euch Ho und Jack zu nennen. Ihr seid viel zu lange Mummy und Dad gewesen. Und außerdem nennt man mich jetzt Chat. In Ordnung? Ihr könnt mich Cat oder Kit nennen, aber nicht mehr Chatty. Ich werde ein umwerfendes Logo für die Zeit entwerfen, wenn ich berühmt bin. Nur ein Lächeln. Wie diese Cheshire-Katze – wisst ihr?«

Fay sagte ergeben: »Sie ist unerträglich. So war sie die ganze Zeit, seit wir uns in Birmingham getroffen haben. Ich werde sie weiter Chatty nennen. Sie redet mehr denn je.«

So überspielten die Mädchen Jacks Schweigen und sorgten – sonderbarerweise – dafür, dass Hope sie bewusster erlebte. Sie war immer erfreut und überrascht, wenn er sprach, aber sie war so an seine einsilbigen Antworten gewöhnt, an seine Körpersprache, dass sie das lange Schweigen zwischen ihnen kaum mehr registrierte. Es war so völlig anders als jedes Weihnachtsfest, das sie bisher erlebt hatte. Das im vergangenen Jahr war in einem Nebel von bestürztem Kummer um ihre Mutter vergangen. Mandy und Henrik hatten alle Vorbereitungen übernommen und für alle anderen eine Art Feier arrangiert. Sie konnte sich daran kaum erinnern. Unmittelbar danach hatte sich der Verdacht, dass Jack das Geld ihrer Mutter missbraucht haben könnte, verstärkt, und darauf war dieser entsetzliche Besuch in Sandhurst gefolgt. Die vorangegangenen Weihnachtsfeste waren durch diese Scheußlichkeit fast verdorben worden. Sie erinnerte sich daran, wie beschäftigt sie immer gewesen waren: Einkäufe, Kochen, Spiele für die Mädchen. In diesem Jahr gab es nichts von all dem. Sie hatte Arme voll Stechpalmenzweige und Efeu ins Haus gebracht und um die Bilderrahmen gesteckt. Von Bella und Fennie waren Karten gekommen und unerwarteterweise von der Inhaberin des Geschäftes in Penzance. Falls Mandy etwas geschickt hatte, war es von Jack verbrannt worden. Hope hatte ein großes Paket mit Kleidungsstücken an Mrs. Martin in Gloucester geschickt, aber es hatte darauf noch keine Reaktion gegeben, obwohl sie zumindest auf eine Karte gehofft hatte.

Chatty, die die dürftige Ansammlung sehr eingehend betrachtete, sagte: »Sonst nichts, Mum? Ich dachte wirklich, du hättest vielleicht eine Karte von Mandy bekommen.«

Hope schaute aus dem Fenster. Jack und Fay waren hinausgegangen, um einen Spaziergang zu machen, aber von ihnen war noch nichts wieder zu sehen.

»Ich weiß, dass sie dich besucht hat. War das in Ordnung? Ich wollte etwas dazu sagen, als ich schrieb, aber ... ich wusste nicht, was ich sagen sollte!«

Chatty schaute betroffen drein. »Sie hat mit dir Verbindung aufgenommen? Sie hatte mir hoch und heilig versprochen ...«

Hope lächelte schmerzlich. »Sie hatte ihre Finger gekreuzt.«

»Oh, mein Gott. Oh, Mum. Es tut mir so Leid. Was ist passiert? Sie ist doch nicht etwa hergekommen, oder? Wie hat Dad das aufgenommen?«

»Sie hat auf dem Hof angerufen. Wir haben miteinander gesprochen. Es war ziemlich ... bitter.«

Chatty sagte wieder: »Mum, es tut mir so Leid. Aber so lange sie nicht hier aufgetaucht ist ... Noch nicht. Dad ist noch nicht im Stande, sie zu sehen.«

»Sie hat ihm geschrieben. Bis kurz vor Weihnachten bekamen wir zwei- oder dreimal die Woche Briefe von ihr.«

»Mum!« Chatty war wieder betroffen.

»Sie waren an ihn adressiert, aber der Inhalt war für uns beide bestimmt. Immer und immer wieder dasselbe. Sie liebt uns beide.«

Chatty starrte sie an. »Ich denke nicht, dass das sehr gut für dich war. Was ist mit Dad?«

»Es war, als sei sie da ... in jedem Fall für mich.« Hope biss sich auf die Lippe. »Ich denke, dass Dad sehen konnte, wie das auf mich wirkte. Er begann, die Briefe zu verbrennen, ohne sie zu öffnen.«

»Der gute alte Dad! Das hat doch bestimmt geholfen, oder?«

»Natürlich.« Hope bügelte. Abwechselnd nahm sie die altmodischen flachen Bügeleisen aus dem Einschub des Herdes und fuhr damit über die feuchten Jeans, die auf dem Küchentisch ausgebreitet waren. Der Dampf stieg in ihr Gesicht. Sie sagte: »Aber ich möchte darüber nicht weiter reden, Chat. Macht dir das was aus?«

»Nein. Ja. In gewisser Hinsicht schon. Weil es vielleicht bedeutet, dass alles ziemlich unerträglich ist. Und ich hatte gehofft, dass die Dinge viel besser laufen würden.«

»Irgendwie werden sie sich wieder normalisieren. Was immer Normalität sein mag. Aber im Augenblick ist es viel schlimmer geworden.« Sie wechselte die Bügeleisen. »War es für dich auch so, als sie in Paris auftauchte?«

Chatty setzte sich, die Weihnachtsgrußkarten in der Hand. Sie starrte ins Feuer. »Ich weiß es nicht.« Sie seufzte. »Es war sonderbar, Mum. Sie wartete draußen vor dem Atelier, als Fi und ich eines Abends gingen. Es war ein Schock – nein, wirklich kein angenehmer Schock. Aber sie schauspielerte – nun ja, eben so, wie sie's immer tut. Sie umarmte mich, und dann umarmte sie Fi, als habe sie darauf gewartet, dass die in ihr Leben treten würde. Du weißt schon – sie war entzückt. Und dann ging sie mit uns Abendessen und sagte, sie habe Henrik verlassen.« Sie schaute ihre Mutter fast verstohlen an. »Weißt du, was sie gesagt hat? Sie sagte, sie sei es Leid, mit einem Mann zusammenzuleben, der nicht mehr als ein Zuhälter sei! Na ja, und dann sagte sie, sie wolle nur wissen, wo du bist. Und wo Dad ist. Ich erzählte ihr, dass er wirklich krank sei. Und ... ehrlich, Mum ... es hat sie völlig umgehauen. Absolut.«

»Ja. Das habe ich mitbekommen.« Hope faltete die Jeans zusammen und legte sie auf den neuen Wäscheständer, den Jack gemacht hatte. Sie nahm eine andere Hose aus dem Korb und legte sie auf den Tisch. »Warst du fassungslos, Chat? Es tut mir so Leid, dass du da reingezogen worden bist.«

»Irgendwie schon. Das Ganze. Also, ich meine ... ich fühlte mich komisch. Aber es war, als würde die Uhr zurückgedreht werden. Ich hatte Andy-Mandy wieder.« Chatty sagte kläglich: »Mum, ich war wirklich froh, als ich sie sah. Es tut mir Leid. Ich fühle mich schrecklich, weil ich das zu dir sage. Aber – für mich war sie etwas Besonderes. Erinnerst du dich an meinen ersten Schultag?«

Hope erinnerte sich und fragte sich, ob dies der Tag gewesen sein mochte, an dem Mandy beschlossen hatte, Jack zu verführen.

Chatty sagte schnell: »Dir wird doch nicht schlecht werden, oder?«

Hope richtete sich auf und merkte erst in diesem Moment, dass sie über den Tisch gebeugt stand.

»Nein. Nein, ich glaube nicht.«

»Hör zu. Lass uns nicht weiter über Mandy reden. Es ist Weihnachten.« Sie sprang auf und nahm das Eisen vom Dreifuß. »Ich werde zu Ende bügeln. Mach du uns eine Tasse Kaffee und ich erzähle dir von unserer Frühjahrskollektion.« Sie presste das Eisen auf die Jeans und sagte durch den Dampf: »Habe ich Mum zu dir gesagt? So ein elender Schritt zurück!« Sie lachte. »Tut mir Leid, Ho! Oh, Ho, es tut mir so Leid.«

Hope griff nach der Kaffeekanne und lächelte. »Das muss es nicht«, sagte sie.

☆

Sie nahmen sehr spät abends mit den Penhailes' das Weihnachtsessen ein. Hope hatte einen Pudding aus dem Sommerobst gezaubert, das sie eingemacht hatte, und für Gemüse gesorgt. Bella hatte zwei Hähnchen persönlich den Hals umgedreht.

»Das ist ein echtes Do-it-yourself-Weihnachten«, sagte Fay grimmig. »Ich bin froh, dass ich Vegetarierin bin.«

»Aber nur, wenn's dir passt«, spöttelte Chatty. »Vergiss nicht, dass wir in Birmingham gegessen haben. Wenn ich mich recht erinnere, hast du einen Burger gehabt.«

»Einen Gemüseburger«, sagte Fay scheinheilig.

Sie überreichten einander Geschenke, sobald sie aufgestanden waren. Hope hatte für beide Mädchen Patchworkröcke angefertigt, so wie es ihre Mutter so oft für sie getan hatte. Jack bekam einen ›Winterwärmer‹, angefertigt aus einer der vielen Decken aus Horsley. Die Mädchen hatten für sie beide Wollmützen, Handschuhe, Schals und Socken besorgt. »Das ist zwar langweilig, aber wir müssen euch warm halten«, verkündete Fay. Dann gab es Parfüm für Hope und Aftershave für Jack. »Um einen Ausgleich für die mangelhaften sanitären Einrichtungen zu schaffen!«, sagte Chatty.

Am Morgen fuhren sie alle mit Peters Auto zur Kirche in Buryan. Bella und Peter blieben zu Hause und hörten einen Gottesdienst im Radio. Es war eine Überraschung, als sie auf

Jem, Fennie und Nathan stießen, die bereits auf einer der hinteren Kirchenbänke saßen. »Wir sind gelaufen«, gestand Fennie. »Wir dachten, das sei ganz schön. Und so sind Peter und Bella ein bisschen für sich allein.« Sie lächelte sachlich. »Wisst ihr, so wie's aussieht, könnte es ihr letztes gemeinsames Weihnachtsfest sein.« Hope schaute schockiert zu Jem, der seinen Mund verzog, und sah dann Jack an. Ihre Blicke trafen sich und hielten einander fest, und dann füllten sich zu ihrem Entsetzen seine Augen langsam mit Tränen. Niemand sonst sah es. Fay hatte Nathan auf ihren Schoß genommen und Chatty fragte Fennie, wie er sein Geschenk gefunden hätte. Sie schob sich auf den Platz neben Jack und ergriff seine Hand.

Die Weihnachtslieder waren vertraut, die Predigt sehr kurz. Danach zwängten sie sich in den Wolseley und fuhren zum Hof zurück, und dann spazierten die Langleys zurück nach Widdershins in der Absicht, einen Imbiss zu nehmen und den Nachmittag damit zu verbringen, einen Spaziergang an der Küste zu machen. Doch unerwarteterweise stand Jack vom Tisch auf, kaum dass er sein Sandwich gegessen hatte, und verschwand nach oben.

Chatty rief: »Beeil dich, Jack! Wir haben nur ein paar Stunden, bevor wir zum Hof gehen müssen.«

Eine Antwort erfolgte nicht. Von oben kamen ein paar Geräusche, ein Poltern und Scharren.

Fay sagte: »Oh, Mum. Er ist noch immer so ... unberechenbar. Er spricht kaum. Erklärt nie etwas. Wie wirst du damit fertig?«

Hope sagte wahrheitsgemäß: »Sehr gut. Ich weiß nicht, was dies alles soll.«

Sie sollten es bald erfahren. Jack kam bedächtig die Treppe herunter und trug zwei große Kastendrachen. Hope lachte laut auf, da sie den Gobelinrahmen und den Vorhangstoff aus Nylon sofort erkannte. Er gab einen Chatty, den anderen Fay. Sie füllten fast das Zimmer, und die Mädchen wichen mit ihnen an die Wand zurück.

Hope sagte: »Euer Vater hat den ganzen letzten Monat daran gearbeitet! Ich wusste nicht, dass sie für Weihnachten gedacht waren – es sind Geschenke, nicht wahr, Jack?«

Er nickte.

Chatty sagte: »Sie sind toll, Jack! Absolut toll! Komm, Fay. Beweg dich! Ich will jetzt sofort nach draußen und meinen auf der Heide ausprobieren!«

So verzichteten sie auf den Spaziergang und verbrachten die nächsten beiden Stunden damit, wie verrückt über die Klippe zu laufen, bis die Drachen hoch über ihnen wie gewaltige weiße Motten flogen. Sie brauchten nur dann und wann einen sanften Zug, damit sie in Formation flogen.

Fay war hellauf begeistert. »Dad! Sie sind wunderschön. So ätherisch. Oh, Martin wird ihn lieben – werde ich ihn so in Einzelteile zerlegen können, dass ich ihn mit heimnehmen kann?«

Jack nickte und warf Hope einen Blick zu. Sie hatten beide bemerkt, dass Fay ihre Wohnung in Sheffield ›Heim‹ nannte.

Chatty sagte: »Komm schon, Ho! Nimm du meinen. Ich will ein Foto davon machen. In Paris kann ich den absolut nicht fliegen lassen. Er wird bei dir bleiben müssen.«

Lachend verbrachten sie den Rest des grauen Weihnachtsnachmittages damit, die beiden Drachen hoch über dem rauchenden Kamin von Widdershins fliegen zu lassen. Und dann, als sie sie heruntergeholt hatten und wieder die Klippe hinunterstiegen, teilte sich die niedrige graue Wolkendecke wie auf ein Stichwort, und eine diesige Sonne warf ihren roten Schein über die See auf sie. Sie blieben unwillkürlich über dem Tal stehen. Chatty fand endlich einmal keine Worte. Sie schauten zu, wie die Wolke die Sonne langsam wieder einhüllte, und dann wechselten sie ein Lächeln und gingen über den Pfad hinunter zum Cottage. »Schnell eine Tasse Tee, und dann gehen wir zum Hof«, sagte Hope. »Bella bat uns, vor Einbruch der Dunkelheit dort zu sein. Und ich möchte Jem gerne beim Melken helfen.«

Fay und Chatty stöhnten und erwähnten ihre Füße und Beine. Hope war mit dem Wasserkessel und der Teekanne beschäftigt und dachte, dass sie und Jack jetzt körperlich fitter als ihre eigenen Kinder sein müssten. Sie lächelte, als sie sich um Jack drängten und ihn baten, ihnen den Prototyp für die Drachen zu zeigen und ihnen zu erzählen, wie er die zerbrechlichen Rahmen so konstruiert hatte, dass sie den schwachen Wind, der an diesem Tage wehte hatten fassen können. An der psychologischen Gesundheit ihrer Töchter hatte Hope keinen Zweifel. Irgendwie waren sie mit dem Scheitern der Ehe fertig geworden und dem Verlust ihrer Großeltern und ihrer Patentante und ihres Patenonkels, und jetzt taten sie ihr Bestes, um zu helfen. Sie waren durch Jacks sonderbares Schweigen überhaupt nicht irritiert, ja, die sanfte Fay gab für ihn sogar Antworten.

»Martin hat mir eine Menge über Aerodynamik erklärt«, sagte sie, wobei ihr blondes Haar auf Jacks Skizzen fiel. »Wenn man hier hebt, muss man da absenken. Richtig?« Jack nickte. Fay sagte: »Dad, du hattest immer ein Gefühl für diese Art von Sachen, nicht wahr? Es war nicht nur das Geld, was es brachte. Es war die – die – *Bedeutung* der Luft, die wir atmen und die Art, wie sie sich bewegt. Und warum!«

Chatty verdrehte die Augen, wobei sie ihre Mutter ansah, und Hope grinste zurück und sagte: »Wo ist das rätselhafte Lächeln geblieben, Kitty?« Sie schüttelte den Kopf. »Wirklich eine Cheshire-Katze!«, sagte sie. Dann fügte sie hinzu: »Jack und Hope, fürwahr!«

☆

Bella wartete an der Küchentür auf sie. Sie trug Peters alten Tweedmantel und eine Mütze und sah aus wie eine Vogelscheuche.

»Sie sind hier!«, rief sie hinter sich, und Jem und Fennie kamen heraus. Sie waren ähnlich eingemummt. »Peter schafft es nicht.« Bella trieb sie zum Tor. »Und wir müssen uns beeilen, weil wir noch ein bisschen Tageslicht brauchen.«

Chatty sagte: »Was ist denn los? Ich dachte, wir würden Geschenke überreichen und das Abendessen machen ...«

»Nicht soviel Gerede, junge Chatty!« Bella ging vor ihnen schnaufend den Hügel hinauf und auf der anderen Seite wieder hinunter. »Wir haben den Alten daheim gelassen, damit er auf Nathan aufpasst, aber wir werden nicht lange machen!«

Jem lachte. Fennie sagte so aufgeregt wie ein Schulmädchen: »Das ist es, was wir machen! Wir überreichen Geschenke!«

»Halt den Mund, junge Fennie!«, befahl Bella. Sie hatten den Klippenweg erreicht, und sie winkte sie herbei. Gehorsam schlossen alle auf und folgten ihr hinunter. Sie erreichten die Bucht und begannen, in Richtung Höhle zu laufen. »Wir mussten wegen der Gezeiten sicher sein«, erklärte Bella. »Natürlich ist es vor allem für Jack, aber es ist unser Geschenk für euch alle, weil ihr alles es benutzen werdet.«

Für einen winzigen Augenblick, bei dem ihr fast das Herz stehen blieb, dachte Hope, Bella und Peter würden ihnen die alte *Mirabelle* schenken, aber dann stapfte Bella durch den weichen Sand in die Höhle hinein und an dem neu geteerten Rumpf vorbei, und dort, hochgezogen über dem Seetang, der die Flutlinie markierte, lag ein Dingi, von Bug bis Heck knapp zweieinhalb Meter lang und in der Mitte einszwanzig breit. Es war ein massives Boot, ganz aus Holz, mit schweren Riemen, die auf den Ruderbänken lagen, und mit Dollen, die wie mittelalterliche Fußeisen aussahen.

Bella sagte: »Wir wussten nicht, was wir machen sollten.

Haben vor Wochen darüber nachgedacht. Und dann sah Jem die Anzeige hierfür. Er hat es überholt.«

Grinsend sagte Jem: »Ich hab's auch probeweise gefahren, Jack. Wie findest du's?«

Jack starrte genau wie die anderen, sprachlos wie gewöhnlich, aber so sehr, dass er überwältigt war. Hope spürte, dass sie einen Kloß im Hals hatte.

Fay sagte ernst: »Das ist das schönste Geschenk, das jemand überhaupt machen kann! Es erinnert mich an die Geschichte in den Sagas über ...«

Chatty sagte: »Es ist wundervoll. Es ist, als bekämen wir ... ein neues Leben!«

Fennie sagte: »Sie dachten – Bella und Peter –, dass du fischen könntest, Jack! Du bist mit Peter in der *Mirabelle* zum Fischen gefahren und das hatte dir gefallen, nicht wahr?« Sie sprach sanft, so wie sie es Jack gegenüber immer tat. »Peter sagte, es habe dir Freude gemacht, für Hope das Essen heimzubringen. Darum macht dir die Gartenarbeit jetzt Freude. Peter sagte ...«

»Halt den Mund, Fennie«, befahl Bella wieder. »Ich denke, sie freuen sich. Jetzt kommt, ihr zwei. Ich muss zurück zu meinen Töpfen. Und du musst zurück zu deinem Baby, mein Mädchen. Lass sie allein, damit sie sich das in Ruhe ansehen können.«

Aber Fennie ließ sich nicht bändigen. »Da ist noch etwas anderes! Nur mussten wir euch dies zeigen, solange es noch hell ist!«

Dieses Mal war es Jem, der sagte: »Halt den Mund, Fennie.« Er blieb stehen, als er bei Jack war. »Bei all der Muskelkraft, die dir zur Verfügung steht, warum zieht ihr es nicht so weit wie möglich in die Höhle hinein? Und macht es dazu an einem Felsen fest? Nur für den Fall, dass wir Sturm bekommen.«

Die drei zogen davon, sehr zufrieden mit der Reaktion, die sie bewirkt hatten. Und Jack stand noch immer da, als sei er zu Stein geworden, und starrte auf das Dingi. Die Mädchen drängten sich darum, schaukelten es, um festzustellen, wie schwer es war, hoben jeweils einen Riemen, kletterten hinein und probierten alle Ruderbänke aus.

Hope nahm sanft Jacks Arm. »Es ist, als sei man wieder zehn Jahre alt, Jack. Als bekäme man das Geschenk, das man immer haben wollte, ohne überhaupt gewusst zu haben, dass man es haben wollte.« Sie wusste, dass er den Tränen ebenso nahe war wie sie. »Die *Mirabelle* ist für uns unerreichbar ... sie wird in jedem Fall immer Peters und Bellas Boot bleiben. Aber dies ...«

Er blinzelte und drehte sich zu ihr um. Er sagte: »Sie vertrauen mir. Dass ich rausfahren kann. Zum Fischen. Sie vertrauen mir.«

Es war mehr, als er den ganzen Tag gesagt hatte. Sie nickte langsam, weil sie die andere Facette des Geschenks sah.

Chatty rief: »Mum, diese Riemen wirst du nie benutzen können – das wirst du Dad überlassen müssen«, und Hope bemerkte, dass sie wieder Mum und Dad waren.

Er sagte sehr leise, »Wirst du mir auch vertrauen, Hope?«

Sie nickte wieder und dann lächelte sie, als Chatty wiederholte: »Armer alter Dad – du wirst rudern müssen!« Sie sagte: »Klingt, als hätte ich keine große Wahl.«

Mit etwas Mühe zogen sie das Boot weiter in die Höhle hinein und hoch und befestigten die Leinen an den Felsen. Chatty setzte ihnen zu, zu versprechen, dass sie am nächsten Tag alle ›segeln‹ gehen würden.

»Der zweite Weihnachtsfeiertag«, sagte sie ernst, »ist eigentlich der Tag der Schiffe. Wusstet ihr das nicht? Jeder, der ein Boot hat, muss am zweiten Weihnachtsfeiertag hinausfahren!«

Fay umarmte Jack. »Oh, ist das nicht einfach wunderschön?« Sie verzichtete für einen Moment auf die Sagas, um zu sagen: »Es ist wie das Boot in meinem Buch – du erinnerst dich doch an das wunderschöne Bilderbuch, das Großmutter mir geschenkt hatte? Das Boot, das *Eule und Kätzchen* hieß!«

Und es war fast wie ein Boot aus einem Bilderbuch, und deshalb beschlossen die Mädchen, dass das Boot nach seiner erbsengrünen Farbe benannt werden müsse. Und als sie wieder den Hügel erreicht hatten und auf dem Rückweg zum Hof waren, hieß es bereits *Sweet Pea.*

Peter war aufgestanden und saß vorm Küchenfeuer. Der große Tisch war bereits gedeckt. Sie dankten ihm. Sie dankten Bella, Jem und Fennie wieder – obwohl sie ihnen dauernd sagte, es habe mit ihr nichts zu tun –, und schließlich setzten sie sich, um die eher nüchternen Geschenke zu überreichen, die sie gekauft hatten. Nathan hatte seines bereits: Es war ein Holzrahmen, an dem Glocken und Rasseln in allen Formen und Größen angebracht waren. Er demonstrierte es ausgiebig. Jem sah mit seinem perlenbestickten afrikanischen Hut sehr künstlerisch aus, und Bella und Fennie freuten sich über ihre Schals und das Parfüm. Peter nahm ein Päckchen von Jack entgegen und packte es langsam aus. Es war Jacks Exemplar der *Schatzinsel.* Hope hatte davon nichts gewusst. Sie bot ihm an, ihm später an diesem Abend daraus vorzulesen. Jack sagte leise, »Lass mich für dich lesen, Peter.«

Nur für einen Augenblick entstand eine überraschte Pause in dem Geplapper. Und dann, bevor jemand etwas sagen konnte, kam Bella mit einem Korb herein.

»Dies ist für euch alle, vor allem aber für dich, Hope.«

Sie stellte den Korb vor dem Feuer ab. Darin war ein Hündchen, dem Aussehen nach noch nicht lange entwöhnt, schwarzweiß mit einem federartigen Schwanz und hellbraunen Augen. Hope sah es an und es erwiderte den Blick.

»Oh ... oh!«, sagte sie. Chattie und Fay gaben ähnliche Geräusche von sich. Das Hündchen krabbelte aus dem Korb und ging nacheinander zu jedem von ihnen und dann wieder zurück zu Hope.

»Sie weiß es«, sagte Peter. »Sie weiß, dass sie sich um dich zu kümmern hat. Ich habe ihr immer wieder gesagt, seit sie gekommen ist, dass sie eine wichtige Aufgabe zu erfüllen hat.«

»Du wirst dich um sie kümmern müssen«, sagte Bella nüchterner. »Wie du siehst, ist sie ein Mischling, aber sie ist vor allem Collie, und das sind gute Wachhunde. Sie wird dich wissen lassen, wenn jemand kommt.«

Hope sagte staunend: »Wir haben nie einen Hund gehabt. Wie ... wunderschön.«

Sie streichelte das seidenweiche Fell und schaute zu, wie das kleine Wesen, das vor Freude zappelte, zu Jack ging. Fay gurrte: »Seht euch diese Augen an ... oh, du süßes Mädchen!« Und Chatty beugte sich vor, um sie hinter den Ohren zu kraulen. »Wie sollen wir sie nennen? Zwei Namen an einem Nachmittag! *Sweet Pea* und ...«

Jack sagte so leise etwas, dass es außer Peter niemand hörte, und der nickte. »Warum nicht? Das ist ein passender Name. Ein passender Frauenname.« Er tätschelte sein Knie. »Komm her, mein Mädchen. Kleine Milly. Kleine Millicent. Komm zu Peter.«

Und Milly tappte verzückt über den Kaminvorleger, um noch mehr Aufmerksamkeit zu bekommen.

☆

Es war nicht spät, als sie nach Widdershins zurückgingen. Hope hielt Milly unter ihr Kinn, froh über die Wärme des kleinen Körpers, obwohl es durch die Bewölkung eine milde Nacht war. Jack trug den Korb, und die Mädchen trugen gemeinsam Hundefutter. Irgendwo im Moor bellte ein Fuchs, und Millys kleiner Körper spannte sich an und entspannte sich dann schnell wieder. Bevor sie hineingingen, setzten sie sie ab und versuchten ihr zu sagen, dass dies ihr neues Zuhause sei. Sie schnüffelte an der Türschwelle, folgte dann dem Geräusch des Baches und benutzte sinnvoll die Bäume von Marble Arch.

»Was für ein cleveres Mädchen!«, rief Chatty verzückt aus. »Hope, sieh dir das an! Sie hat eine schöne kleine Pfütze gemacht! Ist das nicht das Tollste, was man je gesehen hat?«

Sie ließen sie den Weg zurück zur Tür allein finden, und dann versuchte sie in ihrer Aufregung alle zum Stolpern zu bringen, während sie sich vorsichtig bewegten, um die Lampen zu entzünden und Holz aufs Feuer zu legen. Hope stellte den Korb an eine Seite des Herdes und setzte sie hinein, und die Mädchen wiederholten dies, während Hope und Jack Kaffee machten und den Tisch mit gefüllter Pastete und Kuchen deckten.

»Ich kann keinen Happen mehr essen!«, erklärte Fay, verzehrte dann aber reichlich von der Pastete. Chatty lag bäuchlings vor dem Herd und fütterte Milly mit winzigen Stücken Hundekuchen. Jack und Hope saßen zu beiden Seiten des Tisches. Jack hatte wie stets seinen Becher mit beiden Händen umfasst und Hope lächelte die Mädchen verträumt an.

Fay holte tief Luft und sagte: »Hätte jemand was dagegen, wenn Martin und ich im nächsten Jahr heiraten würden?« Sie schaute von ihrer Mutter zu ihrem Vater. »Wir wollten erst warten, bis ich mein Examen gemacht habe. Martin macht seinen Doktor, aber das ist in Ordnung, weil er von seiner Firma unterstützt wird. Wir könnten es uns leisten, gleich nach der Universität eine Wohnung zu kaufen. Ich könnte ... aber nur vielleicht ... eine Stelle in der Bibliothek bekommen. In der Abteilung für alte skandinavische Geschichte. Kurz bevor wir kamen, habe ich mit dem Bibliotheksleiter gesprochen, und er scheint zu glauben ...«

Hope unterbrach sie. »Das alles ist nicht so wichtig. Es ist brillant, wird aber durch deine erste Frage in den Schatten gestellt! Offensichtlich habt ihr das alles gründlich durchdacht und beschlossen!«

Fay errötete. »Es schien kein guter Zeitpunkt zu sein, um über Hochzeit zu reden.«

Chatty drehte sich auf den Rücken und blickte auf. »Idiotin! Sie sind begeistert. Merkst du das nicht? Wenn Hope anfängt wie Mandy zu reden, bedeutet das, dass sie begeistert ist.«

Ihr wurde bewusst, was sie gesagt hatte, und schlug eine Hand vor den Mund. Dann nahm sie die wieder gerade so weit weg, dass sie herausplatzen konnte: »Mum – entschuldige. Entschuldige, wirklich.«

Hope sagte mit ganz ruhiger Stimme: »Sei nicht albern, Chat. Oder Cat. Oder was auch immer. Aber ja. Wir sind begeistert.« Sie warf Jack einen Blick zu. »Das sind wir doch, Jack?«

Seine Augen waren wachsam, aber er nickte.

Hope lächelte. »Erzähl uns mehr von euren Plänen, Fay. Habt ihr schon einen Termin gemacht? Wart ihr schon beim Vikar? Habt die Blumen bestellt und das Kleid gekauft?«

»Oh, Mum ...«

»Tja. Es klingt, als ob du und Martin euch schon sehr eingehend damit beschäftigt habt.«

»Wir wussten es. Wir wussten es sofort. Erinnerst du dich nicht?«

Hope dachte nach. »Ja. Ich erinnere mich. Du hast sehr gestrahlt.«

»Wir kommen auch sehr gut miteinander aus. Wir können im selben Zimmer arbeiten. Wir gehen uns gegenseitig nie auf die Nerven. Tatsächlich sagt Martin, dass er viel besser arbeiten kann, wenn ich da bin. Und mir geht's genauso.« Chatty gab ein Geräusch von sich, das sich anhörte, als würde sie sich übergeben, und Fay sagte: »Halt den Mund, Chat. Als du auf der Schule warst, habe ich mir dein ständiges Gesülze über Mark Jinty anhören müssen!«

Überraschenderweise hielt Chatty den Mund, eine Tatsache, die Hope veranlasste sich vorzunehmen, später darüber nachzudenken. Inzwischen sprachen sie über Martin, seine Eltern, die Orkneys, Sheffield und die Lage auf dem Wohnungsmarkt und, eher zögernd, über Geld und Finanzen.

»Wir erwarten nicht, dass du für diese Hochzeit bezahlst, Mummy. Daddy, bitte schau nicht so drein! Wir wollen *keine* große Hochzeit. Martin geht nur dann in eine Kirche, wenn er die Heizungsanlage überprüfen muss. Wir werden auf ein Standesamt und anschließend irgendwo zum Lunch oder zum Tee gehen – nur ihr und Martins Eltern, nicht einmal seine Schwester –, und dann fahren wir nach Norwegen. Vergesst nicht, dass Chatty und ich ziemlich reich sind. Wir haben das Geld von Großmutter. Ich habe meins kaum angerührt.«

»Ich spare meins für dann, wenn ich mein eigenes Geschäft beginne«, sagte Chatty.

Hope sagte: »Du wirst bis dahin natürlich einundzwanzig sein. Und ich war einundzwanzig. So ... oh, Fay ... ich denke, es ist gut. Ich glaube, wir wussten, dass du Martin eines Tages ohnehin heiraten würdest. Oh, ich freue mich so.« Sie warf Jack einen Blick zu. »Wir freuen uns beide. Nicht wahr, Jack?«

Und er nickte und sagte dann: »Ja.«

☆

Am nächsten Tag brachten sie die *Sweet Pea* zu Wasser und ruderten ruhig über die Bucht in eine spiegelglatte See. Milly, die im Heck saß, bellte bei jedem Schlag der Riemen. Als die Mädchen darum bettelten, an die Riemen zu dürfen, tauschte Jack mit ihnen die Plätze und warf eine Makrelenangel aus, an der ein Blinker als Köder befestigt war. An diesem Abend aßen sie gepökelte Makrele und dazu eines von Bellas Broten, das buchstäblich mit selbst gemachter Butter bestrichen war. Am nächsten Tag fuhren sie wieder hinaus, und Chatty stand im Boot auf und zog ihren Trainingsanzug aus, unter dem sie einen Badeanzug trug. Unter lauten Protesten sprang sie in das eisige Wasser und schwamm ans Ufer. Jem und Fennie kamen herunter, um zu sehen, was es mit dem Lärm auf sich hatte, und fanden sie alle im seichten Wasser umherschwankend, als sie die *Sweet Pea* ans Ufer zogen, unterstützt von einer herumspringenden, bellenden Milly.

»Wie ich sehe, fühlt sie sich bereits vom Wasser angezogen«, bemerkte Jem, als Chatty, das Hündchen tragend, an ihm vorbeirannte. Beide zitterten.

Fennie sagte: »Ihr müsst verrückt sein. Seht euch nur an. Ihr seid ja bis zur Hüfte nass.«

»Sag Bella, sie soll heute Abend nicht kochen.« Hope blieb stehen, eine Hand in die Seite gestützt, während Jem ihren Platz einnahm. »Ich werde Makrelen mitbringen. Wir haben viel zu viele.«

»In Ordnung.« Fennie grinste und schaute zu Jack. »Er freut sich riesig über sein Geschenk. Der Gute. Es ist schön, ihn glücklich zu sehen, nicht wahr?«

Hope schaute über die Bucht hinüber, wo Jack tief gebeugt stand, um das schwere Boot in die Höhle zu schieben. Seine Arme und Schultern unter seinem neuen Deckenmantel waren offensichtlich kräftig. Da seine Jeans bis zu den Knien hochgekrempelt waren, sahen seine Beine stärker und dicker als gewöhnlich aus. Sie erinnerte sich daran, wie sie ihn vor vier Monaten im Krankenhaus gesehen hatte und schockiert über seine Magerkeit gewesen war.

Langsam sagte sie: »Ja. Ich glaube, das ist es, Fennie. Aber wenn es nicht so ist, dann hat er zumindest etwas, worauf er konzentriert ist. Auf etwas außerhalb von sich. Ich werde euch nie genug dafür danken können, dass ihr ihm das Boot geschenkt habt.«

Fennie lachte. »Sei nicht blöde. Peter hat diesen Mann angerufen und mit ihm Klartext geredet. Er sagte, er hätte ihn noch nie um einen Gefallen gebeten und würde auch nicht mehr lange genug leben, um ihn künftig um einen zu bitten, und deshalb erwarte er eine ordentliche Antwort! Jem ging hin, um es zu bezahlen und abzuholen. Wir bekamen es für ein Butterbrot.«

Hope hatte Angst zu lachen, weil sie glaubte, weinen zu müssen. Stattdessen sagte sie: »Ich glaube, es ist das schönste Weihnachtsfest, an das ich mich erinnern kann. Ist das nicht erstaunlich?«

»Nein. Eigentlich nicht.« Fennie scharrte mit einem Zeh im Sand. »Ist bei mir doch auch so, oder? Der alte Sid Phillips hat mich sitzen lassen. Ich arbeite bei Bella als Magd dafür, dass ich und Nathe bei ihr ein Bett und Kost haben. Nathe's Dad will von ihm nichts wissen. Aber Jem sagt, eines Tages werden wir heiraten und einen kleinen Stand auf dem Markt in Truro haben, und Bella und Peter lieben Nathe, als sei er ihr eigenes Kind. Und du und die Familie sind zur Gesellschaft hier ... ich kann mich auch nicht an ein schöneres Weihnachtsfest erinnern.« Sie machte eine Pause, um Atem zu holen, und fügte dann hinzu: »Es ist vielleicht wegen Peter.«

Hope fiel es jetzt leichter, mit Fennies Direktheit umzugehen. Sie nickte. Jem kam über den Sand gelaufen, gejagt von Fay. Jack folgte mit den Fischen. Irgendwo über ihnen bellte

Milly. Sie und Fennie begannen, den steilen Weg zur Klippe hinaufzusteigen. Sie dachte, ich muss mir diesen Augenblick einprägen, ihn im Gedächtnis behalten und ihn mir von jetzt an bei jedem Weihnachtsfest wieder in Erinnerung rufen.

Doch am Mittwoch fuhr Fay zurück nach Sheffield und dieses Mal war der Abschied von ihr schwerer als je zuvor. Sie hatten noch zwei weitere Tage mit Chatty, und dann reiste auch sie ab. Sie standen auf dem Bahnsteig in Penzance und winkten, bis der Zug hinter der Kurve von Mounts Bay verschwunden war. Es war wieder ein sehr ruhiger Morgen und sie spazierten vom Bahnhof in Penzance über die Market Jew Street in die Causeway. Jack hatte Chattys Drachen mitgenommen, und während er damit in ein kleines Spielwarengeschäft ging, das sich in der Mitte der mit Kopfsteinen gepflasterten Straße befand, kaufte Hope endlich für Peter ein Teleskop. Und dann ging sie zur Bank, um den Kontostand zu erfahren, und musste die Kosten für das Teleskop von dem, was da war, abziehen. Sie biss sich auf die Lippe. Noch immer kein Wort von Mrs. Martin.

Sie traf sich mit Jack in dem kleinen Café. Er war über seine Verhandlungen erfreut.

»Ich habe ihn zur Demonstration zusammengebaut und ihnen meine Skizzen gezeigt. Das hat ihnen gefallen. Zu den Osterferien möchten sie vier haben. Später vielleicht mehr.«

»Das ist toll, Jack.« Sie meinte, dass es toll war, dass er im Stande war, ihr genau zu erzählen, was geschehen war, und dass er dem Ladenbesitzer offensichtlich auch seinen Drachen erklärt hatte. Er nickte. »Ja«, sagte er. Und sie begriff, was er meinte, und fügte verspätet ihre Glückwünsche hinzu.

Sie zeigte ihm das Teleskop. Es war teuer, da es ein Stativ hatte, doch sie hatte das Gefühl gehabt, es tun zu müssen.

»Wir sind jetzt runter auf fünfhundert, Jack.« Sie nahm den Kontoauszug hervor und legte ihn auf den Tisch. »Aber das ist in Ordnung. Damit schaffen wir's bis Ostern. Und dann werde ich zum Sozialamt gehen und sehen, was machbar ist.«

Er sagte nichts. Sie wusste, dass er sich vor Bürokratie fürchtete, falls dies ein Ende ihrer Abgeschiedenheit bedeutete. Sie lächelte zuversichtlich. »Aber wenn es mit deinen Drachen gut läuft, Jack, werden wir zurecht kommen!«

Sie wusste aus bitterer Erfahrung, dass die Verkäufe, die in Penzance möglich waren, nicht ausreichten, um ihre Lebenshaltungskosten abzudecken. Aber er lächelte ebenfalls. Sie spazierten über die steile Straße zum Parkplatz, und sie fuhr durch Newlyn und Mousehole nach Hause zurück, als gäbe es nichts auf der Welt, worum sie sich Sorgen machen müssten.

18

Im neuen Jahr gab es keine Januarstürme, mit denen zu kämpfen war. Mehrere Tage waren hell und sonnig, und Jack gewöhnte sich allmählich an, mit der *Sweet Pea* für kurze Angeltouren hinauszufahren. Hope war zuerst nervös und hielt sich oben auf dem Klippenpfad auf, um ihn zu beobachten, aber er kam so gut zurecht, dass sie es schließlich als gegeben hinnahm. Wie Jem ganz sachlich gesagt hatte: »Hätte er sich nach dieser Nacht in der *Mirabelle* umbringen wollen, hätte er das ein Dutzend Mal tun können. Er hat in dieser Nacht etwas gelernt – ihr beide habt das.«

Inzwischen fand sie heraus, wie man Fisch salzte, und das Cottage nahm einen anderen Geruch an, der nicht so angenehm war. Am 21. des Monats traf wieder ein Brief ein, der in Gloucester abgestempelt war, und sie wollte ihn schon Jack reichen, als sie sah, dass er an sie adressiert war. Sie riss den Umschlag auf und ein Scheck über 320 Pfund fiel auf den Tisch. Sie stieß einen kleinen Freudenschrei aus. Sie und Jack frühstückten spät, und sie schob ihm den Scheck über den Tisch zu, damit er ihn sah.

»Ich hatte schon aufgegeben«, gab sie zu. »Offensichtlich hat Mrs. Martin gewartet, bis sie alle verkauft hatte.« Sie stieß einen übertriebenen Seufzer der Erleichterung aus. »Das wird uns eine Weile über Wasser halten. Ich schlage vor, dass wir die fünfhundert als eine Art Versicherung behalten und von dem leben, was wir von jetzt an einnehmen.«

Jack nickte. Er schien nicht begeistert.

»Entschuldige, Jack. Ich weiß, dass du es hasst, über Geld zu reden – Gott sei Dank müssen wir hier nicht allzu viel einplanen.«

Er sagte nichts, sondern nahm den Umschlag auf und schaute hinein. Es gab keinen Begleitbrief. Da war nichts außer dem Scheck. Er betrachtete den Umschlag eingehend.

Sie schaute ihn besorgt an. »Du denkst doch nicht ... Wie viel hat Mandy uns an diesem ersten Weihnachtsfest gegeben?«

Sie glaubte nicht, dass er antworten würde, doch am Ende sagte er: »Neunhundertundsechzig Pfund.«

»Für zwölf Kittel. Das sind etwa achtzig Pfund für jeden Kittel. Und ich habe Mrs. Martin vier Kittel geschickt.« Sie starrte ihn an. »Vier mal achtzig sind dreihundertundzwanzig Pfund.« Er sagte nichts. »Es gibt doch keinen Grund, anzunehmen ... Ich meine, wenn sie die anderen für hundert – oder neunundneunzig – oder was immer der Aufschlag war – verkauft hat –, dann würde sie diese doch wahrscheinlich auch für diesen Preis verkaufen.«

Jack schwieg noch immer, legte den Umschlag aber nicht zurück auf den Tisch.

Sie schaute auf den Scheck. Es war nicht Mandys Handschrift. Sie sagte: »Real sind achtzig Pfund ja nicht derselbe Preis wie vor zwanzig Jahren. Es ist also bloßer Zufall. Oder?«

Er sprach endlich und sagte kläglich: »Ich weiß es nicht.«

»Jack, ich kann einen Scheck über dreihundertzwanzig Pfund nicht einfach verbrennen.«

Er schüttelte heftig den Kopf.

Sie sagte: »Dann ist das geklärt.« Sie faltete den Scheck, legte ihn auf den Kaminsims und nahm die Teekanne vom Kaminvorsprung. »Noch eine Tasse Tee?«

Er schüttelte den Kopf und fügte dann hinzu: »Nein, danke.« Er zerknüllte den Umschlag und warf ihn ins Feuer. »Ich würde gerne schwimmen gehen. Kommst du mit?«

Sie war erstaunt. »Seit wir hier sind, bist du noch nicht geschwommen!« Sie warf einen Blick aus dem Fenster. Es war nicht sonnig und sie zitterte bei dem bloßen Gedanken, sich in den eisigen Atlantik zu stürzen. Aber es war das erste Mal, dass er sie gefragt hatte, ob sie etwas mit ihm gemeinsam machte.

»Also gut. Ich komme mit.« Sie grinste. »Milly wird das jedenfalls genießen!«

Mit den Mädchen wäre es ein Abenteuer gewesen. Verrückt, aber lustig. Jack nahm es sehr ernst. Er ging nach oben, um sich umzuziehen, bewaffnete sich mit Handtüchern und der Meerseife und machte sich auf den Weg hinunter ins Tal und dann zum Klippenweg, als könne er es nicht erwarten, ins Wasser zu kommen. Er überließ ihr die Höhle zum Umziehen und ging hinter einen Felsen. Lange bevor sie ihre Oberkleidung abgelegt hatte, watete er bereits in die See. Milly folgte ihm dichtauf, zögerte aber, als die Wellen um ihr Kinn spülten. Hope rannte hinunter, um sich zu ihnen zu gesellen, und keuchte und schrie, als das eiskalte Wasser über ihrem Bauch zusammenschlug. Milly kläffte hektisch voller Mitgefühl und sparte sich dann ihren Atem, als eine kleine Welle sie von den Füßen hob, um auf Hope zu zu paddeln. Sie war zuvor in das Wasser hineingerannt und wieder heraus, war aber nie im tiefen Wasser gewesen. Hope drehte sich auf den Rücken und schwamm neben ihr. Das bärtige schwarze Gesicht war ein Bild purer Entschlossenheit. Hope lachte laut auf und rief Jack, er solle kommen und sich das ansehen, aber er schwamm mit kräftigen Stößen in die See hinaus und war gegen die intensive Kälte offensichtlich immun. Irgendwann, als sie ängstlich zu werden begann, machte er kehrt und bahnte sich seinen Weg durch das Wasser und sie spielten in den Untiefen, und er begann sich und Milly einzuseifen. Auch er lachte und sprang auf und ab, um warm zu bleiben. Milly entfloh und schwamm ans Ufer und rannte über den Strand, machte dann kehrt und stürmte zurück ins seichte Wasser und bellte dabei wie verrückt.

»Was ist? Was ist denn?« Hope schaute sich um und sah, was Milly sehen konnte. Es war ein Seehund, der aussah wie eine weitere Milly. Sein Kopf ragte weit aus dem Wasser und er schaute sie mit offensichtlicher Neugier an.

»Oh, Jack! Sieh doch!«

Er drehte sich ebenfalls um, und sie beide schauten in die feuchten Augen des Tieres und sahen dann sich an. Ganz spontan griff Jack nach ihrer Hand und zog sie zu sich, und sie schauten wieder hin und warteten, während Milly noch immer bellte, bis der Seehund zu dem Entschluss kam, sie seien keine Gefahr, und im Wasser verschwand.

Sie ließen sich fast befangen los und gingen zurück zum Strand, um sich so gut sie konnten abzutrocknen und anzukleiden. Dann liefen sie keuchend den Klippenweg hoch und blieben oben wie üblich stehen, blickten auf die See hinaus und kamen wieder zu Atem. Und dies war der Moment, in dem Jack leise sagte: »Besser jetzt. Nicht so ... schmutzig.«

Sie schaute ihn schockiert an, und dann verstand sie ganz plötzlich.

»Dieser Scheck. Es war dieser Scheck, nicht wahr?«

Er schüttelte sich, sah wie Milly aus. »Wir sind gekauft und bezahlt worden. Zuvor.«

»Oh, Jack. Du glaubst, er ist von Mandy gekommen.«

Er schüttelte den Kopf, obwohl sie wusste, dass er nicht überzeugt war.

Sie sagte: »Pass auf. Wenn du glaubst, er sei von Mandy, werde ich ihn verbrennen. Möchtest du das?«

»Nein!« Er hatte niemals so entschieden geklungen, und sie war sonderbarerweise enttäuscht. »Ich meinte ... es hat bei mir Erinnerungen ausgelöst. Dinge.«

»In Ordnung.« Sie bückte sich und trocknete Milly ab und fragte sich, was sie von ihm hören und von ihm getan haben wollte. Der Scheck hatte Erinnerungen zurückgebracht, durch die er sich unsauber fühlte. So unsauber, dass er hatte schwimmen und sich in der See hatte waschen müssen. Aber er wollte den Scheck nicht verbrennen.

Sie richtete sich auf. »Komm. Milly zittert. Lass uns zurück zum Cottage gehen und uns aufwärmen.« Sie lächelte ihn an. »Das war wundervoll, Jack. Vor allem, den Seehund zu sehen.«

Er nickte wie gewöhnlich und runzelte dann die Stirn, als Milly zu bellen begann. Sie beide warteten, und dann kam Jem über den Bach und hob eine Hand.

»Ich dachte, dass ihr unten in der Bucht sein müsstet.« Er tätschelte Milly. »Ihr habt einen Besucher. Ich kam voraus, um euch zu warnen. Bella versuchte, ihn aufzuhalten, aber ich denke, er dürfte ihr inzwischen entkommen sein.« Er grinste. »Es ist in Ordnung. Er scheint ein anständiger Bursche zu sein, aber er hat keinen Namen genannt. Ich denke, er ist aus deinem Krankenhaus, Jack. Sagte, er brauche nur fünf Minuten.«

Hope hob ihre Brauen und warf Jack einen Blick zu, weil sie sich fragte, wie er das aufnehmen mochte. »Das ist anständig von ihm«, sagte sie. »Nach dir zu schauen. Wenn er hier Urlaub macht, dann investiert er eine Menge Zeit dafür.« Jack sagte nichts. Für sie war offensichtlich, dass ihm der Gedanke nicht gefiel, dass jemand aus dem Krankenhaus ein Auge auf ihn hatte. »Soll ich alleine gehen und dich entschuldigen?«, schlug sie vor. »Du kannst mit Jem zurückgehen und Peter für eine halbe Stunde besuchen.«

Aber er schüttelte den Kopf und ging voran, entschlossen, das Gespräch so schnell wie möglich hinter sich zu bringen. Hope und Jem folgten, während Milly von einem zum anderen rannte und dann beschloss, im Bach wieder gründlich nass zu werden. Hope lachte, hob sie hoch, packte sie in das feuchte Handtuch und trug sie durch das Tal bis zur Haustür. Und dann blieb sie stehen. Jack stand an dem Tisch und hielt sich an der Lehne seines Stuhles fest. Aus dem Stuhl neben dem Herd erhob sich die vertraute Gestalt Henriks.

Es war, als ob eine Hand ihr Herz umfasste. Eindeutig ein körperliches Gefühl. Sie erinnerte sich an die viele Zeit, die sie mit Henrik geteilt hatte ... Tröstliche Zeiten, die jetzt vergiftet waren, weil es nicht die freundlichen, unschuldigen Zeiten gewesen waren, für die sie sie gehalten hatte. Sie keuchte genauso wie sie gekeucht hatte, als sie in die See gegangen war. Dann wandte sie sich an Jem.

»Es ist in Ordnung. Es ist ein alter Freund.« Jem runzelte die Stirn, weil es so offensichtlich war, dass die Atmosphäre in der winzigen Küche alles andere als freundlich war. Hope wickelte Milly aus und setzte sie auf den Boden. Mit gedämpfter Stimme sagte sie: »Das ist Henrik Petersen. Es ist wohl besser, wenn du uns allein lässt.«

Jem schwieg ebenfalls einen Augenblick lang. Dann sagte er: »Wirst du zurechtkommen?« Und als sie nickte, wandte er sich ab. Sie ging hinein und schloss die Tür hinter sich. Es war sehr still. Das Feuer brannte ruhig. Milly winselte, da sie etwas Unnatürliches in ihrer kleinen, sicheren Welt spürte. Jack hielt sich am Stuhl fest.

Hope zwang sich, natürlich zu sprechen. »Henrik. Ich habe nicht die Absicht zu sagen, wir freuten uns, dich zu sehen. Aber du bist hier und offensichtlich bist du aus einem bestimmten Grund gekommen. Also setz dich. Jack, setz du dich auch. Ich werde Kaffee machen.« Henrik setzte sich und Jack nach kurzem Zögern ebenfalls. Hope schluckte. Sie fürchtete, dass die schreckliche Übelkeit sie überkommen würde. Sie schaute zu Jack hinüber. Er starrte Henrik an, als ob er ihn noch nie zuvor gesehen habe, und sie fragte sich, welches Gift Mandy ihm in die Ohren geträufelt haben mochte. Sie bewegte sich in sein Blickfeld und lächelte ihn an, und er nickte ihr überraschenderweise zu. Plötzlich dachte sie, dass ganz gleich, was geschehen würde, was immer Henrik an Katastrophe mitgebracht haben mochte, nichts zählte außer, dass Jack wieder gesund war. Sie wusste es. Ganz plötzlich wusste sie, dass er gesund war – mehr als das: in besserem Zustand war, als er jemals gewesen war. Milly schien ihre Stimmung zu bemerken und kroch still in ihren Korb neben dem Herd. Hope setzte den Kessel auf die Kohlen und griff nach den Bechern.

»Wir waren schwimmen, Henrik. Wir drei.«

Er sagte im Plauderton mit seiner präzisen Stimme, »Es muss kalt gewesen sein.«

»Das war es. Sehr kalt. Aber belebend.« Sie löffelte Kaffee in die Becher und ging um ihn herum in die Spülküche, um Milch zu holen. Er hatte oben auf dem Kopf fast kein Haar mehr. Sie erinnerte sich wieder daran, wie nah sie einander gestanden hatten. Daran, wie er sie vom Blumenbeet hochgehoben hatte, als ihre Wehen einsetzten, und wie er sie zu seinem Wagen getragen hatte. Wie oft er für sie Kaffee und den

Abwasch gemacht hatte, die Mädchen von der Schule abgeholt hatte.

Er wandte sich an Jack. »Mandy hat mir erzählt, dass du krank warst. Ich wollte anrufen. Schreiben. Dir sagen, wie Leid es mir getan hat. Wie Leid es mir tut. Aber sie sagte, ich dürfe das nicht. Sie sagte, ich müsse mich fern halten.«

Jack gab ein Geräusch von sich. Hope trat wieder zwischen sie, als wolle sie Jack beschützen. Sie sagte: »Das war ein guter Rat. Aber dennoch bist du hier.«

Henrik schwieg. Hope machte den Kaffee und reichte ihm seinen Becher. Sie setzte sich neben Jack. »Nun?«

Er sagte stockend: »Ich bin mir nicht sicher, wie viel ihr wisst. Wie viel Mandy euch erzählt hat. Würdet ihr es mir sagen ... habt ihr sie gesehen, seit sie in dieses Land zurückgekehrt ist?«

Hope legte eine Hand auf Jacks Arm. »Nein«, sagte sie.

»Sie wollte zurückkommen, um Dinge in Ordnung zu bringen. Wir waren ... bankrott. Wie ihr wisst. Wir hätten schon vor Jahren Britannien verlassen sollen. Das taten wir nicht. Wegen euch.«

Er machte eine Pause, und Hope sagte, »Entschuldige, Henrik. Du kannst uns nicht dafür die Schuld geben, dass du dein Geld verloren hast. Wir haben unseres auch verloren. Und das meiner Mutter. Jack hat fast sein Leben verloren.«

»Ich gebe keinem die Schuld.« Henrik schaute in seine Tasse und der Dampf umwölkte sein Gesicht. Hope überlegte, ob er vielleicht weinte. Schließlich sagte er: »Ich habe sehr viel Geld an Mandy überschrieben. Wir mussten vorsichtig sein. Ich habe es in den Laden gesteckt. Erwartungen. Du erinnerst dich.«

Hope sah Jack nicht an. Sie sagte: »Wir dachten, die Geschäfte seien weg. Genauso wie alles andere.«

»Die zwei gingen weg. Das Geschäft in Gloucester ... Ich

hatte eine Vereinbarung mit Mrs. Martin getroffen, dass sie ihn für uns führte. Es war Mandys ganz spezielles Projekt. Und es war dein spezielles Projekt. Wir dachten, du würdest damit einverstanden sein, es ... zu übernehmen. Du und Jack. Es hätte euch ernährt. Es wäre eine kleine Entschädigung für den Verlust gewesen.«

Hope schaute zum Kaminsims. Der Scheck war noch dort, steckte hinter einem der Kerzenleuchter.

»Wir wussten davon nichts«, sagte sie. »Wir dachten, ihr hättet genau wie wir alles verloren. Mrs. Martin erzählte uns, dass sie das Geschäft gemietet habe.«

Henrik senkte seinen Kopf tiefer. »Ich hatte ihr gesagt, sie solle diese Information geben. Ich habe andere Namen, Hope. Sie sind eine Art von ... Versicherung.«

»Das Geschäft gehört dir also noch immer. Und du besitzt noch immer das Haus in Sandhurst.«

»Mandy besitzt das Geschäft. Und ... es scheint ... als habe sie das Haus in Sandhurst verkauft.« Er schaute plötzlich auf, und sie sah, dass seine Augen voller Tränen waren. »Ich kann Mandy nicht finden. In Sandhurst ging erst niemand ans Telefon. Und dann meldete sich jemand, der sagte, sie hätten das Haus gekauft. Ich rief Mrs. Martin an und sie sagte, Mandy sei in die Wohnung über dem Geschäft gezogen, im Augenblick aber nicht da. Sie sei im Augenblick für eine Woche nicht da. Deshalb flog ich nach Gatwick und mietete ein Auto und fuhr dorthin. Dort ist sie nicht. Ich kann sie nicht finden. Der einzige Ort, wo ich noch nach ihr suchen kann, ist hier. Sie hatte mir von dem Cottage erzählt und wie man hierher kommt. Also fuhr ich gestern Abend nach Penzance und suchte mir ein Hotel. Und heute Morgen bin ich gekommen.«

Hope sagte: »Sie ist nicht hier.« Sie schaute aus dem Fenster. Der Scheck war heute Morgen eingetroffen. War es möglich, dass Mandy kurz danach auftauchen würde? War es ihre

Art, sie wissen zu lassen, dass sie kam? Für einen Augenblick verlor sie die Kontrolle über sich und sagte mit bebender Stimme: »Ist sie jetzt im Verfolgungsgeschäft?« Jack legte seine Hand auf ihre. Sie schaute Henrik an. »Sie hat angerufen und geschrieben. Ich habe ihr das Versprechen abgenommen, dass sie nicht herkommen wird. Wegen Jack. Aber sie ... treibt sich fortwährend hier herum. Ihre Präsenz ist immer spürbar.«

Jack sagte: »Es ist ja gut, Ho. Es ist gut.«

Henrik richtete sich auf. »Du weißt es. Oh, Gott. Du weißt, dass sie gekommen ist, um Jack zurückzuholen. Sie hat es dir erzählt.«

Hope sagte leidenschaftlich: »Ich habe Jack nicht *gekidnappt,* Henrik! Er war krank! Er hat eine Überdosis genommen und er war schwer krank! Er war krank und abgemagert und ... schrecklich!« Sie hörte sich schluchzen. »Er war nicht in dem Zustand, einen Entschluss fassen zu können. Alles, was ich getan habe, war, ihm Raum zu geben. Ihm Zeit zu geben. Das war doch sicher nicht unvernünftig?«

»Sie sagte, sie würde es dir nicht erzählen. Sie sagte, sie würde heimkommen, um dir zu helfen. Sie versprach, sie würde nicht sagen, dass es deshalb sei, um Jack zu holen.« Er schaute an Hope vorbei zu Jack. »War es wegen Mandy? Wolltest du wegen ihr allem ein Ende machen?«

Jack drückte Hopes Arm. »Nein«, sagte er deutlich.

Hope schluckte, weil sie plötzlich Übelkeit überkam. Jack atmete tief ein, weil das Sprechen ihm Mühe machte. Und dann sprach er. »Es klingt ... absurd. Aber es war, weil ich nichts war. Ich stand nur allen im Wege. Ich war ein Stück Abfall, das beseitigt werden musste ...« Wieder hörte sie sich schluchzen.

Henrik sagte: »Sie glaubt, es sei ihretwegen. Sie rief mich an, um mir zu erzählen, was passiert war. Sie dachte, es sei, weil sie dich verlassen hatte.«

Jack sprach mit erstickter Stimme. »Nein.«

Henrik sagte langsam: »Sie wollte, dass es so wäre. Sie wollte ... so wichtig sein. Es tut mir Leid, Hope. Ich verursache Kummer. Ich weiß nicht mehr, wie man taktvoll ist.« Er seufzte. »Hasst du sie sehr?«

Hope versuchte, klar zu denken. Schließlich sagte sie, »Ich will sie hassen. Ich will euch beide hassen. Aber als ich ihre Stimme am Telefon hörte ... als ich dich hier sitzen sah ... es ist sehr schwer.«

Henrik umklammerte seinen Kaffeebecher. »Das ist es. Weißt du, wir haben – Mandy und ich – eine sehr komplizierte Beziehung. Wir sind kein Liebespaar. Aber wir sind mehr als Freunde. Es ist kompliziert. Mandy braucht ... andere Menschen. Ich habe das akzeptiert. Ich habe Distanz bewahrt. Bis wir euch kennen lernten. Ihr beide repräsentiertet – für uns – was wir nicht hatten und so sehr wollten. Ganz einfach, wir liebten euch. Könnt ihr das verstehen? Macht dich das verlegen, Jack?«

Jack antwortete nicht. Hope konnte sein Elend fast physisch spüren.

Henrik fuhr langsam, fast tastend fort: »Zuerst war alles in Ordnung. Wir wollten euch helfen und planten, wie das zu machen sei. Gemeinsam. Dir bei deinen Entwürfen und deinem Nähen, Hope. Jack mit dem Kursus ... dem Computerkursus. Du erinnerst dich.«

»Ja«, sagte Jack plötzlich.

»Und dann war es anders. Irgendwie. Ich glaube, ich hatte mich in dich verliebt, Hope. Es war Fay. Ich wünschte mir – so sehr – dass Fay mein Kind gewesen wäre.« Jack gab ein Geräusch von sich und Henrik hob eine Hand. »Nichts ist passiert, Jack. Es war ... ganz einfach eine Phantasie. Auch bei Mandy und Chatty. Aber es wurde sehr, sehr schwer für uns, zu gehen. Und dann wurde es sehr, sehr schwer für uns, nicht zu gehen. Wir wussten, was wir taten. Euch ohne Geld oder ein Heim zu verlassen. Aber wir taten es.« Er schloss seine Augen. »Es war kriminell. Buchstäblich. Aber wir taten es.«

Die Übelkeit drohte Hope zu überwältigen. Aber Jacks Hand lag auf ihrer und sie konnte sie nicht wegstoßen und aufstehen. Sie sagte mit angehaltenem Atem: »Warum? Um Himmels willen, *warum*?«

Henrik sagte: »Selbsterhaltung. Emotional und ökonomisch.«

Sie gab ein bitteres Lachen von sich. »Das ist so typisch für dich, Henrik. Emotional und ökonomisch. Deine Emotionen, deine Ökonomie.«

»Meine liebe ... meine liebe, liebe Ho. Verstehst du denn nicht, dass wir, wenn wir geblieben wären, noch mehr Schaden angerichtet hätten? Wir haben euch geliebt – verstehst du das nicht? Wir sahen unsere ... Desertion ... als eure Befreiung! Und ich wäre vielleicht ins Gefängnis gekommen, wenn wir geblieben wären. Und ich hätte Jacks Freiheit nicht garantieren können.«

»Es war dann also eine selbstlose Desertion?«

Er errötete tatsächlich. »Du hast allen Grund, wütend zu sein.«

»Ich bin nicht wütend, weil du gegangen bist. Ich bin wütend, weil du zurückgekommen bist und versuchst, alles wegzuerklären.«

»Ich wusste nicht, was ich sonst tun sollte, Ho. Ich muss Mandy finden. Sie ist – im Augenblick – das, was man als entsicherte Waffe bezeichnen würde.« Er sah, dass ihr Gesichtsausdruck sich veränderte und fügte rasch hinzu: »Sie ist sehr verwundbar, Ho.« Er deutete auf Jack. »Du machst dir aus dem gleichen Grunde Sorgen um Jack, aus dem ich mir Sorgen um Mandy mache. Hat sie etwas in den Briefen gesagt, die ihr bekommen habt? Irgendeinen Hinweis auf ihren Geisteszustand gegeben?«

Hope schluckte wieder. »Sie schrieb immer wieder dasselbe. Dass sie uns liebe. Wir haben sie verbrannt ... zum Schluss.«

»Sie hätte dann also in letzter Zeit Nachrichten schicken können, von denen ihr nichts gewusst habt? Sie hätte euch schreiben können, wohin sie gehen wollte?«

Hope schloss ihre Augen, weil die Übelkeit übermächtig zu werden drohte, und versuchte, an den Seehund zu denken. Jack sagte: »Sie ist nicht hier und wir wissen nicht, wo sie ist. Geh. Bitte, geh. Hope wird krank werden.«

Henrik erhob sich mit Mühe von seinem Stuhl, griff dann in seine Jackentasche und holte eine Karte heraus. »Dies ist mein Hotel in Penzance. Ich werde dort noch drei Tage bleiben. Werdet ihr anrufen, wenn es Neuigkeiten gibt? Bitte?«

Jack nickte und zog dann Hope hoch, sodass Henrik die Tür öffnen konnte. Sie warteten nicht, um zu verfolgen, wie er in die Mulde hinunterging und dann wieder hoch auf die Klippe. Jack schloss die Tür und lehnte sich mit dem Rücken dagegen. Hope stand in der Tür zur Spülküche und starrte ihn an. Schließlich sagte er: »Ist alles in Ordnung mit dir?«

Sie nickte. Es war, als hätten sie die Rollen getauscht. Ihr fiel nichts ein, was sie hätte sagen können. Er ging zu dem Stuhl, auf dem vorhin noch Henrik gesessen hatte, und schüttelte die Kissen auf.

»Setz dich, Ho.« Er nahm ihren Arm und führte sie, als sei sie eine Invalidin. »Ich mache uns etwas zu essen. Setz dich. Schließ deine Augen.«

Sie tat genau, was er sagte. Ihr war kalt, und die Wärme des Feuers drang in ihre Beine und erfüllte langsam ihren Körper. Erst als sie aufhörte zu zittern, wurde ihr bewusst, dass sie die ganze Zeit gezittert hatte. Sie lauschte, wie Jack sich bewegte, wie er den Wasserkessel wieder füllte und Brot schnitt. Als er sagte: »Rechts von dir steht Tee und ich habe Käse auf Toast zum Warmhalten ins Ofenrohr gelegt«, spürte sie, dass heiße Tränen hinter ihren gesenkten Lidern aufstiegen. Sie wollte ihm danken, wollte ihm sagen, dass sie müde auf eine Art war, wie sie es nie war, wenn sie im Garten gearbeitet hatte. Dass dies nichts mit ihrem Schwimmen zu tun hatte. Es war eine Müdigkeit, die aus Angst kam. Und sie wusste nicht, wovor sie sich fürchtete. Aber wenn sie sprach, was sollte sie dann sagen?

Sie spürte die Tränen über ihre Wangen rinnen und Jack musste sie gesehen haben, weil sie hörte, wie er sich zu dem Wäscheschrank bewegte, und dann wurde ein Taschentuch sanft in ihre schlaffen Hände gedrückt. Sie führte es zu ihrem Gesicht und hielt es dort, schämte sich für diesen Zusammenbruch. Es duftete nach der grünen Seife, die sie benutzte, und nach frischer Luft und den Bügeleisen. Und dadurch weinte sie noch heftiger. Es gab wenig, was in Widdershins zum Wegwerfen war. Taschentücher, Handtücher und Geschirrtücher wurden fleißig gewaschen. Menschen. Waren Menschen etwas zum Wegwerfen? Henrik und Mandy waren die Menschen, die mehr als alle anderen, die sie je kennen gelernt hatte, zum Wegwerfen waren. Ihre Eltern waren gegangen. Peter würde jetzt auch bald gehen. Wie lange würde Bella ohne ihn da sein? Wann würden Jem und Fennie mit Nathan zurück in die ›Zivilisation‹ gehen? Würde Jack auch gehen? Sie stöhnte auf und presste das Taschentuch fest gegen ihr Gesicht, als wolle sie so all ihre Gedanken auslöschen. Im nächsten Augenblick war Jacks Arm in ihrem Nacken und sie wurde an seine Schulter gedrückt. Das Stöhnen wurde zu einem heftigen, klagenden Geräusch und seine Umarmung wurde fester. Sie ließ das Taschentuch los und klammerte sich an sein Hemd. Sie spürte buchstäblich, dass sie ertrank. Und er wusste genau, was sie fühlte, weil er sie auf ihrem Platz höher zog, als wolle er sie aus dem Wasser heben, aber seine Stimme war nicht beschwichtigend. Sie war laut, versuchte, zu ihr durchzudringen.

»Es ist gut! Ich habe dich. Es ist gut ...« Er sagte das unaufhörlich, lauter und lauter. Es war lange her, seit sie Jack hatte laut sprechen hören. Sie keuchte und saugte heftig Luft ein und klammerte sich an ihn. Er war ihre einzige Chance zum Überleben. Sie wusste das, ganz klar und trostlos. Er konnte sie erretten, wenn sie ihn das tun ließ. Konnte sie ihn das tun lassen?

☆

Jem kam vor Einbruch der Dunkelheit zurück. Er versuchte, beiläufig zu klingen.

»Alles in Ordnung mit euch beiden?« Er stand einen Augenblick lang in der offenen Tür, kam dann herein und schloss die Tür hinter sich. Die Sonne war weg und die Luft war bitterkalt. »Ich hab' ihn vor einer Ewigkeit gehen sehen, aber dann mussten Bella und ich uns um Peter kümmern und es war Zeit zum Melken ... Was ist los, Hope?«

Jack räumte den Tisch ab. Sie hatte ihren Tee getrunken und zwei Happen von dem Käsetoast gegessen. Jetzt kauerte sie eingemummt auf dem Stuhl und starrte in die roten Höhlen des Feuers.

Jack deutete auf den anderen Stuhl. »Setz dich. Hope fühlt sich nicht allzu gut.«

Jem starrte ihn überrascht an. Es war sofort offenkundig, dass Jack anders war.

»Oh, Gott. War es schrecklich?«

Jack warf einen Blick auf Hope, und als sie keine Bewegung machte, sagte er: »Es ist ein Schlamassel. Mandy ist verschwunden, und er war hier, um nach ihr zu suchen. Hope denkt offensichtlich, sie sei irgendwo dort draußen.«

Jem setzte sich langsam. »Gott, nein. Du hast doch keine

Angst vor ihr, oder, Ho? Sie wird sich doch nicht mit einem Messer oder sonst was auf dich stürzen?«

Es gab keine Antwort. Jack hängte den letzten Becher auf und setzte sich. »Das könnte sie wirklich tun. Aber eigentlich ist es nicht das. Sie repräsentiert alles, was falsch gelaufen ist.« Er schaute zu Hope, blickte ihr in die Augen und nickte. »Henrik ebenfalls.« Er seufzte. »Es ist eine Invasion. Und wir können sie nicht abwehren.« Er lächelte schief. »Wir haben keine Zugbrücken mehr.«

Jem sagte, »Die Landzunge ist an sich eine Zugbrücke. Und außerdem muss man die in sich haben. Ich dachte, du seist in der Hinsicht gut ausgestattet, Jack.«

Jack schüttelte den Kopf. »Nein. Hope ist meine Zugbrücke gewesen.«

»Und jetzt nicht mehr, was?« Jem beugte sich vor und legte eine Hand auf Hopes Knie. »Sag etwas, Hope. Du kannst doch sonst immer so klar denken. Sag ihm, dass alles gut werden wird.«

Sie senkte ihren abwesenden Blick auf seine Hand und dann schaute sie ihm ins Gesicht. Sie flüsterte: »Peter.«

Jem lehnte sich zurück. »Gott. Das ist nicht gut, Hope. Versuchst du Jack oder etwas Dummes zu kopieren?«

Sie flüsterte wieder: »Peter.«

»Es geht ihm nicht schlechter. Aber auch nicht besser. Die Krankenschwester rief an – sie ist irgendwo aufgehalten worden. Also haben wir ihn ins Bett gelegt. Bella hat seinen Rücken eingerieben und ihn für die Nacht fertig gemacht.«

Sie schaute ihn weiter an, während wieder Tränen ihre Augen füllten. Er war verlegen und sagte: »Hope, tu das nicht. Es geht ihm gut und er ist bei seiner Bella. Es gibt nichts, was jemand sonst tun könnte.«

Hope nickte und blinzelte und wandte sich dann wieder dem Feuer zu. Sehr deutlich sagte sie: »Zum Wegwerfen.«

Jem blieb nicht. Mit Jacks Krankheit war er gut fertig geworden. Mit der Hopes konnte er nicht fertig werden. »Ich werde Fennie runterschicken, ja?« fragte er Jack.

»Nein.« Jack war erstaunlich entschlossen. »Morgen ... werden wir sehen.«

Und nachdem er gegangen war, ging Jack zum Herd und nahm den Scheck, der an diesem Morgen eingetroffen war. Er hielt ihn Hope hin. Sie starrte darauf und schlug eine Hand vor den Mund. Jack zerriss ihn wieder und wieder und warf dann die gestempelten Stücke in den Herd. Sie flammten auf und waren verschwunden.

Er sagte, »In der Spülküche ist Suppe. Soll ich sie erwärmen? Und anschließend könnten wir gepökelte Makrele essen.« Er lächelte. »Mal zur Abwechslung.«

Er wartete, und nach ein paar Sekunden lächelte sie ebenfalls.

19

Zwei Tage lang war Hope krank. Sie wusste, dass sie krank war, weil ihre Knochen schmerzten und ihre Haut juckte. Dazu kam, dass Traurigkeit, manchmal Furcht, wie eine Decke auf ihr lag. Wenn sie sich in der Lage fühlte, aus dem Stuhl neben dem Feuer aufzustehen, wanderte sie zum Fenster und spähte ängstlich hinaus. Am dritten Tag kam Fennie mit heißem Kuchen, der in Pergamentpapier eingewickelt war, Weintrauben und ein paar Bananen herunter.

»Jem erzählte uns, dass du allein sein willst«, sagte sie. »Aber Bella sagte, wenn nicht einer von uns gehen und nach dir schauen würde, würde sie selbst gehen.« Fennie zog die Mundwinkel nach unten. »Sie weicht kaum von Peters Seite. Du kannst also sehen, dass sie sehr besorgt ist.«

»Sag ihr, dass es mir besser geht, dass ich aber noch nicht zum Haus kommen will, weil ich sonst vielleicht Bakterien mitbringe.« Hope zwang sich, normal zu sprechen. Eines der wundervollen Dinge, die sie aus Jacks Krankheit gelernt hatte, war, dass ein Dialog nicht nötig war. Sie hatte häufig mit Jack gesprochen und ihm die Antworten gegeben. Das Gleiche tat er jetzt für sie. In den vergangenen beiden Tagen war sie wundervollerweise nicht gefordert worden.

»Du klingst gut.« Fennie war fast verstimmt. »Jem meinte, es ginge dir so schlecht wie Jack!« Sie schaute von einem zum anderen. »Jack redet wieder – und dazu sogar vernünftig. Und du bist dieselbe wie sonst!«

Jack lachte, sodass Hope nicht zu lachen brauchte. Sie sagte: »Wir sind schwimmen gegangen. Vielleicht habe ich mich dabei erkältet.«

»Das war's ganz bestimmt!« Fennies Gesicht wurde noch länger. »Ich hab' noch nie von jemand gehört, der so verrückt ist wie ihr. Mitten im Winter schwimmen. Ist ein Wunder, dass der Hund noch lebt.«

Hope ignorierte das. »Sieh dir das Obst an! Oh, Fennie, danke.«

»Jem hat's vom Markt in Truro mitgebracht. Hat nichts mit mir zu tun.«

»Was ist mit dem Kuchen?«

»Nun ja. Den hab' ich gemacht. Bella hat dafür keine Zeit mehr.«

Jack warf Hope einen Blick zu. »Geht es Peter sehr schlecht?«

»Nicht mehr lange, denke ich. Jeden Tag kommen Krankenschwestern. Ich wundere mich, dass sie ihm nichts geben. Wir würden doch nicht einmal ein Tier so behandeln, oder?«

Hope sagte: »Ich werde mit dir hochgehen, Fennie. Vielleicht kann ich etwas tun.«

»Tja, ich wollte nichts sagen, weil wir ganz gut zurecht kommen und weil Jem sagte, ich sollte dich in Frieden lassen. Aber dein ältestes Mädchen rief an. Gestern Abend. Sie sagte, du sollst dir keine Sorgen machen, aber wenn du das nächste Mal auf dem Hof bist, könntest du sie anrufen.«

»Wolltest du uns das nicht erzählen?«

Jack sagte schnell: »Ich werde gehen.«

»Wir gehen beide. Egal, ob wir helfen können oder nicht, wir wollen Peter sehen.« Hope schob den Kuchen in den Herd und holte ihren Mantel unter der Treppe hervor. Er hätte sie vielleicht zurückgehalten, aber sie schien mit neuer Energie geladen zu sein. »Es geht mir gut, Jack. Wirklich. Ich muss das Muster durchbrechen ... den Albtraum vergessen. Du weißt, was ich meine.«

Er nickte. »Ich weiß es.«

Sie liefen hinter Fennie her, die offensichtlich wegen ihres guten Gesundheitszustandes noch immer ganz verdutzt war. »Bei Jem klang das so, als würdest du an der Schwelle des Todes stehen! Ehrlich, Männer machen um Krankheit einen solchen Wirbel.«

Milly folgte ihnen, erfreut darüber, wieder draußen zu sein. Jack hielt seinen Deckenmantel um sich geschlungen und bot Hope keine Hand zum Halten. Sie zitterte in der frischen Luft, merkte, dass sie ihre Haut seit drei Tagen nicht gespürt hatte. Sie dachte an die See und zitterte noch mehr. Wie war sie da hineingeraten ... warum war sie hineingegangen? War es wirklich die Art von Reinigung gewesen, die Jack gebraucht hatte? Sie versuchte, sich an das Wunder zu erinnern, als sie den Kopf des Seehundes aus der Dünung hatten auftauchen sehen, aber dann und wann kam Henriks graues und lichter werdendes Haar dazwischen. Henrik, der sie und Fay geliebt hatte, aber Mandy so viel mehr. Hope erschauerte wieder. Sie wusste nichts über Liebe. Nicht wirklich. Sie war tief und dunkel und erschreckend.

Fennie sagte etwas über Essen, und sie zwang sich, zuzuhören und zu antworten. »Ja, natürlich haben wir anständig gegessen. Jack hat Blumenkohl gekocht. Wir hatten also frisches Gemüse.«

»Bella wollte, dass Jem Orangen kaufte. Sie schwört auf Orangen. Aber sie waren zu teuer, wie er ausgerechnet hatte.«

»Wir sind gut zurecht gekommen. Ich nehme an, dass du im Augenblick auf dem Hof kochst, Fennie?«

»Ja. Peter und Bella kümmern sich um Nathe.« Fennie schaute sich um und sagte nüchtern: »Es ist wirklich schrecklich. Ist überhaupt kein richtiges Leben. Aber Jem sagt mir, dass es nicht lange dauern wird. Ist nicht die richtige Zeit, ja? Darauf zu warten, dass jemand stirbt.«

Hope sagte nichts, aber hinter ihr wurde Jacks Stimme kräftig laut. »Es ist gut für Jem, Fennie. Vergiss das nicht. Er muss sehen ... wie das geschieht.«

»Wegen seiner Frau, meinst du?« Fennie schüttelte den Kopf. »Das verstehe ich nicht. Oh, ich weiß, was du sagst. Das war unnatürlich und er fühlte sich verantwortlich. Und dies ist natürlich und es hat nichts mit ihm zu tun. Aber Tod ist Tod. Daran gibt's nichts zu rütteln.« Sie erreichte das Tor zum Hof und lehnte sich schwer atmend daran. »Jem hat viel zu lange gewartet. Was er braucht, ist, dass er mit allem weiterkommt. Er braucht ein Baby und muss sich darum kümmern. Muss sein Leben selbst in die Hand nehmen ... es leben.«

Jack lächelte. »Er braucht dich, Fennie. Schwarz und weiß. Einfach und direkt. Mit Jem wird alles gut werden.«

Sie grinste ebenfalls. »Natürlich wird es das. Achte nicht

auf mich. Ich bin einfach so traurig. Wirklich traurig. Ich bin nicht daran gewöhnt, nicht viel machen zu können.« Ihr Grinsen wurde breiter. »Wenn ich mich früher gelangweilt habe, bin ich runter zum Restaurant gegangen, und was dabei rauskam, war Nathe!« Sie wurde wieder sachlich. »Bei Peter kann ich nichts tun. Und er ist ein wunderbarer Mann.«

Sie gingen hinein. Jem stapelte Holzscheite neben dem Herd. Er schaute wachsam auf.

»Wie geht's euch?«, fragte er sie beide.

Hope nickte. »Mir geht's jetzt wieder gut. Ich denke, ich habe mir beim Schwimmen eine Erkältung geholt.«

»Sonderbare Erkältung«, bemerkte Jem.

Jack sagte direkt: »Du weißt, was es war, Jem. Es lag daran, dass sie Henrik sah. Mich hat das geheilt, aber Hope hat's umgehauen. Doch heute scheint sie wieder völlig in Ordnung zu sein.«

»Dich geheilt? Einfach so?«

»Ich war auf dem besten Wege. Aber es gab da noch immer ... schwarze Männer.« Er lachte, als er Fennies Gesichtsausdruck sah. »Henrik war einer von ihnen. Aber als es darauf ankam, war Henrik ... schließlich ... einfach nur Henrik. Er hat uns alle bis zum Hals in den Schlamm fallen lassen. Aber er hatte nicht mit Widdershins gerechnet. Und all das hat mit Widdershins zu tun.« Er bückte sich und nahm Milly auf. »Es ist genau, wie du sagtest, Fennie. Wir müssen weiterleben.«

Hope wusste, dass die Worte an sie gerichtet waren. Sie hatten ihre Philosophie längst geprägt. Sie war sich so sicher gewesen, dass sie das Richtige tat, als sie Jack mit sich nahm. Und es schien ihm besser zu gehen. Er war anders als früher, besser. Bedeutete dies, dass sie ihn jetzt gehen lassen musste? Nicht nächsten Monat oder übernächsten, sondern jetzt? Warum schien dies ein Ende zu sein statt ein Anfang?

Sie sagte: »Ich werde Fay anrufen, bevor ich zu Peter gehe. Ist das in Ordnung, Jem?«

»Sicher. Aber sie sagte, es sei nicht dringend. Mach dir also keine Sorgen.«

Sie ging in die Halle und nahm den Hörer ab. Jack war hinter ihr. »Sie könnte in einer Vorlesung sein. Oder sonst irgendwo«, erinnerte er sie, als sie zu wählen begann.

Sie nickte und dann begann sie zu zählen, wie oft es klingelte. Nach dem fünfzehnten Klingeln gab es ein Klicken und dann sagte eine Stimme: »Hier ist das Appartement von Fay und Martin. Was kann ich für Sie tun?«

Zuerst versuchte Hope zu glauben, dass es ein Anrufbeantworter sei. Sie mied Jacks fragenden Blick und wartete auf den Piepton. Aber nichts geschah, bis die Stimme wieder sagte: »Ist da jemand?« Sie drehte sich um und sah den Garderobenständer in der Halle an. In Augenhöhe baumelte daran Peters Mütze. Die Stimme sagte plötzlich: »Es ist Ho. Es ist Ho. Nicht wahr?« Sie presste ihre Augen fest zu. Mandy sagte: »Ich bin's, Mandy. Sprich zu mir, Ho. Bitte. Ich wohne bei Fay und Martin. Ich wusste nicht, wohin ich gehen sollte, ich war dabei, mein Versprechen zu brechen und wollte nach Widdershins kommen, aber dann fiel mir Fay ein, und ich rief Chatty an und ließ mir ihre Nummer geben. Aber ich konnte sie nicht erreichen, und deswegen bin ich einfach hingefahren. Sie ist umgezogen – schön, das weißt du – und deshalb musste ich zur Universität und da Nachforschungen anstellen – es war, als wäre ich ein Detektiv.« Ein Lachen kam über die Leitung. »Ist ein bisschen peinlich, weil Martin ein echter Schotte und dagegen ist. Aber sie sind ohnehin den ganzen Tag weg, und gewöhnlich gehe ich abends aus. Deshalb ist das nicht allzu schlimm.« Sie stoppte. Hope konnte nicht sprechen. Sie lehnte ihre Wange an Peters Mütze und kämpfte gegen die übliche Übelkeit an. »Liebling? Bist du noch da? Warum sagst du denn nichts? Ich wollte wissen, ob ich jetzt runterkommen kann. Es ist fast Februar und das bedeutet, dass fast Frühling ist. Jack ist doch jetzt bestimmt wieder so gesund, dass er eine Entscheidung treffen kann, oder? Wir könnten das langsam angehen, Ho. Vielleicht könnte ich auf dem Hof bleiben und euch jeden Tag besuchen. Ich will ja nichts gefährden, Liebling. Aber du bist daran nicht interessiert, nicht wahr? Doch ich liebe ihn. Darum bin ich den lieben langen Winter hiergeblieben. Ich werde ihn mit mir nach Kapstadt nehmen. Henrik wird nichts dagegen haben. Wir werden uns gemeinsam um ihn kümmern.«

Jack sagte: »Lass es, Hope. Sie ist nicht da. Wir können's später wieder probieren.«

Mandy sagte aufgeregt: »Ist das Jack? Ist er bei dir? Jack?« Hope klemmte den Hörer unter ihr Kinn. Mandy sagte laut, »Hast du deine Stimme wiedergefunden, Jack? Im Krankenhaus sagte man mir, du könntest kaum zwei Worte zusammenhängend herausbringen! Aber du hast etwas gesagt, Jack. Sag es wieder.«

Hope atmete tief ein und sagte: »Henrik ist hier. In Penzance.«

Am anderen Ende herrschte betroffenes Schweigen. Sie riskierte einen schnellen Blick zu Jack. Er wirkte angespannt vor ... vor was? Erregung?

Mandys Stimme klang etwas weniger aufgeregt. Sie sagte: »Wie sieht er aus?« Als Hope nichts sagte, fuhr sie fort: »Alt. Er sieht alt aus, nicht wahr? Wir werden beide alt, Ho.« Sie stockte. Dann sagte sie: »Ist er ... wütend?«

Hope versuchte sich zu erinnern, ob Henrik wütend gewesen war. Schließlich sagte sie: »Ich weiß es nicht. Es tat ihm nicht sehr ... Leid. Keinem von euch scheint etwas Leid zu tun. Überhaupt nichts.«

Mandy sagte: »Es tut uns Leid, Ho. Aber ... Henrik wird

doch sicher alles erklärt haben? Wir hatten keine andere Wahl. Wir haben getan, was wir konnten. Ich habe versucht, Chatty in Paris unterzubringen – das hat ausgezeichnet funktioniert, Ho. Das kannst du nicht leugnen. Und Henrik hat das Geschäft in Gloucester so abgesichert, dass du und Jack ...«

»Du hast uns davon nichts erzählt. Tatsächlich scheint es, als habest du die ganze Zeit das Geschäft geführt. Nicht, dass wir – nicht, dass ich – irgendetwas mit deinem Geschäft zu tun haben wollen.« Sie hielt kurz inne. »Chatty – Chatty hat die Empfehlung verdient, um die du dich gekümmert hast. Aber seitdem ist sie ihren eigenen Weg gegangen. Vergiss das nicht.« Sie hielt wieder inne, und als Mandy nicht sprach, fügte sie fast widerwillig hinzu: »Ich war dankbar dafür, wie du mit Chatty gesprochen hast ... an diesem Tag ... am Telefon. Es hat sie zu dem Zeitpunkt verletzt, aber es hat sie auch härter gemacht.«

»Was ich gesagt habe, hatte ich auch so gemeint. Sie brauchte Härte. Sie musste wissen, was sie tat, sich vom Leben nicht treiben lassen.«

»Wie ich das getan habe?«

»Habe ich das gesagt? Nun, ja. Genau.«

Hope sagte: »Vielleicht war das wahr. Ich weiß es nicht. Aber ich weiß, dass du hier unten keine fünf Minuten überleben würdest. Aber ich habe es getan.«

Mandy sagte, offensichtlich verdutzt: »Das ist eine Behauptung. Zumal eine, die von dir kommt.« Sie zwang sich zu einem plötzlichen Lachen. »Aber du kannst mir noch immer nicht gegenübertreten, nicht wahr? Und du wirst ganz gewiss nicht zulassen, dass Jack das tut.«

Jack hatte offensichtlich die letzten Worte gehört, da er seine Hand nach dem Hörer ausstreckte. Hope sagte: »Du hast uns eine Art Erholungszeit versprochen. Bis zum Frühling.«

»Und ich habe dieses Versprechen gehalten. Aber jetzt kann ich Jack reden hören. Also ist er geheilt. Und Henrik ist hergekommen, um mich zu suchen. Der Augenblick ist also«, sie lachte schluchzend, »von entscheidender Bedeutung!« Ihre Stimme wurde härter. »Hör zu, Ho. Ich werde mit Henrik zurückgehen müssen. Er weiß, wie ich fühle, und er wird für mich glücklich sein, Jack mitnehmen zu können. Das bedeutet ein neues Leben für Jack – ein gutes Leben, Geld, Sonnenschein. Und mich. Kannst du nicht – nur ein einziges Mal – über deinen beschränkten Horizont hinausschauen?« Sie seufzte heftig, ungeduldig. »Sag mir nur eines. Hat Jack mit dir geschlafen, seit er zu dir gekommen ist?« Hope antwortete darauf nicht und Mandy lachte kurz. »Siehst du?«

Jack nahm ihr den Hörer aus der Hand und sagte sehr ruhig: »Mandy. Hier ist Jack. Du hast Recht. Ich bin geheilt. Hope und ich werden den Zug nehmen und morgen bei dir sein. Lebewohl.« Er legte den Hörer auf.

Hope flüsterte. »Ich kann nicht. Du musst alleine gehen. Sie hat Recht. Du bist geheilt.«

»Wir fahren gemeinsam.«

»Nein. Die Zeit für eine Entscheidung ist gekommen, und ich würde dich dabei nur ... hemmen.«

»Die Zeit der Entscheidung ist für dich ebenso gekommen wie für mich.« Er lächelte plötzlich. »Ich bin so verunsichert wie du. Aber es ist etwas, das wir tun müssen.« Er wandte sich dem ehemaligen Esszimmer zu, das jetzt Peters Schlafzimmer war. »Komm. Lass uns hineingehen und Bella und Peter erzählen, was geschehen ist.«

Sie folgte ihm hilflos. Sie wusste nur eines ganz sicher, und das war, dass sie Widdershins nicht verlassen wollte. Sie konnte sich der Außenwelt nicht stellen.

Peter lag fast aufrecht an seine Kissen gelehnt. Die ordentlich umgeschlagene Decke ging ihm bis zur Hüfte, und über die Schultern seines Schlafanzugs war ein Schal gelegt.

»Hilft ihm beim Atmen«, erklärte Bella kurz, die seine Begrüßung fast unterbrach. »Versuche, nicht zu reden, Alter.« Sie zog zwei Stühle heran. »Setzt euch für ein paar Minuten, ihr zwei. Wir wollen mit euch reden.«

Sie saßen Seite an Seite und versuchten, für den kranken Mann zu lächeln. Hope warf einen kurzen Blick auf Bella. Das hagere, gefurchte Gesicht war so grimmig wie immer, aber alle Bewegungen waren langsamer.

Jack sagte: »Es geht mir besser, Peter. Hat Jem dir das erzählt?«

Peter lächelte unbändig. »Es geht dir seit Wochen besser, Junge. Nur, dass du es nicht glauben wolltest.«

Jack nickte. Bella sagte: »Ich dachte, ich hätte dir gesagt, du sollst nicht reden?« Sie schaute Jack an.

»Das haben wir so oft gesagt. Es schien dir schon an dem Abend mit dem Freudenfeuer besser zu gehen. Als wir nach Buryan fuhren. Du erinnerst dich?«

»Ich erinnere mich.«

Hope versuchte zu lächeln. Es stimmte, dass sie ein gemeinsames Leben in den vergangenen Wochen aufgebaut hatten, aber das könnte in dem Augenblick, wenn sie Mandy sahen, wieder verschwinden.

Bella sagte: »Wie auch immer. Wir meinten, ihr solltet es wissen. Wir haben unser Testament geändert. Wir wollten euch den Hof vererben. Aber dann haben wir beschlossen, das nicht zu tun. Wir überlassen ihn Jem. Wir haben viel darüber gesprochen.« Sie ergriff Peters Hand und er nickte. »Ihr müsst in diesem Cottage sein. Würden wir euch den Hof aufhalsen, wäre das nicht fair. Aber wir überlassen euch etwas Land. Die Felder bis hoch zum Tor zum Hof werden euch gehören. Es sind keine schlechten Felder, überall Steine zwar, aber dazwischen ... ihr könntet Narzissen pflanzen und Frühkartoffeln, um die auf dem Markt zu verkaufen. Und später im Jahr Blumenkohl und Stangenbohnen.«

Hope und Jack starrten sie ungläubig an. Es war Jack, der stammelte: »Wir wollen ... nichts. Was sagt ihr denn da ... was denkt ihr?«

Bella warf einen Blick zu Peter, der ihr zunickte. Entschlossen sagte sie: »Wir haben keine Verwandten. Sie sind alle tot. Und ihr, besonders Hope, seid unsere Familie. Es schien uns ganz normal zu sein, und wir haben das schon vor ein paar Jahren beschlossen. Aber andererseits ... es ist eine Verantwortung. Es ... es ...«

»Auflagen«, keuchte Peter.

»Das hatte der Anwalt gesagt. Er meinte, dass hinter all dem eine Art von Aufforderung steckt – eine Erwartung von uns –, dass ihr zusammenbleibt und den Hof betreibt. Aber das wollt ihr vielleicht nicht. Und vielleicht meint ihr, ihr könntet ihn nicht verkaufen.« Sie schaute noch grimmiger drein. »Jem und Fennie werden das nicht so sehen. Wenn sie dabei bleiben, dann deshalb, weil sie's wollen.« Plötzlich schaute sie bittend drein. »Ihr versteht das doch. Nicht wahr?«

Hope sagte, »Oh, Bella. Peter. Ich glaube nicht, dass ich das ertragen kann. Wie Jack gerade sagte – wir wollen nichts außer euch.«

»Du bist in diesem Cottage glücklich. Aber du kannst damit nur zurecht kommen, wenn du mehr Land hast. Aber nicht zu viel, denn wenn Jack geht, wirst du es allein bewirtschaften wollen. Vielleicht mit ein bisschen gelegentlicher Hilfe. Du hast bewiesen, dass du das kannst. Und mit ein bisschen mehr Land und deinen Näharbeiten kannst du dich ernähren. Jem wird dir helfen. Das weißt du. Wir haben viel darüber gesprochen, der Alte und ich. Das ist das, was wir wollen. Jetzt weißt du es. Und jetzt wird nicht mehr darüber geredet, weil es geregelt ist.«

Sie zwang sich zu einem Grinsen. »Nun könnt ihr aufhören dreinzuschauen wie zwei Dorsche an der Angel. Und erzählt uns, was eure Tochter wollte.«

Eine kurze Pause entstand. Dann sagte Jack: »›Wenn Jack geht‹, das ist das, was du gesagt hast, Bella. Und du und Peter, ihr habt viel darüber gesprochen.«

Bella sagte: »Sie hat dich hier runtergebracht, damit's dir besser geht. Nicht, um an dir zu hängen. Das ist alles, was wir wissen.«

Jack sagte schwer: »Ihr wisst weit mehr als das.«

Bella sagte energisch: »Vielleicht. Vielleicht glauben wir nur, dass wir wissen. Was wir wissen ist, dass sie dich gesünder gemacht hat. Und irgendwie hat sie sich selbst krank gemacht. Oh, ich weiß, heute soll's ihr plötzlich besser gehen. Aber das glaube ich nicht. Du vielleicht?«

Jack sagte: »Nein.«

»Also, dann. Was sollen wir dagegen tun?«

Jack biss sich auf die Lippe. Er war plötzlich wieder unsicher. »Wir fahren nach Sheffield. Um Fay zu besuchen.«

Peter versuchte, sich aufzurichten. »Was ist passiert? Ist mit ihr alles in Ordnung?«

»Soweit wir wissen, ja. Aber Mandy Petersen ist bei ihr.« Jack schaute Peter direkt an. »Die Petersens machen Hope krank. Sie scheinen sich – immer – in ihr Leben hineinzudrängen. Ich dachte, es sei das Beste, ihnen gegenüberzutreten.«

»Hat aber nicht viel genützt, als sie dem Mann vorgestern gegenübertrat, oder?«, fragte Bella trocken.

Jack holte tief Luft. »Nein. Tut mir Leid, ich war so sicher, dass es das Richtige sei.« Er ergriff Hopes Hand und hielt sie mit seinen beiden Händen. »Hab keine Angst, Ho. Ich werde gehen. Verdammt, was denke ich mir eigentlich? Mandy Petersen ist mein Problem, nicht deins. Ich werde morgen fahren.«

Hope wusste nicht, was sie sagen sollte. Sie starrte Jack hilflos an. Sollte so alles enden? Dass Jack so – so – gehorsam zurück zu Mandy ging? Sie schaute über das Bett zu Peter und war überrascht zu sehen, dass er sie anlächelte.

»Zeit, die *Mirabelle* zu Wasser zu bringen«, murmelte er.

Sie glaubte zu wissen, was er meinte. Jetzt war der Zeitpunkt, das zu tun, was Bella vor so vielen Jahren getan hatte. Jetzt war der Zeitpunkt gekommen, an dem sie Jack retten musste.

Sie sagte: »Ich komme mit. Und wir werden nicht mit dem Zug fahren. Wir werden Henrik im Hotel in Penzance anrufen. Er kann uns alle in diesem Leihwagen dort hinfahren.«

Einen Augenblick lang glaubte sie, Jack würde widersprechen, aber dann lächelte er schief und sagte: »Sehr praktisch, Ho. Zwei Fliegen mit einer Klappe.«

Sie schaute noch immer Peter an, als erwarte sie etwas von ihm. Betrachtete er dies wirklich als eine Rettungsmission? Alles, was sie tat, war etwas hinzunehmen ... das kam dem näher. Eine Zustimmung zur Rückkehr zum alten Status quo?

Peter schloss seine Augen und sie folgte ihm kurz dabei. Irgendwann auf dem Wege, wahrscheinlich seit Henriks Ankunft, hatte sie ihre dürftige Kontrolle über die Situation verloren. Sie wusste nicht mehr, was sie wollte. Ob es das Beste für Jack war oder das Beste für sie selbst. Oder einfach den beiden Menschen gegenüberzutreten, die sich als ihr persönlicher Albtraum erwiesen hatten.

Bella sagte ruhig: »Wenn ihr geht, bevor ich euch wiedersehe, passt gut aufeinander auf.«

Da dies von Bella kam, war es wie ein alter Segenswunsch. Sie lächelten sie beide an, aber sie schaute so grimmig drein wie immer.

Es war Jack, der in Henriks Hotel anrief und mit ihm vereinbarte, sie am nächsten Morgen abzuholen. Henrik wollte sofort losfahren, aber Jack unterband das. »Es ist Hope nicht sehr gut gegangen. Wenn wir morgen fahren, ist das schnell genug.«

Hope war bereits in die Scheune gegangen, wo Jem die Kühe in ihre Boxen trieb. Sie musste ein wenig an ihrer elementaren Art teilhaben, und als sie Buttercups Euter abwusch und dann den Schemel näher heranzog und im jahrhundertealten Rhythmus zu melken begann, spürte sie, wie ihr Nacken und ihre Schultern sich allmählich und zitternd entspannten. Sie presste ihren Kopf an die Flanke der Kuh. »Ich komme wieder«, flüsterte sie. Dann wurde ihr bewusst, was sie gesagt hatte. Sie hatte Jack bereits ausgelassen. Nur für einen Augenblick kehrten Panik und Furcht zurück. Sie ließ sich von beidem durchspülen. Und dann sagte sie laut: »Ich kann das.« Und sie spürte, dass ein Lächeln, so grimmig wie das von Bella, um ihren Mund spielte. Denn die Ironie war, dass sie keine Ahnung hatte, was sie zu tun hatte.

Henrik traf um zehn Uhr am nächsten Morgen ein. Hope und Jack hatten am Abend zuvor ihren Kuchen gegessen und mit dem Gedanken gespielt, zum Frühstück Tee und Toast zu sich zu nehmen, aber es hatte keinen Sinn gemacht, an diesem Morgen den Herd anzuzünden, sodass sie sonderbar desorientiert waren. Das Feuer am Brennen zu halten war für sie beide eine Lebensbestandteil geworden.

Henrik klopfte zögernd und rief dann: »Ich bin es. Darf ich hineinkommen?«

Jack öffnete die Tür. »Letzte Woche bist du hereingekommen«, erinnerte er ihn nur halb humorvoll. »Setz dich für ein paar Minuten an den Tisch. Wir sind fast fertig.«

Hope brachte zur Begrüßung ein knappes Lächeln zu Stande, und dann ging sie in die Spülküche, um die Lampen für ihre

Rückkehr aufzustellen. Jack ging mit einer Schachtel Zündhölzern hinter ihr her. »Alles in Ordnung?«, fragte er ruhig.

Hope sagte: »Ich denke, so muss Peter sich gefühlt haben, als er wusste, dass er operiert werden würde.«

Jack schnitt ein Gesicht. »Es ist ähnlich, nicht wahr? Und wenn es uns heilen kann, dann sei es.«

Hope hasste den Fatalismus darin. Sie sagte: »Es hat Peter nicht geheilt.«

»Nein.« Jack klang einen Augenblick ernst. Dann tätschelte er ihren Handrücken. »Was immer auch geschieht, Ho, bitte, vergiss nicht, was für gute Arbeit du hier geleistet hast. Du hast ein Heim geschaffen und den Lebensunterhalt bestritten. Du hast mir wieder auf die Beine geholfen.«

»Ich habe nichts getan.« Sie hätte am liebsten geweint. »Absolut nichts. Du hast dich selbst geheilt.«

Er schüttelte den Kopf und schaute sie stirnrunzelnd an. »Darüber wollen wir nicht streiten.« Er pumpte etwas Wasser in das Waschbecken und begann seine Hände einzuseifen. »Ho ... du weißt jetzt alles. Für mich war es erst unerträglich – dass Mandy dir alles erzählt hatte. Das war der Grund, warum ich versucht hatte, mich in dieser Nacht zu ertränken und die *Mirabelle* zu versenken. Aber du hast das durchgestanden. Hast dich mit mir abgefunden. Und ich habe gefühlt, dass wir fast Freunde geworden sind.« Sie warf ihm einen raschen Blick zu. Irgendjemand anders hatte so etwas zuvor gesagt. Mehr als Freunde. Sie konnte sich nicht erinnern, wer das gewesen war.

Er sagte: »Du wirst das nicht vergessen, nicht wahr?«

Sie legte Streichhölzer auf das Fensterbrett und starrte auf die Klippe, die nur einen guten halben Meter entfernt war. »Nein«, sagte sie, »ich werde es nicht vergessen.«

Es klang sehr stark wie ein Lebewohl.

☆

Sie stiegen auf die Klippe und liefen dann zum Wagen. Sie hatten beide eine Reisetasche dabei und Jack trug Milly mit seinem freien Arm. Er trug seinen Deckenmantel über einem von Peters alten Fischerkitteln aus Segeltuch, und das Hündchen schmiegte seine Schnauze unter den Kragen. Hope hatte in einem Second-Hand-Geschäft in Penzance Wanderstiefel gekauft, und er trug diese und dazu den Hut, die Handschuhe und den Schal, den die Mädchen ihm geschenkt hatten.

»Du siehst aus, als erwartest du, auf eine Arktisexpedition zu gehen«, kommentierte Henrik.

»Es wird da oben sehr viel kälter sein«, erwiderte er.

Hope wusste, dass sie sich ohnehin schrecklich fühlen würde, wenn sie Mandy begegnete, aber sie hatte sich keine Mühe gemacht, mit ihr zu konkurrieren. Sie trug wie gewöhnlich ihre Jeans und einen Rollkragenpullover und hatte ihren Weihnachtsschal in ihren Dufflecoat gesteckt. Ihr Haar war im Laufe des Winters so gewachsen, dass es bis zum Nacken reichte, und es war grau durchsetzt. Sie hatte es mit einem Gummiband zusammengefasst, so wie Fennie es tat. Sie versuchte, Jack und sich so zu sehen, wie Mandy sie sehen würde. Jack noch hager, aber offensichtlich stark und fit. Sie selbst ohne Make-up, die eingegrabenen Furchen von der Nase zum Mund nicht mehr durch Lachen geprägt. Ihre normalerweise gesunde Hautfarbe war in den vergangenen Tagen fahl geworden, und sie wusste, dass sie jetzt fast gelbsüchtig aussah. Sie warf einen Blick auf ihre Hände und sah, dass ihre Nägel rissig und abgebrochen waren. Sie schaute nie auf ihre Hände. Sie gab ein wimmerndes Geräusch von sich, und Henrik sagte: »Setz dich nach vorn, Ho. Jack wird nichts dagegen haben.«

Aber es war das Letzte, was Hope wollte. Die Erinnerungen daran, wie Henrik ihr bei Fay half und für sie Mittagessen machte, während sie arbeitete, waren jetzt völlig abstoßend.

»Jack wird neben dir sitzen. Ich kann mich auf dem Rücksitz hinlegen.«

»Ist dir noch immer schlecht?«

»Ja.«

Sie ließ sich darüber nicht weiter aus, und Jack tat es ebenfalls nicht. Sie merkte, dass Henrik überrascht über die Veränderung bei ihnen beiden war, aber er machte keinen weiteren Versuch, sie zu organisieren. Jack half ihr in den Wagen und zog einen zusammengelegten Teppich über ihre Knie. »Ist das so in Ordnung?«, fragte er leise. Sie reagierte mit einem schnellen Nicken. »Ich werde Milly zum Haus hochbringen und das Tor für euch aufmachen.«

Hope schaute zu, wie er dem Wagen vorausschritt. Henrik ließ den Motor an und sie holperten hinter ihm her und durch das Hoftor.

»Jack sieht gut aus. Besser als er jahrelang ausgesehen hat«, kommentierte er. Sie sagte nichts, und er fuhr fort: »Warum bist du hier, Ho? Darf ich annehmen, dass du nicht versuchen wirst, zu ändern, was immer auch geschehen mag?« Sie antwortete wieder nicht. Jack öffnete das Tor von der anderen Seite und sie fuhren langsam durch. Henrik sagte: »Ho, ich verstehe. Es gibt ein Bedürfnis, Mandy wiederzusehen. Ein Bedürfnis vielleicht, Mandy und Jack zusammen zu sehen?« Er schaute sie im Rückspiegel an und seufzte, als er ihr ausdrucksloses Gesicht sah. »Ich will dir nur sagen, dass ich mich, wenn er mit uns zurückkommt ... mit Mandy und mit mir ..., um ihn kümmern werde. Du musst nicht glauben, dass die letzten vier oder fünf Monate der Pflege umsonst waren.«

Sie erwiderte seinen Blick völlig uninteressiert. Und dann wurde das Tor hinter ihnen geschlossen und Jack lief hinter dem Wagen her und stieg ein.

»Jem sagte, ich soll dir erzählen, dass Peter sich heute Morgen wieder gefangen hat. Er hat etwas Porridge gegessen und Tee getrunken.«

Endlich sprach sie. »Gut.« Und dann lächelte sie.

☆

Die Fahrt war unbeschreiblich ermüdend. Jetzt, wo sie auf dem Weg waren, wünschte sie sich nichts mehr, als endlich dort zu sein, Mandy von Angesicht zu Angesicht gegenüberzutreten, Jack von Angesicht zu Angesicht mit Mandy zu sehen. Als sie die Höhen von Bodmin Moor erreichten, hatte sie das Gefühl, viel zu lange im Wagen gewesen zu sein. Es war eine enorme Erleichterung, als Henrik sagte: »Wir werden zum Lunch in Okehampton halten. In Ordnung?« Sie wollte nicht lunchen, aber sie wollte mehr Abstand zwischen sich und Henrik haben. Sie gingen in das White Heart und aßen eine Gemüsesuppe und Schmorbraten, und Henrik aß anschließend ein Stück Obsttorte. Sie schob ihr Essen so auf ihrem Teller herum, wie Chatty es als kleines Mädchen getan hatte, und dann bat sie um ein Glas Wasser, weil sie nicht schlucken konnte.

Jack sagte: »Versuch, dein Fleisch zu essen, Ho. Du wirst dich danach besser fühlen.«

Aber es war nicht gut. »Ich hätte Fisch nehmen sollen«, sagte sie unglücklich. »Mein Magen ist an Fisch gewöhnt.«

Er sagte: »Keine Sorge. Es wird bald vorbei sein.«

Sie hörte diese Worte noch immer, als sie Birmingham erreichten, und schließlich fiel sie in einen unruhigen Schlaf. Der nebelig graue Tag war inzwischen in frühe Dunkelheit übergegangen, und die orangefarbenen Laternen, welche die Ringstraße säumten, zuckten mit einem albtraumhaften stroboskopischen Effekt über ihren geschlossenen Augen. Sie zitterte unkontrolliert unter der Decke. Sie hörte Jack sagen: »Ist alles in Ordnung, Ho?« Aber sie konnte ihren Mund nicht bewegen, konnte nicht antworten.

Henrik sagte: »Sie schläft. Ich kann das im Rückspiegel sehen. Sie schläft, seit wir Worcester passiert haben.«

Sie wollte das leugnen. Jack grunzte. Henrik sagte: »Ist sie wirklich krank, Jack?«

Sie hörte Jacks Antwort nicht, aber er musste etwas gesagt haben, weil Henrik sehr deutlich sagte: »Mach dir keine Gedanken. Ich werde sie persönlich nach Cornwall zurückfahren.« Und sie wimmerte und dann schlief sie tief ein.

☆

Fay weckte sie und sagte: »Ist alles in Ordnung mit ihr? Sie sieht völlig zerschlagen aus.«

Henrik antwortete knapp: »Hast du ein Gästebett, Fay? Sie braucht Schlaf – richtigen Schlaf.«

»Henrik.« Fays Tonfall war nicht einladend, und sie sagte nichts weiter zur Begrüßung zu ihm. »Ja. Sie wird bei mir schlafen. Martin ist bei einem Freund. Mandy ist in ein Hotel gegangen. Dad, kannst du diese Seite nehmen ... Mummy? Mein Schatz, wir sind bei dir. Heb einfach deine Beine ... so.« Das blonde Haar streifte Hopes Gesicht und sie nieste. »Alles in Ordnung? Du klingst sehr verschnupft.«

Hope zwang sich, aus dem herrlichen Zustand des Halbbewusstseins zu erwachen, und sagte: »Es geht mir gut. Dein Haar hat meine Nase gekitzelt.« Sie brachte ein Lachen zu Stande. »Wie schön, dich zu sehen, Fay. Lass mich meine Tasche nehmen. Aber Martin – ich will nicht diejenige sein, die ihn aus seinem eigenen Haus wirft!«

Jack kam ihr mit den Taschen zuvor und hauchte einen Kuss auf Fays Nase. »Das klingt ziemlich drastisch«, pflichtete er ihr bei. »Wohin schickst du mich?«

»Du bist auch in der Wohnung. Ich dachte, es wäre schön, einen ruhigen Abend zu haben. Nur wir drei.« Sie warf Henrik einen Blick zu. »Ich nehme an, du wirst Mandy allein sehen wollen. Sie ist im Centurion.« Sie stockte. »Bitte, bring sie erst Morgen hierher. Oder bleib dort, und dann treffen wir uns im Hotel. Das ist vielleicht leichter.«

Henrik stand neben dem Wagen und sah verlassen aus. Das viktorianische Reihenhaus war von einem Dutzend Fenster erleuchtet, die Straße von Nachbildungen alter Gaslaternen. Es sah einladend und heimelig in dem Nieselregen aus, der jetzt eingesetzt hatte.

Fay sagte entschlossen: »Gute Nacht, Henrik.«

Sie stiegen die steinernen Stufen zur Eingangstür hoch und gingen über eine elegante Treppe zu einem Balkonabsatz. Fay ließ den Arm ihrer Mutter erst los, als sie einen Schlüssel in die Tür stecken musste. Sie wandte sich zu ihr und grinste sie an. »Martin hat vorgestern ein paar Pflanzen und einen Liegestuhl hier rausgestellt und Mandy gesagt, sie könne das als Wohnzimmer benutzen!«

Hope schaute sich um. Die enorme Anstrengung, aufzuwachen und sich normal zu verhalten, zeitigte Früchte. Sie fühlte sich wirklich besser. Sie lächelte. »Wie praktisch. Martin ist wirklich unser Schwiegersohn!« Sie lachten beide.

Das Apartment bestand aus einem riesigen Raum, von dem aus man in völlige Finsternis schaute, die, wie Fay sagte, ein von einer Mauer eingefasster Garten war, und einer Reihe von Türen auf einer Seite, die zu einer Küche führten und einem Badezimmer und zwei Schlafzimmern.

»Es ist leicht sauber zu halten.« Fay öffnete die Türen. Sie war sichtlich stolz auf ihre erste Wohnung. »Und da dieser Raum so groß ist, spielt es keine Rolle, dass der Rest der Wohnung so winzig ist! Keine Fenster in der Küche oder im Badezimmer, und die Trockenschleuder funktioniert auch nur selten, aber wenn's im Sommer kochend heiß ist, machen wir Sandwiches und sitzen im Garten. Wie findest du's?«

Hope fühlte sich erheblich besser. »Es ist wunderschön. Und diese Kissen – und die Miniaturen! Ich hatte ganz vergessen, dass Großmutter die dir geschenkt hat. Ihr habt euch ein schönes Zuhause eingerichtet, Fay.«

Jack setzte die Reisetaschen hinter der Tür ab und schloss sie dann dankbar. »Endlich raus aus dem Wagen!«, sagte er. Aber ja. Es ist sehr schön. Wie geht's Martin?«

»Er hat die Nase voll«, sagte Fay offen. »Er hielt überhaupt nichts davon, dass Mandy hier auftauchte, nachdem sie kurz angerufen hatte! Sie ist offensichtlich ins Büro des Colleges gegangen und hat irgendwas davon erzählt, dass sie meine verschollene Tante sei – ihr wisst schon, typisch Mandy. Er fand das gar nicht komisch.« Sie schaute entschuldigend ihren Vater an. »Er ist voreingenommen. Wir haben in diesem ersten Januar Mum besucht, kurz nach diesen schrecklichen Stürmen. Er versteht absolut nicht, wie es möglich war, dass Henrik und Mandy solchen Einfluss auf unser Leben nehmen konnten.«

Jack seufzte. »Ich glaube, dass das keiner von uns versteht, Fay. Darum sind wir ja hier.«

Fay verzog das Gesicht und sagte dann schnell: »Hört zu. Setzt euch neben das Feuer. Es ist ein richtiges Gasfeuer – ist es nicht schön, wie es lodert? Ich habe geschmortes Gemüse im Herd, und das werde ich gleich servieren, und ihr könnt mir von der *Sweet Pea* und Milly und Jem und Nathan und Peter und Bella erzählen ...« Sie ging in die Küche und lachte dabei.

Jack sagte ruhig: »Mit anderen Worten, sie will nicht über uns und die Petersens sprechen. Wer mag ihr da einen Vorwurf machen?«

»Ich will das auch nicht.« Hope beugte sich zum Feuer.

»Sie bietet uns eine Verschnaufpause, meinst du nicht? Und es ist hier so behaglich. Es erinnert mich an diese Bilder von Sherlock Holmes' Räumlichkeiten in der Baker Street.«

»Die Fahrt war entsetzlich. Hast du wirklich geschlafen?«

»Nach Birmingham. Ja.«

»Henrik hat mir von Kapstadt erzählt und wie wunderbar es sei. Sie haben ein Haus mit Swimming-Pool.«

»Und einen zweieinhalb Meter hohen Sicherheitszaun?«

Er lachte und schüttelte den Kopf. »Davon hat er nichts gesagt.« Er lehnte sich an eines der Kissen. »Ich muss dir etwas sagen, Ho. Für den Fall, dass es dazu keine weitere Gelegenheit gibt.« Er lächelte in Richtung auf die Küche. »Sie ist wundervoll, nicht wahr? Und Chatty auch. Irgendwas müssen wir richtig gemacht haben.«

Sie schluckte. »Ja.«

»Und du. Ho, du warst für mich eine gute Freundin. Ich weiß, dass du mich gehasst hast. Vielleicht tust du das noch immer. Aber du hast deine *Mirabelle* zu Wasser gelassen und bist losgefahren, um mich zu retten. Und seitdem ... niemand könnte einen besseren Freund haben.«

Sie starrte ihn an. »Meine *Mirabelle* zu Wasser gelassen?« Ihre Stimme klang belegt und wie benommen. »Das ist das, was Peter gesagt hat.«

»So sehe ich das auch, Ho. Und ich wollte dir sagen: danke.«

»Oh. Du meinst, als ich in Gloucester ins Krankenhaus kam.« Sie schüttelte den Kopf. Das schien eine so einfache Rettungsaktion gewesen zu sein, verglichen mit dieser jetzigen komplizierten.

Die Küchentür wurde geöffnet und Fay kam heraus. Sie schob einen Servierwagen vor sich her. »Martin hat den gebaut«, sagte sie stolz. »Er ist auf dieser Seite ein bisschen wackelig, und ich muss aufpassen, dass er nicht im Teppich hängen bleibt. Aber drei Ablageflächen, nicht weniger! Hier sind also Tabletts und Bestecke. Servierlöffel.« Sie nahm mit elegantem Schwung den Deckel von der Kasserolle. »Und hier sind geschmorte Zwiebeln, Karotten, Kohlrüben, Pastinaken – ein paar Bohnen habe ich auch dazugegeben. Und alles selbst gezogen!«

Jack sagte: »Fay! Es duftet wundervoll. Und was ist das – Knoblauchbrot? Wir haben seit einer Ewigkeit kein Knoblauchbrot mehr gegessen! Wir sind hungrig.« Er schaute über den Kamin zu Hope. »Nicht wahr, Ho?«

Sie war hungrig. Über alles andere würde sie morgen nachdenken. Heute Abend hatte Fay für sie gekocht und würde sich um sie kümmern. Sie sagte, »Das ist himmlisch, Schatz.«

»Und ...« Fay schaute die beiden mit großen Augen an. »Es ist genug heißes Wasser da, damit ihr beide ein Bad nehmen könnt. Jeder. Und wenn ich sage heiß, meine ich heiß.«

Sie lachten. Ziemlich laut und etwas zu lange.

20

Hope schlief in dieser Nacht bei Fay. Es war eigenartig und irgendwie hemmend zu wissen, dass sie da schlief, wo Martin normalerweise lag. Es war 1989, und die ganze Gesellschaft hatte sich in den sechziger Jahren verändert. Hope war ein Kind der sechziger Jahre, aber das änderte nichts daran. Sie lag steif und reglos auf dem Rücken, bis sie wusste, dass Fay schlief. Erst dann drehte sie sich um und weg von dem goldblonden Haar, das sich über das Kissen neben ihr ergoss. Aus irgendeinem dummen Grunde – ebenso wegen ihrer eigenen Reaktion als aus einem anderen – weinte sie dann.

Am nächsten Morgen wachte sie um sechs Uhr durch das gänzlich unvertraute Geräusch eines Milchwagens auf, der winselnd über die Straße fuhr. Das Zimmer war schwach von außen erleuchtet und sie konnte sehen, dass Fay sich offensichtlich während der Nacht keinen Zentimeter bewegt hatte und das noch immer nicht tat, nicht einmal, als Hope aus dem Bett glitt. Sie zog ihren weiten Fischerpullover über ihr Nachthemd und schlich zur Tür. Das Wohnzimmer roch noch nach dem Schmorgericht vom vorigen Abend, und sie fand, dass sie wirklich einen Entlüfter brauchten, der funktionierte. Sie ging in die Küche und schaltete das Licht ein. Sie füllte den Wasserkessel, stöpselte ihn ein und fand Streichhölzer, sodass sie den Gasofen anzünden konnte. Es war bitter kalt, eine andere Art von Kälte als die eisige der Landzunge, durchdringender, unerbittlicher. Sie verweilte am Feuer, rieb ihre Arme durch die dicke Wolle. Als der Kessel sich ausschaltete, suchte sie Tee und eine Teekanne und stellte Frühstücksdinge auf Martins ›wackeligen‹ Servierwagen. Dann schenkte sie drei Tassen Tee ein und brachte eine zu Jack.

Sie merkte nicht sofort, dass er nicht in dem Zimmer war. Nach dem Licht im Wohnzimmer konnte sie eine Weile nichts sehen und flüsterte: »Jack? Hier ist eine Tasse Tee. Soll ich sie auf den Boden stellen?« Als sie keine Antwort bekam, tastete sie sich am Bett entlang und dann zurück zur Tür, um das Licht einzuschalten. Und dann starrte sie lange Zeit einfach nur auf das leere Bett und hielt die Teetasse vor sich ganz fest, während ihre Gedanken sich wie verrückt überschlugen und alle Möglichkeiten erwogen.

Sie musste irgendein Geräusch gemacht haben, weil Fays Stimme verschlafen von nebenan kam: »Ist alles in Ordnung? Mum?«

Hope zwang sich dazu, sich umzudrehen und in das andere Schlafzimmer zu gehen.

»Ich habe Tee gemacht. Dad muss rausgegangen sein, um einen Spaziergang zu machen. Schaffst du zwei Tassen?«

Fay fand daran nichts Ungewöhnliches. »O ja. Leicht.« Sie stieg aus dem Bett und streifte ihr Haar zurück. »Lass uns zum Ofen gehen. Morgens wird es sehr kalt hier.«

Hope sagte: »Hohe Decken, denke ich.«

»Ja.« Fay zog einen Morgenmantel über. »Oh, du bist ein Schatz. Frühstück und alles. Sollen wir den Toast am Ofen zu uns nehmen, wie du's in Widdershins tust? Ich liebe es einfach, am Ofen zu sitzen und Toast zu machen. Ist an einem Gasherd nicht ganz so gut, aber fast. Ich habe den Toaster seit Weihnachten nicht benutzt! Martin hält mich für verrückt.« Sie lächelte. »Aber er hat mir trotzdem eine Röstgabel gekauft!«

Es war genau das, was Jack vor all diesen Jahren in Sandhurst getan hätte. Hope lächelte und schaute zu, wie Fay sich auf den Kaminvorleger hockte und eine Scheibe Brot auf das Ende der langen Röstgabel steckte. Und plötzlich war es, als kämen eine Menge kleiner Dinge zusammen und ergäben ein Muster. Henriks Besuch vor fast einer Woche, Jacks Bestehen darauf, dass sie Mandy von Angesicht zu Angesicht gegenübertreten sollten. Und jetzt sein plötzliches Verschwinden, so natürlich es auch sein mochte.

Sie sagte leise: »Ich möchte nicht, dass Dad mich verlässt.«

Fay drehte ihren Kopf rasch zu ihr. Ihre blauen Augen waren wachsam. »Oh ... Mum!«

»Ich weiß, ich hätte nie gedacht, dass ich das sagen würde. Besonders nachdem ... nun ja, ich hätte nie gedacht, dass ich das sagen würde.«

Fay drehte die Röstgabel. »Das wird er nicht«, sagte sie. Du weißt sehr gut, dass er bleiben wird, wenn du ihn bittest, zu bleiben.«

»Ah. Da eben liegt der Hase im Pfeffer.« Hope versuchte zu lächeln. »Ich kann ihn nicht bitten, das zu tun. Wir haben eine Art stiller Übereinkunft getroffen. Ich würde ihn mit nach Widdershins nehmen, dafür sorgen, dass er Ruhe und Frieden hätte. Bis er wieder so gesund wäre, dass er entscheiden kann, was er tun möchte.« Sie seufzte. »Ich hätte nicht herkommen sollen, Fay. Meine Anwesenheit ist eindeutig nicht erforderlich.« Sie runzelte die Stirn. »Ich weiß gar nicht, warum ich hier bin.«

Fay drehte das Brot um und sagte entschieden, »Weil du es wolltest. Du magst vielleicht nicht in der Lage sein, Dad mit vielen Worten zu bitten zu bleiben. Aber du würdest ihn ganz sicher nicht einfach ... verschwinden lassen.«

Hope zwang sich, an ihrem Tee zu nippen. Sie hatte das Gefühl, sich am Rande einer Klippe zu befinden. »Es war, weil ich das leere Bett gesehen habe. Ich glaube, in dem Augenblick wusste ich es. Oh, Fay, was für ein Durcheinander. Ich bin eine solche Närrin gewesen.«

Fay dementierte das nicht. »Mum, irgendwann sind wir alle Toren. Glücklicherweise haben die meisten nicht jemanden wie Mandy irgendwo in der Nähe.« Sie legte den Toast auf einen Teller. »Bestreich ihn mit Butter und iss ihn. Du siehst aus, als hättest du einen Geist gesehen. Es wird gut werden, Mum. Alles wird gut werden.« Sie griff nach einer weiteren Scheibe Brot. »Tatsächlich bin ich froh darüber, dich für einen Augenblick allein zu haben. Ich möchte sagen, wie wundervoll es ist, Dad wieder zu haben. Richtig wieder zu haben. Wie hast du das geschafft?«

»Widdershins hat das geschafft, nicht ich. Obwohl er sich, als ich zerbrach, aufzurappeln schien und da weitermachte, wo ich aufgehört hatte.«

Fay konnte sich nicht beruhigen. »Vor drei Wochen war er praktisch noch einsilbig. Jetzt ist er völlig normal.«

Hope lächelte. »Das ist niemand von uns, Fay. Aber ich weiß, was du meinst. Tatsächlich geht es Dad seit geraumer Zeit besser. Es ist keineswegs eine Erholung über Nacht.«

»Nein ... gut.« Fay nagte an ihrer Lippe. »Wahrscheinlich ist es mit Mandy ebenso allmählich abwärts gegangen. Ich muss dir sagen, dass ... Mandy ist nicht mehr ganz so wie sie war. Was wahrscheinlich auch ganz gut ist, weil die Mandy, die wir kannten, vermutlich einfach nach Widdershins gekommen wäre und alles kaputt gemacht hätte.«

»Ja. Das hatte ich auch erwartet. Was ist passiert?«

»Ich bin mir nicht ganz sicher. Sie ist irgendwie ... richtungslos. Sie hat keinen Schwung mehr. Sie hat das Haus in Sandhurst verkauft und versucht, das Geschäft zu verkaufen. Sie hat also Geld. Jedenfalls hat Henrik wahrscheinlich hier irgendwo heimlich Kapital deponiert. Aber sie führt sich auf, als sei sie mittellos. Sie sagte, sie könne es sich nicht leisten, im Centurion zu wohnen. Als sie hier eintraf, hat sie uns praktisch angefleht, sie aufzunehmen. Martin wollte das nicht. Doch nach dem ersten Schock begann ich fast so etwas wie Mitleid für sie zu empfinden.«

Hope seufzte. »Das kann sie. Einem das Gefühl vermitteln, man sei der einzige Mensch, der sie glücklich machen kann.«

»Jetzt bewertest du etwas falsch. Wir wussten immer, dass Mandy mit allem fertig werden konnte. Erinnerst du dich an Chattys ersten Schultag, als sie kam und das Kommando übernahm? Sie hat einfach alles beiseite gefegt, was ihr im Wege stand.« Fay legte eine weitere Scheibe Toast auf den Teller. »Das ist vorbei. Sie glaubte, sie habe sich befreit, als sie Henrik verließ. Aber ohne einen Mann kommt sie nicht zurecht.« Sie richtete sich auf ihrem Stuhl auf und butterte den Toast. »Sie kann doch nicht ernsthaft glauben, dass Dad dieser Mann ist? Nur wegen einer albernen Unüberlegtheit – na schön, mehr als eine alberne Unüberlegtheit: wegen eines großen Fehlers?«

Hope öffnete den Mund, um zu sagen, dass der große Fehler zwölf Jahre gedauert habe. Dann schloss sie ihn wieder. Sie hatte lange Zeit gebraucht, um zu akzeptieren, dass Jack ihr so lange untreu gewesen war, und es wäre grausam, Fay dies zu sagen. Sie verstand jetzt, wie einfach das auf Fay gewirkt haben musste. Es war mehr als eine Unüberlegtheit, sicher, aber nur ein Fehler.

Hope sagte: »Dad und ich, wir ... reden nicht gerade. Seit er wieder zu sprechen begann, hatten wir dazu keine Gelegenheit. Ich weiß also nicht, was er empfindet. Schön, er hat sich an dem Wochenende um mich gekümmert, aber ich habe mich natürlich auch um ihn gekümmert, weshalb ich zu sagen wage, dass er ... nun ja, das hat er wohl tun müssen.« Sie seufzte ebenfalls. »Ich wollte absolut objektiv bleiben. Du weißt schon, die perfekte Krankenschwester sein.«

Fay brachte ein Grinsen zustande. »Ist ein bisschen schwierig, wenn man mit dem Patienten so lange zusammen lebt«, bemerkte sie. »Hör zu. Iss diese Scheibe Toast, die ich so liebevoll zubereitet habe, und ich mache mich inzwischen für die Arbeit fertig.«

»Arbeit? Du hast doch nicht mit deinem Studium aufgehört?«

»Nein.« Fay lächelte beruhigend. »Ich arbeite jeden Mittwoch in der Bibliothek. Ich katalogisiere und so. Dafür werde ich bezahlt und es ist eine gute Erfahrung.«

Hope fühlte sich beraubt. »Ich dachte, du würdest hier sein.«

»Ich hatte gestern frei. Um Mandy und Martin unterzubringen und dann aufzuräumen.« Fay ergriff die Hand ihrer Mutter. »Ich mag nicht dabei sein, wenn ihr eure Zusammenkunft habt. Du weißt das sehr gut. Das ist etwas, was ihr vier allein unter euch auszumachen habt.«

Hope ergriff die schlanken Finger fester. »Du wirkst so zuversichtlich. So unbesorgt.«

»Das liegt daran, dass ich weiß, was dabei herauskommen wird.«

»Nein. Das weißt du nicht. Du glaubst, uns zu kennen. Aber wir kennen uns ja selbst nicht einmal.« Sie ließ Fay los und sah sich im Zimmer um. »Und was, wenn Dad nicht zurückkommt?«

Fay sagte sehr sachlich: »Dann ist das seine Lösung. Dann ist er wieder weggelaufen.« Sie richtete sich gerade auf. »Aber das wird er nicht tun. Kein zweites Mal.« Sie schaute auf ihre Mutter. »Schatz, du bist nicht positiv eingestellt. Als Martin und ich dich vor einem Jahr besucht hatten – und zu Weihnachten –, da schienst du zu wissen, was du tust. Was ist passiert?«

Hope sagte kläglich: »Henrik ist gekommen. Und das, glaube ich, hat alles wieder zurückgebracht. Den – den Fehler. Ich hatte einfach das Gefühl, dass ich es nicht ertragen könnte, wenn dein Vater mit Henrik weggehen würde.«

»Du würdest es ertragen. Es würde wieder schwer werden. Nach Widdershins zurückzukehren und wieder ganz von vorn anzufangen. Aber du würdest es ertragen.« Fay hockte sich vor ihre Mutter. »Hör einmal zu. Erinnerst du dich an diesen Scherz, den du gemacht hast – über dich selbst –, dass du hoffnungslos seist? Hope-less?«

»Natürlich. Und genau so fühle ich mich.«

»Du hast damit gemeint, dass du nicht nutzlos fühlst. Nicht wahr? Wir alle fühlen uns zuweilen nutzlos. Aber nicht hoffnungslos.« Sie nahm das Gesicht ihrer Mutter in ihrer Hände. »Dad glaubte, er sei Hope-less. Und er versuchte, mit allem Schluss zu machen.«

Hope ergriff ihre Hände und drückte sie fest. »Aber ... er ist nicht *hier*!«

Aber wie auf ein Stichwort wurde an die Tür geklopft. Fay schlug den Morgenmantel zusammen, während sie aufstand, und öffnete die Tür. Und da stand Jack und sah ein wenig verlegen aus.

»Ich hatte keinen Schlüssel. Jemand im Erdgeschoss hat mich reingelassen. War nicht sehr glücklich.«

Fay trat beiseite. »Das ist wegen Mandy«, sagte sie. »Sie vergaß immer ihren Schlüssel und klingelte bei ihnen, damit sie aufmachen. Sie haben's satt.«

Hope war so froh, ihn zu sehen, dass sie am liebsten geweint hätte. »Hast du – hast du einen schönen Spaziergang gemacht?«, fragte sie.

»Ja. Es war sehr dunkel – keine Sterne – aber ich denke, ich habe ein Gefühl für die Umgebung bekommen. Da drüben scheint der Himmel erleuchtet zu sein. Ist da der Bahnhof?«

Fay ging ins Bad. »Hochöfen«, sagte sie kurz. »Du weißt doch, Stahl aus Sheffield und alles das.« Sie grinste. »Bedien dich und nimm Toast und Tee, Dad. Falls du Protein brauchst, in der Küche sind Eier.«

Jack lächelte Hope an, während er sich setzte. »Das ist nett. Nicht das, woran wir gewöhnt sind, aber nett. Wie hast du geschlafen? Wie fühlst du dich?«

»Besser.«

»Du siehst besser aus.« Er biss in einen Toast. »Es wird nicht lange dauern, Hope. Und dann werden wir frei sein.«

Eine lange Pause entstand, in der sie darauf wartete, dass er mehr sagte, und als er das nicht tat, fragte sie vorsichtig: »Was meinst du damit? Frei?« Sie versuchte, an ihrem Tee zu nippen. »Frei von den Petersens?«

»Mehr als das. Frei ... frei von der Vergangenheit, denke ich. Frei von Schuld und Zorn und Bitterkeit.«

Es war noch nicht genug, aber sie wagte nicht, mehr zu fordern. Fay hatte so Recht. Sie war völlig negativ.

☆

Nachdem Fay gegangen war, gingen sie in den Korridor, und auf Jacks Drängen wählte Hope die Nummer des Hotels. »Du bist diejenige, die anruft«, drängte er sie.

Schließlich hörte sie Henriks Stimme.

»Mandy liegt noch im Bett.« Er klang unaussprechlich matt. »Wir haben sehr viel miteinander gesprochen und sie ist müde. Aber, bitte, kommt, wenn ihr soweit seid. Vielleicht können wir zusammen lunchen.«

»Lunchen?« Es klang zivilisiert, aber Mandy war selten zivilisiert.

»Warum nicht? Wir müssen doch so tun, als ob dies alles normal sei, oder?«

»In Ordnung. Ja.« Sie legte den Hörer bedächtig auf und schaute Jack an. »Lunch. Im Centurion.«

»Schön«, erwiderte er herzlich. »Dann gehen wir und sehen uns Saint Peter und Paul an und den Sheaf und den Don.«

Sie war verblüfft. »Du klingst wie ein Fremdenführer!«

»Ich bin heute Morgen viel gelaufen.« Er grinste. »Jetzt möchte ich dir zeigen, wo ich gelaufen bin!«

Sie liefen mehr als zwei Stunden durch die Stadt, vergaßen fast den Grund für ihren Besuch und genossen es, Fays neue Heimat zu erkunden. Die Universität selbst war im frühen edwardianischen Stil gebaut, doch die Cutlers' Hall war alt und viele andere öffentlichen Gebäude ebenfalls.

Als sie an einem Café am Fluss hielten, um einen längst überfälligen Kaffee zu trinken, sagte Hope: »So etwas haben wir nie getan, nicht wahr? Als ich Chatty nach Paris brachte, waren da so viele Touristen, die sich umschauten. Damals dachte ich, dass uns vielleicht etwas Wichtiges entgangen sei.«

»Gemeinsam Dinge zu entdecken?« Jack sah sie unglücklich an. »Ich schien so viel herumgereist zu sein. Immer zusammen mit Henrik. Wir sind von einem Büro zum nächsten gefahren. Wir haben die Städte nie kennen gelernt. Aber ich dachte, ich wäre zumindest da gewesen. Es tut mir Leid, Ho.«

Sie schüttelte den Kopf. »Das Reisen habe ich nicht vermisst. Ich glaube nicht, dass ich irgendwohin wollte, bevor du mir Widdershins geschenkt hast. Und dann war es das, wohin ich wollte.«

»Ich hatte nie dieses Gefühl für Cornwall wie du. Ich war immer sehr darauf bedacht, so wenig Zeit wie möglich mit euch allen zu verbringen. Ich konnte sehen, dass du und Milly und die Mädchen fast in die Felsen hineinwuchst, aber ich verstand nicht, warum.« Er gab ein Geräusch des Abscheus von sich. »Ich war so ein Narr.«

Sie sagte traurig: »Wir waren beide Narren. Wir haben uns von anderen Menschen sagen lassen, was wir zu tun hätten und wann.«

Er fragte nicht, welche anderen Menschen sie meinte. Sie schwiegen eine lange Zeit. Dann warf er einen Blick auf seine Armbanduhr. »Wir sollten jetzt besser zum Hotel gehen.« Er rührte sich nicht. »Ho, ich habe Bella von einer Telefonzelle aus angerufen. Heute Morgen sehr früh. Es geht Peter nicht gut.«

»Oh ...« Sie war dabei, ihre Handschuhe anzuziehen. Sie hörte auf und legte ihre Hände auf den Tisch.

»Als wir gestern hierherfuhren, fragte ich Henrik, ob er dich zurückbringen würde, wann immer du willst. Könntest du es ertragen, wenn es heute Abend wäre?«

Sie sagte schnell: »Nicht mit Henrik ...« Dann sah sie ihn an. »Nicht allein.« Es war offensichtlich, dass er sich dabei nicht eingeplant hatte.

Er sagte: »Nein. Nicht allein mit Henrik. Dumm von mir. Mit dem Zug dann – in Ordnung? Ich weiß, dass du gerne einige Zeit mit Fay verbringen würdest. Aber Ostern ist in diesem Jahr wirklich früh. Du wirst sie also bald sehen. Was meinst du?« Sie nickte einmal und er lächelte. »Ich habe offen gestanden Bella gesagt, dass du heute Abend daheim sein würdest. Sie war ... wirklich froh.«

»Ja.« Sie wusste nicht, was sie sonst sagen sollte. Sie würde alleine nach Hause fahren. Und er schien zu glauben, dass sie sich darüber freute.

»Seltsam. Schwer sich vorzustellen, dass Bella froh war. Aber sie war es.« Sein Lächeln wurde breiter. »Sie ist eine wunderbare Frau, nicht wahr?«

»Ja.«

Er ging zur Theke und bezahlte die Rechnung, und sie ging nach draußen, um dort auf ihn zu warten. Sie konnte noch nicht recht glauben, was da geschah. Alles begann wie ein Traum zu werden. Das Wetter, das grau und regnerisch gewesen war, schien freundlich zu werden, und sie schien das wirklich zu bedauern, weil diese Tristheit irgendwie zu ihrer Stimmung völliger Trostlosigkeit gepasst und sie verborgen hatte.

Früher hätten sie ein Taxi zu dem Hotel genommen, das außerhalb lag. Jetzt liefen sie dorthin, ohne auch nur daran zu denken. Jack noch immer leicht gebeugt, Hope bewusst aufrecht. Sie berührten einander nicht. Als sie den Eingang mit dem Baldachin darüber erreichten, kam ihnen erst dort der Gedanke, dass sie fehl am Platze seien, als Henrik die Stufen heruntereilte, um sie zu begrüßen. »Freunde«, erklärte er dem Portier, der sie mit zusammengekniffenen Augen musterte. »Sie laufen viel.«

Hope blickte an sich herab, auf ihre Jeans, und dann auf Jacks Deckenmantel und begann zu lachen. Fand es dann schwer, aufzuhören. Henrik ergriff ihren Arm, aber sie entzog sich ihm so heftig, dass sie die Stufen hinuntergefallen wäre, wenn Jack sie nicht aufgefangen hätte.

Henrik sagte: »Entschuldige, Ho. Entschuldige. Ganz ruhig. Bitte.«

Jack sagte: »Mit ihr ist alles in Ordnung. Mit uns beiden. Geh du voran.«

Henrik zögerte, ging dann durch das plüschige Foyer und durch verspiegelte Türen in ein riesiges Restaurant. Es war fast voll, aber Hopes Blick wanderte sofort zu dem Tisch am Fenster, an dem Mandys aschblondes Haar wie ein Signalfeuer zu leuchten schien. Sie warf einen Seitenblick auf Jack und sah, dass er ebenfalls dorthin starrte, und sie entzog sich ihm so, wie sie es gerade bei Henrik getan hatte. Er schaute sie verblüfft an. Sie sagte: »Es geht mir gut. Ich kann alleine laufen.« Und sie ging den beiden Männern voraus, und ihre feuchten Locken standen trotzig von ihrem Kopf ab, weil sie jetzt, wo sie wusste, was geschah, auch wusste, dass sie lernen musste, wieder alleine zurechtzukommen, und sie musste das schnell lernen, damit niemand etwas von ihrer Schwäche merkte.

Mandy erhob sich halb. Hope versuchte zu sehen, was Fay gesehen hatte. Jemanden, der richtungslos war. Es war für sie nicht sofort offensichtlich. Mandys Gesicht war so glatt wie Email, ihre Lippen leuchtend, ihre Zähne noch gleichmäßig und weiß, als sie lächelte.

»Oh, Hope«, sagte sie. Dann schaute sie an Hope vorbei und sagte: »Jack. Gott sei Dank, dass du gekommen bist. Ich wusste nicht, ob du kommen würdest.«

Er zog einen Stuhl für Hope vor und machte keine Anstalten, Mandys ausgestreckte Hand zu nehmen. »Warum sollte ich nicht?« Seine Stimme war hart.

Sie lachte und setzte sich wieder. Henrik setzte sich neben sie. »Ich war mir nicht sicher, ob Hope dich lassen würde.« Sie sprach in neckendem Tonfall, aber Hope errötete.

Jack setzte sich ebenfalls. »Hope wollte nicht mitkommen. Ich bestand darauf.«

Mandy breitete ihre Hände aus. »Warum? Sie ist doch in Widdershins so glücklich. Du bist doch glücklich, oder, Ho?«

»Ja.« Hope brachte nicht mehr heraus. Sie schluckte versuchsweise. Ihr war nicht schlecht, aber sie wollte nicht essen. Henrik indes hatte andere Intentionen. »Passt auf. Wir werden essen. Und dann werden wir sagen, was wir zu sagen haben.«

Aber Jack schüttelte entschlossen den Kopf. »Bitte in anderer Reihenfolge, Henrik. Wir sind jetzt sehr wachsam. Legen wir alles offen auf den Tisch und dann können wir – vielleicht – zusammen essen.« Er schaute sich um. »Ich habe darüber nachgedacht, wie ich mich für das, was geschehen ist, bei euch allen entschuldigen kann. Heute Morgen – als es noch dunkel war – habe ich einen Spaziergang gemacht.« Für einen Augenblick glitt ein winziges, schiefes Lächeln über sein Gesicht. »Ich fand keine Inspiration. Uns allen vier habe ich unsäglichen Schaden zugefügt. Ich habe das so sehr bedauert, dass ich ... krank wurde. Das wisst ihr.«

Er blickte auf seine Hände und Mandy sagte rasch: »Es gibt keine Schuld, Jack. Wir haben uns ineinander verliebt. Was hätten wir dagegen tun können?«

Er lächelte sie an. »Das ist nicht wahr, Mandy. Für mich jedenfalls nicht. Du hättest vielleicht nichts dagegen tun können, ich aber schon. Ich war in Hope verliebt. Aber ich sagte mir, dass es sie nicht verletzen würde. Es war etwas Separates. Ich redete mir jene Dinge ein, die Männer sich einzureden pflegen, um eheliche Untreue zu rechtfertigen.« Für eine Sekunde glitt der alte Ausdruck von Verlorensein über sein Gesicht. »Ich kann nicht verstehen, was ich getan habe oder warum ich es getan habe. Es ist also sehr schwer für mich, das zu vergeben.«

Mandy sagte: »Da ist nichts zu vergeben. Du vergisst, wie wundervoll es war ...«

Hope beugte sich vor und sagte sehr deutlich: »Ich vergebe dir. Und ich hoffe, du vergibst mir, dass ich unsere Ehe steril und bedeutungslos werden ließ.«

Er wandte sich ihr gespannt zu. »Ist das dein Ernst, Ho?«

»Ja. Jetzt verstehe ich, dass ich irgendwie das Interesse verloren hatte ...«

»Nein. Meinst du, dass du mir vergeben kannst?«

Sie drehte sich auf ihrem Stuhl, um ihn anzuschauen. »Ja.«

Mandy sagte mit hoher, scherzender Stimme: »Hallo! Wir sind noch hier. Das ist Henrik und ich bin Mandy. Wir hatten die letzten zwölf Jahre eine Affäre, Jack. Hast du das vergessen?«

Ho zuckte zusammen und schaute wieder auf den Tisch. Jack sagte: »Ich wünschte, ich könnte es. Aber tu nicht so, als sei es mehr als es war, Mandy. Bitte. Keine Beziehung ist perfekt, aber du und Henrik, ihr habt euch immer gebraucht. Alles, was außerhalb war, war eben ... außerhalb.« Er wandte sich wieder an Hope. »Du siehst, ich glaubte, es könnte bei uns auch so sein. So beeinflusst war ich von Henrik und Mandy. Wenn sie das tun und zusammenbleiben konnten, dann könnten wir das auch. Es tut mir Leid, Ho. Ich war dumm und es war falsch und – ich war naiv. Die Zeit in Widdershins hat mir genau gezeigt, wie absolut unrealistisch ich war. Darum war das ... im vergangenen Oktober. Du erinnerst dich. Die *Mirabelle*.«

»Ich erinnere mich.« Aber sie konnte nicht aufschauen.

Mandy sagte laut: »Nun vergiss doch das Boot und das Cottage und die ländliche Idylle. Wir wissen, dass du Ho gegenüber ein Pflichtgefühl hast, aber du musst mit uns zurückkommen, Jack. Mit Henrik und mir. Wir können uns richtig um dich kümmern. Anständiges Essen und anständiges Wetter. Ein anständiges *Leben*!«

Jack sagte: »Sei nicht albern, Mandy. Ich bin hergekommen, um dich um Entschuldigung zu bitten und mich zu verabschieden. Und nicht mehr.«

Henrik sagte mit gedämpfter Stimme: »Lass es, Mandy.

Bitte. Wir haben bereits über das gesprochen, was passiert ist ...«

Mandy wandte sich ärgerlich an ihn. »Wenn du jetzt wieder damit anfangen willst ... ich habe diese – *diese Dinge* – wie du es nanntest, für dich getan! Du brauchtest verschiedene Menschen, die rumgekriegt werden mussten! Die sich deine Pläne anhörten! Die Geld gaben! Die in deine Projekte investierten! Also habe ich mit ihnen geschlafen! Und darum hatte ich zuerst mit Jack geschlafen! Wegen des Geldes seines Schwiegervaters!«

»Ich habe dich darum nicht gebeten, Mandy.« Henrik sprach ruhig und gelassen.

»Aber du hast dagegen auch nie etwas einzuwenden gehabt, oder? Also dachte ich natürlich ...«

»Ich hatte kein Recht, Einwände zu machen. Ich konnte dir nicht die sexuelle Liebe geben, die du so offensichtlich brauchtest.« Er seufzte. »Es tut mir Leid, Hope. Jack. Ihr werdet dies nicht hören wollen.«

Mandy hob ihre Stimme. »Hör *mir* zu, verdammt! Ich habe Chatty schon vor einer Ewigkeit gesagt, dass du für mich wie ein Zuhälter warst! Und Zuhälter erwarten von ihren Mädchen gewisse Dinge!« Sie stoppte, schockiert von ihren eigenen Worten. Dann sagte sie ruhig: »Du warst auf Hope und die Mädchen scharf. Auf Familie. Wenn du sie abholtest und dich um sie gekümmert hast, dann war das deine Art, mit ihnen zu schlafen!« Sie war blass und schaute Jack bittend an. »Kümmere dich um all das nicht, Liebling. Du musst mit uns zurückkommen – sonst nichts.«

Jack warf Hope einen kurzen Blick zu und sagte dann entschlossen: »Ich habe einer Wohlfahrtseinrichtung, die Projekte in Afrika fördert, Pläne geschickt. Pläne für Windmühlen, die Wasser aus der Tiefe an die Oberfläche und in die Wüste pumpen werden. Ich will etwas tun. Ich will dorthin fahren und für sie planen. Ich denke, dass ich das jetzt tun kann.« Er sah Hope an. »Ich wollte dir das erzählen. Aber dann wurdest du so krank und ich war mir nicht sicher ...« Sie sah ihn an, als hätte sie ihn noch nie zuvor gesehen. Er sagte eindringlich: »Ho? Ist mit dir alles in Ordnung?«

Mandy sagte kategorisch: »Du kannst nicht gehen. Henrik wird dir Arbeit besorgen. Bezahlte Arbeit. Wohltätigkeitsarbeit ... das ist nichts für dich, Jack. Du hast immer Geld gewollt ...«

Er wandte sich heftig an sie. »Ich wollte Geld für Hope. Ich wollte Hope immer die Welt schenken.«

Hope sagte langsam: »Das hast du. Das hast du getan. Du hast mir die Welt geschenkt.«

Er lächelte sie an. Es war das Lächeln, das er ihr geschenkt hatte, als er sie zum ersten Mal ins Cottage hineingetragen hatte.

Er nickte. »Ich weiß. Ich habe den ganzen Herbst und den Winter gebraucht, um zu begreifen, dass Widdershins deine Welt ist.«

Sie hatte viel mehr als das gemeint, aber sie sagte nichts, weil sie sein Lächeln erwiderte.

Mandy wollte sprechen, aber Henrik kam ihr zuvor. »Das ist es, meine Liebe. Du hast versucht, Jack zu lehren, wie man für den Augenblick lebt, aber stattdessen hast du dich in ihn verliebt.« Er seufzte. »Das konnte nicht funktionieren, Mandy. Du hättest ihm nicht treu sein können. Nun lass es. Lass dies alles endlich.«

Für einen Augenblick schwieg Mandy, aber dann begann sie plötzlich schockierenderweise zu jammern. Wie ein Kind, dem man ein Spielzeug weggenommen hat, hob sie ihren Kopf und schrie ihr Leid in die Welt hinaus. Die anderen Gäste des Restaurants waren wie versteinert. Es war unmöglich, Mandys Kummer zu ignorieren. Ein Ober kam herbeigeeilt.

»Ist etwas nicht in Ordnung, Sir?«, fragte er Henrik.

»Doch. Im Grunde alles.« Henrik sah müde aus. »Sie werden uns entschuldigen müssen. Wir werden doch nicht lunchen.« Er schaute Hope an. »Es ist vielleicht ein bisschen viel verlangt, aber würdet ihr mir helfen, Mandy nach oben zu bringen?«

Die drei standen auf und versuchten, sich um Mandys Stuhl zu stellen. Sie wurde plötzlich zur Furie. »Lasst mich in Ruhe! Geht weg!« Sie schlug mit gekrallten Händen nach Jack. »Judas! Judas Ischariot! Du hast versprochen – du sagtest, wir würden ewig zusammenleben!« Sie packte Hopes Pullover. »Komm mit uns, Ho! Er ist nicht gut zu dir – komm mit uns und es wird wie in den alten Zeiten in Sandhurst sein! Wir werden lachen und albern sein und einkaufen gehen – komm mit uns, Ho! Es geht doch nur um dich. Es ging immer nur um dich. Fay hat sich gegen mich gestellt – sie sagte, ich sei melancholisch und jämmerlich! Das ist es, was sie gesagt hat, Ho! Melancholisch! Du weißt, wie dieses Wort heutzutage gemeint ist! Melancholisch ...« Sie brach zusammen, klappte auf ihrem Stuhl zusammen wie eine Concertina und schlug die Hände vor die Augen.

Henrik sagte: »Komm, meine Liebe. Wir lassen uns Sandwiches auf dein Zimmer bringen, ja? Und dann kannst du ein wenig schlafen.«

Sie weinte heftig weiter, ließ sich aber vom Stuhl ziehen und durch das Restaurant führen. Die Leute bemühten sich, sie zu ignorieren, sprachen intensiv miteinander. Mandy wusste, was passierte, und ihr Weinen wurde zu einem Wimmern. »Geh nicht, Hope. Bitte, geh nicht.«

»Ich bin hier, Mandy. Ich gehe nicht.«

Im Lift stützten sie sie so gut sie konnten. Sie sagte nichts mehr, bekam aber einen Schluckauf, während sie schluchzte. Als sie dann auf ihrem Zimmer war, schien sie sich ein wenig zu erholen, setzte sich aufs Bett und tupfte ihr Gesicht mit einer Handvoll Papiertaschentücher ab, die sie aus der Schachtel nahm, die auf der Kommode stand. »Ist mein Mascara ganz verschmiert?«, fragte sie Henrik.

»Das ist unwichtig, meine Liebe.« Er nahm ein Tuch und wischte ihre Wangen mit großer Zärtlichkeit ab. »Du bist krank. Es ist besser so. Ich werde mich so um dich kümmern, wie Hope sich um Jack gekümmert hat. Verstehst du nicht, wie gut das sein wird?«

»Ich bin doch nicht wirklich krank, Henrik, oder?« Sie starrte ihn benommen an.

»Oh, doch. Das bist du, Mandy.« Er lächelte. »Das wirst du jetzt sein. Krank. Und es wird kein Gerede mehr über Zuhälter geben. Nichts dergleichen mehr.« Seine Stimme war tröstend. »Vielleicht wirst du mich als deinen Arzt ansehen. Du wirst hören, wenn ich dir sage, was du zu tun hast. Ärztliche Anweisungen, ja?« Er lächelte sie an. Ihr Mund arbeitete unkontrolliert und dann brachte auch sie die Karikatur eines Lächelns zustande.

»Oh, Henrik«, murmelte sie. »Danke.«

Hope spürte, dass sie vor Abscheu erstarrte. Jack sagte schnell, »Henrik. Wird alles in Ordnung gehen?«

Henriks Blick blieb auf Mandy gerichtet. »Ja. So ist es doch, meine Liebe, nicht wahr?« Mandy lächelte wieder, und Henrik sagte: »Ich werde morgen oder später auf dem Hof anrufen. Euch wissen lassen, wie es uns geht. Wird das genügen?«

»Ja. Ich denke schon.« Jack warf einen unbehaglichen Blick auf Mandy. »Wenn sie einen Nervenzusammenbruch hat, sollten wir nicht vielleicht einen Arzt rufen?«

Mandy richtete ihren Blick auf Jack. »Nein! Ich bin wie du, Jack. Ich will keinen Arzt. Du hattest Hope und ich habe Henrik.«

Henrik ging zur Tür und öffnete sie. Er sah Hope an. »Bei dir hat es funktioniert, Hope. Vielleicht funktioniert es bei mir auch.«

Sie trat schnell hinaus auf den Korridor und rannte fast zum Lift. Jack holte sie ein, als sie den Knopf drückte.

Er sagte: »Ho! So war es nicht. Henrik benimmt sich wie ein Svengali! Du bist so niemals gewesen!«

Sie sagte: »Ich habe dich aus dem Krankenhaus geholt – dich praktisch entführt ...«

»Weil du wusstest, dass ich wahrscheinlich so schwach sein würde, dass Mandy die Kontrolle über mich gewinnen würde, wenn du es nicht tätest! Und das wäre falsch gewesen, weil du mir Freiheit gegeben hast und sie mir eine schreckliche Art von Sklaverei geben wollte!«

Der Aufzug kam, aber er war nicht leer. Hope drehte sich sofort um und ging zur Treppe, dicht gefolgt von Jack.

Er sagte atemlos hinter ihr: »Hör zu. Ich weiß, wie du dich dadrin gefühlt hast. Als ob das Ganze ewig so weitergehen würde und du es nicht stoppen könntest! Aber wir haben vor einer Ewigkeit aufgehört. Und ich wollte – so sehr – dass heute endgültig Schluss ist. Ich wollte, dass du siehst, wie verrückt und hoffnungslos die beiden waren. Was Fay sagte – melancholisch und jämmerlich –, ich wollte, dass du das siehst!«

Sie blieb auf einem Treppenabsatz stehen und schaute ihn an. »Hoffnungslos?«

»Ja. Ich meinte hoffnungslos. Tatsächlich ist man aber nur hoffnungslos, wenn man Hope-lees ist.« Er lachte. »Komm, Ho, lache! Jetzt! Sofort! Es ist so absurd und dumm. Wir sind wir! Ich liebe dich mehr denn je. Ich bewundere dich mehr denn je. Und ich möchte, dass du das weißt, damit du mir, wenn ich in sechs Monaten oder acht Monaten oder in einem Jahr oder wann auch immer nach Widdershins zurückkomme, eine Antwort geben kannst.«

»Eine Antwort? Wie lautet die Frage?« Sie war total verblüfft, doch zumindest wich das Entsetzen, das sie im Hotelzimmer gehabt hatte. Ihr war nicht schlecht.

»Die Frage ist ... oder richtiger, wird sein ...« Seine Stimme geriet ins Stocken. »Liebst du mich auch?«

Sie starrte ihn an und umklammerte das Treppengeländer so fest, als fürchte sie, die Stufen hinabzustürzen.

»Ich will nicht, dass du gehst. So viel weiß ich.«

Er lächelte. »Darum werde ich die Frage noch nicht stellen. Wir werden mit dem Zug zurück nach Cornwall fahren. Zusammen. Um bei Peter zu sein. Aber dann ... Ho, lass mich sehen, was ich mit meinen armen überzähligen Windmühlen machen kann! Ich hatte in einer der alten Zeitungen auf dem Hof einen Artikel gelesen. Es ging um einen Mann, der eine Pumpe erfunden hat, die in enorme Tiefen versenkt werden konnte. Aber die Energie, die zu ihrem Antrieb benötigt wird, übersteigt einfach die Mittel, die der Dritten Welt zur Verfügung stehen. Als wir das letzte Mal in Penzance waren, fand ich seine Telefonnummer heraus und rief ihn aus einer Telefonzelle an. Er will mich sehen. Ich habe meine alten Pläne für Windmühlen zur Energieerzeugung durchgesehen, und ich denke, es kann funktionieren.«

Sie schaute ihn an. »Jack. Du bist besser. Wirklich besser. Du bist stärker als du je warst.«

»Ja. Und das ist dein Werk.« Er ergriff ihre Hände. »Ho, dies ist meine Art, die *Mirabelle* zu Wasser zu lassen. Klingt das verrückt? Ich wollte, dass du siehst, dass ich von den Petersens völlig unbeeinflusst bin. Und wenn ich frei von ihnen bin, dann wird es für dich leichter sein, dich von ihnen zu befreien.«

Sie lachte schluchzend. »Ich dachte, ich sei die Retterin.«

»Das warst du. Jetzt bin ich an der Reihe.« Er schüttelte sanft ihre Hände. »Du hast es bereits allein geschafft. Lass mich das Gleiche tun, Ho. Ich werde zurückkommen. Nichts wird mich davon abhalten. Aber ich werde etwas getan haben. Allein. Und was ich getan haben werde, wird für dich sein.« Er lächelte sie ein wenig unsicher an. »Ich weiß keinen anderen Weg, Ho. Einen neuen Anfang machen – einen wirklich neuen Anfang.«

Es schien ihr wie eine Ewigkeit, als sie da auf der Treppe stand, seine Hände hielt und ihn ansah. Dann seufzte sie und sagte: »Ich bin froh, dass wir heute Abend zusammen zurückfahren. Mit dem Zug.«

»Und allein.«

»Ja. Allein. Es ist eine lange Reise. Es wird gut sein, einen Freund zu haben.«

21

Fay war bestürzt und besorgt, aber auch erfreut.

»Natürlich müsst ihr sofort zurückfahren. Wenn Bella euch gebeten hat ... Oh, Gott. Noch mehr Traurigkeit. Es ist so schwer, sich die Landzunge vorzustellen, ohne dass Peter da ist, um sie zu behüten.« Sie blickte erwartungsvoll von einem zum anderen. »Aber ihr seid noch zusammen. Hat das etwas zu bedeuten?«

Jack warf einen kurzen Blick zu Hope, die nickte. Er sagte vorsichtig: »Ich möchte uns etwas Zeit geben. Deine Mutter war in Widdershins alleine glücklich. Sie – sie hat sich auf eine Art bewiesen, die ich mir gewünscht hätte – von Anfang an – aber nie geschafft habe.« Er schüttelte den Kopf. »Falsche Ziele oder so. Also werde ich versuchen, auch etwas zu tun.« Er verzog schüchtern seine Mundwinkel nach unten. »Es kann sein, dass es zu nichts führt. Aber meine Windmühlen waren gut, Fay. Das waren sie wirklich. Sie haben Energie geliefert – für alles! Sie könnten Pumpen statt Dynamos antreiben.«

Fay nickte. »Das weiß ich, Dad. Du hast ein Gefühl für Luftbewegung. Wie ein Vogel, der die Strömungen nutzt. Sieh dir nur unsere Drachen an.«

Seine Mundwinkel hoben sich. »Danke.«

Sie grinste ebenfalls. »Aber gerne. Du kehrst also zurück ins Geschäft? Aber nicht mit Henrik?«

Auf beide Fragen schüttelte er heftig den Kopf. »Das könnte ich nicht, selbst wenn ich wollte. Ich muss meine Ideen jetzt verkaufen. Und ich hatte an die Leute von AfrAid gedacht.«

Fays Augen leuchteten. »Oh, Dad.« Sie sah Hope an. »Wäre das nicht wundervoll, Mummy?«

»Dad hat mit jemand Kontakt aufgenommen.« Hope war von Fays Begeisterung angesteckt. »Es wäre wundervoll.« In dem Moment, als sie das sagte, wurde ihr bewusst, wie wundervoll das eigentlich sein würde. Aber Vorsicht machte sich bemerkbar. »Es ist alles noch ein bisschen nebulös. Sei nicht enttäuscht, wenn es zu nichts führt.« Sie hatte sich an Jack gewandt, aber Fay antwortete mit einer gewissen Leidenschaft.

»Wenn diese Tür sich schließt, muss Dad es eben bei anderen probieren. Er muss einfach dranbleiben. Beim Roten Kreuz und bei Oxfam und ... und ...«

Jack sagte trocken: »Ich nehme an, du billigst das.«

Fay umarmte ihn. »Oh, aber ja! Für euch beide. Es ist ohnehin gut, so etwas zu tun, aber«, sie lehnte sich zurück und schaute vom einen zum anderen, »würde es nicht helfen, dabei irgendwie an Henrik und Mandy zu denken? Wisst ihr, was die Bitterkeit betrifft. Das allgemein Schreckliche, das ...«

»Wir wissen, was du meinst, Liebling.« Hope ergriff ihre Tasche und zog den Riemen zu. »Obwohl ich denke, dass heute Vormittag ein großer Teil davon verschwunden ist.« Sie seufzte. »Wir haben uns als Opfer gesehen und Mandy und Henrik als Räuber. Aber auf ihre Weise waren sie ebenfalls Opfer. Von uns.« Sie schaute Fay ernst an. »Als ich das Centurion verließ, tat Mandy mir sehr Leid. Du hattest Recht, Fay. Sie hat sich verändert.«

»Sie hat Henrik«, sagte Fay schnell. »Er wird sich um sie kümmern.«

»Das wird er. Das wird er ganz gewiss.«

»Erinnere dich, wie er sich um mich gekümmert hat. Und um Chatty. Das ist seine ... Sache.«

Dadurch wurde die Szene im Hotelzimmer ein bisschen akzeptabler gemacht. Es schien, als sei während ihres zwanzigstündigen Besuchs in Sheffield sehr viel geschehen, und sie wusste kaum, was sie von all dem halten sollte. Wollte sie Jack wirklich ›vergeben‹? Oder war es einfach so, dass das Gefühl des Betrogenseins mit der Zeit nachließ? Und wie viel war auf Mandys Zusammenbruch zurückzuführen? Ganz bewusst ließ sie ihre Gedanken zurück zu dem Schlafzimmer im Cottage in Sandhurst wandern. Eine andere Mandy ganz sicher ... und ein anderer Jack? Sie schloss kurz die Augen, aber ihr wurde nicht übel.

Jack sagte: »Um Viertel nach fünf fährt ein Zug. Wir sollten jetzt gehen, wenn wir den bekommen wollen.«

Fay schoss umher, suchte Kekse und Käse zusammen und stopfte sie in die Tasche ihrer Mutter. »Ihr werdet im Zug etwas zu trinken bekommen. Ich rufe euch ein Taxi. Möchtet ihr, dass ich Bella anrufe und ihr sage, dass ihr unterwegs seid? Es wird Mitternacht sein, bis ihr ankommt. Oh, ich hoffe nur, dass es nicht regnen wird.«

Hope sagte: »Wir haben eigentlich nicht richtig gesprochen, Fay. Wirst du versuchen, dich mit Henrik zu treffen, bevor sie zurückfahren?«

Fay stockte und überlegte. »Das werde ich Martin überlassen. Er denkt über all dies so nüchtern. Aber ... ja, ich würde das gerne. Und ich hoffe, sie werden sich auch bei Chatty melden.« Sie schwieg wieder. »Hättet ihr etwas dagegen?«

Jack und Hope sprachen gleichzeitig. »Nein!« Dann sagte Jack überrascht: »Wir sind einen so langen Weg gegangen. Fühlst du das, Ho?«

»Ich weiß nicht, was ich fühle.« Sie folgte Fay zum Treppenabsatz und schaute zu, wie sie hinunter zum Telefon lief. »Ich bin glücklich über Fay und Martin. So viel weiß ich. Aber der Rest ... es klingt gut, Jack. Aber ich bin mir nicht sicher. Das Durcheinander ist noch immer da und es wird vielleicht nie einen Weg geben, es aufzuräumen.«

Er legte eine Hand auf das Treppengeländer, holte tief Atem und sagte dann langsam: »Deshalb muss ich gehen. Es ist unwichtig, wohin, aber ich muss dich allein lassen. Damit du sicher sein wirst, wenn ich zurückkomme.«

»Und du wirst zurückkommen?«

»Ja. Ich werde zurückkommen.«

☆

Peter starb wie er gelebt hatte, mit großer Gelassenheit. Er war zwei Tage lang nur halb bei Bewusstsein und schien niemand zu erkennen, obwohl er sich an Bella klammerte, wenn er aufwachte und sich nur wieder entspannen konnte, wenn sie ihn wiegte. Am Sonntagmorgen bat die Krankenschwester Jem und Jack ihn umzudrehen, sodass sie ihm den Rücken einreiben könnte, und als sie ihn vorsichtig hochnahmen, richtete er sich auf, keuchte heftig und fiel in Bellas wartende Arme. Bella hielt ihn an sich gedrückt und sagte sehr ruhig: »Ist er tot?«

Die Krankenschwester beugte sich vor und legte ihre Finger an seinen Hals. »Es schlägt noch ein Puls. Sprechen Sie mit ihm, Mrs. Penhailes. Er wird Sie hören.«

Bella neigte ihren Kopf so weit, dass er ganz nah an Peters Ohr war. Sie begann langsam und deutlich zu sprechen. »Ich bin nur einen Schritt hinter dir, mein Stattlicher. Nur einen Schritt. Wir werden uns also nicht aus den Augen verlieren.« Sie hielt inne und glättete das dünne graue Haar. »Danke, Peter Penhailes. Danke dafür, dass du mir mit deiner Gesellschaft Glück geschenkt hast. Dafür, dass du im Austausch dafür dein Glück von mir genommen hast. Für all die Sekunden und Minuten und Stunden und Jahre, die wir geteilt haben. Dafür, dass du all die kleinen Dinge aufgehäuft hast ... immer weiter und weiter, Alter, bis eine Festung daraus wurde.« Sie warf der Krankenschwester wieder einen Blick zu und presste dann ihren Mund an Peters Ohr und flüsterte etwas. Und dann legte sie beide Arme um ihn und hielt ihn ganz fest. Und Jack nahm Hopes Hand und folgte Jem in den Korridor.

Sie standen dort sehr still, sie alle drei, und hörten Fennie zu, die mit Nathan draußen im Sonnenschein spielte. »Ich werde dich fangen!«, rief sie. »Ich bin direkt hinter dir – gleich habe ich dich!« Der Kleine kreischte und gluckste vor Freude, und Hope griff nach Jems Hand, sodass sie drei miteinander verbunden waren. Jem räusperte sich und sagte: »Das ist alles, worauf wir je hoffen können, nicht wahr? Einfach einen Schritt dahinter zu sein.«

Hope zwang sich, nicht zu weinen. Sie sagte: »Es ist genug. Das ist genug. Ein Schritt.« Sie schaute Jack an und dann Jem. »Es ist genug. Oder nicht?«

Jack antwortete nicht, aber Jem sagte: »Das muss es sein. Wir müssen dafür sorgen, dass es genug ist.«

☆

Hope blieb bis nach der Beerdigung bei Bella. Phasen hektischer Aktivität wechselten ab mit langen Perioden, in denen sie nach Dingen suchten, die zu erledigen waren. Jem und Fennie übernahmen die Arbeiten draußen, und Jack half ihnen, wenn er seine Aufgaben in Widdershins erledigt hatte. Sie waren eine eng verbundene Gruppe, durch das schreckliche Gefühl des Verlustes vom Rest der Welt getrennt, aber durch Fennie und Nathan zur Normalität gezwungen. Fennie hatte die wahrhaft unschuldigen Ansichten von jemand, der mit der Natur verbunden aufgewachsen war, und durch ihre ständige natürliche Bezugnahme auf Peter, schien er in der Tat nur einen Schritt entfernt zu sein. »Dein Onkel Peter wird es nicht mögen, dass du so verrückt spielst«, sagte sie zu Nathan, wenn der sein Essen wegschob. »Komm, denk an das, was er sagt. Einen Löffel für dich und einen für ihn.« Bella lächelte ihr grimmiges Lächeln und nahm Fennie den Löffel ab. Für sie aß Nathan immer.

Der Trauergottesdienst in der Kirche von St. Buryan war einfach und sehr traditionell. Sie sangen ›Ewiger Vater‹, die maritime Hymne für Seeleute, und dann, auf Bellas Bitte, ›Wir pflügen die Felder und säen.‹ Zu dem Pfarrer sagte sie: »See und Land. Er hat in beidem geerntet.«

Der Gottesdienst war gut besucht. Kleine, schwarz umrandete Notizen in Schaufenstern erinnerten jeden daran, wann er sein würde. Jem musste ein paar in Truro ebenso wie in Penzance angebracht haben, da Hope John und Matthew Hampton aus Truro erkannte. Matthew hatte regelmäßig von den Penhailes' Gemüse gekauft seit jenem ersten Mal, als sie ihm zwei Kisten Kohl gebracht hatte. Und als sie sich in ihre Bank schoben, flüsterte Fennie: »Allmächtiger Gott. Mein Mann ist hier! Es ist nicht zu glauben!«

Jem und Jack hatten Bella in ihre Mitte genommen. Später, nachdem sie Nathan von Billy Perkins abgeholt hatten und

Bella ihn auf ihre Hüfte setzte, sagte sie mit ihrem üblichen unwilligen Humor: »Für jemand, der keine Kinder gehabt hat, habe ich es heute gut gemacht, denke ich.« Und Jack sagte: »Ich denke, du hast es immer gut gemacht, Bella.«

Bei den Penhailes' gab es Sandwiches, Pasteten und Bellas kräftigen kornischen Kuchen. Der blasse Februarsonnenschein fing sich in jedem der Regentropfen, die an den Blättern hingen, und schuf jene Art von klarem, perlmutterartigem Licht, das Künstler so lieben. Jem beendete das Melken und spazierte zu dem Hügel oberhalb der kleinen Bucht, um auf die glitzernde See hinauszuschauen. Fennies Mann sagte, dass er sie, wenn sie sich anständig betragen würde, zurücknehmen würde – aber nicht das Baby. Sie lächelte ruhig. »Das ist schön von dir. Aber ich habe ein besseres Angebot.« Und sie folgte Jem.

Nachdem alle sich verabschiedet hatten und Bella gesagt hatten, dass sie es schon gut schaffen würde, wirklich keine Angst zu haben brauche, gab es einen Augenblick, in dem sie einfach nicht wussten, was sie als Nächstes tun sollten. Hope und Fennie hatten inzwischen das Geschirr gereinigt und abgewaschen, und alles war unnatürlich aufgeräumt. Peters Bett war nach oben zurückgebracht worden und das Esszimmer war wie immer. Bella stand vor dem Küchenherd. Ihre sonst so geschäftigen Hände hingen schlaff herunter. Jack kehrte von oben zurück, wohin er die ganzen Schlafzimmerstühle gebracht hatte, die zu diesem Anlass nach unten geschafft worden waren. Hope schloss die Haustür und kam durch die Halle, zögerte einen Augenblick lang beim Telefon und ging weiter in die Küche.

Sie starrten sich an. Jack sagte das Erstbeste, was ihm einfiel. »Erinnerst du dich an damals, als du mir das Haar geschnitten hast, Bella? Peter brachte mich dazu, mich am Spülstein zu rasieren, und du hast die Schere genommen und drauflosgeschnitten ...«

Bella sagte: »Ich erinnere mich an so viel.« Sie kniff die Augen zu Schlitzen zusammen und sagte mit erstickter Stimme: »Und doch so wenig.« Sie öffnete die Augen und streckte ihre untätigen Hände aus. »Es ist schon in Ordnung. War nur so ein Moment.« Sie schüttelte den Kopf. »Es ist die Leere. Alles wird in Ordnung sein, aber so leer.«

Hope sagte: »Ich werde bleiben. Wir werden uns eine Routine überlegen. Keine Zeit für Leere.«

»Nein. Tu das nicht, mein Mädchen. Geh mit deinem Mann zurück und klärt, was ihr tun wollt. Redet miteinander. Seid zusammen.« Sie schaute Jack an. »Du hast mir irgendwann einmal erzählt, dass du freiwillige Arbeit machen willst, mein Stattlicher. Du wirst darüber sehr gründlich nachdenken müssen. Du hast hier deinen Teil getan. Jetzt kümmerst du dich um euch.«

Jack hielt ihr einen Arm hin. »Lass uns auf den Hügel gehen, Bella. Komm. Jem und Fennie und Nathan sind schon dort. Lass uns da oben stehen und auf die *Mirabelle* runterschauen, wie wir's früher getan haben.«

Sie zögerte, nickte dann kurz und nahm seinen Arm. »Dann können wir zurückgehen und zusammen Tee trinken und dann könnt ihr zwei nach Widdershins gehen, bevor es dunkel ist.«

Hope lächelte und folgte ihnen hinaus. Milly tauchte aus dem Nichts auf und rannte ihnen aufgeregt voraus. Bella lachte. »Verrückter Hund«, bemerkte sie. »Das hat sie nicht mehr getan, seit der Alte gestorben ist.«

Hope warf einen Blick zu Jack, der nickte. »Es ist wahr. Zu Hause rollt sie sich zusammen, wenn ich drinnen bin. Wenn ich rausgehe, folgt sie mir und setzt sich einfach.«

»Sie weiß es«, sagte Bella überzeugt. »Sie hat viel Zeit an seinem Bett verbracht. Es ist ganz natürlich, dass sie es weiß.«

Sie spazierten langsam den Hügel hinauf. Jem kam ihnen,

von Milly alarmiert, entgegen. »Fennie ist mit Nathan zum Strand hinunter gegangen. Ich habe auf euch gewartet.«

»Woher wusstest du, dass wir kommen würden?«, fragte Jack.

Jem wirkte überrascht. »Ihr musstet die *Mirabelle* sehen. Es geht doch nur um die *Mirabelle* denke ich, oder?«

Hope sagte leise: »Das Rettungsschiff.«

Und Bella begann zu lachen. »Wenn ihr mich vor all den Jahren hättet sehen können! Ich war so wütend – auf mich und auf den Alten, aber vor allem auf die verdammten Deutschen. Ich sagte der *Mirabelle,* wohin sie fahren sollte, und das machte sie!«

Sie gingen den Klippenweg hinunter, lachten, ohne zu wissen warum. Es war ablaufendes Wasser und Milly lief ihm nach und bellte wie ein winziger Seelöwe. Nathan saß einem Buddha gleich da und schlug prüfend auf den Sand ringsum, während seine Mutter eine Burg baute. Die anderen zogen langsam zur Höhle und dem auf den Strand gezogenen Fischlogger. Dahinter, oberhalb der Flutlinie, lag die *Sweet Pea,* an einem nahe gelegenen Felsen gut verankert. Die beiden Boote symbolisierten so viel. Jack legte eine Hand auf den Kiel der *Mirabelle,* so wie er es im vergangenen Herbst getan hatte, als er sie zum ersten Mal wiedergesehen hatte. Bella stand lächelnd neben ihm. Jem ging zu dem Ruderboot, um es zu überprüfen, während Hope ein wenig abseits stand und die drei beobachtete. Sie dachte nicht, sondern nahm einfach Eindrücke auf, registrierte Gerüche, die Berührung der feuchten Luft auf ihrem Gesicht, das Gleißen der See, das in ihren Augen fast schmerzte. Sie erinnerte sich an etwas, das Peter gesagt hatte. »*Sei* einfach, mein Mädchen. Versuche nicht, zu denken ... sorge dich nicht ... sei dir einfach bewusst, dass du du selbst bist. Hier. Jetzt.«

Bella bewegte sich näher zu Jack, sagte etwas zu ihm, sehr

leise und ernst. Er starrte in ihre dunklen Augen. Sie schien seinem Blick sehr bewusst standzuhalten. Dann nickte er. Sofort drehte sie sich um und kam zu Hope zurück.

»Ich bin froh, dass wir hierher gekommen sind. Pflegte das fast täglich zu tun. Ist ein guter Platz hier.« Sie schob eine Hand in Hopes Armbeuge. »Aber genug ist genug. Lass uns jetzt zurückgehen. Es wird in Kürze dunkel werden und ich möchte nicht, dass ihr auf eurem Weg nach Hause von dieser Klippe fallt!«

☆

Als der Februar dem März wich, begannen die Winde zu wehen. Jack verstärkte die Fensterläden unten und machte weitere für das Schlafzimmer. Milly saß jeden Abend neben der Tür und knurrte, wenn die Stürme am Riegel rüttelten. Nachdem Hope mit dem farbenprächtig applizierten Vorhang fertig war, ging sie zurück zu ihrem Korb neben dem Herd und wartete auf das Abendessen. Das Gefühl, belagert zu sein, war stark und tröstend. Das Wellblechdach hielt fest, und die Fensterläden und Vorhänge dazwischen hielten jeden Zug fern. Die Öllampen brannten gleichmäßig, und selbst eine Kerze flackerte nur gelegentlich.

Hope sagte: »Ist es herzlos, so zufrieden zu sein? Wie glaubst du, wird sich Bella so allein fühlen?«

»Wie du dich fühltest, als du hierher kamst. Ich war kein Gefährte, nicht wahr? Ein Gefährte, der kein Gefährte war. Zumindest werden Jem und Fennie mit Bella reden. Und Nathan wird ihr keinen Augenblick Zeit lassen, in Verzweiflung zu versinken. Ich konnte nicht sprechen. Manchmal verstand ich kaum, was du zu mir sagtest. Aber ich erinnere mich daran, dass du geredet hast. Ich erinnere mich daran, wie tröstend deine Stimme war.«

Auch sie erinnerte sich daran. Mit leiser Stimme sagte sie: »Es tut mir Leid, Jack. So Leid.«

Er richtete seine grauen Augen auf sie. »Leid? Weshalb, Himmel noch mal? Du hast mich gepflegt – hast mich ernährt ...«

Sie sagte: »Ich war verärgert über dich, Jack. Und dann, später, ich glaube, ich hasste dich.«

Er schwieg eine lange Zeit und sagte dann langsam: »Vielleicht hat es das ... das, was du getan hast ... noch besser gemacht.« Er blickte von seinem Teller auf. »Jedenfalls denke ich, dass ich Hass dem Groll vorziehe.« Er räusperte sich. »Schau nicht so drein. Es ist gut, dass du mir das sagen kannst – wir können ehrlich sein.« Er richtete sich auf. »Kannst du mir sagen, was für Gefühle du jetzt für mich hast?«

Sie runzelte die Stirn. »Ich habe versucht, mir darüber klarzuwerden. Es ist schwierig. Da ist ein Gefühl von Behaglichkeit ... von Wärme ... Vertrautheit. Aber auch Furcht.«

Er war schockiert. »Du fürchtest dich vor mir?«

»Nicht vor dir. Vor dem, was geschehen könnte.« Sie schüttelte hilflos den Kopf. »Jack, ich wage nicht, zu viel zu denken. Ich bin glücklich mit dir. Hier und jetzt. Ich kann mir niemand vorstellen, mit dem ich lieber zusammen wäre. Aber ich kann diesen einen Schritt weiter nicht gehen. Der Schritt, von dem Bella sprach ...« Sie stockte und sagte dann schnell: »Wenn es wieder geschähe, ich könnte es nicht ertragen.«

Der Schmerz in seinem Gesicht veranlasste sie, zu wünschen, ihre Worte zurücknehmen zu können. Rasch sagte sie: »Ich denke, ich habe meinen Teil auch akzeptiert ... vergeben ... uns beiden. Ehrlich. Und ich würde gerne vergessen. Aber ich kann es nicht.«

»Ich würde nicht wollen, dass du vergisst. Ich will nicht vergessen. Aber pass auf, Hope. Ich werde nicht fortgehen. Wir werden hier bleiben. Gemeinsam. Und dann werden wir –

wie Bella sagte – Stück um Stück das Vertrauen wieder aufbauen. Unsere eigene Festung errichten. Oh, Gott, Ho. Es tut mir so Leid. Ich werde dir zeigen – dir Tag um Tag zeigen ...«

Sie schüttelte wieder den Kopf, diesmal entschieden.

»Nein. Das ist nicht der Weg, Jack. Ich kann nicht lernen zu vertrauen, indem ich dich für immer hierbehalte! Mein Gott, das würde alles verändern – Widdershins könnte vielleicht sogar ein Gefängnis werden! Und ich wäre eine Entführerin!« Sie versuchte zu lachen. »Das kannst du mir nicht antun, Jack!«

»Aber du wirst dich immer erinnern. Und ich werde das auch.«

Sie zuckte die Schultern. Es war nicht eines dieser alten, hoffnungslosen Schulterzucken, sondern ein akzeptierendes.

»Damit müssen wir leben. Es wird kein leichter Weg sein, oder? Manchmal wird es uns vielleicht runterziehen. Aber dann wieder ...« Sie lächelte. »Hör zu. Lass uns den Tisch abräumen und dann kannst du deine Pläne beenden. Und morgen musst du zum Hof hochgehen und diese Anrufe machen.«

Ein Windstoß erschütterte das kleine Haus, und Milly knurrte aus tiefer Kehle.

Jack sagte: »Oh, Gott. Hör dir das an. Ich kann dich doch hier nicht – alleine lassen.«

»Doch, du kannst. Du weißt, das ich absolut perfekt allein zurechtkomme, zumal jetzt, wo wir Milly haben.« Sie lächelte. »Ich möchte dich vermissen können, Jack. Ich möchte dich wirklich, wirklich vermissen! Das ist Teil des Prozesses. Kannst du das verstehen?«

Er nickte, lächelte aber schief. »Weißt du, Ho, ich habe überhaupt keinen Zweifel daran, dass ich dich vermissen werde. Ich bin mir nicht so sicher, ob du mich vermissen wirst.«

»Aber du weißt, dass es richtig ist, das zu tun?«

»Ich muss dir den gleichen Raum geben, den du mir gegeben hast«, sagte er einfach.

Sie stand auf und begann Teller und Becher zu stapeln.

Er seufzte tief. »Setz dich noch eine Minute. Lass uns jetzt praktisch sein. Wir müssen etwas Haushaltsplanung machen. Bella sagt, dass Peter uns etwas Geld hinterlassen hat. Damit wir zurechtkommen, bis wir das neue Land bebaut haben.«

»Hat sie das unten am Strand nach der Beerdigung zu dir gesagt?«

»Neben anderen Dingen. Jem hat auch einige gute Ideen. Gemüse für den Sommer und dann eine frühe Zwiebelanpflanzung für die Frühlingsblumen. Es ist die Ernte, die so kompliziert ist. Wir werden Bellas Arbeitsvermittlung nutzen müssen. Das alles muss sehr schnell geschehen und gewöhnlich im Wettlauf mit dem Wetter.« Er deutete auf die Fenster. »Hör dir diesen Wind an und stell dir vor, was der mit einem Feld Osterglocken machen würde.«

»Bis dahin wären wir mit dem Schneiden fertig«, sagte sie. »Die wirklich Frühen sind schon im Februar soweit.«

Er nahm den großen Kessel vom Herd und trug ihn für den Abwasch in die Spülküche. »Es ist eine Menge sehr harter Arbeit.«

Sie krempelte ihre Ärmel hoch. »Gut. So werden wir unsere Festung bauen – die, über die Bella mit Peter gesprochen hat.« Sie pumpte Wasser in eine Schüssel und trat beiseite, während er sie aus dem Kessel auffüllte. »Und wenn du zurückkommst, werde ich eine Idee haben, wie man deine Drachen in Bausätze umwandelt. Vielleicht können wir sie per Post verschicken oder so.«

Er lachte. »Oh, Ho ... du erfüllst alles so sehr damit.«

»Womit?«

»Mit Hoffnung«, sagte er einfach.

☆

Jack verließ die Landzunge schließlich Ende April. Davor hatte er mehrere Tage allein in Plymouth verbracht, sich mit Leuten von AfrAid getroffen und über die Logistik gesprochen, wie die Bauelemente nach Äthiopien zu transportieren seien und dass man einheimische Arbeitskräfte zum Zusammenbau nehmen solle. Seine erste Kontaktperson war ein Mann namens Brian Dewey gewesen, und der besuchte Widdershins und lernte Hope kennen.

»Ich fühle, dass diese Art von Projekt die ganze Familie einbezieht«, erklärte er ihr, während er ihr die Hand schüttelte und von einem Ohr zum anderen lächelte. »Wir verlassen unsere Frauen und unser Heim ja nicht direkt. In gewisser Hinsicht nehmen wir sie mit uns. Sie sind die ganze Zeit da, eine ständige Unterstützung. Die ist auch nötig, das kann ich Ihnen versichern.«

Hope erwiderte sein Lächeln. Seine Begeisterung gefiel ihr augenblicklich. Als sie hörte, dass er und Jack zusammen reisen würden, war sie erfreut. Sie hörte zu, wie sie ihre Pläne machten, während sie eine Mahlzeit zubereitete, und begann sich in der Tat als Teil des Ganzen zu fühlen. Brian sagte zu ihr: »Dies ist einer dieser glücklichen Zufälle, die nicht völlig zufällig sein können. Mit dieser Energiequelle und meiner Pumpe können wir etwas tun, das zählt. Das wirklich zählt. Wenn Jack meinen Artikel nicht gesehen hätte – wenn er noch in seinem Geschäft tätig gewesen wäre – wenn, wenn, wenn ...« Sein Grinsen wurde breiter, bis er schließlich schallend lachte. »Niemand kann mir erzählen, dass dies alles Zufall ist!«

Nach diesem Besuch vergingen weitere zwei Wochen. Jeden Tag telefonierte Jack zwischen der Arbeit draußen, um alle Einzelheiten der Reise vorzubereiten. Am 8. April war das Wetter so mild wie im Sommer, und an den plötzlich längeren Abenden brachten die beiden die *Sweet Pea* zu Wasser, hoben Milly über die Ruderbank und ruderten zum Ende der Landzunge. Hope saß im Heck und schaute zu, wie Jack an den schweren Riemen zog.

»Das hättest du vor acht Monaten nicht tun können«, bemerkte sie. »Widdershins hat dich in jeder Hinsicht wieder stark gemacht.«

Er ruderte fort von der Felsgruppe, in der sie und Jem an diesem längst vergangenen Novemberabend nach ihm gesucht hatten.

»Aus Widdershins ist so viel Gutes gekommen«, sagte er ernst. »Es musste wohl etwas sein wie ... wie hatte Bella das gleich noch genannt? Unangenehm. Zurück nach vorn. Aber es hat sich um uns gekümmert. Uns in die richtige Richtung gebogen.« Er zog die Riemen ein und der Bug hob sich hoch unter der ersten richtigen Woge. Milly bellte und Hope lachte. Er sagte: »Es hat uns beiden ein körperliches Fitnessprogramm gegeben, Ho. Vor Widdershins hätte ich dieses AfrAid-Projekt nicht angehen können. Und ich hätte dich nicht verlassen können, wo du ganz allein zurechtkommen musst.« Er nahm die Riemen wieder und wendete das Boot Richtung Küste. »Wirst du zurechtkommen?«, fragte er plötzlich besorgt, was er so oft war.

»Unerwartetes natürlich ausgenommen. Und was ist mit dir?«

»Ebenso.«

Sie lächelten sich an. Es war wie ein stummes Versprechen. In diesem Augenblick wusste sie, dass sie wieder Mann und Frau sein würden. Eines Tages. Und sie würden beide auf diesen Tag warten können.

☆

Die Trennung wurde durch Telefonate und Briefe unterbrochen. Jack schickte ihr eine Art Tagebuch über das, was ihm widerfuhr. Alle zwei oder drei Wochen traf dies aus Massawa per Luftpost ein. Zuweilen waren Fotos dabei: Jack und Brian in der Mitte von Buschland stehend, umgeben von Afrikanern, zwergenhaft neben hohen Bohrmaschinen wirkend. Lange Zeit war von Jacks Windmühle nichts zu sehen. Und dann, im August, kam ein Foto von einem hohen Pfeiler, der von drei Segeln gekrönt war. Darunter stand eine Gruppe grinsender Menschen, die vor der Säule der Windmühle winzig wirkten. Jack hatte auf die Rückseite gekritzelt: ›Prototyp Nummer eins. Wir warten auf jene Art von Sturm, wie wir ihn im März auf der Landzunge hatten!‹ Wie immer fragte er, wie es ihr ging, ob sie zufrieden sei – seltsam, dass er nie schrieb ›glücklich‹ – und drängte sie, sofort in Massawa anzurufen, wenn sie wollte, dass er zurückkehre. Sie antwortete mit Neuigkeiten über Penhailes, Widdershins, die Menschen, die hier lebten. Und schrieb von ihren Gedanken und Gefühlen. Sie fand es so einfach, Jack zu schreiben, obwohl es etwas war, das sie in der Vergangenheit selten getan hatten. Sie sprach von ihrer Verwandtschaft mit Buttercup, der Tatsache, dass sie oft zu ihrer Mutter sprach und jetzt ganz sicher war, dass sie gehört wurde. Als der August einschläfernd wurde und die See spiegelglatt war, nahm Jem sie in der *Sweet Pea* hinaus und lehrte sie, wie man mit einem Riemen wie ein Gondoliere rudert. Sie warf einen Köder aus und fing Makrelen und versuchte, den überwältigenden Geruch in der Küche zu beschreiben, als sie sie räucherte. Er schickte ihr als Antwort eine Idee für ein Räucherhaus unten am Marble Arch. Dieser Brief erfreute sie mehr als alles andere. Er bewies, dass seine Gedanken oft in Widdershins waren. Das gefiel ihr. Die Vorstellung, dass die Landzunge ein Gefängnis und sie ein Wärter sei, beunruhigte sie zuweilen noch immer.

Fay und Martin kamen zu Besuch und brachten ein Zelt mit, das sie neben den vielen Stangenbohnengerüsten aufstellten. »Man merkt kaum den Unterschied«, sagte Fay. »Wir kehren zurück zur Natur!« Sie wollten sie mit zur Herbstschau nach Paris nehmen. Chatty und Fiona machten noch immer Tee und putzten, aber sie nähten auch Säume und Kragen und sollten bei den Herbstmodenschauen Gardrobieren für die Modells sein. Jean Lascelles hatte sie aufgefordert, fürs kommende Frühjahr Entwürfe vorzulegen, und der berühmte Mann persönlich, Jules Ferrier, hatte gefragt, wie die neuen Mädchen sich machten. »Die Sache ist, Ho«, sagte Chatty so laut, dass Bella das Telefonat mitverfolgen konnte, »dass wir nicht nur mit den anderen dabei sind! Das würde den meisten Leuten genügen. Aber aufgefordert zu werden, Sachen beizusteuern ... wow!«

Bella, die Missfallen darüber äußerte, dass Chatty ihre Mutter Ho nannte, rief in Richtung Hörer: »Das ist eine Frage des Respekts, mein Mädchen!«

»Entschuldige, Bella!« Chattys vergnügte Stimme trieb durch die Halle. Sie war so deutlich, dass sie in Buryan hätte sein können. »Jedenfalls wirst du doch kommen, liebe Mutter, nicht wahr? Fay und Martin werden alles arrangieren, und du kannst in der Wohnung schlafen – es werden weder Mühen noch Kosten gescheut!«

Hope zögerte und Bella beugte sich wieder vor. »Natürlich wird sie dort sein! Ich werde mich jetzt um meinen Ofen kümmern, deshalb sage ich jetzt Lebewohl!«

»Au 'voir, ma belle!«, trällerte Chatty und sagte dann plötzlich ernst: »Ho, das muss ich dir noch sagen: Mandy kommt. Bitte, lass dich dadurch nicht abhalten. Ich konnte ihr das doch schlecht verbieten, oder? Schließlich hat sie mir die Stelle ja besorgt.«

Also fuhr Hope. Und dieses Mal ›entdeckte‹ sie mit Fay und Martin Paris. Die Herbstfarben, das Gefühl von Energie und Begeisterung, gedämpft von coolem Schick, begeisterten sie völlig. Sie sah Mandy erst, als sie ihre Plätze am Laufsteg einnahmen, aber dann war sie unübersehbar. Sie hatte ihr Haar weiß werden lassen – oder vielleicht hatte Henrik darauf bestanden – und es auf dem Kopf so hochgesteckt, dass sie wie eine Herzoginwitwe aussah. Sie winkte aufgeregt, als sie Hope sah und drängte sich an der Reihe der Stühle vorbei, um zu ihr zu sagen, »Liebste, du siehst wundervoll aus. Eine erdverwachsene Mutter oder so.« Sie schenkte Fay ein besonderes, fast verschwörerisches Lächeln und fuhr fort: »Fay, mein Schatz, du hättest dort oben ...«, ein Nicken zum Laufsteg, »... und deine Mutter hätte die Designerin sein können. Hätte sie doch nur meinen Rat befolgt!« Sie hob ihre Stimme etwas, sodass niemand sie überhören konnte. »Cat hat mich gebeten, anschließend zu bleiben. Schampus im Zuschneideraum – klingt wie der Titel eines Theaterstücks, nicht wahr?« Wieder das laute, ansteckende Lachen. Sie beugte sich zu Hope. »Wir sehen uns dann, Liebste. Alles vergeben und vergessen? Ja?«

Hope spürte eine Welle von Verwunderung, die mit Belustigung vermischt war. Mandy war so vieles zugleich. Ganz sicher war sie eine vollendete Schauspielerin, ganz sicher war sie unermüdlich.

Hope lächelte sanft und sagte das Erste, was ihr in den Sinn kam. »Oh, Mandy ... du bist wirklich hoffnungslos!«

Nur für einen Augenblick fiel die Maske. Mandys Lächeln wurde zu einer Grimasse und die himmelblauen Augen verengten sich, als habe sie Schmerzen. Dann fasste sie sich und lachte wieder.

»Dem widerspreche ich nicht, Hope!«

Die Modenschau war ebenso erstaunlich wie Mandy. Hope war immer an Kleidung interessiert gewesen, hatte aber ihre Entwürfe unter den Gesichtspunkten praktisch und wirtschaftlich geschneidert. Hier gab es diese Beschränkungen nicht. Die Stoffe reichten von Gaze bis Harris-Tweed und schienen ein Eigenleben zu haben, als sie sich mit den Models bewegten und bei jeder Drehung schwangen. Trotz ihrer eigenen spärlichen Garderobe, war Hope von der ganzen Veranstaltung gefesselt. Sie flüsterte Fay zu: »Es sind die Schnitte – wie kann man einen menschlichen Körper dreieckig wirken lassen?« Und dann, beim nächsten Atemzug: »Nein, es sind die Stoffe – sieh dir den Fall an, wenn sie den Arm hebt ... ein schmachtender Faltenwurf, falls es so etwas je gegeben hat!«

Fay blieb bis zur letzten Vorführung unbewegt. Dann tauchte eine Reihe von Mädchen auf, die offensichtlich Rüstungen trugen. Hautenge Lurexhosen und Tops, die den Körper umschmiegten und in Helmen endeten. Unzählige Armreifen, Fußkettchen, Halsketten ... eine glitzernde, klirrende Zurschaustellung.

»Das ist meine Idee!«, flüsterte sie. Sie wusste nicht, ob sie empört sein sollte. »Ich habe Chatty von den nordischen Helmen und Brustpanzern erzählt! Sie hat meine Idee gestohlen!«

»Nicht ganz«, murmelte Hope. »Diese Halsketten sind wie die, die afrikanische Frauen tragen. Und die Helme sind eindeutig Batman.«

Sie versammelten sich in dem Durcheinander von Schmuck, Federn, Nadeln und Papier des Zuschneideraumes. Mandy unterhielt sich bereits lebhaft mit Chatty. Henrik war aufgetaucht und stand beschützend neben Mandy. Kaum sah er Hope, legte er einen Arm um Mandy und sprach über ihren Kopf hinweg.

»Wie geht es dir, Hope? Und Fay. Und Martin, wenn ich mich recht erinnere?« Er schüttelte ihnen kurz die Hand. »Ich denke, meine Frau hat genug gehabt. Es ist sehr laut. Wir sind eigens für diesen Abend hergeflogen. Es ist gut für Chatty, ja?«

Hope nickte. »Natürlich.« Sie stockte, und es war Fay, die sagte: Du und Mandy – ihr seid verheiratet? Chatty sagte so etwas ...«

»Ja. Meine erste Frau ist ums Leben gekommen. Traurigerweise. Mein Bruder auch. Beim Skilaufen. Es gab eine Lawine.« Er schaute Hope an. »Er hat einen Sohn und eine Tochter, noch jung. Wir haben vorgeschlagen, die Kinder zu uns zu nehmen. Und es schien richtig, verheiratet zu sein.«

Hope nickte. »Ihr seid füreinander bestimmt.« Henrik zuckte zusammen. Rasch sagte sie: »Ich meinte das im Ernst, Henrik. Und ich bin sicher, dass dein Neffe und deine Nichte das merken werden.« Sie dachte verzweifelt nach, was sie an Positivem sagen könnte. »Meine Glückwünsche«, schloss sie lahm.

»Danke, Hope.« Schließlich lächelte er. »Ich denke, dass ich zu dir das Gleiche sagen kann. Chatty erzählte uns, dass du und Jack jetzt Farmer seid.«

Nur für einen Augenblick wollte sie ihm von Jacks AfrAid-Projekt erzählen. Sie wollte Henrik erzählen, wie stolz sie auf ihn war. Wie sich all die Arbeit, die er mit Henrik geleistet hatte, auf eine Art bezahlt gemacht hatte, die keiner von ihnen sich hätte vorstellen können. Aber das tat sie nicht. Afrika war ein riesiger Kontinent, doch dort lebte Mandy ebenso wie Jack.

Sie sagte: »Wir sind sehr glücklich, ja.« Und während die Worte in das Stimmengewirr ringsum fielen, erkannte sie deren absolute Wahrheit.

Henrik lächelte erleichtert. »Dann hast du die Vergangenheit also hinter dir gelassen?«, fragte er.

Sie schaute an ihm vorbei zu Chatty, die auf Mandys aufgeregte Ausrufe antwortete, zu Fay und Martin, die sie besorgt beobachteten. Sie lachte. »Natürlich nicht! Ich hätte meine Vergangenheit um keinen Preis vermissen wollen. Meine Mutter pflegte zu sagen, dass die Vergangenheit wie ein Teppich aufgerollt sei und man jederzeit in sie zurückkehren könne. Sie wird nie vergehen. Alles, was ich weiß, ist, dass wir wieder glücklich sein können. Keine Fragen, kein Forschen. Jack und ich können – und werden – glücklich sein.«

Chatty sah sich um, sah den Gesichtsausdruck ihrer Schwester und sagte ganz plötzlich: »Mum. Mandy und Henrik gehen jetzt. Komm mit zu Fi. Und zu Madame Solange. Das ist meine Chefin. Sie ist umwerfend. Schau dir an, wo ich arbeite. Und ich habe die allerschönste Arbeitsmappe. Wie haben dir die Lurexsachen gefallen? Meine Idee.«

Fay sagte: »Deine Idee, von wegen. Ich habe dir letzte Weihnachten von den nordischen Frauen erzählt.«

Die beiden Mädchen gingen voraus. Martin schob eine Hand unter ihren Ellenbogen. Hope sagte: »Mandy ... Henrik. Lebt wohl. Euch alles erdenkliche Glück.« Martin zog sie fort. Mandy wirkte verloren. »Die Kinder«, sagte Hope über ihre Schulter. »Du wirst so viel Freude an den Kindern haben.«

Mandy lächelte und tätschelte Henriks Arm. »Er hat mir immer genau das gegeben, was ich haben wollte«, sagte sie nickend. Und dann schien die Menge sie einfach zu verschlucken und sie waren verschwunden.

Martin sagte: »Alles in Ordnung?«

»Aber ja. Es geht mir gut, Martin. Danke.«

Er schaute über die sich hebenden und senkenden Köpfe hinweg. »Im Verschwinden sind sie gut, nicht wahr?«

Hope lachte. »Wir auch«, sagte sie. »Nur wir können uns sehen.«

Er starrte sie an. »Und ich dachte, Fay sei verrückt«, war alles, was er sagte.

☆

Jack kam im November heim.

Sie erwartete, dass er am 27. eintreffen würde, der ein Montag war, aber am Sonntagnachmittag, als sie die abgestorbenen Bohnenranken in die Erde grub, begann Milly zu bellen und versuchte, den Hang hinaufzulaufen und sie wusste, dass er es war.

Sie rannte in die Senke hinunter, gefolgt von einer völlig aufgeregten Milly, kletterte den Hang zur Klippe hoch und sah ihn den Hügel herunter auf sich zulaufen. Er hatte kein Gepäck und trug nur Hemd und Hose. Sie blieb stehen und beobachtete ihn. Auf diese Entfernung sah sein graues Haar wieder braun aus und fiel ihm in die Stirn, wie es das immer getan hatte.

Sie sagte laut: »Oh, Mummy – Mummy, du hattest völlig Recht. Es ist wirklich ein Teppich. Und wir sind darauf. Zusammen.« Und dann rannte sie ihm entgegen.

☆

Er hatte alles, seine Jacke und seinen Deckenmantel eingeschlossen, auf dem Hof gelassen, sodass er die Landzunge hinunterlaufen konnte, um sie zu sehen. Und dieses Mal konnte er sie, weil sie den Tisch näher an den Herd gerückt hatte, über die Schwelle tragen und sie behutsam auf ihren Stuhl setzen. Er kniete neben ihr. Er wusste bereits, wie sie fühlte. Jede Linie ihres Körpers zeigte es.

Er sagte: »Hope. Liebe Hope. Es scheint so lange her zu sein. Aber nichts hat aufgehört, weißt du. Ich liebte dich mit jedem Tag mehr.« Er rieb seine Wangen an ihren Knien. »Ich habe dich immer geliebt. Und du liebtest mich auch. Und du hattest keine Angst, das zuzugeben. Damals, als du die Löcher aus diesen Socken geschnitten hattest ... da wusste ich es.«

Sie sagte: »Ich fürchte mich nicht, es jetzt zuzugeben, Jack.«

»Oh ... Liebling, Ho. Ist das dein Ernst? Denn es war mir Ernst, als ich dir sagte, meine Liebe zu dir sei weiter gewachsen. Das ist wirklich so. Tatsächlich. Die letzten sechs Monate war dieses unglaubliche ständige Gefühl da, dich zu lieben. Ich habe nie fragen müssen, warum ich dort war, so wie's Brian tat – und wie's so viele Arbeiter getan haben. Ich wusste es immer.«

»Ich auch.« Sie strich ihm sein Haar, das wieder weiß aussah, aus den Augen. »Du hattest Recht, was die Trennung betrifft. Es ist, als sei man auf einem Hügel, auf der Anhöhe, von der aus man auf die Bucht schaut. Alles ist in richtiger Entfernung. Die beängstigenden Felsen am Ende der Landzunge, die raue See, die ruhige See ...«

»Dann ... wird also alles gut werden?«

»O ja. Ich denke schon. Du nicht?«

»Ich weiß es nicht. Aber für mich gibt es keine Alternative.«

Sie saßen lange Zeit so, hielten einander umarmt und schauten ins Feuer. Zuweilen tauschten sie ein paar Neuigkeiten aus.

Jack sagte: »Es funktionierte, Ho. Der Wind wehte, der Dynamo lud, die Pumpe begann zu laufen. Und sie läuft seitdem. Jetzt arbeite ich an Solarenergie.«

Sie lachte über seinen Kopf hinweg. »Oh, Jack. Wenn wir das nur – vor Jahren schon – gewusst hätten, dass du ein Erfinder bist!«

Milly setzte sich vor sie, spitzte die Ohren und wusste, dass ihre Zeit kommen würde.

Hope murmelte. »Ist nur eine Lappalie, aber ich habe ein Dutzend Flickenteppiche verkauft und – du wirst's kaum glauben – einen Umstandskittel!«

»Wenn Chatty ihr Geschäft anfängt, kannst du für sie Entwürfe machen.«

»Was für ein erfreulicher Gedanke. Die Katze und ihre Mutter.« Beide kicherten. »Mandy war auf der Herbstschau.«

»Das sagtest du. Ich nehme an, dass alles gut gegangen ist.«

»Ich habe ihr nicht erzählt, dass du am anderen Ende von Afrika bist. Heutzutage sind Flugreisen zu einfach.«

»Henrik hätte sie nicht fortgelassen.«

»Nein. Wahrscheinlich nicht.«

»Sind Fay und Martin schon verheiratet?«

»Falls ja, haben sie vergessen, es zu erwähnen.«

»Kommen sie zu Weihnachten?«

»Ja. Chatty und Fiona Tabb auch.«

»Oh, Gott.«

»Ja.«

Ein langes und zufriedenes Schweigen. Dann sagte Jack plötzlich: »Was ist mit Bella?«

Das Schweigen wurde erschreckend. »Ich sehe sie jeden Tag. Ich habe nichts bemerkt.«

»Sie ist dünn. Ihre Augen liegen tief in den Höhlen.«

Hope runzelte die Stirn und strich ihm wieder über das Haar. »Sie ist immer dünn gewesen. Ist es mehr als Kummer?«

»Ich weiß es nicht. Sie hat gesagt, sie sei nur einen Schritt hinter ihm.«

»Ja. Aber ...«

»Sollen wir eine Tasse Tee trinken?«

»Sicher. Oder sollen wir zuerst nach oben gehen? Das Bett ist für zwei gemacht.«

Er ergriff ihre Hand und hob seinen Kopf, um sie anzuschauen. »Bist du sicher? Dazu ist keine Eile.«

Sie küsste ihn. Und er stand auf und hob sie hoch und trug sie die Treppe hoch, so wie er es bei jenem ersten Mal getan hatte.

☆

Bella erlebte das Weihnachtsfest und war gesund genug, es zu genießen, alle Besucher zu sehen, die auf den Penhailes-Hof kamen. Sie war in Fiona Tabb ganz vernarrt, obwohl sie sie eine freche Madame nannte. Fiona war ebenfalls in sie vernarrt und saß mit ihr am Küchentisch und skizzierte wie verrückt auf der Rückseite alter Tapetenrollen, die sie auf dem Dachboden gefunden hatte.

»Das hängt davon ab, welche Form man haben will ... ja? Diamantförmig? Gut, dann brauchen wir einen engen Halsausschnitt und so was wie Fledermausärmel und dann eine prächtige Verjüngung, die bis zu den Knöcheln reicht.«

»Und wie soll deiner Meinung nach jemand in einem solchen Kleid laufen?«

»Da eben spielt der Stoff die entscheidende Rolle. Schwarzer Jersey, denke ich. Findest du nicht? Und was wir tun werden, Bella, meine Schöne, ist ...«, ein paar kräftige Striche mit Holzkohle, »... wir werden den Rücken drapieren. So. Und dann wird das zu einem riesigen Schlitz werden, um viel Raum zu geben.«

»Freche Madam. Ich bin niemandes Schöne. Bin ich nie gewesen.«

»Oh, du bist wirklich schön. Nur, dass das nicht jeder sehen kann.« Fiona blickte auf. »Findest du, ich sei schön?«

»Überhaupt nicht. Tatsache ist, dass du mich an einen Boxerhund erinnerst.«

»Danke, Bell. Du erinnerst mich an eine Zigeunerin, die meine Mutter einmal verflucht hat. Aber dein Peter fand dich schön. Und auf der Kunstschule gibt es einen Studenten namens Jean-Pierre, der mich absolut umwerfend findet.« Sie kniff die Augen zusammen. »Boxerhund, ja? Das war ein Schlag unter die Gürtellinie.«

»Du warst auch nicht gerade höflich.«

»Vergiss die Zigeunerin. Gerade fiel's mir wieder ein. Du bist eine Doppelgängerin der Mona Lisa.«

Bella schnaufte. »Ich dachte sowieso immer, dass die wie eine Zigeunerin aussähe.«

Die beiden schüttelten sich vor Lachen.

☆

Am Abend des neuen Jahres 1990 fuhr Martin mit ihnen los, um das Feuerwerk in Mousehole zu sehen. Es war ein zauberhafter Abend. Sie saßen auf der Veranda des Lobster Pot und tranken Tee mit Sahne, und während sie noch ›den Topf leerten‹, wie Fay es formulierte, begann das Feuerwerk. Der blasende Wal, die kleine Kirche, die Boote, die Katze, die Rotkehlchen, die Laternen. Alles wurde von den Mädchen voller Begeisterung begrüßt. Als sie auf die Landzunge zurückfuhren, sagte Chatty: »Das war etwas Besonderes. Ich wünschte, Bella hätte sich gut genug gefühlt, um mitkommen zu können. Es war so ... besonders.«

Als sie den Hof erreichten, wartete Jem auf sie.

»Sie ist einfach in ihrem Sessel neben dem Feuer eingeschlafen. Und sie wachte nicht mehr auf«, sagte er.

Sie konnten Fennie in der Milchküche weinen hören.

»Sie hat Nathan ins Bett gebracht und wir halten uns fern, bis der Bestattungsunternehmer da war. Der Arzt war um halb sechs hier und hat einen Totenschein ausgestellt.«

Es war Chatty, die das schreckliche Schweigen brach. Sie sagte: »Halb sechs. Sie muss genau in dem Augenblick gestorben sein, als das Feuerwerk begann.« Ihre Stimme erstickte. »Sie war bei uns. Und wir wussten es nicht.«

Sie gingen langsam in die Küche, wo Bella noch bequem vor dem Feuer saß, wie sie es so oft getan hatte. Hope war voller Dankbarkeit dafür, dass sie nicht wie Peter unter

Krankheit hatte leiden müssen. Sie hockte sich neben den Sessel und legte eine Hand auf Bellas Hand und sagte – so wie Bella es vor fast einem Jahr getan hatte: »Danke, meine Freundin. Danke schön.«

Und für eine Sekunde hätte sie schwören können, das grimmige Lächeln zu sehen, mit dem Bella so viele Menschen getäuscht hatte.

☆

Jack erzählte ihnen, was Bella an diesem Tag bei der *Mirabelle* gesagt hatte.

»Sie wollte nicht, dass das Boot verkauft wird und sehr viel länger wird es auch nicht seetauglich sein. Sie hat sich um alles gekümmert – die Küstenwache in Trinity House verständigt, ja sogar die Station der Royal Navy in Culdrose. So lange wir sie informieren, sodass sie das Gebiet absperren können, haben wir die Erlaubnis dafür.«

Hope sagte nichts. Es war so typisch für Bella. Sie konnte es kaum ertragen.

Fay sagte zögernd: »Wie wird das gemacht, Dad? Ich meine – wie geschieht das?«

»Sie werden sie mit einem Rettungsboot hinausziehen. Sie ist mit Petroleum getränkt. Und dann wird eine Leuchtrakete darauf geschossen.«

Fiona Tabb hatte seit dem Neujahrsabend kaum gesprochen. Jetzt sagte sie verzweifelt: »Aber Bella – Bella wird doch nicht darauf sein?«

»Nein. Sie wollte neben Peter begraben werden. Das ist etwas völlig Separates.«

»Oh.« Fiona lehnte sich in ihrem Stuhl zurück. »Oh, da bin ich aber froh.«

Jem grinste. »Bella Penhailes hatte schon einen Sinn fürs

Dramatische. Das ist auch mit Grund dafür, warum sie damals mit dem alten Kahn nach Frankreich rübergefahren ist. Es gab einen alten Film mit Greta Garbo, in dem die im Bug eines Bootes steht und auf die See hinausblickt. Bella gefiel diese Rolle, denke ich, und deshalb wollte sie sie selbst spielen.«

Jack grinste ebenfalls. »Schön, dann werden wir das für sie richten.«

Die Mädchen nickten, und nach einem kurzen Zögern nickte auch Hope.

☆

Doch der eigentliche Abschied war das Versenken der *Mirabelle.* In den kommenden Jahren würde sie wahrscheinlich zu dem kleinen Friedhof gehen und sich um das Grab kümmern, aber sie sagte Peter und Bella Lebewohl, als die Leuchtrakete auf dem von Petroleum durchtränkten Deck des sorgfältig vorbereiteten Loggers landete und die Flammen sofort in den blassblauen Himmel eines perfekten Januarnachmittags schossen. Sie standen auf dem sich leicht wiegenden Deck des Rettungsbootes und schauten dem Schauspiel hypnotisiert zu. Die Mirabelle war perfekt präpariert worden und sank erst, nachdem die Flammen ihren Rumpf fast verschlungen hatten. Und dann war sie mit einem Zischen verschwunden.

Sie schwiegen noch immer. Der Bootsführer sagte leise: »Soll ich jetzt nach 'Curno zurückfahren?«

Jem schaute Jack an und nickte dann. »Es ist vorbei«, sagte er.

Hope wandte sich ab und schaute zur Küste. Die Mädchen sahen sie an, und sie lächelte.

»Gut. Jetzt wissen wir, warum Bella wollte, dass Jack dies

alles arrangierte. Es ist ein Ende der Vergangenheit, nicht wahr? Hat nichts damit zu tun, dass Bella ein Filmstar werden wollte!«

Fiona sagte: »Aber ich bin froh, dass ich es gesehen habe. Es war eine richtige Wikingerbeerdigung.«

Fay sagte: »Das hätte ich sagen sollen! Du hast so Recht, Fi! Ein passendes Ende. Endgültig. Zwingt einen, in die Zukunft zu schauen!« Der Wind blies ihr Haar so, dass es horizontal von ihrem Kopf abstand. Plötzlich sah sie wie Greta Garbo aus.

Chatty ergriff Jems Arm. »Du hast vor Jahren einmal gesagt, du wolltest uns die Geschichte erzählen, wie Bella mit der *Mirabelle* nach Frankreich gefahren ist, um Peter zu retten. Wir müssen morgen abreisen. Erzählt uns das heute Abend?«

»In Ordnung. Aber eigentlich ist das kurz gesagt. Nur, dass sie die Kraft von zehn Männern gehabt haben muss, um den alten Kahn zu Wasser zu lassen und ihn alleine rüber nach Frankreich zu bringen.«

Die Mädchen scharten sich um ihn. Martin und Fennie nahmen abwechselnd Nathan, um ihn zu beschäftigen. Jack und Hope wandten sich ab und schauten zu der Stelle, wo zwei schwarze Spieren noch immer die Stelle markierten, an der die *Mirabelle* in Flammen aufgegangen war.

Hope sagte: »Bella war so weise, Jack. So weise. Dies ist ihre Art, dafür zu sorgen, dass mit uns alles gut wird. Sie hat uns die *Mirabelle* gegeben.«

»Mehr als das, vielleicht.« Jack legte einen Arm um ihre Schultern. Der Wind frischte auf und sie erschauerte. »Vielleicht sah sie das als die letzte Rettung für die *Mirabelle*.«

Hope hielt sich an ihm fest, bis sie fast die kleine Mole erreicht hatten. Dann holte sie tief Luft.

»Ich bin dankbar dafür, dass wir das Land gerodet haben,

Jack. Heute Morgen habe ich gesehen, dass das Grün bereits aus der Erde kommt.«

»Wenn alle aufgehen, wird es ein Meer von Gelb sein«, pflichtete er ihr bei.

»Ich liebe Osterglocken. Es sind wunderschöne, komplizierte Blüten.«

Er lächelte sie an. »Wie Bella Penhailes damals«, sagte er.

Und sie lachte. »Genau wie Bella Penhailes.«

Zusammen mit seinem Vater versucht der zwölfjährige Danny den Tod seiner Mutter zu verarbeiten. Wenn die Sehnsucht allzu groß wird, dann träumt er von einem Ort, an dem er sich der Mutter am nächsten fühlt: der Fels zwischen Himmel und Meer.
Als sein Vater die Amerikanerin Helen kennen lernt, kommt Danny nicht damit zurecht, dass eine andere Frau den Platz seiner Mutter einnehmen soll. Mit allen Mitteln versucht er, das zu verhindern ...

Wem *»Schlaflos in Seattle«* gefallen hat, der wird diesen Roman lieben!

»Eine wundervolle Vater-Sohn-Beziehung, eine einmalige Liebe, eine nie erlebte Trauer – und ein Finale, das zu tausend Tränen rührt.« SUNDAY TIMES

ISBN 3-404-14651-4

BASTEI LÜBBE